Malcolm S. Longair

Theoretische Konzepte der Physik

Malcolm S. Longair

Theoretische Konzepte der Physik

Eine alternative Betrachtung

Übersetzt von B. Simon und H. Simon
Mit 103 Abbildungen

Springer-Verlag

Berlin Heidelberg New York
London Paris Tokyo
Hong Kong Barcelona
Budapest

Autor:

Prof. Dr. Malcolm S. Longair
Jacksonian Professor of Natural Philosophy
University of Cambridge
Dept. of Physics
Cavendish Laboratory
Madingley Rd.
Cambridge CB3 OHE, U.K.

Übersetzer:

Bernhardt u. Hedwig Simon, Diplom-Physiker
Paul-König-Str. 76
O-1092 Berlin

Dieses Buch ist erschienen unter dem Originaltitel: M. S. Longair, Theoretical Concepts in Physics. © Cambridge University Press 1984

ISBN-13:978-3-642-76112-6

Die Deutsche Bibliothek – CIP-Einheitsaufnahme
Longair, Malcolm S.: Theoretische Konzepte der Physik: eine alternative Betrachtung / Malcolm S. Longair. [Übers.: Bernhardt Simon]. – Berlin; Heidelberg; New York; London; Paris; Tokyo; Hong Kong; Barcelona; Budapest: Springer, 1991
ISBN-13:978-3-642-76112-6   e-ISBN-13:978-3-642-76111-9
DOI: 10.1007/978-3-642-76111-9

Satz: Reproduktionsfertige Vorlage vom Autor
57/3140-543210 – Gedruckt auf säurefreiem Papier

Vorwort

Das vorliegende Buch hat seinen Ursprung in einer Vorlesungsreihe, die ich von 1977 bis 1980 für Studenten hielt, die vor dem Beginn ihres letzten Studienjahrs in Physik und theoretischer Physik in Cambridge standen. Der Kurs wurde im Sommersemester vor dem letzten Physikstudienjahr gehalten.[1] Ziel dieser Vorlesungsreihe war es ursprünglich, Studenten einen allgemeinen Überblick über die Natur der theoretischen Physik zu vermitteln, um sie für die sehr intensiven Vorlesungsreihen über alle Aspekte der Physik im letzten Studienjahr aufnahmefähig zu machen. Mit der Entwicklung unserer Vorstellungen wurde sichtbar, daß das Material von Nutzen für alle Physikstudenten ist, und die Vorlesungsreihe erhielt den Titel 'Theoretische Konzepte in der Physik'.

Eine wichtige Besonderheit war, daß es sich um einen durchaus fakultativen Kurs handelte, der vier Wochen lang jeden Montag, Mittwoch und Freitag um 9 Uhr vormittags gehalten wurde und völlig prüfungsfrei war. Ich muß gestehen, daß ich von allen meinen Vorlesungen in Cambridge an dieser Vorlesungsreihe das größte Vergnügen fand. Ich freute mich sehr über die positive Reaktion der Studenten. Trotz der frühen Vorlesungszeiten, der Tatsache, daß zu dem Kurs keine Prüfungen stattfanden, und der anderen Attraktionen der Sommermonate in Cambridge war der Kurs durcheg sehr gut besucht. Dies ermutigte mich, über eine Veröffentlichung des Kurses in Buchform nachzudenken, da ich kein anderes Buch kannte, das dieses Material in der gleichen Weise behandelte. Außerdem hatte ich sehr entschiedene Ansichten über die Probleme, die ich in meiner ersten Vorlesung nennen werde. Viele Studenten absolvieren ein Physikstudium, ohne die grundlegenden Einsichten, Haltungen und Fertigkeiten zu gewinnen, welche die Werkzeuge des Berufsphysikers sind, geschweige denn einen Eindruck vom geistigen Reiz und der Schönheit des Faches.

Wegen anderer dringender Arbeiten legte ich die Idee beiseite, den Kurs in Buchform zu bringen. Außerdem hatte ich große Bedenken, die Geschichte der Wissenschaft falsch darzustellen, und ich brauchte mehr Zeit, um einen vollständigeren Überblick über die theoretischen Vorstellungen in der Physik zu gewinnen.

Ich genoß den Vorzug, in Cambridge andere Kurse weitgehend theoretischen Inhalts zu halten, insbesondere ein Seminar in mathematischer Physik für das zweite Studienjahr, in dem wir viele Grundelemente der Physik behandelten, wo die Mathematik eine Erklärung der Grundbegriffe bieten kann. Ich habe einiges von diesem Material in das vorliegende Buch aufgenommen. Schließlich hatte ich immer den Eindruck, daß die Thermodynamik für Studenten ein besonders

---

[1] Anmerkung: also im 3. bzw. 5. Semester.

schwieriger Gegenstand ist. Nachdem ich in meinem letzten Jahr in Cambridge einen Einführungskurs zu diesem Stoff hielt, sah ich einen Weg, dieses Thema in meinen großen Plan zu integrieren.

Das entstandene Buch ist das Ergebnis eines höchst individuellen Herangehens an Physik und theoretische Physik. Ich betone, daß es keineswegs einen Ersatz für die systematische Darlegung der Physik und theoretischen Physik bietet, wie sie in normalen Kursvorlesungen gelehrt werden. Es sollte als Ergänzungsband betrachtet werden, der keinen Prüfungsstoff enthält und den Gegenstand vom Gesichtspunkt der realen Physik und theoretischen Physik erläutert. Wenn es mir gelingt, das Verständnis der Studenten für Physik, wie Berufsphysiker sie kennen und lieben, auch nur ein wenig zu verbessern, werde ich das Buch als der Mühe wert ansehen.

Ich habe absichtlich die erste Person im Singular in viel höherem Maße als üblich gebraucht. Dies ist sehr wichtig, weil es die Individualität eines jeden Physikers im Herangehen an den Gegenstand betont. Ich fühle mich auch frei, meine Ansichten (und Erfahrungen) darüber, wie Physik wirklich betrieben wird, zum Ausdruck zu bringen. Ich erwarte nicht, daß jedermann mit meinen Standpunkten übereinstimmt, aber das ist ein Teil der Faszination des Gegenstands. Wie wir auch als Individuen darüber denken, wir müssen schließlich unsere Ideen quantifizieren, und dann sollten wir, gleichgültig wie wir dahin gelangen, alle zu der gleichen Antwort kommen.

Die im Text geäußerten Ansichten sind offensichtlich alle meine eigenen, aber viele meiner Kollegen in Cavendish spielten eine wichtige Rolle bei der Formulierung und Klärung meiner Ideen. Die Idee für den Grundkurs entstand aus Diskussionen mit Alan Cook, Volker Heine und John Waldram. Ich 'erbte' das Seminar zur mathematischen Physik von Volker Heine und dem verstorbenen J.M.C. Scott. Die Arbeiten an diesem Seminar halfen mir enorm bei der Klärung meiner eigenen Ideen. In späteren Jahren half mir Brian Josephson bei dem Kurs und lieferte viele verblüffende Einsichten. Die Vorlesungsreihe in Thermodynamik lief parallel zu einem Kurs von Archie Howe, und ich lernte eine Menge aus Diskussionen mit ihm. Zwei Komitees verschafften mir einen wertvollen Einblick in die Physik. Zunächst gab es das Komitee für Lehrtätigkeit des Fachbereichs Physik, dem ich seit langem als Mitglied angehörte. Ich habe oft gedacht, daß eine Videoaufnahme einiger hitziger Diskussionen darüber, wie man Physik und theoretische Physik lehren sollte, den Studenten mehr über Physik beigebracht haben würde als eine ganze Vorlesungsreihe. Zweitens war ich Vorsitzender (oder Sündenbock) des aus Lehrkräften und Studenten zusammengesetzten Beratungsausschusses für Physik, wo ich es mit einer hochintelligenten Gruppe von Konsumenten in allen Stadien ihrer physikalischen Ausbildung zu tun hatte.

In meiner Ausbildung als Physiker habe ich wohl am meisten Martin Ryle und Peter Scheuer zu verdanken, die meine Forschungsarbeit in der Radioastronomie-Gruppe beaufsichtigten. Einen starken Einfluß übte auch Brian Pippard aus, dessen durchdringender Verstand für Physik eine große Anregung bedeutete. Obwohl wir verschiedene Ansichten über Physik haben, gibt es praktisch keinen von uns diskutierten Aspekt der Physik, wo sein Einblick nicht immens zu meinem Verständnis beigetragen hat.

Wie in meiner gesamten Arbeit ist der Dank, den ich meiner Frau Deborah und unseren Kindern Mark und Sarah schulde, unermeßlich.

März 1983   Malcolm Longair
Edinburgh

Vorwort zur deutschen Ausgabe

Es war mir eine Freude, zu erfahren, daß der Springer-Verlag beabsichtige, eine deutsche Ausgabe meines Buchs *Theoretische Konzepte in der Physik* herauszubringen. Ich sollte die deutschen Leser sogleich warnend darauf hinweisen, daß es sich hier *nicht* um ein herkömmliches Lehrbuch über Physik und theoretische Physik handelt. Im Gegenteil, es soll sich so weit wie möglich von der gewöhnlichen Art und Weise unterscheiden, in der diese Disziplinen gelehrt werden. Ich werde die Gründe für dieses Herangehen im ersten Kapitel erläutern. Mit einem Wort, es besteht ein großer Unterschied zwischen der Art und Weise, in der Physik und theoretische Physik in Kursvorlesungen gelehrt werden, und der tatsächlichen Arbeitsweise professioneller Physiker im Forschungsbereich. Ich wollte versuchen zu zeigen, wie theoretische Physik in Wirklichkeit betrieben wird, indem ich untersuchte, auf welche Weise viele der großen Entdeckungen zustande kamen. Gleichzeitig versuchte ich, einen Überblick über den gesamten Physiklehrplan für Studenten als ein einheitliches Ganzes zu geben und alternative Wege zur Herleitung vieler Schlüsselergebnisse aufzuzeigen. Es machte mir großen Spaß, diese Vorlesungen zu halten, denn ich fand, daß diese Fallstudien den Gegenstand in einer Weise lebendig machen, wie es durch die normalen Kursvorlesungen viel schwerer zu vermitteln ist.

Es ist nur recht und billig, den Leser warnend darauf hinzuweisen, daß es sich hier um eine sehr 'britische' Auffassung der Physik und der theoretischen Schlußweise in der Physik handelt. Was damit gemeint ist, werde ich im ersten Kapitel erläutern. Man kann sich nun einmal nicht von der wissenschaftlichen Anschauungsweise lösen, in der man erzogen ist. Da ich 17 Jahre in Cambridge verbracht hatte, bevor ich die erste Ausgabe dieses Buches schrieb, ist mein Denken gewiß sehr stark von der physikalischen Denkweise der Wissenschaftler im Cavendish Laboratory beeinflußt worden. Diese Anschauungsweise enthält viel mehr intuitive und subjektive Elemente, als viele Leute glauben. Daher lege ich viel mehr Gewicht auf Intuition und kreative Gedankensprünge als auf präzise Logik und mathematische Strenge. Nach meiner Überzeugung ist es die Fähigkeit zu diesen Sprüngen der Phantasie, die zu den großen Fortschritten in der Physik führt.

Ich danke besonders Frau Hedwig und Herrn Bernhardt Simon, Berlin, für die sehr sorgfältige Übersetzung des Buches ins Deutsche und Herrn Dr. Klaus Meisenheimer vom Max-Planck-Institut für Astronomie in Heidelberg für die Durchsicht der deutschen Übersetzung. Herrn Dr. Ernst Hefter und Fräulein Stefanie von Kalckreuth vom Springer-Verlag bin ich für ihre enthusiastische

Unterstützung bei der Herausgabe der deutschen Fassung des Buches zu tiefem Dank verpflichtet.

Juni 1991   Malcolm Longair
Cavendish Laboratory, Cambridge

Danksagung

Ich bin den vielen Helfern bei der Ausarbeitung des veröffentlichungsreifen Manuskripts sehr dankbar. Der größte Teil des Textes wurde sachkundig von Janice Murray ins reine geschrieben. Susan Hooper schrieb freundlicherweise die Kapitel 14 und 15, die für Lehrveranstaltungen benötigt wurden. Die Strichzeichnungen wurden von Marjorie Fretwell fachgerecht ausgeführt. Die Verkleinerung dieser graphischen Darstellungen auf eine zur Veröffentlichung geeignete Größe und die Anfertigung aller im Buch enthaltenen Photographien sind die Arbeit Brian Hadleys und seiner Kollegen von den Photolaboratories, Royal Observatory, Edinburgh. Die Mitarbeiter der Bibliothek des Royal Observatory waren sehr hilfsbereit beim Aufsuchen von Literaturstellen sowie bei der Freigabe der vielen Schätze der Crawford Collection alter wissenschaftlicher Werke zur Photographie. Die Herstellung dieses Buches wäre ohne die zuvorkommende Hilfe aller obenerwähnten Personen nicht möglich gewesen.

Dankbar möchte ich auch die Anregungen anerkennen, die mir von den drei Studentengenerationen zuteil wurde, welche diese Vorlesungsreihe besuchten, als sie vor einigen Jahren gehalten wurde. Ihre Kommentare und ihr Enthusiasmus sind die wesentlichen Anstöße, die das Erscheinen dieses Buches ermöglichten.

Inhalt

Fallstudie 3. Mechanik und Dynamik

Fallstudie 4. Thermodynamik und statistische Mechanik

Fallstudie 6. Spezielle Relativitätstheorie

Fallstudie 7. Allgemeine Relativitätstheorie und Kosmologie

1 Einführung

1.1 Eine Erläuterung für den Leser

Diese Vorlesungsreihe ist für Studenten gedacht, die Physik und theoretische Physik lieben. Sie entspringt einem Zwiespalt, der nach meiner Ansicht die meisten Bemühungen beherrscht, die ideale Physikvorlesung zu halten. Da ist einerseits die Art und Weise, in der Universitätslehrer Physik und theoretische Physik in Vorlesungsreihen und Seminaren vortragen. Andererseits gibt es die Art und Weise, in der wir als akademische Forscher Physik wirklich betreiben. Nach meiner Erfahrung haben diese beiden Tätigkeiten oft wenig miteinander zu tun. Dies ist offenbar eine sehr unglückliche Sache, da Studenten ihre Lehrer selten erleben, wenn sie gerade ihren Beruf als Physiker ausüben.

Es gibt natürlich gute Gründe dafür, daß die normale Vorlesungsreihe sich zu ihrer gegenwärtigen Form entwickelt hat. Vor allen Dingen sind Physik und theoretische Physik keine besonders leichten Fächer, und es ist wichtig, die einzelnen Elemente der Fachgebiete in einer möglichst klaren und systematischen Weise darzulegen. Es ist unbedingt erforderlich, daß alle Studenten sehr sichere Grundkenntnisse in den elementaren Methoden und Begriffen der Physik erwerben. Wir sollten diesen Prozeß aber nicht mit der wirklichen Arbeit des Physikers verwechseln. Vorlesungen über Physik und theoretische Physik sind im Grunde "Fingerübungen", und Fingerübungen haben wenig mit dem Vortrag der Hammerklaviersonate in der Royal Festival Hall zu tun. Man betreibt nur dann Physik und theoretische Physik, wenn es auf die Antworten *wirklich* ankommt — mit anderen Worten, wenn der eigene Ruf als Wissenschaftler davon abhängt, ob man in der Lage ist, Physik richtig in einem Forschungsmilieu zu betreiben oder, praktischer gesagt, wenn die eigene Fähigkeit zum logischen Denken dafür maßgebend ist, ob man für eine Anstellung in Frage kommt oder ob der Forschungszuschuß verlängert wird. Dies ist etwas ganz anderes, als sich durch Übungsaufgaben hindurchzuarbeiten, deren Lösungen am Ende eines Buches zu finden sind.

Zum zweiten gibt es einfach so viel Material, dessen Behandlung die Dozenten für erforderlich halten, daß alle Physiklehrpläne absolut vollgepackt sind und wenig Gelegenheit bleibt, sich zurückzulehnen und zu fragen: 'Was soll das alles?' In der Tat wird man so von den technischen Aspekten des Fachs in Anspruch genommen, die an sich schon faszinierend sind, daß man es gewöhnlich den Studenten überläßt, wesentliche Wahrheiten über die Physik selbst herauszufinden.

Ich will eine Liste der Dinge angeben, die unter Umständen in unserer Lehrtätigkeit zu kurz kommen, von denen ich jedoch glaube, daß sie wesentliche Aspekte der realen Tätigkeit des Physikers und theoretischen Physikers sind.

(i) Eine Vorlesungsreihe ist ihrer Natur nach modular aufgebaut. Es ist nur zu leicht, *den Gesamtüberblick* über den Gegenstand zu verlieren. Profis benutzen die Physik als Ganzes, wenn sie Probleme in Angriff nehmen, und die Unterscheidung zwischen Wärmelehre, Optik, Mechanik, Elektromagnetismus, Quantenmechanik usw. ist künstlich.

(ii) Eine Folgerung daraus ist, daß in der Physik normalerweise jedes Problem auf die verschiedenste Weise angepackt werden kann. Es gibt *nicht nur eine 'beste Methode' zur Lösung eines Problems*. Man gewinnt einen viel tieferen Einblick in die Arbeitsweise der Physik, wenn man ein Problem von völlig verschiedenen Standpunkten aus angeht, z.B. von der Thermodynamik, vom Elektromagnetismus, von der Quantentheorie oder anders.

(iii) Wie man ein Problem in Angriff nimmt und über Physik spricht, ist dagegen eine sehr individuelle Sache. Keine zwei Physiker denken in exakt der gleichen Weise über die Physik. Sie sollten allerdings, wenn sie die anwendbaren Gleichungen niederschreiben und lösen, zu den gleichen Antworten gelangen. Der *individuelle Zugang des Lehrers zu einem Gegenstand* ist in weit höherem Maße ein integraler Bestandteil der Art und Weise, in der Physik gelehrt wird, als Studenten oder die Lehrer selbst gern glauben würden. Es ist aber gerade die Verschiedenheit in der Auffassung verschiedener Lehrer von der Physik, die einen Einblick in die Natur der geistigen Prozesse gewährt, durch die Physiker ihr Fachgebiet verstehen.

(iv) Was die Standardvorlesung unter Umständen auch nicht vermitteln kann, ist ein Verständnis dessen, was es heißt, an *wissenschaftlicher Forschung in den Grenzbereichen des Wissens* beteiligt zu sein. Dozenten sind immer dann in Höchstform, wenn sie den Teil des Kurses erreichen, wo sie zu den Problemen entwischen können, die sie in ihrer Forschungsarbeit beschäftigen. Für wenige Augenblicke verwandelt sich der Vortragende aus einem Lehrer in einen Forscher, und dann sehen die Studenten den wirklichen Physiker bei der Arbeit.

(v) Andererseits ist es oft schwierig, die ganze *Faszination der Forschungs- und Entdeckungsprozesse in der Physik* zu vermitteln, und dennoch ist gerade diese der Grund dafür, daß die meisten von uns in solche Begeisterung über ihre Forschung geraten. Sie ist die Motivation, daß viele von uns mehr Stunden auf ihre Forschungsarbeit verwenden, als man in jedem normalen 'Job' erwarten würde. Die wohlbekannte Karikatur des 'verrückten' Wissenschaftlers ist insofern nicht ganz ein Märchen, als es bei der Arbeit an bahnbrechenden Forschungen nahezu unentbehrlich ist, sich unter Ausschluß der täglichen Sorgen völlig in das Problem zu vertiefen. Ich erhielt neulich eine Mitteilung von einer Kollegin, die gerade das am weitesten entfernte Objekt im Universum entdeckt hatte. Darin stellte sie fest, daß sie nachts von der Frage wachgehalten werde, ob es noch weiter entfernte Objekte gebe oder nicht und wie sie aufzufinden seien. Wenn wir mit Problemen dieser Art zu tun haben, nehmen sie uns ganz in Anspruch, und erst beim späteren Rückblick betrachten wir diese als unsere besten Forschungserfahrungen. Dennoch können einige Studenten ein Physik-studium abschließen, ohne auch nur zu ahnen, was uns antreibt.

(vi) Vieles davon läßt sich durch Beispiele vermitteln, die aus der Geschichte einiger großer wissenschaftlicher Entdeckungen ausgewählt sind. Leider wird dies selten in unseren Vorlesungen sichtbar. Man hat einfach keine Zeit, diesen Aspekt aufzunehmen. ist. Darüber hinaus es nicht so leicht, sich aller relevanten historischen Fakten zu vergewissern. Zum dritten wird die Geschichte und Philosophie der Wissenschaft als eine von der Physik und theoretischen Physik völlig getrennte Disziplin gelehrt. Eine bescheidene Würdigung einiger historischer Fallstudien kann eine wertvolle Erläuterung zu den Entdeckungsprozessen und zu ihrem geistigen Hintergrund liefern. In diesen historischen Fallstudien können wir Parallelen zu unseren eigenen Forschungserfahrungen erkennen. (vii) Entscheidende Faktoren, die aus diesen historischen, allen Berufsphysikern vertrauten Beispielen erkennbar sind, sind die zentrale Rolle *harter Arbeit, der Erfahrung* und, vielleicht am wichtigsten von allem, *der Intuition.* Viele besonders erfolgreiche Physiker verlassen sich weitgehend auf ihre reiche Erfahrung aus einer Menge harter Arbeit in der Physik und theoretischen Physik. Es wäre phantastisch, wenn man Erfahrung lehren könnte, aber ich bin überzeugt, daß sie etwas ist, was Studenten nur für sich selbst durch eigene engagierte harte Arbeit erwerben können. Wir alle erinnern uns an unsere Fehler, und sie lehren uns mehr über Physik als unsere Erfolge. Was die Intuition betrifft, so betrachte ich sie als die Quintessenz aller unserer Erfahrungen als Physiker. Sie ist ein sehr gefährliches Werkzeug, da man sehr üble Schnitzer machen kann, wenn man sich in einem Grenzgebiet der Physik zu sehr darauf verläßt. Dennoch ist sie zweifellos die Quelle vieler der größten Entdeckungen in der Physik. Diese wurden nicht durch Anwendung der Fingerübungstechniken erreicht, sondern erforderten Sprünge der Vorstellungskraft, die über die bekannte Physik hinausgehen.

(viii) Wir nähern uns jetzt dem Punkt, den ich als zentralen Kern unserer Erfahrungen als Physiker und theoretische Physiker betrachte. Es gibt ein wesentliches Element der Kreativität, das sich von der schöpferischen Kraft in den Künsten nicht so sehr unterscheidet. Die kreativen Sprünge der Phantasie, die mit der Entdeckung der Bewegungsgesetze, der Maxwellschen Gleichungen, der Relativität, der Quantentheorie usw. verbunden waren, unterscheiden sich dem Wesen nach nicht von den Schöpfungen der größten Künstler, Musiker usw. Der grundlegende Unterschied besteht darin, daß Physiker im Rahmen eines sehr strengen Regelsystems kreativ sein müssen und daß ihre Theorien durch Gegenüberstellung mit dem Experiment und der Beobachtung nachprüfbar sein müssen. Nun erreichen sehr wenige von uns die nahezu übermenschliche Stufe der Intuition, die mit der Entdeckung einer neuen physikalischen Theorie verbunden ist. Der größte Teil unserer Arbeit bewegt sich auf einer eher prosaischen Ebene, aber wir werden alle von dem gleichen elementaren schöpferischen Drang getrieben. Jeder kleine Schritt, den wir machen, trägt zur Summe unseres Verständnisses der Natur unseres physikalischen Universums bei. Wir alle dringen auf unsere eigene Weise in Bereiche vor, die noch kein anderer betreten hat.

(ix) Das Ergebnis dieser Kreativität ist fraglos ein Sinn für *Schönheit* in den großen Konzepten der Physik . Einige der großen Leistungen der Physik wecken in mir zumindest die gleiche Art von Resonanz, wie man sie bei großen Kunstwerken empfindet. Ich vermute, daß viele von uns die gleichen Gefühle gegenüber der Physik haben, daß es ihnen aber normalerweise peinlich ist, dies zuzugeben. Das ist schade, weil die Leistungen der Physik und theoretischen Physik durchaus zu den Höhepunkten menschlicher Leistung zählen. Ich glaube, wenn ich ein besonders schönes Stück Physik finde, dann ist es sehr wichtig, dies an die Studenten weiterzugeben – und es gibt eine Menge Beispiele für solche Stücke. Ich finde, daß ich den gleichen Prozeß der Wiederentdeckung erlebe wie beim erneuten Anhören eines vertrauten klassischen Musikstücks – meiner hundertsten Aufführung von Beethovens Eroika oder Stravinskis 'Sacré du Printemps'. Ich bin überzeugt, daß die Studenten davon wissen sollten.

(x) Schließlich macht Physik *großen Spaß*. Der Standardvorlesung kann leicht vieles von der Freude am Gegenstand und der Anregung durch den Gegenstand fehlen. Die Studenten sollten erkennen, daß Physiker wirklich Freude an der Physik haben und daß diese ein sehr dankbarer Beruf ist. Das vorliegende Buch bietet insofern einen alternativen Zugang zum theoretischen Denken in der Physik, als es die Punkte (i) bis (x) betont, statt eine systematische Darlegung der theoretischen Physik zu versuchen. Die Geschichte, wie ich zu dieser Vorlesung kam, ist darum von gewissem Interesse, weil sie alternative Ziele zeigt, die mit den obigen Zielstellungen völlig im Einklang stehen.

1.2 Die Entstehung der vorliegenden Vorlesungsreihe

Diese Vorlesungsreihe hatte ihren Ursprung in der Empfindung einer Reihe von Mitarbeitern des Fachbereichs Physik in Cambridge, die theoretisch ausgerichtete Kurse für Studenten zu halten hatten, daß den Lehrplänen der logische Zusammenhang vom theoretischen Standpunkt aus fehlte und daß den Studenten nicht ganz klar war, was theoretische Physik eigentlich ist. Was ist eigentlich der Gegenstandsbereich der 'Physik' im Gegensatz zur 'theoretischen Physik'? Sind sie wirklich so verschieden voneinander?

Indem unsere Ideen sich entwickelten, wurde sichtbar, daß eine Diskussion dieser Ideen für alle Studenten höherer Semester von Wert sein würde. Der Kurs mit dem Titel 'Theoretische Konzepte in der Physik' wurde im Sommersemester im Juli und August vor Studenten gehalten, die am Beginn ihres letzten Studienjahrs standen. Der Kurs war völlig prüfungsfrei und ganz und gar fakultativ. Außer einem gewachsenen Bewußtsein für Physik und theoretische Physik fanden die Studenten keine Anerkennung für den Besuch des Kurses. Ich hatte das Glück, gebeten zu werden, diese Vorlesungsreihe erstmals zu halten.

Die grundlegenden Ziele des Kurses waren ursprünglich die folgenden:

(a) Die Wechselwirkung zwischen Experiment und Theorie. Besonderer Nachdruck sollte auf die Bedeutung neuer Technologie für die Erzielung theoretischer Fortschritte gelegt werden.

(b) Die Bedeutung der Verfügbarkeit geeigneter *mathematischer Werkzeuge zur Lösung eines theoretischen Problems*. Einmal eilt die Mathematik der Physik voraus, ein andermal ist die Mathematik noch nicht verfügbar und muß erst entwickelt werden.

(c) *Der theoretische Hintergrund der grundlegenden Konzepte der modernen Physik.*

(d) *Die Rolle von Näherungen und Modellen in der Physik.*

(e) *Analyse konkreter wissenschaftlicher Aufsätze zur theoretischen Physik.*

(f) *Die grundlegenden Themen der theoretischen Physik – Symmetrie, Erhaltung, Invarianz usw.*

Beim Nachdenken darüber, wie diese Ziele zu erreichen wären, beschloß ich, die Themen durch eine Reihe von Fallstudien anzugehen, die so angelegt waren, daß sie verschiedene Aspekte der Physik und theoretischen Physik beleuchteten. Die Auswahl war rein persönlich, aber ich traf sie so, daß ich noch ein weiteres Ziel erreichen würde, nämlich:

(g) *Die Festigung und Überprüfung aller physikalischen Grundbegriffe, die ich von allen Studenten des letzten Studienjahrs erwarte.*

Schließlich wollte ich

(h) *meinen eigenen Enthusiasmus für Physik und theoretische Physik weitergeben.* Obwohl ich jetzt beruflich als Astronom arbeite, bleibe ich im Herzen ein Physiker, und um ganz offen zu sein: ich betrachte die Astronomie und Astrophysik als ein Teilgebiet der Physik, das aber auf das Universum als Ganzes angewendet wird. Meine eigene Begeisterung resultiert daraus, daß ich mit astrophysikalischen und kosmologischen Forschungsaufgaben zu tun habe, die an den äußersten Grenzen unseres Verständnisses des Universums liegen. Physik ist kein toter, pädagogischer Gegenstand, dessen einziger Zweck es ist, Prüfungsfragen für Studenten zu liefern. Sie ist ein aktives Fachgebiet von robustem Gesundheitszustand und durchlebt sogar gegenwärtig eine weitere jener aufregenden Epochen, in denen neue Grundeinsichten gewonnen werden.

Bei der Arbeit an einer Veröffentlichung dieser Vorlesungsreihe habe ich den Inhalt etwas erweitert, um eine vollständigere Behandlung der Physik für Studenten zu bieten. Ich habe Material aus Seminaren zur mathematischen Physik und aus einer eigenen Vorlesung über Thermodynamik aufgenommen.

1.3 Eine Warnung an den Leser

Der Leser sollte vor zwei Dingen gewarnt werden: Erstens handelt es sich hier um eine *durchaus persönliche Auffassung des Gegenstands*. Die Darstellung ist ganz bewußt so angelegt, daß die Punkte (i) bis (x) und (a) bis (h) betont werden – mit anderen Worten, daß besonderer Wert auf alle jene Aspekte gelegt wird, die gewöhnlich aus Zeitmangel in den Physikvorlesungen nicht vorkommen.

Zweitens – und dies ist noch wichtiger – ist diese Vorlesungsreihe kein Lehrbuch der Physik und theoretischen Physik. Sie ist *keineswegs* ein Ersatz für die systematische Erschließung dieser Fachgebiete durch die normalen Kursvorlesungen. Sie sollten dieses Buch als Zugabe betrachten, von der ich hoffe, daß sie etwas zu Ihrem Verständnis und Ihrer Aufgeschlossenheit für die Physik beiträgt.

1.4 Was ist theoretische Physik?

Ich will mit einer formalen Aussage über die Grundlage unserer gesamten Arbeit beginnen. Die Naturwissenschaften haben das Ziel, eine logische und systematische Beschreibung natürlicher Erscheinungen zu geben und uns in die Lage zu versetzen, aufgrund unserer bisherigen Erfahrung Voraussagen über neue Sachverhalte zu machen. Eine *Theorie* ist die formale Grundlage für solche Schlußfolgerungen.

Theorie braucht nicht mathematisch zu sein, aber die Mathematik ist die leistungsfähigste und allgemeinste Folgerungsmethode, die wir besitzen. Daher versuchen wir, wo immer es möglich ist, *Daten* in *mathematisch* handhabbarer Form zu erfassen. Dies hat zwei unmittelbare Konsequenzen für die Theorie in der Physik.

Die Grundlage der gesamten Physik und theoretischen Physik sind *experimentelle Daten* sowie die Notwendigkeit, diese Daten in *quantifizierter Form* vorliegen zu haben. Manche neigen zu dem Glauben, daß die ganze theoretische Physik durch reine Vernunft hervorgebracht werden könnte. Das ist von vornherein zum Scheitern verurteilt. Die großen Leistungen der theoretischen Physik gründen fest auf den Leistungen der Experimentalphysik. Das Experiment bildet die einzige Randbedingung für die physikalische Theorie. Jeder theoretische Physiker sollte daher ein sicheres Verständnid für die Methoden der Experimentalphysik besitzen, nicht nur damit er seine Theorie überprüfen kann, sondern auch um Experimente vorschlagen zu können, die realistisch sind und zwischen konkurrierenden Theorien unterscheiden können.

Die zweite Konsequenz ist, daß wir über geeignete *mathematische Werkzeuge* verfügen müssen, mit denen wir die zu lösenden Probleme angehen können. Historisch gesehen, waren mathematische Methoden und Experimente nicht immer im Einklang miteinander. Manchmal sind die Methoden verfügbar, aber die experimentelle Situation ist unklar. In anderen Fällen war es umgekehrt – es waren neue mathematische Werkzeuge erforderlich, um eine einwandfreie quantitative Theorie zu entwickeln.

Die Mathematik steht natürlich im Mittelpunkt der Beweisführung in der theoretischen Physik, jedoch müssen wir uns davor hüten, sie als den ganzen Inhalt der Theorie zu betrachten. Ich möchte einige Worte aus Diracs Erinnerungen über seine Einstellung zur Mathematik in der theoretischen Physik wiedergeben. Zunächst sollte vermerkt werden, daß Dirac in seiner gesamten Arbeit mathematische Schönheit zu erreichen suchte. Zum Beispiel sagt er:

"Von allen Physikern, denen ich begegnete, war nach meinem Gefühl wohl Schrödinger mir selbst am ähnlichsten. ... Der Grund dafür ist, glaube ich, daß Schrödinger und ich beide einen sehr starken Sinn für mathematische Eleganz hatten und daß dieser unsere gesamte Arbeit beherrschte. Es war eine Art Glaubensakt bei uns, daß alle Gleichungen, die Grundgesetze der Natur beschreiben, von großer mathematischer Schönheit sein müssen. Es war eine sehr nutzbringende Religion und kann als Grundlage für einen großen Teil unseres Erfolgs angesehen werden." [1.1]

Andererseits schreibt er zu einem früheren Zeitpunkt:

'Ich schloß meinen Kurs in Ingenieurwesen ab, und ich möchte versuchen zu erläutern, welche Wirkung diese Ingenieurausbildung auf mich hatte. Vorher interessierten mich nur exakte Gleichungen. Es schien mir, daß man mit der Verwendung von Näherungen eine unerträgliche Häßlichkeit in seine Arbeit brachte, und mir war sehr daran gelegen, mathematische Schönheit zu bewahren. Nun, die Ingenieurausbildung, die ich erhielt, lehrte mich, Näherungen zu tolerieren, und ich konnte erkennen, daß selbst Theorien, die auf Näherungen beruhten, von beachtlicher Schönheit sein konnten ... .

So erfolgte eine vollständige Wandlung meiner Ansichten und außerdem eine weitere, die möglicherweise durch die Relativitätstheorie zustande kam. Ich hatte in dem Glauben angefangen, daß es einige exakte Naturgesetze gab und daß wir nicht mehr zu tun hatten, als die Schlußfolgerungen aus diesen exakten Gesetzen herauszuarbeiten. Typisch dafür waren die Newtonschen Bewegungsgesetze. Nun erfuhren wir, daß die Newtonschen Bewegungsgesetze nicht exakt, sondern nur Näherungen waren, und ich begann den Schluß zu ziehen, daß möglicherweise alle Naturgesetze nur Näherungen waren ... .

Ich glaube, ohne diese Ingenieurausbildung wäre ich in einer Tätigkeit der Art, wie ich sie später ausübte, völlig erfolglos geblieben, da es wirklich notwendig war, sich von dem Standpunkt zu lösen, daß man sich nur mit exakten Gleichungen und nur mit Ergebnissen befassen sollte, die aus bekannten, streng gültigen Gesetzen, die man hinnahm und an die man blind glaubte, logisch hergeleitet werden konnten. Ingenieure waren nur daran interessiert, Gleichungen zu erhalten, die für die Beschreibung der Natur brauchbar waren. Sie kümmerten sich nicht besonders darum, wie diese Gleichungen zustande kamen ... .

Und das führte mich natürlich zu der Ansicht, daß diese Auffassung die beste war, die man haben konnte. Wir wollten eine Beschreibung der Natur. Wir suchten die Gleichungen zur Beschreibung der Natur, und das Beste, worauf wir hoffen konnten, waren im allgemeinen Näherungsgleichungen, und wir würden uns mit dem Fehlen einer strengen Logik abfinden müssen." [1.2]

Dies sind sehr wichtige und scharfsinnige Gedanken, die ich Ihnen nun hoffentlich vertraut gemacht habe. Es gibt tatsächlich keine streng logische Art und Weise, in der wir Theorie formulieren können – wir approximieren fortwährend und benutzen das Experiment, um uns auf der richtigen Spur zu halten. Sie sollten natürlich beachten, daß Dirac von theoretischer Physik auf ihrem allerhöchsten Niveau sprach – Gedankenschöpfungen wie die Newtonschen Bewegungsgesetze, die spezielle und die allgemeine Relativitätstheorie, die Schrödingersche und die Diracsche Gleichung sind *extreme Höhepunkte dessen, was die theoretische Physik erreicht hat*, und sehr wenige von uns können auf einem derartigen Niveau arbeiten. Die gleichen Gedanken sind jedoch auf dem etwas niedrigeren Niveau gültig, wo wir alle in unserer eigenen kleinen Ecke des Gartens drauflosgraben.

Die meisten von uns befassen sich mit der Anwendung *bekannter Gesetze auf physikalische Situationen*, in denen das bisher nicht möglich oder nicht vorausgesehen war, und sehr häufig verwenden wir unzählige Näherungen, um das Problem überhaupt gefügig zu machen. Der Kern unserer Ausbildung als Physiker besteht darin, unser Vertrauen auf unseren physikalischen Verstand aufzubauen, so daß wir angesichts eines völlig neuen Problems diesen Verstand benutzen können, um zu erkennen, wie wir es auf die fruchtbarste Weise anpacken können.

1.5 Der Einfluß unserer Umgebung

Es ist wichtig, zu erkennen, daß nicht nur alle Physiker Individuen sind, sondern auch ihre Auffassungen stark von der Tradition beeinflußt werden, in der sie selbst Physik studiert haben. Dies gilt für einzelne Fachrichtungen ebenso wie für verschiedene Länder, wo man besondere wissenschaftliche Traditionen und Auffassungen feststellen kann. Ich habe selbst in einer Reihe verschiedener Länder Arbeitserfahrungen gesammelt, besonders in den USA und der UdSSR, und ich kann das Charakteristische in der Art und Weise erkennen, in der Physik und theoretische Physik betrieben werden. Ich glaube, daß dies außerordentlich zu meinem Verständnis und meiner Wertschätzung der Physik beigetragen hat.

Schon wenn wir nur über theoretische Physik reden, gehen die Meinungen darüber, was die 'theoretische Physik' im Gegensatz zur 'Physik' darstellt, weit auseinander. In der Tat waren im Fachbereich Physik in Cambridge, wo dieser Kurs zuerst gehalten wurde, die meisten Kurse sehr stark theoretisch ausgerichtet. Damit meine ich, daß die meisten Kurse das Ziel hatten, den Studenten die grundlegende Theorie und ihre Herleitung zu bieten, und experimentellen Fragen relativ wenig Beachtung schenkten. Wenn Experimente angedeutet wurden, lag der Nachdruck eher auf den Ergebnissen als auf der experimentellen Erfindungsgabe, durch welche die Physiker zu ihren Antworten gelangten. Dies ist recht bedauerlich, denn sobald man mit der Wirklichkeit konfrontiert ist, muß man experimentelle Daten sehr ernst nehmen und in der Lage sein, eine wissenschaftliche Veröffentlichung dahingehend zu beurteilen, ob man den angeführten Ergebnissen trauen kann oder nicht.

Andererseits glauben Mitarbeiter von Fachbereichen der theoreti schen Physik oder der angewandten Mathematik, daß sie eine viel 'theoretischere' theoretische Physik lehren, als wir es tun. Ich glaube, daß dies in ihrer Lehrtätigkeit für Studenten sicher der Fall ist. In der Lehrtätigkeit dieser Abteilungen gibt es definitionsgemäß eine sehr starke mathematische Ausrichtung, und sie sind oft strenger in ihrem Gebrauch der Mathematik als wir – oder vielmehr, sie machen sich viel mehr Gedanken um mathematische Strenge als wir. In anderen Physikabteilungen liegt die Betonung oft eher auf dem Experiment als auf der Theorie. Es war recht amüsant, daß eine Reihe von Mitarbeitern der Abteilung Physik in Cambridge, die innerhalb der Abteilung als 'Experimentalphysiker' galten, von allen anderen Physikabteilungen im Lande als 'Theoretiker' betrachtet wurden!

Wir erörtern das Problem der Umgebung deshalb, weil sie eine etwas verzerrte Ansicht darüber hervorbringen kann, was jeder von uns unter Physik und theoretischer Physik versteht. Meine eigene Auffassung ist, daß Physik und theoretische Physik nicht als getrennte Fachgebiete anzusehen sind. Sie sind nur verschiedene Betrachtungsweisen für das gleiche Material, und es hat große Vorteile, wenn man seine mathematischen Modelle im Zusammenhang mit den Experimenten oder zumindest in einer Umgebung entwickelt, wo man täglich Kontakt zu den Leuten aufnehmen kann, die mit den Experimenten zu tun haben.

Aus der Tatsache, daß es im allgemeinen mehrere Betrachtungsweisen für physikalische Probleme gibt, ergibt sich als logische Folge, daß verschiedene Physiker die Physik auf unterschiedliche Weise 'verstehen'. Sie werden entscheiden müssen, wie Sie die Gedanken der Physik am besten verstehen. Unter meinen Kollegen gibt es einige, die absolut kein intuitives Gefühl für Physik haben, sondern Gleichungen niederschreiben müssen, um irgendetwas zu verstehen. Andere arbeiten ausschließlich mit physikalischem Scharfblick und sind in der Lage, in wenigen Zeilen allgemeine Antworten für komplizierte Probleme zu finden. In keinem realen Sinne ist der eine besser als der andere. Beide gelangen am Ende zur Lösung. Lediglich ihre Betrachtungsweisen der Physik sind völlig verschieden. Wenn Sie verschiedene Dozenten etwas beschreiben hören, was wie ein schon früher gehörter Stoff klingt, dann denken Sie daran, daß die Vortragenden den Gegenstand von ihrem eigenen Standpunkt aus betrachten. Jede gesonderte Darstellung wird etwas zu ihrem Verständnis der Physik beitragen.

Ein Beispiel für eine ausgesprochen britische Besonderheit der Physik ist die Tradition der Konstruktion von Modellen, auf die wir bei mehreren Gelegenheiten zurückkommen werden. Die Konstruktion von Modellen scheint im 19. und frühen 20. Jahrhundert ein vornehmlich britischer Charakterzug gewesen zu sein, und etwas davon ist heute noch geblieben. Ich bekenne, daß ich beim Nachdenken über Physik im allgemeinen ein bestimmtes Bild im Kopf habe, über das ich nachdenke, und nicht eine abstrakte oder mathematische Vorstellung.

Die Arbeiten von Faraday und Maxwell sind voll von Modellen, und um die letzte Jahrhundertwende war die Vielfalt der Atommodelle ziemlich verwirrend. Das 'Plumpudding'-Modell des Atoms, vielleicht eines der deutlicheren Beispiele für die Konstruktion von Modellen, ist nur die Spitze des Eisbergs. J.J. Thomson äußerte sich recht freimütig über die Bedeutung der Modellkonstruktion:

> "Die Frage, welche Erklärungsweise der Student sich zu eigen macht, ist für viele Zwecke von sekundärer Bedeutung, vorausgesetzt, daß er sich überhaupt eine zu eigen macht." [1.3]

Dies wird durch die Sammlung der Vorlesungsnotizen von Heilbron zu den *Vorlesungen zur Geschichte der Atomphysik 1900–1920* [2.4] glänzend illustriert. Diese Auffassung unterscheidet sich stark von der kontinentalen europäischen Tradition der theoretischen Physik – wir finden bei Poincaré die Bemerkung, daß seines Wissens alle Franzosen bei ihrer ersten Begegnung mit den Arbeiten von Maxwell von einem 'Gefühl des Unbehagens, ja der Verzweiflung' niedergedrückt wurden [1.5]. Nach Hertz hörte man Kirchhoff sagen, daß es ihm Schmerzen bereite, Atome und ihre Schwingungen inmitten einer theoretischen Diskussion vorsätzlich aufgespießt zu sehen [1.6]. Dies zeigt deutlich Differenzen in der Ansicht darüber, was theoretische Physik ausmacht oder nicht.

Als ich im Cavendish Laboratory arbeitete, maßen wir der Entwicklung der *physikalischen Einsicht* große Bedeutung bei. Ich glaube, daß dies ein Teil der britischen Tradition der Konstruktion von Modellen ist. Wir wollten die Fähigkeit entwickeln, abzuschätzen, was in einer gegebenen physikalischen Situation geschehen könne, ohne die gesamten mathematischen Berechnungen niederschreiben zu müssen. Dies ist eine sehr wichtige Fähigkeit, und die meisten von uns erlernen sie mit der Zeit. Sie ist meist eine Sache der Erfahrung, und diese läßt sich nur durch harte Arbeit erwerben. Es ist auch wichtig, zu betonen, daß der Besitz von physikalischer Einsicht kein Ersatz für das Erarbeiten präziser Lösungen ist. Wenn man für sich in Anspruch nehmen möchte, ein theoretischer Physiker zu sein, muß man ebenso dafür gerüstet sein, die korrekte quantitative Analyse durchzuführen.

1.6 Inhalt der Vorlesungsreihe

Die Fallstudien, durch die ich versucht habe, meine Ziele zu erreichen, sind jeweils so angelegt, daß sie bedeutende Fortschritte in der theoretischen Physik behandeln und dabei einen Blick auf jene Physik gewähren, der man schon von einem völlig anderen Standpunkt aus begegnet ist. Deshalb lautet der Untertitel dieses Buches: 'Eine alternative Betrachtung theoretischer Gedankengänge in der Physik ...'. Ich habe vor, die geistigen Prozesse nachzugestalten, durch die sich einige der größten Entdeckungen in der theoretischen Physik vollzogen, und aus diesen historischen Fallstudien einen gewissen Einblick zu gewinnen, wie wahre Physik und theoretische Physik gemacht wird. Dies wird hoffentlich etwas von der Erregung und dem angespannten geistigen Ringen vermitteln, die mit der Erlangung eines neuen physikalischen Verständnisses verbunden sind. Die sieben großen Fallstudien betreffen:

1. Die Ursprünge des Newtonschen Gravitationsgesetzes
2. Die Maxwellschen Gleichungen
3. Mechanik und Dynamik
4. Thermodynamik und statistische Mechanik
5. Die Ursprünge des Quantenbegriffs
6. Spezielle Relativitätstheorie
7. Allgemeine Relativitätstheorie und Kosmologie

In den meisten Fällen werden wir die Entdeckungsprozesse auf dem gleichen Weg nachvollziehen, wie er von den Wissenschaftlern selbst verfolgt wurde. Wir werden nur mathematische Verfahren anwenden, die den Wissenschaftlern zu jener Zeit zur Verfügung standen. Zum Beispiel können wir bis zum Abschluß der Fallstudie 5 die Sache nicht abkürzen, indem wir annehmen, daß wir elektromagnetische Wellen durch Photonen darstellen können. In diesem Prozeß werden wir viele Grundbegriffe der Physik, mit denen Sie vertraut sein sollten, revidieren. Ich werde auch eine Reihe persönlicher Anmerkungen zu dem Stoff machen, die im wesentlichen aus meinen eigenen Erfahrungen in Forschung und Lehre entnommen sind.

1.7 Entschuldigungen und Worte der Ermutigung

Ich möchte klipp und klar bekennen, daß ich *kein* Wissenschaftshistoriker oder -philosoph bin. Ich verwende Beispiele aus der Geschichte der Wissenschaft weitgehend für meine eigenen Zwecke, d.h. zur Erläuterung meiner Erfahrungen, wie wirkliche Physiker denken und sich verhalten. Die Verwendung historischer Fallstudien ist lediglich ein Kunstgriff, um ein wenig von der Realität und der Erregung der Physik mitzuteilen. Eines Tages werde ich vielleicht die Zeit haben, die historischen Abschnitte von einem gelehrteren Standpunkt aus umzuschreiben. Einer solchen Arbeit würde aber vielleicht die innere Überzeugung fehlen , die mich heute drängt, diese Ideen zu Papier zu bringen. Ich bitte daher Wissenschaftshistoriker und -philosophen freimütig um Entschuldigung für den Mißbrauch von Fachgebieten, vor denen ich den tiefsten Respekt habe. Es mag sein, daß die Studenten aus dem, was sie in diesem Buch lesen, eine gesündere Achtung für die Arbeiten professioneller Wissenschaftshistoriker gewinnen.

Die Feststellung der geistigen Prozesse, durch die wissenschaftliche Entdeckungen gemacht wurden, ist eine unsichere Sache, und selbst in der jüngsten Vergangenheit ist es oft schwierig, den wahren Handlungsablauf zu entwirren. In meiner Hintergrundlektüre habe ich mich weitgehend auf Standardbiographien und -darstellungen gestützt. Für mich liefern sie lebendige Schilderungen, wie die Wissenschaft wirklich arbeitet, und ich kann sie in Zusammenhang mit meiner eigenen Forschungserfahrung bringen. Wenn ich an einigen Stellen geirrt habe, kann ich zu meiner Rechtfertigung nur die Giordano Bruno zugeschriebenen Worte anführen: 'Si non e vero, e molto ben trovato' (Wenn es nicht wahr ist, so ist es sehr gut erfunden).

Dieses Buch war ursprünglich für angehende theoretische Physiker gedacht, aber es ist tatsächlich für alle Physikstudenten geeignet. Sie alle sollten etwas aus diesem Kurs lernen können, auch wenn Sie die Disziplin der theoretischen Physik geringschätzen. Ein interessantes Beispiel für jemanden, der wenig Notiz von Theoretikern nahm, ist Stark, der es sich zum Prinzip machte, fast alle Theorien abzulehnen, über die seine Kollegen Übereinstimmung erzielt hatten. Im Widerspruch zu ihrer Ansicht zeigte er, daß Spektrallinien durch ein elektrisches Feld aufgespalten werden konnten, und fand damit den Stark-Effekt, wofür er den Nobelpreis erhielt.

Schließlich sollen Sie an diesem Buch Freude haben. Ich versuche, Sie in die passende Gemütsverfassung zu versetzen, damit Sie all die Theorie, mit der Sie in den Vorlesungen des letzten Studienjahrs bombardiert werden, richtig würdigen können. Besonders möchte ich Verständnis für die wirklich großen Entdeckungen der Physik und theoretischen Physik vermitteln. Dies sind ebenso große Leistungen wie nur irgendeine auf jedem Gebiet menschlichen Strebens.

Fallstudie 1

Die Ursprünge des Newtonschen Gravitationsgesetzes

Tycho Brahe (1546–1601)[1]

Johannes Kepler (1571–1630)[2]

Isaac Newton (1642– 1717)[3]

[1] Nach einer alten Lithographie im Besitz des Royal Observatory, Edinburgh.

[2] Nach dem Titelblatt von *Johannes Kepler – Gesammelte Werke*, Bd. 1, Hrsg. M. Caspar, 1938, Beck, München.

[3] Nach dem Titelblatt von *The Correspondence of Isaac Newton*, Bd. 1, Hrsg. H.W. Turnbull, 1959, Cambridge University Press

2 Tycho Brahe, Kepler und Newton – die Ursprünge des Newtonschen Gravitationsgesetzes

2.1 Einführung

Wir beginnen unsere Geschichte mit einem klassischen Beispiel der starken Wechselwirkung zwischen technologischer Innovation und daraus entstehender Fortschritte im theoretischen Verständnis. Es veranschaulicht auch, wie die geeigneten mathematischen Verfahren zur Verfügung stehen müssen, bevor der volle Gehalt einer Theorie verständlich wird. Wir müssen einen Blick in die Geschichte des Jahrhunderts vor Newtons großer Entdeckung werfen, und es ist natürlich sehr schwierig, auf diese heroischen Pioniertage ohne die zweifelhaften Vorteile nachträglicher Einsicht zurückzublicken.

Die Zeit um 1600 wird herkömmlicherweise als die Epoche betrachtet, die den Beginn der modernen Wissenschaft, wie wir sie heute kennen, bezeichnet. Wahrscheinlich mehr als jede andere Entwicklung war es Galileis Verständnis von der Natur der Beschleunigung und der Trägheit, das den Anfang der Physik in ihrer Anwendung auf die Bewegung kennzeichnete. Damit sollen die Leistungen der griechischen Astronomen und Mathematiker nicht unterschätzt werden, die zur Erklärung der Bewegung der Planeten am Himmel sinnreiche und elegante Modelle ersannen. Diese bemerkenswerten Modelle führten jedoch nicht zu einem tieferen Verständnis der Entstehung dieser Bewegungen.

Was die quantitative Wissenschaft betraf, so war die Beobachtung im allgemeinen viel genauer als das Experiment. Dies wird durch die Tatsache veranschaulicht, daß es Tafeln gab, genannt die Alfonsinischen und Prutenischen Tafeln, welche die Voraussage der Verfinsterungen und der Planetenörter ermöglichten. Die Ungenauigkeiten, die Tycho Brahe im August 1563 bei der Voraussage einer Konjunktion von Saturn und Jupiter in diesen Tafeln feststellte, sind als Wendepunkt in seiner Laufbahn betrachtet worden. Sein Entschluß, die Genauigkeit dieser Tafeln zu verbessern, führte letzten Endes zu den großen Entdeckungen Keplers und Newtons.

2.2 Tycho Brahe
und das Observatorium auf der Insel Hveen

Im Jahre 1543 veröffentlichte Kopernikus sein großes Werk *De Revolutionibus Orbium Celestium*. Auf der Grundlage der zu jener Zeit verfügbaren Beobachtungen der Sonne und der Planeten stellte er seine revolutionäre Behauptung auf, daß sich die Planeten in Kreisbahnen um die Sonne bewegen (Abb. 2.1). Nachträglich erkennen wir, daß Kopernikus zufällig auf die richtige Antwort gestoßen ist, aber zu jener Zeit fanden seine Ideen nicht die geringste Anerkennung. Sie stießen in der Tat auf starken Widerstand und Feindseligkeit von seiten der kirchlichen Autoritäten.

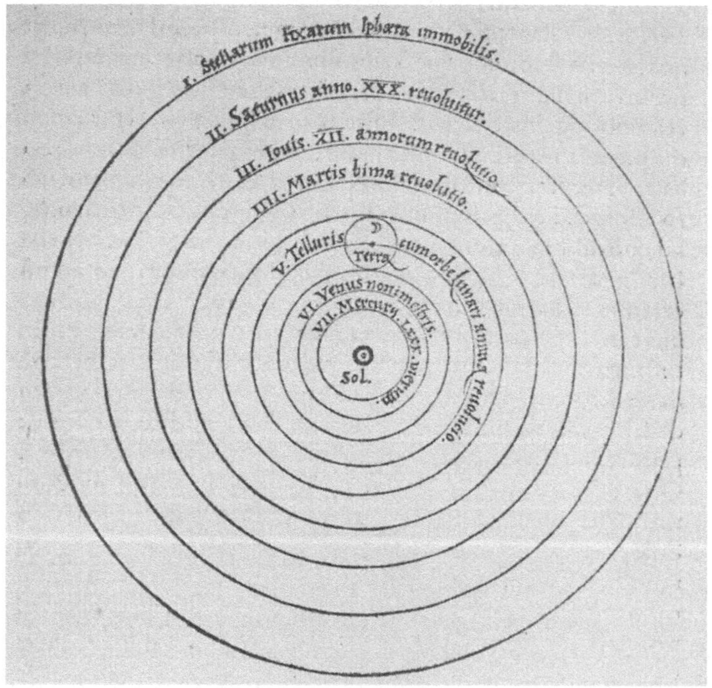

Abb. 2.1. Das Kopernikanische Universum nach Kopernikus' Abhandlung
De Revolutionibus Orbium Celestium, 1543, gegenüber S. 10, Nürnberg. (Aus der Crawford Collection, Royal Observatory, Edinburgh.)

Tycho Brahe wurde 1546 geboren und entwickelte frühzeitig Interesse für die Astronomie und die Bewegungen der Planeten. Im Jahre 1572 beobachtete er die helle Supernova oder den explodierenden Stern, der seinen Namen trägt. Diese frühen visuellen Beobachtungen waren so genau, daß aus Tychos

Aufzeichnungen die Rate der Helligkeitsabnahme der Supernova mit der Zeit abgeleitet werden konnte. Während seiner gesamten Jugend und seines frühen Mannesalters konstruierte er Instrumente zur genauen Vermessung der Örter der Fixsterne und Planeten. Seine große wissenschaftliche Bedeutung ergab sich daraus, daß er schließlich in der Lage war, die Örter der Sonne, der Planeten und der Fixsterne genauer und systematischer als irgend jemand vor ihm zu messen.

Es war ein glücklicher Umstand, daß seine Fähigkeiten als Wissenschaftler und Astronom frühzeitig erkannt wurden und daß König Friedrich II. von Dänemark ein leidenschaftliches Interesse an den Wissenschaften und der Literatur nahm. Im Jahre 1576 belehnte er Tycho mit 'Unserem Land Hveen mit allen Unseren und der Krone Pächtern und Dienern, die darauf leben, mit allen Pachten und Abgaben, die daraus entstehen ... so lange er lebt und seine *studia mathematica* fortsetzen und verfolgen mag ... ' [2.1]. Dies bedeutete, daß Tycho von Friedrich die Insel Hveen als Lehen erhielt, die vor der Küste von Dänemark und Schweden liegt. Außer den materiellen und landwirtschaftlichen Ressourcen der Insel wurde Tycho nahezu unbegrenzte finanzielle Unterstützung gewährt, mit deren Hilfe er ein Observatorium bauen und mit den modernsten Instrumenten seiner Zeit ausstatten konnte. Er glaubte, um in Tychos eigenen Worten zu sprechen, daß das gesamte Unternehmen Friedrich 'mehr als eine Tonne Goldes' gekostet habe [2.2]. Einige Schätzungen lassen darauf schließen, daß dies etwa 5–10% des damaligen Bruttosozialprodukts von Dänemark betragen haben muß. Er beschäftigte einen ansehnlichen Stab von Mitarbeitern, die ihn bei den Beobachtungen und ihrer Auswertung zu einer Sammlung von Tabellen der Planeten-, Mond- und Sonnenbewegungen unterstützten.

Jeder moderne Forscher wird Tychos Methoden als Modell für die Durchführung eines großen Forschungsprojekts in den beobachtenden oder experimentellen Wissenschaften anerkennen. Er konstruierte die genauesten Instrumente dieser Zeit und ließ sie bauen, darunter einen großen Mauerquadranten von 2 m Radius (Abb. 2.2). Die Visiere bewegten sich entlang des Quadrantenbogens und die Sterne wurden präzise beobachtet, wenn sie das Loch in der Mauer passierten, das im Mittelpunkt des Kreissektors des Quadranten angebracht war. Dies war das bei weitem wichtigste Instrument, da es seiner Größe und seiner ortsfesten Aufstellung wegen mit der höchsten Genauigkeit arbeiten konnte. Im Hintergrund des Bildes, hinter Tycho, sind einige andere Instrumente seines Observatoriums erkennbar, wie auch die Kellerräume, in denen chemische Experimente ausgeführt wurden. Tycho baute tatsächlich zwei Observatorien, denen er die Namen Uraniborg bzw. Stjerneborg gab. Die Assistenten an beiden Observatorien hatten selbständige Messungen der Stern- und Planetenörter durchzuführen, und nur Tycho selbst durfte ihre Ergebnisse vergleichen.

Technisch gelangen ihm eine Reihe bemerkenswerter Verbesserungen seines Verfahrens zur Messung der Örter von Himmelskörpern. Er ersann Methoden zur Berücksichtigung der Durchbiegung seiner Geräte, wenn sie auf verschiedene Teile der Himmelskugel gerichtet wurden. Er eliminierte die Refraktionseffekte bei der Beobachtung von Sternen unter verschiedenen Winkeln über dem Horizont. So erkannte er die Bedeutung der Elimination systematischer

Abb. 2.2. Tycho Brahe mit den Instrumenten, die er zur genauen Beobachtung der Örter der Sterne und Planeten konstruierte. Er sitzt innerhalb seines 'großen Mauerquadranten', der zu jener Zeit die genauesten Messungen der Stern- und Planetenörter lieferte. (Aus *Astronomiae Instauratae Mechanica*, 1602, S. 20, Nürnberg; aus der Crawford Collection, Royal Observatory, Edinburgh.)

Fehler aus seinen Beobachtungen. Noch wichtiger war die Tatsache, daß er nicht nur die bei weitem genauesten Beobachtungen seiner Zeit präsentierte, sondern auch seinen *Beobachtungsfehler* angab. Die letzte, für seinen Erfolg entscheidende Besonderheit seines Programms war, daß die Beobachtungen systematisch über einen Zeitraum von 20 Jahren durchgeführt wurden. Wir erkennen in Tychos Herangehen an die beobachtende Wissenschaft alle optimalen Eigenschaften moderner Meßmethoden.

Das Endergebnis war ein Katalog der Sternörter, dessen Genauigkeit alles bisher Dagewesene weit übertraf. Es wurden die Örter von 777 Sternen mit einer Genauigkeit von etwa 1–2 Bogenminuten gemessen, was eine Verbesserung um etwa eine Größenordnung gegenüber den bis dahin verfügbaren Messungen bedeutete. Das waren ungefähr 2/3 aller Sterne, die von Dänemark aus mit dem bloßen Auge sichtbar waren. Außerdem sammelte Tycho nahezu täglich Beobachtungen der Sonne sowie eine vollständige Reihe von Örtern des Mondes und der Planeten.

Es steht außer Frage, daß er seine größten Leistungen als Technologe und Experimentator vollbrachte. Er hatte ein echtes Interesse an der Theorie und entwickelte sein eigenes Modell für das Sonnensystem, das scheinbar das geozentrische und das kopernikanische Bild von den Bewegungen der Sonne, des Mondes und der Planeten in Einklang miteinander brachte (Abb. 2.3). Darin bewegen sich die Planeten in der Tat auf Kreisbahnen um die Sonne, aber die Sonne selbst bewegt sich auf einer Kreisbahn um die Erde, die in Tychos Kosmologie ihre feste Zentralposition behält.

Im Jahre 1597 war Tycho nach einem schweren Streit mit Friedrichs Nachfolger gezwungen, Hveen zu verlassen, und ließ sich in Benatek in der Nähe von Prag nieder. Dort, kurz vor seinem Tode im Jahre 1601, beauftragte er als Assistenten einen der hervorragendsten jungen Mathematiker Europas mit der Analyse seiner Beobachtungen, die er auf die Reise nach Prag mitgenommen hatte. Der Name des Assistenten war Johannes Kepler.

2.3 Keplers Gesetze der Planetenbewegung

Schon während seiner Universitätsstudien, als Schüler von Mästlin, der selbst ein recht vorsichtiger Kopernikaner war, begeisterte sich Kepler für das kopernikanische Modell des Sonnensystems. Bis zu der Zeit, als er im Jahre 1600 für Tycho Brahe zu arbeiten begann, hatte er schon durch die Veröffentlichung seiner kurzen Abhandlung *Mysterium Cosmographicum*, in der die Radien der Planetenbahnen in Verbindung mit regelmäßigen geometrischen Figuren gebracht wurden, bedeutende Beiträge zur Mathematik und Geometrie geleistet. Kurz bevor Tycho im Jahre 1601 starb, hatte er Kepler mit der Arbeit an der Bahn des Planeten Mars beauftragt, und nach seinem Tode wurde Kepler sein Nachfolger als kaiserlicher Hofmathematiker.

Kepler begann mit der Annahme von Kreisbahnen und stellte bald fest, daß die Bewegung des Mars am Himmel nicht erklärt werden konnte, wenn sie auf den Mittelpunkt der Erdbahn bezogen wurde. Statt dessen mußte die Bewegung auf den wahren Ort der Sonne bezogen werden. Im weiteren Verlauf der mühsamen Analyse wurden Kreisbahnen an die Marsbewegung angepaßt, wobei die Sonne aus dem Mittelpunkt des Kreises verschoben wurde. Nach langer empirischer Arbeit war das Beste, was er erreichen konnte, eine Übereinstimmung bis auf etwa 6 bis 8 Bogenminuten mit Tychos Beobachtungen. Um mit Keplers eigenen Worten zu sprechen: 'Die göttliche Vorsehung schenkte uns einen

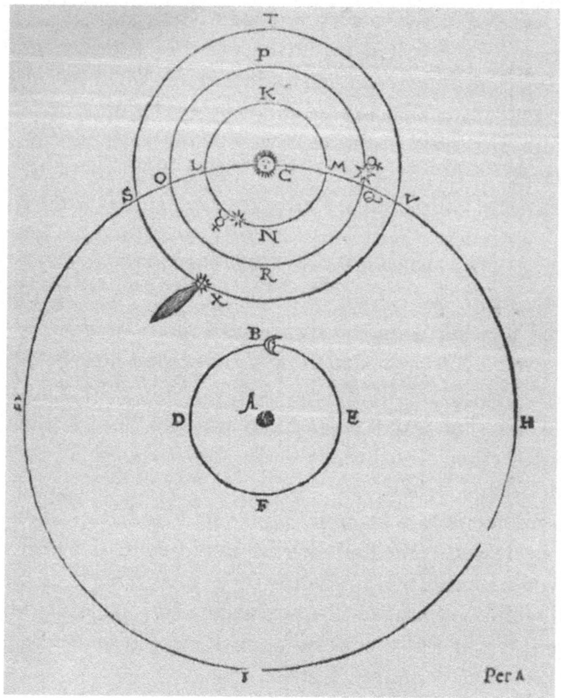

Abb. 2.3. Tychos Universum nach seinem Buch über den Kometen von 1577, *De Mundi Aethe-rei Recentioribus Phaenomenis – De Cometa Anni 1577*, 1610, S. 191, Frankfurt. (Aus der Crawford Collection, Royal Observatory, Edinburgh.)

so gewissenhaften Beobachter in Tycho Brahe, daß seine Beobachtungen diese ptolemäische Berechnung eines Fehlers von 8 Bogenminuten überführten; es ist nur recht, daß wir Gottes Gabe dankbaren Sinnes annehmen sollten ... . Da diese 8 Bogenminuten nicht ignoriert werden konnten, haben sie allein zu einer Reformation der Astronomie geführt' [2.3]. Mit anderen Worten, dieses Ausmaß der Abweichung war unannehmbar, und er mußte von vorn beginnen. Keplers Ablehnung der Kreisbahnen ist ein Schlüsselschritt in seiner Untersuchung – wir bemerken, daß Keplers Ablehnung auf einer Abweichung basierte, die nur etwa viermal so groß war wie der Standardfehler von Tychos Beobachtungen. Es ist offensichtlich, daß die Kenntnis der Genauigkeit von Tychos Beobach-tungen und die Tatsache, daß man ihnen trauen konnte, von entscheidender Bedeutung waren.

Keplers nächste Versuche beruhten auf der Verwendung eiförmiger Körper in Verbindung mit einer magnetischen Theorie zur Entstehung der Kräfte, wel-che die Planeten in ihren Bahnen halten. Nach diesem Modell sollte die Kraft im umgekehrten Verhältnis zur Entfernung abnehmen, und ebenso sollte die Geschwindigkeit des Planeten umgekehrt proportional zur Entfernung sein.

Kepler beabsichtigte dieses Gesetz als ein Maß für die Bahngeschwindigkeit des Planeten zu nehmen. Dies führte zu Schwierigkeiten bei der Berechnung der scheinbaren Bewegung der Planeten am Himmel, und folglich führte er intuitiv eine andere Idee ein, nämlich daß *gleiche Flächen* in *gleichen Zeiten* überstrichen werden sollten, den Flächensatz. Diese Hypothese führte zu einer ausgezeichneten Übereinstimmung mit der Erdbahn um die Sonne. Bemerkenswert ist, daß seine nächste große Untersuchung zur Kreisbahn des Mars keinen Hinweis auf diese große Entdeckung enthält, die wir als das *zweite Keplersche Gesetz der Planetenbewegung kennen*. Der Grund dafür war wohl, daß der Mars dem Flächensatz nicht zu gehorchen schien, und wir wissen jetzt, daß dies so war, weil Kepler die Bahn nicht durch eine Ellipse beschrieben hatte.

Kepler arbeitete weiter an der Riesenaufgabe, eine Anpassung eiförmiger Körper und des Flächensatzes an die Marsbahn zu versuchen, konnte aber keine exakte Übereinstimmung erreichen; die Minimalabweichung betrug etwa vier Bogenminuten. Gleichzeitig mit seinen Forschungen schrieb er an seiner großen Abhandlung *Die Neue Astronomie oder Ein Kommentar zur Bewegung des Mars*, und er gelangte bis zum Kapitel 51, bis ihm klar wurde, daß eine Figur erforderlich war, die zwischen eiförmigen Körpern und Kreisen lag, die Ellipse. Er gelangte bald zu dem entscheidenden Ergebnis, daß die Planetenbahnen Ellipsen sind, in deren einem Brennpunkt die Sonne steht. *Die Neue Astronomie* wurde im Jahre 1609 mit dem Untertitel *Gestützt auf gute Gründe, oder Physik des Himmels* veröffentlicht, vier Jahre nach seiner Entdeckung des Gesetzes, das wir heute als das *erste Keplersche Gesetz der Planetenbewegung* kennen.

Das dritte Gesetz der Planetenbewegung entstand viel später während der Arbeit an seiner Abhandlung *Harmonie der Welt* im Jahre 1619. Die verschiedenen Abschnitte dieses Werks sind der Geometrie, der Musik, der Astrologie und der Astronomie gewidmet. Wie andere Philosophen der Zeit war er tief beeindruckt durch die Ursprünge der musikalischen Harmonien in der reinen Tonskala, d.h. von der Tatsache, daß die Schwingungsfrequenzen zur Erzeugung der Intervalle in der Skala sich wie $\frac{1}{2}$, $\frac{2}{3}$, $\frac{3}{4}$, $\frac{4}{5}$, $\frac{5}{6}$, $\frac{5}{3}$ und $\frac{5}{8}$ verhalten. Er hatte schon 1596 in seinem *Mysterium Cosmographicum* gezeigt, wie Planetenbahnen in Verbindung mit symmetrischen Körpern gebracht werden konnten. Es gibt nur fünf regelmäßige Polyeder, und sein Modell ist, in seinen eigenen Worten, das folgende:

> "Die Erdbahn ist das Maß aller Dinge; zeichne darum ein Dodekaeder, und der Kreis, der dieses enthält, ist der Mars; zeichne um den Mars ein Tetraeder, und der Kreis, der dieses enthält, ist der Jupiter; zeichne um den Jupiter einen Kubus, und der Kreis, der diesen enthält, ist der Saturn. Nun zeichne innerhalb der Erde ein einbeschriebenes Ikosaeder, und der darin enthaltene Kreis ist die Venus; zeichne innerhalb der Venus ein einbeschriebenes Oktaeder, und der darin enthaltene Kreis ist der Merkur. Nun hast du den Grund für die Zahl der Planeten." [2.4]

Dieses Modell ist in Abb. 2.4 dargestellt. Bemerkenswerterweise konnte es den relativen Abstand der Planeten von der Sonne mit einer Genauigkeit von etwa 5% erklären.

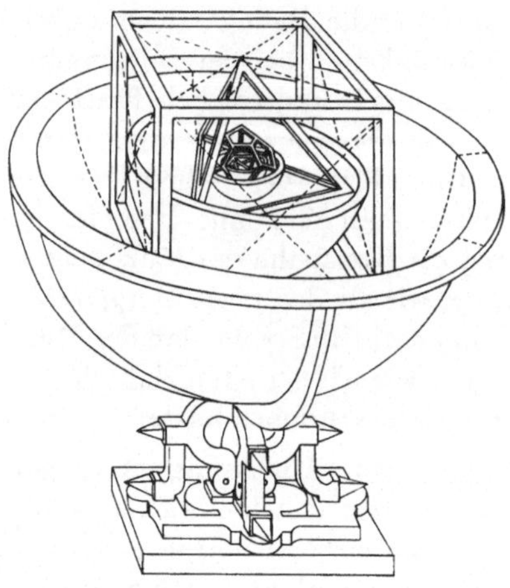

Abb. 2.4. Keplers Modell der geschachtelten Polyeder, das er entwickelte, um die Anzahl der Planeten und ihren Abstand von der Sonne zu erklären. (Aus *Dictionary of Scientific Biography, Bd. VII*, 1973, S. 292, nach Keplers Originalzeichnung in seinem *Mysterium Cosmographicum*, 1596.)

Es ist natürlich, daß er nach Zusammenhängen zwischen harmonischen Phänomenen in der Musik und im Himmel suchte. Er assoziierte gewisse Tonreihen mit den Planeten (Abb. 2.5) und erörterte ihre astrologische Bedeutung. Das mystische Element in der *Harmonie der Welt* gehörte weitgehend zu Keplers geistigem Rüstzeug, und in der Tat war sein Einkommen in letzter Zeit in hohem Maße von der Erstellung von Horoskopen abhängig. Um 1619 war er bei der Erklärung der radialen Abstände der Planeten von der Sonne nicht mehr mit einer Genauigkeit von 5% zufrieden, die er bei Anwendung des Modells der geschachtelten Polyeder bestenfalls erreichen konnte. Während er versuchte, die Genauigkeit seines Modells zu verbessern, entdeckte er das *dritte Gesetz der Planetenbewegung* – wonach die Umlaufzeit jedes Planeten um die Sonne proportional zur Quadratwurzel aus der dritten Potenz seines mittleren Abstands von der Sonne ist. Es ist bemerkenswert, daß diese Entdeckung von größter physikalischer Bedeutung unter einem Wust mystischer Harmoniespekulation begraben lag.

Wir sollten aus der Geschichte der Keplerschen Entdeckung der drei Gesetze der Planetenbewegung einige wichtige Lehren ziehen. Vor allem war Keplers technische Befähigung als Mathematiker augenscheinlich von höchstem Range. Alle Berechnungen wurden geometrisch ausgeführt, und es lohnt sich vielleicht, darüber nachzudenken, wie Sie die Planetenbahnen bestimmen würden, wenn Sie nur mit Tychos Daten, einem Lineal und Zirkeln versehen wären. Ich denke, daß dies eine ungeheure Leistung ist. Halten Sie also fest, daß Kepler die nöti-

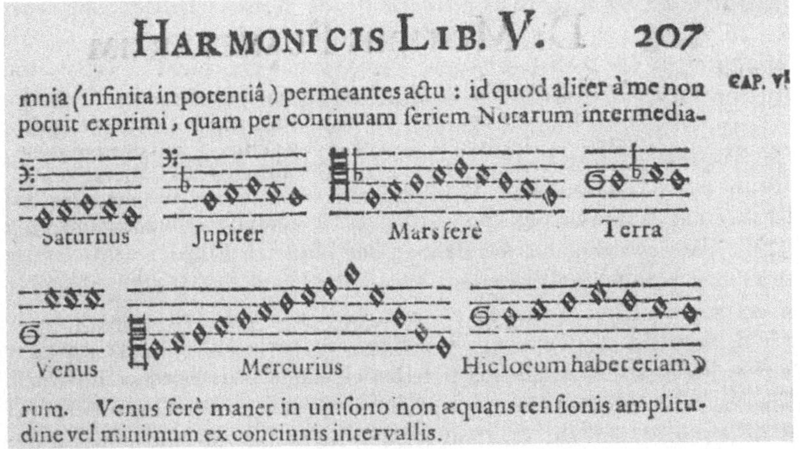

Abb. 2.5. Die 'Sphärenmusik' aus Buch V von Keplers Abhandlung *Die Harmonie der Welt*, 1619, S. 207, Linz. (Aus der Crawford Collection, Royal Observatory, Edinburgh.)

gen mathematischen Werkzeuge zur Interpretation von Tychos Daten besaß. Der zweite interessante Punkt ist, wie er durch Intuition geleitet wurde, zuerst bei seiner Entdeckung des Flächensatzes und dann der Ellipsen, die zum ersten Gesetz führten. Es gibt keinen logischen Weg, auf dem diese Sprünge der Phantasie entstehen. Vielmehr stelle ich mir vor, daß er völlig in das Problem vertieft war, so daß er, als der Einfall ihn traf, sofort seine Bedeutung erkannte und ihn bei der eingehenden Analyse weiterverfolgen konnte. Viele der größten theoretischen Fortschritte kommen durch diesen Zustand völliger Versunkenheit zustande, wobei man so in das Problem und alle seine Aspekte vertieft ist, daß man nur den richtigen Auslöser braucht, um alles richtig zusammenzufügen. Die meisten von uns erfahren dies mit einigem Glück in bescheidener Weise ein- oder zweimal in einer Forschungslaufbahn.

Ein weiterer interessanter Aspekt der Leistung Keplers war Galileis Reaktion auf seine Entdeckungen. Man könnte sich vorstellen, daß die Unterstützung Keplers, eines leidenschaftlichen Kopernikaners, für Galilei von unschätzbarem Wert gewesen wäre, als dieser im Jahre 1633 wegen seines Eintretens für die kopernikanische Auffassung, daß die Erde und die Planeten die Sonne umkreisen, verfolgt wurde. Galilei reagierte recht vorsichtig auf Keplers Unterstützung. Zwei Jahre nach Keplers Tod schrieb Galilei: 'Ich zweifle nicht daran, daß die Gedanken von Landsberg und einige von Kepler eher zur Herabsetzung der Lehre des Kopernikus als zu ihrer Durchsetzung beitragen, da mir scheint, daß diese (allgemein gesagt) zu sehr danach verlangt haben ...' [2.5]. Ein Blick auf Keplers effektvolle Prosa läßt darauf schließen, welcher Art Galileis Sorgen waren, ebenso die Tatsache, daß die soliden Leistungen der mathematischen Physik vermischt waren mit himmlischen Harmonien und Mystizismus, die Galileis Sache durchaus nicht gutgetan haben konnten. Ein analoger Fall in unserer Zeit könnte sein, daß es schwerfällt, als Wissenschaftler sehr ernst genommen zu werden, wenn man echte Wissenschaft mit scheinwissenschaftlichen Betätigungen wie Löffelverbiegen, Parapsychologie, nichtidentifizierten fliegenden Objekten, außersinnlicher Wahrnehmung usw. vermischt.

Ein weiterer Grund für Galileis Skepsis, der psychologisch ebenso interessant ist, zeigt sich in seiner Bemerkung: 'Mir scheint der Schluß vernünftig, daß man zur Erhaltung einer vollkommenen Ordnung unter den Teilen des Universums notwendig sagen muß, daß bewegliche Körper sich nur auf Kreisbahnen bewegen können' [2.6]. Die Tatsache, daß die Bahnen der Planeten Ellipsen statt Kreise sind, war Galilei intellektuell zuwider. Wenn wir auch heute erkennen, daß dies eher ein persönliches Vorurteil als ein physikalisches Argument war, so sollten wir doch nicht die Tatsache verbergen, daß wir alle bei der Analyse physikalischer Probleme zu ähnlichen Urteilen gelangen. Wir werden stets nach der einfachsten, elegantesten Lösung suchen, wenn wir nicht völlig überzeugt sind, daß sie unzulänglich ist. Es steht außer Frage, daß die Mathematik der Ellipsen viel komplizierter ist als die der Kreise.

In diesem Stadium wurde die tiefe Bedeutung der Keplerschen Gesetze nicht voll erkannt. Es war Newtons Genius, der die Gesetze auf eine feste theoretische Grundlage stellte und dabei zur Entdeckung des quadratischen Abstandsgesetzes der Gravitation gelangte.

2.4 Newton und das Gravitationsgesetz

Die letzte Person, die in dieser Geschichte auftreten soll, ist Isaac Newton, der im Jahre 1643 geboren wurde, mehr als zwanzig Jahre nach Keplers Entdeckung des dritten Gesetzes der Planetenbewegung. Aus den Notizbüchern des Studenten von 1664 geht hervor, daß er von Keplers erstem und drittem Gesetz aus dem Buch *Astronomia Carolina* von Streete erfahren hatte, das 1661 veröffentlicht wurde. In seinen Notizbüchern aus jenem Jahr klärte er den Begriff der Trägheit und leitete erstmals den korrekten Ausdruck für die Zentrifugalkraft her:

$$f \propto v^2/r. \tag{2.1}$$

Schon zu diesem frühen Zeitpunkt trug er die Idee eines umgekehrt-quadratischen Gesetzes der Gravitation vor, das aus dem dritten Keplerschen Gesetz und seinem eigenen Ausdruck für die Zentrifugalkraft abgeleitet war. Keplers Gesetz sagt aus, daß

$$T \propto r^{3/2}. \tag{2.2}$$

ist, wobei T die Umlaufzeit auf der Planetenbahn ist. Für den Fall von Kreisbahnen können wir die Anziehungskraft herleiten, welche die Planeten in ihren Bahnen hält. Die Geschwindigkeit des Planeten auf seiner Bahn ist $v \propto r/T \propto r^{-\frac{1}{2}}$. Daher muß die Kraft, welche die Zentrifugalkraft ausgleicht (2.1), mit r wie folgt variieren:

$$f \propto r^{-2}. \tag{2.3}$$

Dies ist ein beachtlicher Triumph. Ein *einziges* Kraftgesetz konnte die Bahnen *aller* Planeten erklären. Ebenso konnte Newton – wegen der umgekehrt-quadratischen Natur des Gesetzes – erklären, warum der Mond die Erde umkreist und nicht zur Sonne hingezogen wird. Das Gesetz erklärt auch, weshalb die Zentrifugalkraft nicht alle Körper von der Erde wegschleudert – sie werden durch die Gravitationskraft zurückgehalten. In einem berühmten Passus bemerkt Newton, daß ihm die 'Vorstellung von der Gravitation' in den Sinn kam, als er 'in nachdenklicher Stimmung dasaß', und 'durch einen herabfallenden Apfel' veranlaßt wurde. Wegen des umgekehrt-quadratischen Gesetzes zieht der Mond den Apfel mit einer Kraft an, die nur $\left(\frac{1}{60}\right)^2 = \frac{1}{3600}$ der irdischen Kraft beträgt, wobei der Faktor $\frac{1}{60}$ das Verhältnis der Abstände zum Mittelpunkt der Erde bzw. des Mondes ist.

Diese Arbeit wurde jedoch nicht veröffentlicht, wofür mehrere Gründe vorgebracht worden sind. Zunächst hatte Kepler gezeigt, daß die Planetenbahnen Ellipsen und nicht Kreise sind. Die Mathematik elliptischer Bahnen war zu jener Zeit noch zu schwierig, und erst nach seiner Entdeckung der Differentialrechnung war Newton in der Lage, in den 1680er Jahren die vollständige Antwort zu geben. Zweitens war er sich nicht sicher, welchen Einfluß die Planeten gegenseitig auf ihre Bahnen ausüben, und drittens konnte die einfache Theorie die Details der Mondbahn nicht erklären. Eine weitere Überlegung war möglicherweise, ob die Konzentration der gesamten Erdmasse in ihrem Mittelpunkt bei der Berechnung von Schwerkraftwirkungen an der Oberfläche und außerhalb der Erde zulässig war oder nicht.

Newton kam 1679 auf das Problem zurück, veranlaßt durch einen Briefwechsel mit Hooke in jenem Jahr. In dieser Korrespondenz wies er nach, daß eine homogene oder aus homogenen konzentrischen Schalen zusammengesetzte Kugel so gravitiert, als ob ihre gesamte Masse in ihrem Mittelpunkt vereinigt wäre, womit eines seiner früheren Bedenken ausgeräumt war. Hooke forderte Newton heraus, die Kurve zu berechnen, auf der sich ein Massenpunkt in einem Kraftfeld bewegt, das einem quadratischen Abstandsgesetz gehorcht. Während der nächsten Jahre von 1680 bis 1684 berechnete Newton die Lösung nach der Infinitesimalmethode, einer Form der Differentialrechnung, und fand als Lösung eine Ellipse. Bei dieser Analyse spielten die Keplerschen Gesetze eine entscheidende Rolle. Das zweite Gesetz (der Flächensatz) ist exakt gleichwertig mit der Aussage, daß die Kraft eine Zentralkraft ist, und das erste Gesetz bewies, daß die Zentralkraft einem quadratischen Abstandsgesetz gehorchen mußte. Diese Ideen werden im Anhang ausgearbeitet. Es ist sicher, daß Newton diese Ergebnisse bald nach der Auseinandersetzung mit Hooke ableitete, aber wegen des in der Debatte entstandenen bösen Bluts teilte er die Ergebnisse seiner Berechnungen weder Hooke noch irgendeinem anderen mit.

Im Jahre 1684 reiste Halley nach Cambridge, um Newton genau die gleiche Frage zu stellen, die schon Hooke gestellt hatte. Newton antwortete sofort, daß die Bahn eine Ellipse sei, aber er konnte den Beweis unter seinen Papieren nicht finden. Newton sandte den Beweis an Halley im November des gleichen

Jahres. Halley kam daraufhin wieder nach Cambridge, wo er ein Manuskript von Newton mit dem Titel 'De Motu' sah. Nach einiger Überredung machte sich Newton daran, seine gesamten Forschungen zur Mechanik, Dynamik und Gravitation in ein System zu bringen. Die Abhandlung 'De Motu' wurde der erste Teil von Newtons großer Abhandlung *Philosophiae Naturalis Principia Mathematica*, kurz bezeichnet als die 'Principa'. Dieses Buch kann mit Recht als der erste echte Text über mathematische und theoretische Physik, wie wir sie heute kennen, angesehen werden. Es ist außerdem eine der größten intellektuellen Leistungen aller Zeiten. Die Theorie wird ausschließlich durch mathematische Beziehungen und nicht durch mechanistische Interpretationen des physikalischen Ursprungs der Kräfte entwickelt. Der Text ist nicht einfach, aber was wir heute als die Newtonschen Bewegungsgesetze kennen, wird zum ersten Mal in definitiver Form dargelegt. Wir werden auf dieses Thema in Kapitel 5 zurückkommen. Der große Durchbruch besteht darin, daß alles mit mathematischer Strenge ausgearbeitet ist – es bleibt keine rein qualitative Aussage übrig.

2.5 Nachbetrachtung

Newtons Leistungen bei der Erklärung der Keplerschen Gesetze der Planetenbewegung durch eine Kombination seines quadratischen Abstandsgesetzes der Gravitation mit seinen Bewegungsgesetzen sind zu den größten Leistungen der theoretischen Physik zu zählen. Newtons Genius zeigt sich darin, wie er zu seinen Ergebnissen gelangte, wobei er unterwegs die mathematischen Verfahren der Differentialrechnung zu entdecken hatte. Wir sollten jedoch die grundlegenden Beiträge Tycho Brahes und Keplers nicht vergessen, ohne deren hervorragende Arbeit Newton keinen Ausgangspunkt gehabt hätte. Tycho lieferte die grundlegenden, zuverlässigen experimentellen Daten, die unter Anwendung der besten zeitgenössischen Technologie die Genauigkeit bei der Bestimmung der Sternörter und Planetenbewegungen um eine Größenordnung verbesserten. Kepler besaß das mathematische Genie, das ihn befähigte, diese Daten zu analysieren und die drei Gesetze der Planetenbewegung aufzustellen. Wie bei so vielen großen Entdeckungen der Physik und theoretischen Physik wird der letzte Anstoß zu neuer Erkenntnis durch einen *technologischen Durchbruch* gegeben, der es ermöglicht, die Präzision bei der Durchführung eines Experiments zu verbessern. Diese Geschichte zeigt deutlich, wie wichtig es ist, die richtigen mathematischen Werkzeuge für ein Vorhaben zu besitzen. Schließlich, falls bis jetzt noch jemand daran zweifelt, gibt es keinen Weg, ohne eine Menge sehr harter Arbeit, hervorragende technische Befähigung und, wenn man Glück hat, den rechten Einfall zur rechten Zeit auch nur in die Nähe dieses Niveaus zu kommen.

Anhang zu Kapitel 2
Bemerkungen über Kegelschnitte
und Zentralbahnen

Es ist nützlich, sich einige Grundelemente der Geometrie und der Algebra ins
Gedächtnis zurückzurufen, die mit Kegelschnitten und Zentralkräften zu tun
haben.

A2.1 Gleichungen für Kegelschnitte

Die grundlegende geometrische Definition von Kegelschnitten besagt, daß sie
die Kurven sind, die in einer Ebene durch die Bedingung erzeugt werden, daß
das Verhältnis des senkrechten Abstands eines beliebigen Punkts auf der Kurve
von einer fest vorgegebenen Geraden L in der Ebene zum Abstand dieses Kur-
venpunkts von einem weiteren, festen Punkt F konstant ist. Die feste Gerade
wird *Leitlinie*, der feste Punkt *Brennpunkt* genannt. Aus Abb. A2.1 erkennen
wir, daß sich diese Bedingung wie folgt schreiben läßt:

$$\frac{AB}{BF} = \frac{AC + CB}{BF} = \text{const},$$

d.h.

$$AC + r \cos \theta = r \cdot \text{const}, \tag{A2.1}$$

wobei r und θ Polarkoordinaten bezüglich des Brennpunkts F sind. Nun sind
AC und 'const' unabhängige Konstanten, so daß wir (A2.1) wie folgt umschreiben können:

$$\frac{\lambda}{r} = 1 - e \cos \theta, \tag{A2.2}$$

mit den Konstanten λ und e. Wir können eine unmittelbare Deutung von λ
finden. Mit $\theta = \pi/2$ und $3\pi/2 = \lambda$ ist $r = \lambda$, d.h. es handelt sich um den
Abstand FF' in Abb. A2.1. Man beachte, daß die Kurven symmetrisch zur
Geraden $\theta = 0$ sind. λ ist als *semi-latus rectum* (Halbparameter) bekannt. Die
für verschiedene Werte von e erzeugten Kurven sind in Abb. A2.2 dargestellt.
Für $e < 1$ erhalten wir eine Ellipse, für $e = 1$ eine Parabel und für $e > 1$ eine
Hyperbel. Im Falle $e > 1$ werden zwei Hyperbeln erzeugt, deren Brennpunkte

für die Hyperbel auf der rechten Seite der Leitlinie als innerer Brennpunkt F_1 bzw. äußerer Brennpunkt F_2 bezeichnet werden.

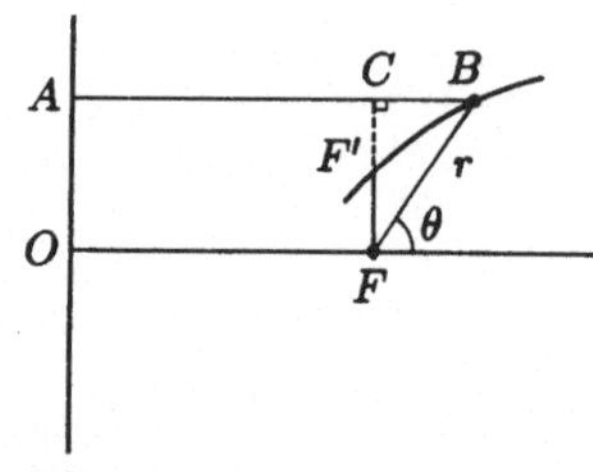

Abb. A2.1.

Mittels einfacher Algebra kann die Gleichung (A2.2) in verschiedener Weise umgeschrieben werden. Nehmen wir z.B. an, wir wählen ein Cartesisches Koordinatensystem mit dem Ursprung O im Mittelpunkt der Ellipse. Im Polarkoordinatensystem von (A2.2) schneidet die Ellipse die x-Achse bei $\cos\theta = \pm 1$, d.h. bei $x = -\lambda/(1 + e)$ und $x = \lambda/(1 - e)$. Die große Halbachse der Ellipse hat daher die Länge $a = \lambda/(1 - e^2)$ und der neue Mittelpunkt liegt im Abstand $x = e\lambda/(1 - e^2)$ von F_1. In dem neuen Koordinatensystem fordern wir daher:

$$x = \cos\theta - e\lambda/(1 - e^2)$$
$$y = r\sin\theta$$

Mit einigen algebraischen Umformungen reduziert sich (A2.1) auf

$$\frac{x^2}{a^2} + \frac{y^2}{b^2} = 1, \tag{A2.3}$$

wobei $b = a(1 - e^2)^{\frac{1}{2}}$ ist. Gleichung (A2.3) zeigt, daß b die Länge der kleinen Halbachse ist. Die Bedeutung von e wird offensichtlich. Für $e = 0$ wird die Ellipse ein Kreis. Es ist daher angemessen, e als *Exzentrizität* zu bezeichnen.

Genau die gleiche Analyse läßt sich für Hyperbeln, $e > 1$, durchführen. Die algebraischen Umformungen sind die gleichen, aber jetzt liegt der Ursprung des Cartesischen Koordinatensystems bei O' und $b^2 = a^2(1 - e^2)$ ist eine negative Größe. Wir schreiben daher

$$\frac{x^2}{a^2} - \frac{y^2}{b^2} = 1 \tag{A2.4}$$

mit

$$b = a(e^2 - 1)^{\frac{1}{2}}.$$

Eine der einfachsten Arten, diese Kurven in Beziehung zu den Bahnen von (punktförmigen) Probekörpern in Zentralkraftfeldern zu setzen, besteht in der Umformung der Gleichungen in die sogenannte *Fußpunktform*. Dabei wird die

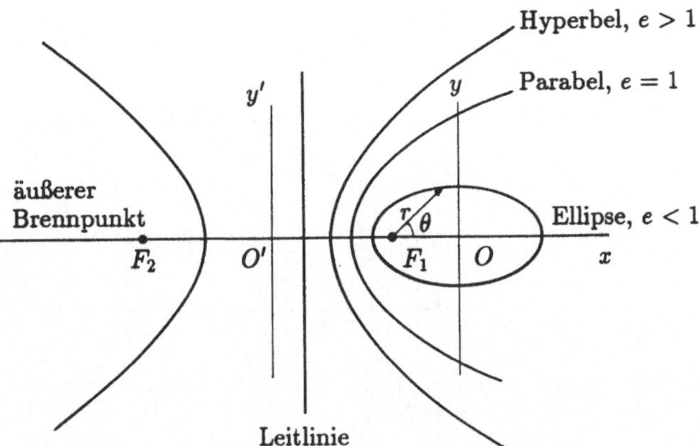

Abb. A2.2.

Variable θ durch die Abstandskoordinate p ersetzt, d.i. der senkrechte Abstand zwischen der Tangente an einen bestimmten Punkt der Kurve und dem Brennpunkt. Dies wird in Abb. A2.3 veranschaulicht. Aus dieser Zeichnung ist auch ersichtlich, daß $p = r \sin \phi$ ist. Wir interessieren uns nun für die Tangente an den Punkt B, daher wollen wir die Ableitung von θ nach r bestimmen. Nach (A2.2) ist

$$\frac{d\theta}{dr} = -\frac{\lambda}{r^2 e \sin \theta}. \tag{A2.5}$$

Nun wollen wir sehen, was passiert, wenn wir θ und r variieren, wie in Abb. A2.4 dargestellt. Man erkennt, daß

$$\tan \phi = r \frac{d\theta}{dr} \tag{A2.6}$$

gilt.

Wir haben jetzt genügend Beziehungen zur Verfügung, um θ aus der Gleichung (A2.2) zu eliminieren, denn es ist

$$p = r \sin \theta \tag{A2.7}$$

$$\tan \phi = -\frac{\lambda}{r e \sin \theta}.$$

Nach einigen Umformungen erhalten wir

$$\frac{\lambda}{p^2} = \frac{1}{A} + \frac{2}{r}, \tag{A2.8}$$

mit $A = \lambda/(e^2 - 1)$. Dies ist die *Fußpunkt-* oder *p-r-Gleichung* für Kegelschnitte. Bei positivem A erhalten wir Hyperbeln, bei negativem A Ellipsen und bei unendlichem A Parabeln. Man beachte, daß im Falle der Hyperbeln die Gleichung (A2.8) sich auf Werte von p bezüglich des inneren Brennpunkts bezieht. Wird

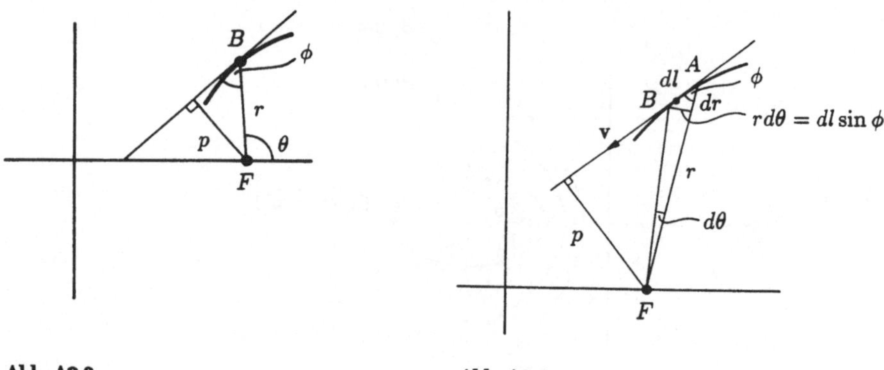

Abb. A2.3.   **Abb. A2.4.**

die Hyperbel auf den äußeren Brenpunkt bezogen, dann geht die Gleichung
über in

$$\frac{\lambda}{p^2} = \frac{1}{A} - \frac{2}{r}$$

Wir können jetzt das Ganze umdrehen und sagen: 'Wenn wir aus einer physikalischen Theorie Gleichungen der Form (A2.8) ableiten, müssen die Kurven
Kegelschnitte sein'.

A2.2 Keplersche Gesetze und Planetenbewegung

Wir wollen die drei Gesetze niederschreiben:

Kepler 1: Die Planetenbahnen sind Ellipsen, in deren einem Brennpunkt die Sonne steht.

Kepler 2: Der von der Sonne nach einem Planeten weisende Ortsvektor
überstreicht in gleichen Zeiten gleiche Flächen.

Kepler 3: Es gilt $T \propto r^{\frac{3}{2}}$, d.h. die Umlaufzeit eines Planeten ist proportional zur Wurzel aus der dritten Potenz seines mittleren
Abstands von der Sonne.

Wir wollen uns zunächst Kepler 2 ansehen und die Bewegung eines (punktförmigen) Probekörpers unter dem Einfluß eines *Zentralkraftfeldes* betrachten. Die
Newtonschen Bewegungsgesetze führen direkt zum *Erhaltungssatz des Drehimpulses*. Nach Abb. A2.4 gilt für das Drehmoment des Massenpunkts

$$\boldsymbol{L} = m(\boldsymbol{r} \times \boldsymbol{v}) = \text{const.} \tag{A2.9}$$

Eine Zentralkraft hat stets die Richtung des Radiusvektors vom Ursprungspunkt F zum Aufpunkt. Es ist daher keine Kraft vorhanden, die außerhalb der
von den Vektoren $\boldsymbol{v}$ und $\boldsymbol{r}$ aufgespannten Ebene wirkt, d.h. die Bewegung läuft
in der $\boldsymbol{v}$-$\boldsymbol{r}$-Ebene ab. Damit läßt sich der Erhaltungssatz wie folgt schreiben:

$$m \, r \, v \sin \phi = \text{const.} \qquad (A2.10)$$

Wie oben ist $r \sin \phi = p$ und damit

$$pv = \text{const} = h. \qquad (A2.11)$$

Dies zeigt, wie nützlich die Einführung der Größe p ist – der Erhaltungssatz des Drehimpulses reduziert sich auf eine einfache Gleichung.

Schließlich wollen wir die pro Zeiteinheit überstrichene Fläche ausrechnen. Die Fläche des durch FAB definierten Abschnitts ist $\frac{1}{2} r \, dl \sin \phi$. Damit ergibt sich die pro Zeiteinheit überstrichene Fläche als:

$$\begin{aligned} \frac{1}{2} \, r \sin \phi \frac{dl}{dt} &= \frac{1}{2} \, r \sin \phi \, v \\ &= \frac{1}{2} \, p v = \frac{1}{2} \, h = \text{const}, \end{aligned} \qquad (A2.12)$$

d.h. das zweite Keplersche Gesetz ist nicht mehr als eine Formulierung des Satzes von der Erhaltung des Drehimpulses in Gegenwart einer Zentralkraft, wie von Newton ganz richtig erkannt wurde.

Für das erste Keplerschen Gesetz können wir die Lösung in Form des Erhaltungssatzes der Energie in einem Gravitationsfeld finden. Dieser Satz folgt direkt aus den Newtonschen Bewegungsgesetzen. Newton wurde aufgefordert, die Bahn eines (punktförmigen) Probekörpers der Masse m in einem Kraftfeld mit quadratischem Abstandsgesetz zu berechnen, und daher wollen wir nur diesen Fall betrachten.

Schreiben wir also $\boldsymbol{F} = -i_r GmM/r^2$. Wenn wir $\boldsymbol{F} = -m \, \text{grad} \, \phi$ setzen, finden wir $\phi = -GM/r$. Daher läßt sich der Ausdruck für die Erhaltung der Energie im Gravitationsfeld wie folgt schreiben:

$$\frac{1}{2} \, m \, v^2 - \frac{GmM}{r} = C, \qquad (A2.13)$$

wobei C eine Konstante ist. Wir haben aber gezeigt, daß wegen der Erhaltung des Drehimpulses für jedes Zentralkraftfeld $pv = h = \text{const}$ gelten muß. Daher ist

$$\frac{h^2}{p^2} = \frac{2GM}{r} + \frac{2C}{m} \qquad (A2.14)$$

oder

$$\frac{(h^2/GM)}{p^2} = \frac{2}{r} + \frac{2C}{GMm}. \qquad (A2.15)$$

Wir erkennen diese Gleichung als die Fußpunktgleichung für Kegelschnitte wieder, wobei die genaue Form der Kurve nur vom Vorzeichen und der Größe der Konstante C abhängt. Ist C negativ, dann finden wir geschlossene elliptische Bahnen, ist C positiv, dann sind die Bahnen Hyperbeln. Wir finden zwangsläufig, daß das Kraftzentrum im Brennpunkt liegt.

Um die Umlaufzeit des Massenpunkts auf seiner elliptischen Bahn zu ermitteln, stellen wir fest, daß die Fläche der Ellipse gleich πab und die Geschwindigkeit, mit der die Fläche überstrichen wird, gleich $\frac{1}{2}h$ ist (A2.12). Daher ist die Umlaufzeit:

$$T = \frac{\pi ab}{\frac{1}{2}h}. \tag{A2.16}$$

Gleichung (A2.15) zeigt, daß der Halbparameter $\lambda = h^2/GM$ ist, und nach der Analyse von Abschnitt A2.1 gelten zwischen a, b und λ die Beziehungen

$$b = a(1 - e^2)^{\frac{1}{2}}; \quad \lambda = a(1 - e^2). \tag{A2.17}$$

Einsetzen in (A2.16) ergibt

$$T = \frac{2\pi}{(GM)^{\frac{1}{2}}}\, a^{\frac{3}{2}}. \tag{A2.18}$$

Obwohl a die große Hauptachse ist, ist dies bei einer Ellipse proportional zum mittleren Abstand des Probekörpers vom Brennpunkt, und folglich haben wir das Keplersche Gesetz für den allgemeinen Fall elliptischer Bahnen hergeleitet.

A2.3 Rutherfordsche Streuung

Die Streuung von α-Teilchen durch Atome war eines der ersten klassischen Experimente in der Atom- und Kernphysik, die von Rutherford und seinen Kollegen Geiger und Marsden im Jahre 1911 ausgeführt wurden. Sie erbrachte den schlüssigen Nachweis, daß in Atomen die positive Ladung in einem punktförmigen Kern enthalten ist. Das Experiment erforderte die Messung der Verteilung von α-Teilchen in Abhängigkeit vom Streuwinkel beim Beschuß einer dünnen Goldfolie mit α-Teilchen.

Wenn wir annehmen, daß die positive Ladung ganz auf einen Kern konzentriert ist, können wir die Ablenkung eines α-Teilchens aufgrund des quadratischen Abstandsgesetzes der elektrostatischen Abstoßung zwischen dem Teilchen und dem Kern berechnen, indem wir den Formalismus für Umlaufbahnen unter Einwirkung einer umgekehrt-quadratisch variierenden Zentralkraft anwenden. Abbildung A2.5 zeigt die Dynamik und die Geometrie der Abstoßung in Fußpunkt- sowie Cartesischer Darstellung. Die Bahnkurve ist eine Hyperbel mit dem Kern im äußeren Brennpunkt. Ohne Abstoßung würde das α-Teilchen entlang der Diagonale AA' fliegen und in einem senkrechten Abstand p_0, der als *Stoßparameter* bezeichnet wird, am Kern vorbeifliegen. Die Geschwindigkeit des α-Teilchens im Unendlichen ist gleich v_0.

Die Details der Analyse lassen sich sehr schön aus Abb. A2.5 ableiten. Die Bahnkurve des α-Teilchens ist durch (A2.4) gegeben,

$$\frac{x^2}{a^2} - \frac{y^2}{b^2} = 1,$$

woraus wir die Asymptoten $x/y = \pm a/b$ ermitteln können. Für den in Abb. 2.5 gezeigten Streuwinkel ϕ gilt daher

$$\tan \frac{\phi}{2} = \frac{x}{y} = \frac{a}{b} = \left(e^2 - 1\right)^{-\frac{1}{2}} \tag{A2.19}$$

Die Fußpunktgleichung für die Hyperbel bezüglich ihres äußeren Brennpunkts,

$$\frac{\lambda}{p^2} = \frac{1}{A} - \frac{2}{r}; \quad A = \lambda / \left(e^2 - 1\right),$$

ist mit der Energieerhaltungsgleichung für das α-Teilchen im Feld des Atomkerns zu vergleichen:

$$\frac{1}{2}mv^2 + \frac{Zze^2}{4\pi\epsilon_0 r} = \frac{1}{2}mv_0^2. \tag{A2.20}$$

Da $pv = h$ eine Konstante ist, können wir (A2.20) wie folgt umformen:

$$\left(\frac{4\pi\epsilon_0 mh^2}{Zze^2}\right)\frac{1}{p^2} = \frac{4\pi\epsilon_0 mv_0^2}{Zze^2} - \frac{2}{r}. \tag{A2.21}$$

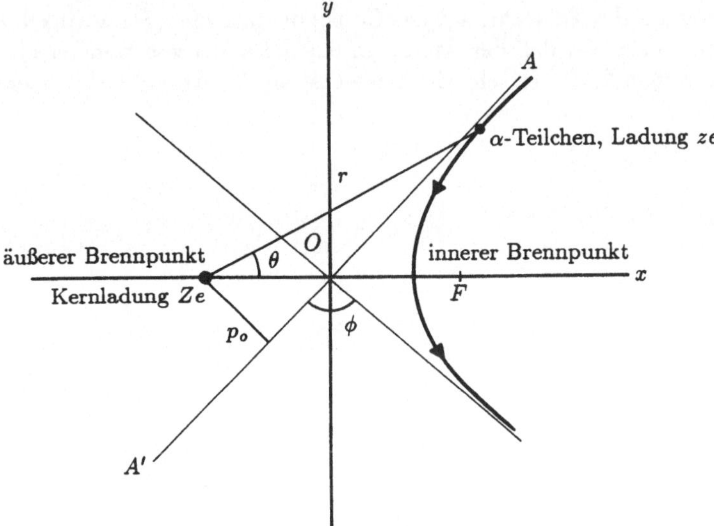

Abb. A2.5.

Wir schließen daraus, daß $A = Zze^2/4\pi\epsilon_0 mv_0^2$ und $\lambda = 4\pi\epsilon_0 mh^2/Zze^2$ ist. Wenn wir daran denken, daß $p_0 v_0 = h$ gilt, erhalten wir aus der Beziehung (A2.19) zusammen mit den Werten von a und λ:

$$\cot \frac{\phi}{2} = \left(\frac{4\pi\epsilon_0 m}{Zze^2}\right) p_0 v_0^2. \tag{A2.22}$$

Damit ist die Wahrscheinlichkeitsverteilung der Streuwinkel ϕ direkt mit p_0 verknüpft. Wenn wir einen Parallelstrahl von α-Teilchen zufallsverteilt auf einen einzelnen Atomkern schießen, ist die Wahrscheinlichkeitsverteilung von p_0

$$P(p_0)\,dp_0 \propto 2\pi p_0\,dp_0,$$

d.h. gerade proportional zur Fläche eines Rings der Dicke dp_0 beim Radius p_0. Daher ist die Winkelverteilung der Streuwinkel ϕ durch die folgende Beziehung gegeben:

$$\begin{aligned}
P(\phi)\,d\phi &\propto p_0\,dp_0 \\
&\propto \left(\frac{1}{v_0^2}\cot\frac{\phi}{2}\right)\left(\frac{1}{v_0^2}\csc^2\frac{\phi}{2}\right)d\phi \\
&= \frac{1}{v_0^4}\cot\frac{\phi}{2}\csc^2\frac{\phi}{2}\,d\phi.
\end{aligned} \qquad (\text{A}2.23)$$

Dies war das Wahrscheinlichkeitsgesetz, dem nach Feststellung Rutherfords und seiner Kollegen die an einer sehr dünnen Goldfolie gestreuten α-Teilchen gehorchten. Das Gesetz stimmte über Streuwinkel von 5° bis 150° mit dem Experiment überein; über diesen Winkelbereich variiert die Funktion $\cot(\phi/2)\cdot\csc^2(\phi/2)$ um einen Faktor von 40 000. Aus den bekannten Geschwindigkeiten der α-Teilchen und aus der Tatsache, daß das Gesetz bis zu großen Streuwinkeln befolgt wurde, schlossen sie, daß der Atomkern einen Radius von weniger als 10^{-12} cm haben muß, d.h. daß er sehr viel kleiner ist als der Atomdurchmesser von $\sim 10^{-8}$ cm.

Fallstudie 2

Die Maxwellschen Gleichungen

James Clark Maxwell (1831–1879)
(Nach G. Holton & S.G. Brush, 1973, *Introduction to Concepts and Theories in Physical Science*, S. 364, Addison-Wesley Publishing Co.)

3 Die Entstehung der Maxwellschen Gleichungen und ihre experimentelle Bestätigung

3.1 Elektromagnetismus vor der Zeit Maxwells

Gegen Ende des 18. Jahrhunderts waren viele Grundtatsachen der Elektrostatik und Magnetostatik nachgewiesen worden. In den 70er und 80er Jahren des 18. Jahrhunderts hatte Coulomb die quadratischen Abstandsgesetze der Elektrostatik und Magnetostatik aufgestellt. In der SI-Schreibweise, die wir in dieser Darlegung durchweg benutzen, lassen sich die Gesetze wie folgt schreiben:

$$F = \frac{q_1 q_2}{4\pi\epsilon_0 r^2} \tag{3.1}$$

$$F = \frac{\mu_0 p_1 p_2}{4\pi r^2}. \tag{3.2}$$

Hierbei sind q_1 und q_2 die elektrischen Ladungen zweier durch den Abstand r getrennter Punkte, und p_1 und p_2 sind ihre magnetischen Polstärken. Die Konstanten $1/4\pi\epsilon_0$ und $\mu_0/4\pi$ werden einfach deshalb in dieser Form geschrieben, weil dies der modernen Konvention entspricht, und ich würde zwar sehr gern die gesamte Analyse in der ursprünglichen Schreibweise durchführen, aber ein solches Festhalten an historischer Authentizität würde die Ausführungen weniger verständlich machen. Zu beachten ist, daß wir in der modernen Vektorschreibweise die Richtungsabhängigkeit der Kräfte explizit einbeziehen können. Zum Beispiel schreibt man

$$F = \frac{q_1 q_2}{4\pi\epsilon_0 r^3} r \quad \text{oder} \quad F = \frac{q_1 q_2}{4\pi\epsilon_0 r^2} i_r, \tag{3.3}$$

wobei i_r der Einheitsvektor ist, der von einer Ladung *weg* in radialer Richtung zur anderen weist.

Die mathematischen Grundlagen für dieses Gebiet blieben bis Anfang des neunzehnten Jahrhunderts ungesichert. Im Jahre 1813 veröffentlichte Poisson seine berühmte Denkschrift, in der er zeigte, daß sich viele Probleme der Elektrostatik und Magnetostatik vereinfachen lassen, indem man das elektrostatische (bzw. magnetostatische) Potential v (bzw. V_{mag}) einführt, das die Lösung der Poissonschen Gleichung ist,

$$\frac{\partial^2 V}{\partial x^2} + \frac{\partial^2 V}{\partial y^2} + \frac{\partial^2 V}{\partial z^2} = -\frac{\rho_e}{\epsilon_0}, \tag{3.4}$$

wobei die elektrische Feldstärke E durch

$$E = -\operatorname{grad} V \tag{3.5}$$

gegeben ist und ρ_e die elektrische Ladungsdichteverteilung bedeutet.

Der nächste experimentelle Vorstoß erfolgte 1821, als Oerstedt nachwies, daß mit einem elektrischen Strom stets ein Magnetfeld verbunden ist, und diese Entdeckung bezeichnet den Beginn der Lehre vom Elektromagnetismus. Sobald seine Entdeckung bekannt wurde, gingen Biot und Savart daran, die Abhängigkeit der magnetischen Feldstärke im Abstand r von einem Leiterelement der Länge dl, das von einem Strom der Stärke I durchflossen wird, zu ermitteln. Im gleichen Jahr präsentierten sie die Antwort, das *Biot-Savartsche Gesetz*, das in moderner Vektorschreibweise lautet:

$$dB = \frac{\mu_0 I \, dl \times r}{4\pi r^3}. \tag{3.6}$$

Man beachte, daß die Vorzeichen der Vektoren wichtig sind, um die richtige Feldrichtung festzustellen. Der Term dl bezeichnet die Länge des stromdurchflossenen Leiterelements in Richtung des Stroms I, und r wird vom Leiterelement zum Aufpunkt im Abstand r gemessen. Interessant ist, daß es sich hier um die verallgemeinerte Form des Gesetzes handelt, das in Lehrbüchern normalerweise als *Ampèresches Gesetz* (oder auch Durchflutungsgesetz) bezeichnet wird und sich wie folgt schreiben läßt:

$$\oint_C H \cdot ds = I_{\text{umschlossen}}$$

Die Dinge entwickelten sich schnell weiter. 1825 veröffentlichte Ampère seine berühmte Abhandlung, in der er die Theorie entwickelte und zeigte, wie das Magnetfeld eines Ringstroms durch eine äquivalente magnetische Doppelschicht dargestellt werden konnte. In der Abhandlung formulierte er auch die Gleichung für die Kraft zwischen zwei stromdurchflossenen Leiterelementen dl_1 und dl_2 mit den Strömen I_1 und I_2,

$$dF_2 = \frac{\mu_0 I_1 I_2 \, dl_1 \times (dl_2 \times r)}{4\pi r^3}, \tag{3.7}$$

worin dF_2 die auf das stromdurchflossene Leiterelement dl_2 wirkende Kraft ist und r von dl_1 aus gemessen wird. Ampère wies auch die Beziehung zwischen diesem Gesetz und dem Biot-Savartschen Gesetz nach. Beachten Sie, daß die bisherigen Darlegungen sich mit den Kräften zwischen *stationären* Ladungen, Strömen und Magneten befassen.

Das Wesentliche an den Maxwellschen Gleichungen ist natürlich, daß sie auch zeitlich veränderliche Erscheinungen behandeln. Viele grundlegende experimentelle Ergebnisse über zeitlich veränderliche elektrische und magnetische Felder wurden von Faraday während der folgenden 20 Jahre gewonnen. Michael Faraday fing als Buchbindergeselle an und erwarb seine ersten wissenschaftlichen Kenntnisse durch Lesen der Bücher, die er zu binden hatte. Dazu gehörte die *Britische Enzyklopädie*, und seine Aufmerksamkeit wurde besonders durch den Abschnitt über Elektrizität gefesselt. Indem er an Davy schrieb, erlangte er die Stellung eines Assistenten an der Royal Institution (*Gesellschaft zur Förderung und Verbreitung naturwissenschaftlicher Kenntnisse*) und begann seine Untersuchungen zur Elektrizität Anfang der 1820er Jahre. Er ist ein klassisches Beispiel eines akribischen Experimentators mit so gut wie keiner mathematischen Ausbildung, der nie in der Lage war, die Ergebnisse seiner Forschungen in mathematischer Form auszudrücken. Er besaß jedoch einen unmittelbaren Instinkt, der auf eine natürliche Begabung für die Durchführung der richtigen Experimente und das Ausdenken empirischer Modelle zur Erklärung der Ergebnisse hinauslief.

Schon 1831 hatte er sein Induktionsgesetz in qualitativer Form aufgestellt: *Die in einer stromdurchflossenen Leiterschleife induzierte elektromotorische Kraft steht im direkten Verhältnis zu der Geschwindigkeit, mit der magnetische Feldlinien geschnitten werden.* Faraday legte großen Nachdruck auf den Begriff der *Kraftlinien*, und nahezu seine gesamte Arbeit über elektromagnetische Induktion konzentriert sich auf die Vorstellung, daß die magnetische Feldstärke in Größe und Richtung durch magnetische Kraftlinien dargestellt werden kann (Abb. 3.1). Die Idee entsprang zweifellos der Beobachtung der Muster, die Eisenfeilspäne um einen Magneten herum bilden. Von diesem Gedanken ausgehend, war es eine relativ einfache Erweiterung zu den *Kraftröhren*, die durch Kraftlinien definiert werden. Wir werden sehen, daß diese Auffassungen, die nicht mehr sind als Modelle für die mit der magnetischen Induktion verbundenen Kräfte, in Maxwells Mathematisierung der Prozesse der elektromagnetischen Induktion eine entscheidende Rolle spielten. Ich muß bekennen, daß bei meiner ersten Bekanntschaft mit dem Elektromagnetismus die Kraftlinien eher ein Hindernis für mein Verständnis waren, und zwar im wesentlichen deshalb, weil mir nicht deutlich erklärt wurde, daß sie nur ein *Modell* für das sind, was vor sich geht. Was man in einem Laborversuch wirklich mißt, sind vektorielle Kräfte an verschiedenen Punkten im Feld, und die fiktiven Kraftlinien sind begriffliche Modelle zur Darstellung dieser Kräfte.

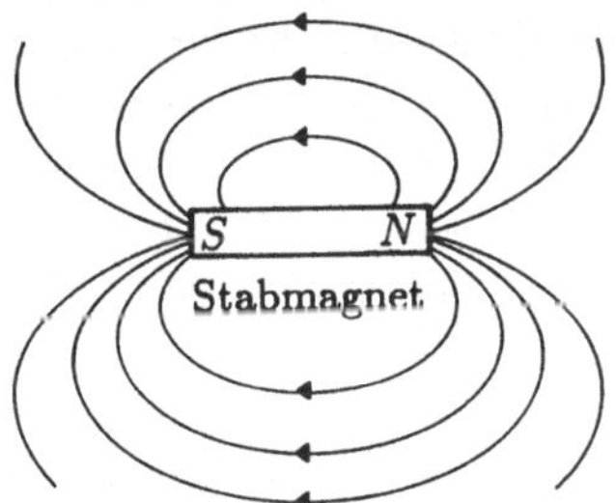

Abb. 3.1. Veranschaulichung der Kraftlinien um einen Stabmagneten

Obwohl das Induktionsgesetz in einem frühen Stadium formuliert wurde, brauchte Faraday viele Jahre, um alle notwendigen experimentellen Arbeiten zum Nachweis der Allgemeingültigkeit des Gesetzes abzuschließen – daß nämlich die Änderungsgeschwindigkeit des Gesamtmagnetflusses, der die Leiterschleife durchsetzt, unabhängig von seinem Ursprung, die Größe der in der Leiterschleife induzierten elektromotorischen Kraft bestimmt. Im Jahre 1834 formulierte Lenz seine Regel, die das Problem der Richtung der in der Leiterschleife induzierten elektromotorischen Kraft klärte: Die elektromotorische Kraft ist so gerichtet, daß sie der Änderung des Magnetflusses entgegenwirkt. Diese Gesetze wurden zuerst von Neumann in mathematische Form gebracht, der 1845 explizit formulierte, daß die induzierte elektromotorische Kraft $\mathcal{E}$ proportional zur Änderungsgeschwindigkeit des Magnetflusses Φ ist,

$$\mathcal{E} = -\frac{d\Phi}{dt}, \tag{3.8}$$

wobei Φ der magnetische Gesamtfluß durch die Leiterschleife ist.

An dieser Stelle der Handlung sollten wir James Clerk Maxwell vorstellen.

3.2 Wie Maxwell das vollständige Gleichungssystem für das elektromagnetische Feld herleitete

Maxwell wurde 1831 in Edinburgh geboren und besuchte dort die Schule. Im Jahre 1850 ging er nach Cambridge, wo er mit großem Erfolg Mathematik und Physik studierte. Mit seinen eindrucksvollen mathematischen Fähigkeiten verband sich eine physikalische Vorstellungskraft, die ihn befähigte, Faradays empirische Modelle richtig einzuschätzen und ihnen mathematische Substanz zu verleihen. Besonders charakteristisch für sein Denken war seine Fähigkeit, mit *Analogieschlüssen* zu arbeiten. In der Tat beschrieb er schon 1856 den Kern seiner Methode in einem Essay mit dem Titel 'Analogien in der Natur'. Das Verfahren wird am besten durch die weiter unten gegebenen Beispiele veranschaulicht, es läßt sich aber, kurz gesagt, als ein Verfahren der Formalisierung unvollständiger Ähnlichkeit betrachten. Es besteht darin, daß man mathematische Ähnlichkeiten zwischen ganz verschiedenen physikalischen Problemen erkennt und überprüft, wie weit sich eine Theorie mit Erfolg auf andere Verhältnisse anwenden läßt. Im Falle des Elektromagnetismus stellte Maxwell fest, daß es formale Analogien zwischen mechanischen Systemen und den Erscheinungen der Elektrodynamik gab. Ich habe nicht den geringsten Zweifel, daß es diese Art des Herangehens war, die, wie wir schon festgestellt haben, bei den meisten Franzosen ”schmerzhafte” Gefühle auslöste.

Wir wollen weiter erzählen, bevor wir die Verfahrensweise ausführlicher betrachten. Im gleichen Jahr, 1856, veröffentlichte Maxwell seine erste große Arbeit über Elektromagnetismus. Der erste Teil davon enthielt eine ausführliche Darstellung der Analogietechnik und schilderte insbesondere ihre Anwendung auf die Strömung inkompressibler Flüssigkeiten und die magnetischen Kraftlinien. Wir wollen uns die Grundgleichung für die inkompressible Strömung ins Gedächtnis zurückrufen (siehe auch den Anhang zu Kap. 5). Wir betrachten ein Volumenelement v, das durch eine Fläche S begrenzt wird. In Vektorschreibweise ist dann der Massenfluß pro Zeiteinheit durch ein Flächenelement dS

gleich $\rho \boldsymbol{u} \cdot d\boldsymbol{S}$, wobei $\boldsymbol{u}$ die Strömungsgeschwindigkeit und ρ die Dichteverteilung ist. Der Gesamtmassenfluß durch die Fläche ist daher gleich $\int_S \rho \boldsymbol{u} \cdot d\boldsymbol{S}$. Dies ist gerade die Geschwindigkeit des Massenverlusts, d.h.

$$\frac{d}{dt} \int_v \rho \, dv.$$

Daher gilt

$$-\frac{d}{dt} \int_v \rho \, dv = \int_S \rho \boldsymbol{u} \cdot d\boldsymbol{S}.$$

Durch Anwendung des Gaußschen Satzes auf die rechte Seite und Umstellen der Gleichung erhalten wir nun

$$\int_v \left[\operatorname{div}(\rho \boldsymbol{u}) + \frac{\partial \rho}{\partial t} \right] dv = 0.$$

Dieses Ergebnis muß für jedes Volumelement richtig sein, so daß

$$\operatorname{div}\rho \boldsymbol{u} = -\frac{\partial \rho}{\partial t} \tag{3.9}$$

gilt. Ist die Flüssigkeit inkompressibel, dann ist $\rho = \mathrm{const}$ und somit

$$\operatorname{div} \boldsymbol{u} = 0. \tag{3.10}$$

Nun war Maxwell von den Begriffen der Kraftlinien und Kraftröhren, wie sie von Faraday erläutert wurden, sehr beeindruckt und fand eine unmittelbare Analogie zwischen dem Verhalten magnetischer Feldlinien und den Stromlinien der inkompressiblen Strömung (Abb. 3.2). Die Geschwindigkeit $\boldsymbol{u}$ ist völlig analog zur magnetischen Flußdichte $\boldsymbol{B}$. Wenn z. B. die Kraftröhren bzw. die Stromlinien divergieren, nimmt die Feldstärke ebenso wie die Strömungsgeschwindigkeit ab. Dies läßt darauf schließen, daß das Magnetfeld ebenfalls durch

$$\operatorname{div} \boldsymbol{B} = 0 \tag{3.11}$$

charakterisiert ist. Beachten Sie, wie geschickt Maxwell in diesem Gedankengang $\boldsymbol{B}$ statt $\boldsymbol{H}$ verwendet; $\boldsymbol{u}$ ist ebenso wie $\boldsymbol{B}$ mit einem Fluß durch eine Fläche verknüpft, $\boldsymbol{H}$ mit der Kraft in einem Punkt im Raum. Tatsächlich erkannte Maxwell in dieser Arbeit die wichtige Unterscheidung zwischen $\boldsymbol{B}$ und $\boldsymbol{H}$, indem er $\boldsymbol{B}$ mit Flüssen und $\boldsymbol{H}$ mit Kräften assoziierte.

Ein interessantes Streiflicht ist, daß Maxwell die Ausdrücke div, grad und rot in Wirklichkeit in dieser Arbeit nicht verwendete, sondern diese Namen erst in einer 1870 veröffentlichten Arbeit erfand, so daß wir uns hier nicht allzuviel Gedanken um ihren Gebrauch machen müssen. 1856 wurden die Vektoroperatoren alle in Cartesischer Form ausgeschrieben. Eine der großen Leistungen dieser Arbeit war, daß alle zu der Zeit bekannten Beziehungen zwischen elektromagnetischen Erscheinungen in Vektorform niedergeschrieben wurden. Tatsächlich zeigte Maxwell, daß Gl. (3.8),

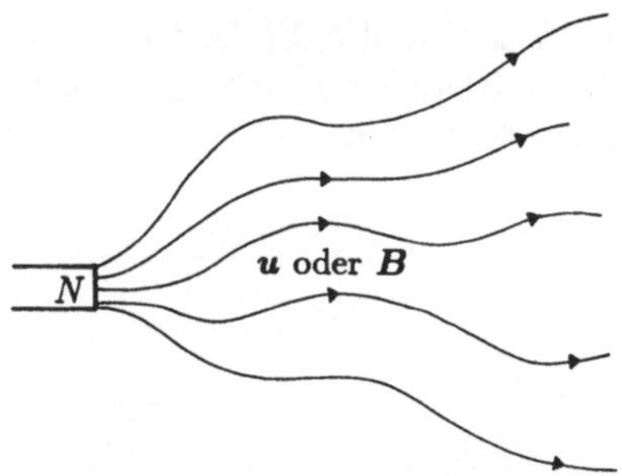

Abb. 3.2. Erläuterung der Analogie zwischen magnetischen Feldlinien und den Stromlinien in der Strömung einer inkompressiblen Flüssigkeit

$$\mathcal{E} = -\frac{d\Phi}{dt},$$

in der Form

$$\oint_C \boldsymbol{E} \cdot d\boldsymbol{s} = -\frac{d}{dt} \int_S \boldsymbol{B} \cdot d\boldsymbol{S} \tag{3.12}$$

geschrieben werden konnte. Die linke Seite ist gerade die Definition der elektromotorischen Kraft, die rechte Seite enthält die Definition des magnetischen Flusses durch die Fläche S, ausgedrückt durch die magnetische Flußdichte $\boldsymbol{B}$. Nun läßt sich der Stokessche Satz auf Gl. (3.12) anwenden:

$$\int_S \operatorname{rot} \boldsymbol{E} \cdot d\boldsymbol{S} = -\frac{d}{dt} \int_S \boldsymbol{B} \cdot d\boldsymbol{S}$$

Wendet man dies auf das Flächenelement $d\boldsymbol{S}$ an, so zeigt sich, daß

$$\operatorname{rot} \boldsymbol{E} = -\frac{\partial \boldsymbol{B}}{\partial t} \tag{3.13}$$

gilt. In der gleichen Weise wie für $\boldsymbol{B}$ konnte Maxwell aus der Analogie mit der Flüssigkeitsströmung auf die Beziehung div $\boldsymbol{E} = 0$ schließen, aber er wußte aus der Poissonschen Gleichung, daß dies nur für den leeren, ladungsfreien Raum gilt. Für den leeren Raum konnte er aus dieser Gleichung die Beziehung

$$\operatorname{div} \boldsymbol{E} = \rho_e / \epsilon_0 \tag{3.14}$$

ableiten. Schließlich schrieb er die Beziehung für das durch einen stromdurchflossenen Leiter erzeugte Magnetfeld (d.h. das Ampèresche Gesetz) in Vektorform um:

$$\oint_C \boldsymbol{H} \cdot d\boldsymbol{s} = I_{\text{umschlossen}},$$

wobei $I_{\text{umschlossen}}$ der Strom ist, der durch die vom Umfang C berandete Fläche fließt, d.h. es ist

$$\oint_C \boldsymbol{H} \cdot d\boldsymbol{s} = \int_S \boldsymbol{J} \cdot d\boldsymbol{S},$$

wobei $\boldsymbol{J}$ die Stromdichte ist. Anwendung des Stokesschen Satzes ergibt

$$\int_S \operatorname{rot} \boldsymbol{H} \cdot d\boldsymbol{S} = \int_S \boldsymbol{J} \cdot d\boldsymbol{S}.$$

Indem wir dies auf ein Flächenelement $d\boldsymbol{S}$ beschränken, erhalten wir

$$\operatorname{rot} \boldsymbol{H} = \boldsymbol{J}. \tag{3.15}$$

Die letzte Leistung dieser Arbeit war die formale Einführung eines Vektorpotentials $\boldsymbol{A}$. Ein derartiger Vektor war schon von Neumann, Weber und Kirchhoff zur Berechnung induzierter Ströme eingeführt worden:

$$\boldsymbol{B} = \operatorname{rot} \boldsymbol{A}. \tag{3.16}$$

Diese Definition ist offenbar völlig im Einklang mit Gl. (3.11), da div rot $\boldsymbol{A} = 0$ ist. Maxwell ging weiter und zeigte, wie das in einer Leiterschleife induzierte elektrische Feld in Beziehung zu $\boldsymbol{A}$ gesetzt werden konnte. Einsetzen der Definition (3.16) in Gl. (3.13) ergibt

$$\operatorname{rot} \boldsymbol{E} = -\frac{\partial}{\partial t}(\operatorname{rot} \boldsymbol{A}).$$

Durch Vertauschen der zeitlichen mit der räumlichen Ableitung auf der rechten Seite erhalten wir

$$\boldsymbol{E} = -\frac{\partial \boldsymbol{A}}{\partial t}. \tag{3.17}$$

Es ist zweckmäßig, dieses primitive und *unvollständige* System der Maxwellschen Gleichungen zusammenzufassen:

$$\operatorname{rot} \boldsymbol{E} = -\frac{\partial \boldsymbol{B}}{\partial t} \tag{3.13}$$

$$\operatorname{rot} \boldsymbol{H} = \boldsymbol{J} \tag{3.15}$$

$$\operatorname{div} \epsilon_0 \boldsymbol{E} = \rho_e \quad \text{im Vakuum} \tag{3.14}$$

$$\operatorname{div} \boldsymbol{B} = 0. \tag{3.11}$$

Diese neuen Ergebnisse gaben der Theorie formalen Zusammenhang, aber Maxwell hatte noch kein physikalisches Modell für die Erscheinungen des Elektromagnetismus. Er entwickelte seine Lösung in den Jahren 1861-62, und diese neuen und sehr bemerkenswerten Ergebnisse wurden in einer Reihe von Abhandlungen unter dem Titel 'Über physikalische Kraftlinien' veröffentlicht. Seit seiner früheren Arbeit über die Analogie zwischen $\boldsymbol{u}$ und $\boldsymbol{B}$ hatte er die Überzeugung gewonnen, daß der Magnetismus im wesentlichen die Natur einer Umdrehung besitzt. Das Ziel war die Entwicklung eines Modells für das den gesamten Raum erfüllende Medium, das die Spannungen erklären konnte, die Faraday mit magnetischen Kraftlinien in Verbindung gebracht hatte.

Maxwell begann mit einem Modell einer rotierenden Wirbelröhre als eines Analogons zur magnetischen Feldstärke. Die Analogie wird durch die folgenden Betrachtungen nahegelegt. Wenn magnetische Feldlinien sich selbst überlassen werden, erfahren sie eine Aufweitung, und genau das gleiche geschieht im Falle einer Wirbelröhre, wenn die Zentrifugalkraft der Rotation nicht ausgeglichen wird. Außerdem können wir die Energie einer Wirbelströmung in der Form

$$\int_v \rho u^2 \, dv$$

schreiben, wobei ρ die Dichte des Materials und u seine Geschwindigkeit ist. Dies ähnelt dem Ausdruck für die Energie in einem Magnetfeld, $\int_v (B^2/2\mu_0) \, dv$. So ist wiederum u analog zu B. Je größer die Geschwindigkeit der Röhre, desto stärker ist das Magnetfeld. In der Tat postulierte Maxwell, daß die örtliche magnetische Feldstärke überall nur zur Winkelgeschwindigkeit des Wirbels proportional sei.

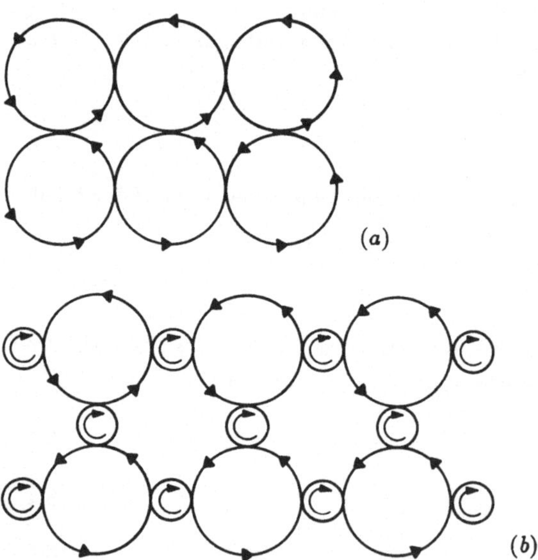

Abb. 3.3. (a) Maxwells ursprüngliches Modell rotierender Wirbel als Darstellung eines Magnetfeldes. Die Reibung an den Berührungsstellen der Wirbel würde zur Zerstreuung der Rotationsenergie der Röhren führen. (b) Maxwells erweitertes Modell mit 'Kugellagern', die eine Zerstreuung der Rotationsenergie der Wirbel verhindern. Wenn diese Teilchen frei beweglich sind, werden sie mit den Ladungsträgern identifiziert, die einen Strom in einem Leiter transportieren.

Maxwell begann daher mit einem Modell, wonach der gesamte Raum von Wirbelröhren erfüllt ist (Abb. 3.3(a)). Dabei gibt es jedoch ein unmittelbares mechanisches Problem. Die Reibung zwischen benachbarten Wirbeln führt zu ihrer Auflösung. Maxwell wählte die sehr praktische Lösung, daß er zwischen den Wirbeln 'Kugellager' einfügte, so daß sie alle reibungsfrei in der gleichen Richtung rotieren konnten (Abb. 3.3(b)). Maxwells ursprünglich veröffentlichte Vorstellung von den Wirbeln ist in Abb. 3.4 dargestellt. Er identifizierte dann die 'Kugellager' mit elektrischen Teilchen, die bei freier Beweglichkeit einen elektrischen Strom transportieren. In Leitern können sich diese Ladungsträger frei bewegen, während sie in Isolatoren, *einschließlich des leeren Raums*, fixiert sind.

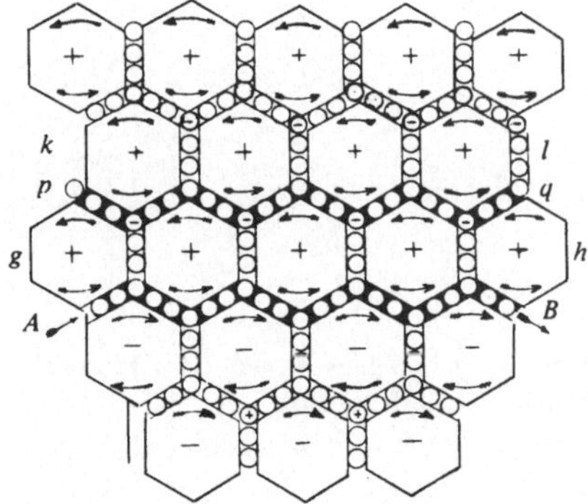

Abb. 3.4. Maxwells eigene Darstellung der dynamischen Wechselwirkung der Wirbel (dargestellt durch Sechsecke) mit den Ladungsträgern (*Philosophical Magazine*, 1861, Reihe 4, Bd. 21, Tafel V, Abb. 2)

Bemerkenswerterweise konnte dieses Modell alle bekannten Erscheinungen des Elektromagnetismus erklären. Betrachten wir beispielsweise das Magnetfeld, das von einem Strom in einem Leiter erzeugt wird. Der elektrische Strom zwingt die Wirbel, als unendliche Reihe von Wirbelringen um den Leiter zu rotieren, wie in Abb. 3.5 dargestellt. Die magnetischen Feldlinien bilden, den Tatsachen entsprechend, geschlossene Kreise um den Strom herum. Ein weiteres Beispiel ist die Grenzfläche zwischen zwei Bereichen, in denen die magnetischen Feldstärken verschieden, aber parallel sind. Im Bereich des stärkeren Feldes rotieren die Wirbel schneller, und daher muß an der Grenzfläche eine resultierende Kraft auf die Ladungsträger wirken, welche die Teilchen, wie in Abb. 3.6 gezeigt, entlang der Grenzfläche zieht, wodurch ein elektrischer Strom entsteht. Man beachte, daß die Stromrichtung in der Grenzfläche mit dem experimentellen Befund übereinstimmt. Als Beispiel der Induktion betrachten wir, was geschieht, wenn ein zweiter Leiter in das in Abb. 3.5 dargestellte Magnetfeld eingebettet ist. Wenn der Strom stationär ist, ergibt sich keine Auswirkung auf den zweiten Leiter. Wenn sich jedoch der Strom ändert, wird durch die dazwischenliegenden Ladungsträger und Wirbel ein Impuls übertragen und im zweiten Leiter ein entgegengesetzt gerichteter Strom induziert (Abb. 3.7).

Der letzte Teil der Arbeit enthält den entscheidenden Schritt, der zur Entdeckung des vollständigen Systems der Maxwellschen Gleichungen führte. Maxwell überlegte nun, wie Isolatoren elektrische Energie speichern können. Er

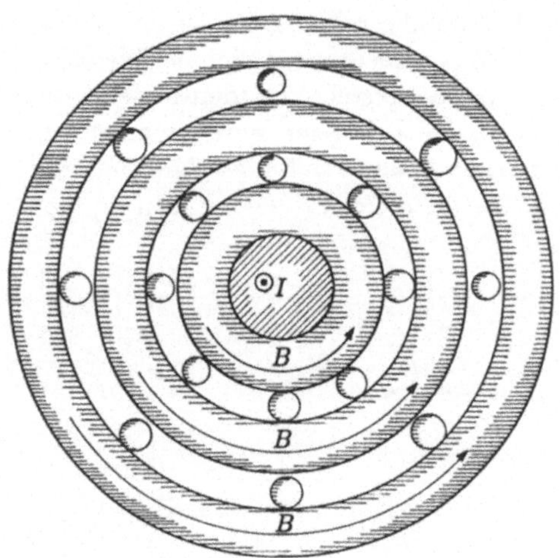

Abb. 3.5. Darstellung des Magnetfeldes um einen stromführenden Leiter nach dem Maxwellschen Modell. Die Wirbel werden zur Leiterachse konzentrische Kreistori.

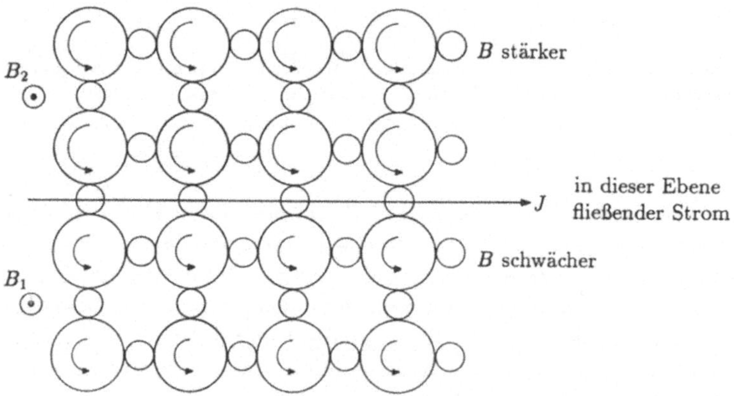

Abb. 3.6. Die Abbildung veranschaulicht, wie die Strömung J entlang einer Stromfläche nach dem Maxwellschen Modell eine Unstetigkeit in der magnetischen Feldstärke verursachen muß. Die Ladungsträger fließen entlang der angedeuteten Linie. Wegen der Reibung wird die untere Wirbelgruppe abgebremst, während die obere Gruppe beschleunigt wird. Man erkennt, daß die Maxwellschen Gleichungen die richtige Richtung der Unstetigkeit in B ergeben.

machte die weitere Annahme, daß in Isolatoren das Medium elastisch ist, so daß die Ladungsträger durch die Wirkung eines elektrischen Feldes aus ihren Gleichgewichtslagen verschoben werden können. So führte er die elektrostatische Energie im Medium auf die elastische potentielle Energie zurück, die durch die Verschiebung der Ladungsträger entsteht. Dies hatte zwei unmittelbare und entscheidende Konsequenzen. Erstens treten bei einer Veränderung des Stroms in einem Leiter kleine Lageänderungen der Ladungsträger im umgebenden nichtleitenden Medium oder Vakuum auf, d.h. die Wirkung der Stromänderung besteht darin, daß im Zusammenhang mit der elastischen Bewegung der Teilchen kleine Ströme im Medium entstehen. Mit anderen Worten, es gibt einen Strom, der mit der *Verschiebung* der Ladungsträger verbunden ist. Zweitens kann man wegen der Elastizität des Mediums die Geschwindigkeit berechnen, mit der sich Störungen durch den Isolator oder das Vakuum ausbreiten können.

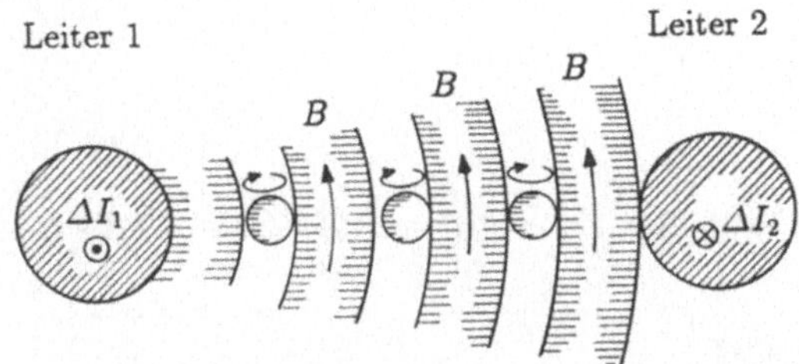

Abb. 3.7. Die Abbildung veranschaulicht die Erscheinung der Induktion nach dem Maxwellschen Modell. Der im Leiter 2 induzierte Strom, ΔI_2, ist ΔI_1 entgegengerichtet, wie aus dem Drehsinn der Ladungsträger erkennbar ist.

Die Analyse ist dann einfach. Es wird angenommen, daß die Verschiebung in einem elastischen Medium proportional zur elektrischen Feldstärke ist:

$$r = \alpha E \tag{3.18}$$

Wenn sich die Feldstärke ändert, bewegen sich die Ladungen und verursachen einen *Verschiebungsstrom*. Ist N_q die Teilchendichte der Ladungsträger und q ihre Ladung, dann ist die Verschiebungsstromdichte:

$$J_\mathrm{d} = qN_q\dot{r} = qN_q\alpha\dot{E} = \beta\dot{E}. \tag{3.19}$$

Dieser Verschiebungsstrom ist in Gl. (3.15) einzubeziehen, die nun lautet:

$$\mathrm{rot}\, H = J + J_\mathrm{d} = J + \beta\dot{E}. \tag{3.20}$$

In diesem Stadium sind α und β unbekannte Konstanten, die aus anderen elektrischen Eigenschaften des Mediums zu bestimmen sind. Zunächst können wir jedoch die Ausbreitungsgeschwindigkeit einer Störung durch das Medium berechnen. Angenommen, es sind keine Ströme vorhanden, $J = 0$, dann haben wir die Gleichungen

$$\mathrm{rot}\, H = \beta\,\dot{E}$$
$$\mathrm{rot}\, E = -\dot{B} \tag{3.21}$$

zu lösen. Die Eigenschaften dieser Störungswellen können nach Standardverfahren ermittelt werden. Am einfachsten nehmen wir Lösungen der Form $\exp[\mathrm{i}(k \cdot r - \omega t)]$ an und können dann die Vektoroperatoren wie folgt durch Skalar- und Vektorprodukte ersetzen:

$$\text{rot} \to \mathrm{i}\boldsymbol{k}\times$$

$$\frac{\partial}{\partial t} \to -\mathrm{i}\omega$$

(siehe Anhang A3.6). Dann reduzieren sich die Gleichungen (3.21) auf

$$\begin{aligned}
\mathrm{i}(\boldsymbol{k}\times\boldsymbol{H}) &= -\mathrm{i}\omega\beta\boldsymbol{E}\\
\mathrm{i}(\boldsymbol{k}\times\boldsymbol{E}) &= \mathrm{i}\omega\boldsymbol{B}.
\end{aligned} \tag{3.22}$$

Elimination von $\boldsymbol{E}$ aus den Gleichungen (3.22) ergibt

$$\boldsymbol{k}\times(\boldsymbol{k}\times\boldsymbol{H}) = -\omega^2\beta\mu\mu_0\boldsymbol{H}. \tag{3.23}$$

Unter Benutzung der Vektorbeziehung $\boldsymbol{A}\times(\boldsymbol{B}\times\boldsymbol{C}) = \boldsymbol{B}(\boldsymbol{A}\cdot\boldsymbol{C}) - \boldsymbol{C}(\boldsymbol{A}\cdot\boldsymbol{B})$ finden wir

$$\boldsymbol{k}(\boldsymbol{k}\cdot\boldsymbol{H}) - \boldsymbol{H}(\boldsymbol{k}\cdot\boldsymbol{k}) = -\omega^2\beta\mu\mu_0\boldsymbol{H}.$$

Es gibt keine Lösung für $\boldsymbol{k}$ parallel zu $\boldsymbol{H}$, d.h. für Longitudinalwellen, da dann die linke Seite gleich Null ist. Für $\boldsymbol{k}\cdot\boldsymbol{H} = 0$ erhalten wir Lösungen für Transversalwellen. Die Lösungen sind also Transversalwellen, wobei die Vektoren $\boldsymbol{E}$ und $\boldsymbol{H}$ senkrecht zueinander und senkrecht zur Ausbreitungsrichtung der Welle stehen. Die *Dispersionsbeziehung* für die Wellen, d.h. die Beziehung zwischen k und ω, lautet dann $k^2 = \omega^2\beta\mu\mu_0$. Da die Ausbreitungsgeschwindigkeit der Welle gleich $c = \omega/k$ ist, ergibt sich unmittelbar

$$c^2 = 1/\beta\mu\mu_0. \tag{3.24}$$

Maxwell wußte, wie der Wert der Konstanten β zu bestimmen war. Die im Dielektrikum gespeicherte Enegie ist gerade gleich der Arbeit, die pro Volumeinheit bei der Verschiebung der Ladungsträger um den Abstand r geleistet wird, d.h. es gilt:

$$\text{Geleistete Arbeit} = \int \boldsymbol{F}\cdot d\boldsymbol{r} = \int N_q q\boldsymbol{E}\cdot d\boldsymbol{r}.$$

Es ist aber

$$\boldsymbol{r} = \alpha\boldsymbol{E}$$

und somit

$$d\boldsymbol{r} = \alpha\, d\boldsymbol{E}.$$

Die geleistete Arbeit ist daher gerade gleich

$$\int_0^E N_q q\alpha E\, dE = \tfrac{1}{2}\alpha N_q q E^2 = \tfrac{1}{2}\beta E^2.$$

Wir wissen aber, daß dies gerade die elektrostatische Energiedichte im Dielektrikum ist, gegeben durch $\tfrac{1}{2}\boldsymbol{D}\cdot\boldsymbol{E} = \tfrac{1}{2}\epsilon\epsilon_0 E^2$. Daher ist $\beta = \epsilon\epsilon_0$. Wenn wir diesen Wert in den obigen Ausdruck für die Geschwindigkeit der Wellen einsetzen, erhalten wir

$$c = (\mu\mu_0\epsilon\epsilon_0)^{-\frac{1}{2}}. \tag{3.25}$$

Man beachte, daß auch im Vakuum mit $\mu = 1$, $\epsilon = 1$ die Ausbreitungsgeschwindigkeit der Wellen endlich ist: $c = (\mu_0\epsilon_0)^{-\frac{1}{2}}$. Maxwell setzte dann die besten verfügbaren Werte für die elektrische und die magnetische Feldkonstante ein und fand zu seiner Verblüffung, daß die Ausbreitungsgeschwindigkeit der Störungen c sich als die Geschwindigkeit des Lichts erwies; in seinen eigenen Worten: 'Wir kommen wohl schwerlich um den Schluß herum, daß Licht aus den transversalen Modulationen des gleichen Mediums besteht, das die Ursache elektrischer und magnetischer Erscheinungen ist'.

Man kann nur darüber staunen, daß bei einem speziellen mechanistischen Modell für das elektromagnetische Feld solch 'reines Gold' herausgekommen ist. Maxwell äußerte sich recht freimütig über den Wert seines Modells:

'Ich behaupte nicht, daß dies eine in der Natur existierende Beziehungsform ist ... . Es ist jedoch eine mechanisch denkbare Beziehungsform, und sie dient dazu, die tatsächlichen mechanischen Beziehungen zwischen bekannten elektromagnetischen Erscheinungen ans Licht zu bringen.' [3.1]

Im Jahre 1864 entwickelte Maxwell die gesamte Theorie auf einer weit abstrakteren Grundlage ohne irgendwelche besondere Annahmen über die Natur des Mediums, durch das sich elektromagnetische Erscheinungen ausbreiten. Diese Arbeit wurde 1865 in einer weiteren klassischen Abhandlung unter dem Titel 'Eine dynamische Theorie des elektromagnetischen Feldes' veröffentlicht. Um Whittaker zu zitieren: 'Darin offenbarte sich die Architektur seines Systems, ohne das Gerüst, mit dessen Hilfe es zunächst errichtet worden war'. [3.1]

In dieser Arbeit erscheinen die Gleichungen in ihrer endgültigen Form, völlig unabhängig von dem Hilfsmittel, das zu ihrer Aufstellung benutzt worden war. Maxwells eigene Ansicht über die Bedeutung dieser Arbeit zeigt sich in dem, was Everitt einen 'seltenen Augenblick unverhüllten Überschwangs' nennt, in einem Brief an seinen Cousin Charles Cay: 'Ich habe auch eine Arbeit unter den Händen, die eine elektromagnetische Theorie des Lichts enthält, und bis ich vom Gegenteil überzeugt bin, halte ich sie für eine tolle Sache'. [3.3]

In ihrer endgültigen Form lauten die Gleichungen:

$$\left.\begin{aligned} \operatorname{rot} \boldsymbol{E} &= -\frac{\partial \boldsymbol{B}}{\partial t} \\ \operatorname{rot} \boldsymbol{H} &= \boldsymbol{J} + \frac{\partial \boldsymbol{D}}{\partial t} \\ \operatorname{div} \boldsymbol{D} &= \rho_e \\ \operatorname{div} \boldsymbol{B} &= 0 \end{aligned}\right\} \tag{3.26}$$

Achten Sie darauf, wie die Einbeziehung des heute noch so bezeichneten *Verschiebungsstroms* $\partial \boldsymbol{D}/\partial t$ ein Problem mit der Kontinuitätsgleichung im Elektromagnetismus löst. Wir wollen die Divergenz der zweiten Gleichung von (3.26) bilden. Dann gilt wegen div rot = 0:

$$\operatorname{div}(\operatorname{rot} \boldsymbol{H}) = \operatorname{div} \boldsymbol{J} + \frac{\partial}{\partial t}(\operatorname{div} \boldsymbol{D}) = 0.$$

Wegen $\operatorname{div} \boldsymbol{D} = \rho_e$ erhalten wir

$$\operatorname{div} \boldsymbol{J} + \frac{\partial \rho_e}{\partial t} = 0,$$

d.h. die korrekte Kontinuitätsgleichung für die Erhaltung der Ladung in der Elektrostatik (siehe Abschnitt 4.2). Ohne den Verschiebungsterm wäre die Kontinuitätsgleichung völliger Unsinn und das ursprüngliche Gleichungssystem (3.11) bis (3.15) wäre nicht in sich widerspruchsfrei.

3.3 Weitere Entwicklung und Hertzsche Versuche

Wenn man eine Geschichte wie diese erzählt, muß man zwangsläufig berichten, wie der Held die richtige Lösung findet. Objektiv gesehen wurde zu dieser Zeit sehr viel theoretische Arbeit geleistet, und es gab mehrere andere lebensfähige Theorien des Elektromagnetismus. Die sehr charakteristische Voraussage der Maxwellschen Theorie der elektromagnetischen Wellen und ihrer Identität mit dem Licht war jedoch ein klarer Triumph. Sie gab der Wellentheorie des Lichts, welche die Erscheinungen der Reflexion, Brechung, Polarisation usw. erklären konnte, eine unmittelbare physikalische Bedeutung. Obwohl wir heute erkennen, daß das Licht eine Art elektromagnetischer Strahlung ist, war dies zu jener Zeit bei weitem nicht offensichtlich. Außerdem wurde zwar in der Maxwellschen Arbeit von 1865 die Theorie in streng mathematischer Form dargelegt, aber die mechanistischen Analogien, auf denen seine frühere Arbeit basierte, waren zweifellos ein Hindernis für die allgemeine Anerkennung der Theorie. Allmählich zeigte sich jedoch, daß die so schön symmetrischen und einfachen Gleichungen alle bekannten elektromagnetischen Erscheinungen erklären konnten. Wie dies möglich ist, werden wir im nächsten Kapitel zeigen. In der Tat ist der Weg, auf dem Maxwell zum Verschiebungsterm gelangte, im wesentlichen identisch mit der Art und Weise, in der elektromagnetische Erscheinungen in einfachen Dielektrika in Standardlehrbüchern behandelt werden.

Maxwell starb 1879, bevor ein direkter experimenteller Nachweis für elektromagnetische Wellen gefunden war. Die Sache wurde zehn Jahre nach seinem Tod in einer klassischen Versuchsreihe von Hertz endgültig entschieden. Dies war mehr als 20 Jahre nach Maxwells erster Herleitung der Gleichungen, die als eine der großen Voraussagen der theoretischen Physik anzusehen sind. Ich empfehle sehr, die große Arbeit 'Über elektrische Wellen' von Hertz [3.4] zu lesen, in der diese bemerkenswerte Versuchsreihe sehr schön geschildert wird.

Hertz stellte fest, daß er die Wirkung der elektromagnetischen Induktion in beträchtlichen Abständen von seiner Apparatur nachweisen konnte. Sein Sender und sein Empfänger sind in Abb. 3.8 dargestellt. Die Abstimmung des Senders ist mit der Armlänge der 'Antenne' verbunden. Die Arbeitsweise des Geräts war so, daß im Sender zwischen den beiden kleinen Kugeln Funken erzeugt wurden und die Signale, die in Resonanz mit den Armen der Sendeantenne waren, mit der höchsten Intensität abgestrahlt wurden. Der Detektor war ähnlich konstruiert, und die Beobachtungstechnik bestand darin, daß die Erzeugung von Funken an der Empfängerfunkenstrecke untersucht wurde. Hertz brachte die Klemmen der Funkenstrecke einander so nahe wie möglich, um ihre Empfindlichkeit so weit wie möglich zu steigern. Nach vielem Herumprobieren fand er etwas, was sich als Wellen von relativ kurzer Wellenlänge erwies. Er ermittelte die Wellenlänge, indem er in einiger Entfernung von seinem Funkensender eine reflektierende Platte aufstellte und die Positionen mit dem kleinsten Signal am zweiten Funkenstrecken-Detektor feststellte, der vor dem Schirm angebracht war.

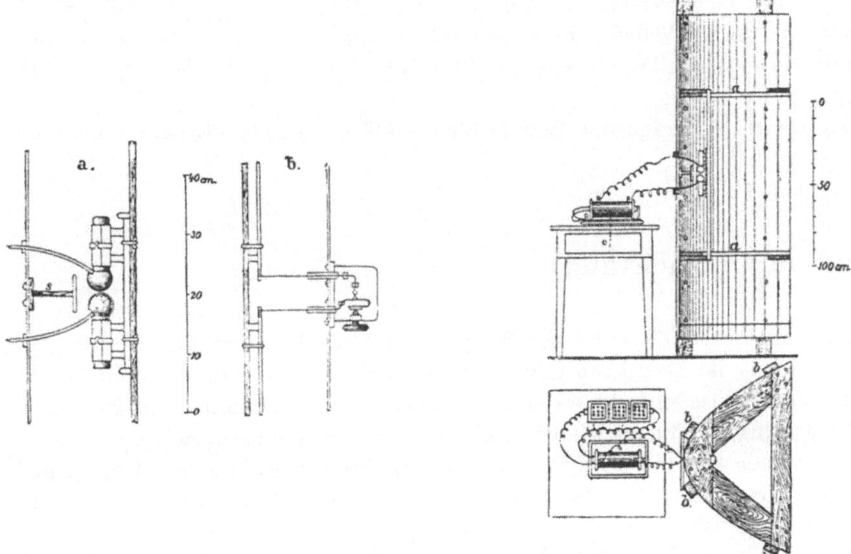

Abb. 3.8. Die Hertzsche Apparatur zur Erzeugung und zum Nachweis elektromagnetischer Strahlung. Der Sender *a* erzeugte elektromagnetische Strahlung aus Entladungen zwischen den kugelförmigen Leitern. Der Detektor *b* bestand aus einer ähnlichen Vorrichtung, wobei die Klemmen des Detektors einander so nahe wie möglich gebracht wurden, um die maximale Empfindlichkeit zu erzielen. Der Zylinder wurde im Brennpunkt eines Zylinderparaboloidreflektors angeordnet, um ein gerichtetes Strahlenbundel zu erzeugen. (Aus H. Hertz, 1893, *Elektrische Wellen*, S. 183–4, MacMillan and Co., London)

Mit dieser Anordnung entdeckte er stehende Wellen, als er den Detektor entlang der Verbindungslinie zwischen dem Sender und der leitenden Platte bewegte. Die Frequenzen der Wellen konnten aus der Frequenz bestimmt werden, auf die der Empfängerkreis abgestimmt war, $\omega = (LC)^{-1/2}$, wobei L und C die Induktivität bzw. die Kapazität des Sendegeräts sind. Daraus erhielt er unmittelbar die Geschwindigkeit der Wellen, da die Wellenlänge gleich dem doppelten Abstand zwischen den Minima der stehenden Wellen und $c = \nu\lambda$ war.

Die Geschwindigkeit erwies sich als die Lichtgeschwindigkeit im Vakuum. Hertz wußte, daß die Wellen elektromagnetischen Ursprungs waren, da sie von seinem Funkensender erzeugt wurden. Dann begann er eine Versuchsreihe, die den schlüssigen Beweis erbrachte, daß diese Wellen sich in jeder Hinsicht genau wie das Licht verhielten. Seine große Arbeit über dieses Thema hatte die Überschriften: Geradlinige Ausbreitung, Polarisierung, Reflexion, Brechung. Einige Experimente waren in ihrer Ausführung recht bemerkenswert. Zum Nachweis der Brechung konstruierte er ein Prisma von 600 kg Gewicht aus 'sogenanntem Hartpech, einem asphaltähnlichen Material'. Die Experimente erbrachten den überzeugenden Nachweis, daß elektromagnetische Wellen mit einer Frequenz von etwa 1 GHz und einer Wellenlänge von 30 cm existierten, die sich in jeder Hinsicht wie Licht verhielten. Beachten Sie, daß Hertz eine Vorrichtung finden mußte, mit der er Wellen von einer so hohen Frequenz wie etwa 1 GHz erzeugen konnte, da sonst die Wellenlänge der Strahlung für sein Labor zu groß geworden wäre.

Dies war der endgültige Beweis für die Gültigkeit der Maxwellschen Gleichungen.

3.4 Nachbetrachtung

Dies ist ein besonders extremes Beispiel der Modellkonstruktion in der theoretischen Physik. Man kann unter Physikern eine gewisse Verlegenheit bei der Maxwellschen Technik der Modellkonstruktion durch Analogie feststellen, so leistungsfähig sie sich auch erwiesen hat. Nicht nur in diesem Beispiel, sondern in allen seinen großen Beiträgen zur Physik und theoretischen Physik findet sich ein sehr tiefgründiges Verständnis der Mathematik und ihrer Interpretation im Sinne physikalischer Modelle. Die Technik der Analogie in den Händen eines Genies schuf neue Einsichten, die Maxwell in die Lage versetzten, im Verständnis der Natur des Elektromagnetismus diesen gewaltigen Schritt voran zu tun. Wir können mit nachträglicher Einsicht zurückschauen und erkennen, wie sich alles zu einer Serie von Beiträgen zur Wissenschaft zusammenfügte, wie sie glänzender nie geleistet wurden. Vor seinem frühen Tod im Alter von 49 Jahren untersuchte er eingehend die Natur der elektromagnetischen Theorie. Sein bemerkenswertes Buch *Abhandlung über Elektrizität und Magnetismus* ist eine Arbeit in der Entwicklung, und man kann erste Anzeichen der Revolution erkennen, die zu Beginn des nächsten Jahrhunderts mit der Relativitätstheorie stattfinden sollte.

Anhang zu Kapitel 3
Wiederholende Anmerkungen
zu Vektorfeldern

Diese Anmerkungen sollen festigen, was Sie schon über Vektorfelder gelernt haben, und einige nützliche Ergebnisse zusammenfassen, die in Kapitel 4 gebraucht werden.

A3.1 Divergenzsatz und Stokesscher Satz

Die Bedeutung dieser Sätze liegt darin, daß wir die Gesetze der Physik entweder 'im Großen' in Form von Integralen über endliche Raumvolumina oder 'im Kleinen' in Form der Feldeigenschaften in der Nähe eines bestimmten Punktes ausdrücken können. Die erste Form führt auf Integralgleichungen, die zweite auf Differentialgleichungen. Die grundlegenden Sätze im Zusammenhang mit diesen beiden Formen sind die folgenden:

Divergenzsatz

$$\underbrace{\int_S \boldsymbol{A} \cdot d\boldsymbol{S}}_{\text{im Großen}} = \int_v \underbrace{\operatorname{div} \boldsymbol{A}\, dv}_{\text{im Kleinen}}. \tag{A3.1}$$

Hierbei ist $d\boldsymbol{S}$ das Flächenelement der Fläche S, die das Volumen v umschließt. Der Vektor $d\boldsymbol{S}$ ist stets vom Flächenelement *senkrecht nach außen* gerichtet. Das Volumintegral auf der rechten Seite erstreckt sich über das in der geschlossenen Fläche S enthaltene Volumen.

Stokesscher Satz

$$\underbrace{\oint_C \boldsymbol{A} \cdot d\boldsymbol{l}}_{\text{im Großen}} = \int_S \underbrace{\operatorname{rot} \boldsymbol{A} \cdot d\boldsymbol{S}}_{\text{im Kleinen}}, \tag{A3.2}$$

wobei C eine geschlossene Kurve ist und das Integral auf der linken Seite über die geschlossene Kurve genommen wird. S ist eine *beliebige* offene Fläche, die von der Schleife C berandet wird, und $d\boldsymbol{S}$ ist das Flächenelement. Das Vorzeichen von $d\boldsymbol{S}$ wird nach der Maxwellschen Schraubenregel festgelegt. Beachten

Sie, daß bei einem vektoriellen Kraftfeld A die Größe $\int A \cdot dl$ gleich dem *negativen* Wert der Arbeit ist, die aufgewendet werden muß, um einen Massenpunkt einmal über den gesamten Integrationsweg zu verschieben.

A3.2 Ergebnisse in Verbindung mit dem Divergenzsatz

Aufgabe 1

Indem man $A = f \operatorname{grad} g$ setzt, sind zwei Formen des Greenschen Satzes herzuleiten:

$$\int_v \left[f\nabla^2 g + (\nabla f) \cdot (\nabla g) \right] dv = \int_S f\nabla g \cdot dS, \qquad (A3.3)$$

$$\int_v \left[f\nabla^2 g - g\nabla^2 f \right] dv = \int_S (f\nabla g - g\nabla f) \cdot dS. \qquad (A3.4)$$

Im Divergenzsatz, Gl. (A3.1), ist $A = f \operatorname{grad} g$ zu substituieren:

$$\int_S f\nabla g \cdot dS = \int_v \operatorname{div} f\nabla g \, dv.$$

Wegen $\nabla \cdot (ab) = a\nabla \cdot b + \nabla a \cdot b$ ist dann

$$\int_S f\nabla g \cdot dS = \int_v (\nabla f \cdot \nabla g + f\nabla^2 g) \, dv. \qquad (A3.3)$$

Indem wir dann die gleiche Analyse für $g\nabla f$ durchführen, finden wir

$$\int_S g\nabla f \cdot dS = \int_v (\nabla f \cdot \nabla g + g\nabla^2 f) \, dv. \qquad (A3.5)$$

Wenn wir (A3.5) von (A3.3) subtrahieren, erhalten wir das gewünschte Ergebnis:

$$\int_v (f\nabla^2 g - g\nabla^2 f) \, dv = \int_S (f\nabla g - g\nabla f) \cdot dS \qquad (A3.4)$$

Dieses Ergebnis kann besonders nützlich sein, wenn eine der Funktionen eine Lösung der Laplaceschen Gleichung $\nabla^2 f = 0$ ist.

Aufgabe 2

Es ist zu zeigen, daß

$$\int_v \frac{\partial f}{\partial x_k} \, dv = \int_S f \, dS_k$$

gilt. In diesem Fall ist der Vektor A als $f i_k$ anzusetzen, wobei f eine skalare Ortsfunktion und i_k der Einheitsvektor in einer bestimmten Richtung ist. Substitution im Divergenzsatz liefert

$$\int_S f i_k \cdot dS = \int_v \operatorname{div} f i_k \, dv.$$

Die Divergenz auf der rechten Seite ist gerade gleich dem Gradienten in der i_k-Richtung, d.h. gleich $\partial f / \partial x_k$. Daher gilt

$$\int_S f \, dS_k = \int_v \frac{\partial f}{\partial x_k} \, dv. \tag{A3.6}$$

Aufgabe 3

Es ist zu zeigen, daß

$$\int_v (\nabla \times \boldsymbol{A}) \, dv = \int_S dS \times \boldsymbol{A}$$

gilt. Wir beginnen mit der Anwendung des Ergebnisses (A3.6) auf die skalaren Größen A_x und A_y, die Komponenten des Vektors $\boldsymbol{A}$ sind. Dann ist

$$\int_v \frac{\partial A_y}{\partial x} \, dv = \int_S A_y \, dS_x, \tag{A3.7}$$

$$\int_v \frac{\partial A_x}{\partial y} \, dv = \int_S A_x \, dS_y. \tag{A3.8}$$

Wir subtrahieren (A3.8) von (A3.7):

$$\int_v \left(\frac{\partial A_y}{\partial x} - \frac{\partial A_x}{\partial y} \right) dv = \int_S (A_y \, dS_x - A_x \, dS_y)$$

oder

$$\int_v \operatorname{rot} A_z \, dv = -\int_S (\boldsymbol{A} \times dS)_z.$$

Dies muß getrennt für alle drei Richtungen x, y und z gelten, und wir können diese Ergebnisse in einer Gleichung zusammenfassen:

$$\int_v \operatorname{rot} \boldsymbol{A} \, dv = \int_S (dS \times \boldsymbol{A}). \tag{A3.9}$$

A3.3 Ergebnisse in Verbindung mit dem Stokesschen Satz

Aufgabe

Es ist zu zeigen, daß sich der Stokessche Satz auch in der folgenden Form schreiben läßt:

$$\oint_C f\, dl = \int_S dS \times \operatorname{grad} f.$$

Wir wollen $A = f i_k$ setzen, wobei i_k der Einheitsvektor in der k-Richtung ist. Der Stokessche Satz

$$\oint_C A \cdot dl = \int_S \operatorname{rot} A \cdot dS$$

lautet dann

$$i_k \cdot \oint_C f\, dl = \int_S \operatorname{rot} f\, i_k \cdot dS.$$

Wir benötigen nun die Entwicklung von $\operatorname{rot} A$, wobei A das Produkt einer skalaren und einer vektoriellen Funktion ist:

$$\operatorname{rot} fg = f \operatorname{rot} g + (\operatorname{grad} f) \times g. \tag{A3.10}$$

Im vorliegenden Fall ist g der Einheitsvektor i_k, und daher ist $\operatorname{rot} i_k = 0$. Folglich gilt

$$i_k \cdot \oint_C f\, dl = \int_S [(\operatorname{grad} f) \times i_k] \cdot dS$$

$$= i_k \cdot \int_S dS \times \operatorname{grad} f,$$

d.h. es gilt

$$\oint_C f\, dl = \int_S dS \times \operatorname{grad} f. \tag{A3.11}$$

A3.4 Vektorfelder mit speziellen Eigenschaften

Ein Vektorfeld A, für das $\operatorname{rot} A = 0$ gilt, wird *wirbelfrei, konservativ* oder *konservatives Kraftfeld* genannt. Allgemeiner gesagt, ein Vektorfeld ist konservativ, wenn es eine der folgenden Bedingungen erfüllt, die alle äquivalent sind:

(a) A läßt sich in der Form $A = -\operatorname{grad} \phi$ ausdrücken, wobei ϕ eine skalare Ortsfunktion ist, deren Werte nur von x, y und z abhängen.

(b) $\operatorname{rot} A = 0$

(c) $\oint_C \boldsymbol{A} \cdot \boldsymbol{dl} = 0$

(d) $\int_A^B \boldsymbol{A} \cdot \boldsymbol{dl}$ ist unabhängig vom Weg zwischen A und B.

Die Bedingungen (b) und (c) sind wegen des Stokesschen Satzes offenbar identisch:

$$\oint_C \boldsymbol{A} \cdot \boldsymbol{dl} = \int_S \operatorname{rot} \boldsymbol{A} \cdot \boldsymbol{dS} = 0.$$

Wenn $\boldsymbol{A} = -\operatorname{grad}\phi$ ist, dann ist wegen rot grad $= 0$ offensichtlich rot $\boldsymbol{A} = 0$. Schließlich können wir schreiben:

$$\int_A^B \boldsymbol{A} \cdot \boldsymbol{dl} = -\int_A^B \operatorname{grad}\phi \cdot \boldsymbol{dl} = -(\phi_B - \phi_A),$$

und dies ist unabhängig vom Weg zwischen A und B. Diese letzte Eigenschaft ist der Grund für die Bezeichnung 'konservatives Feld'. Es spielt überhaupt keine Rolle, welchen Weg man zwischen A und B nimmt. Ist $\boldsymbol{A}$ ein Kraftfeld, dann ist ϕ ein Potential, und zugleich ist ϕ die Arbeit, die man aufwenden muß, um die Einheitsmasse, die Einheitsladung usw. zu diesem Punkt im Feld zu bringen.

Ein Vektorfeld $\boldsymbol{A}$, für das div $\boldsymbol{A} = \nabla \cdot \boldsymbol{A} = 0$ gilt, wird als *quellenfreies Feld* bezeichnet. Für $\boldsymbol{B} = \operatorname{rot}\boldsymbol{A}$ ist div $\boldsymbol{B} = 0$. Wenn umgekehrt div $\boldsymbol{B} = 0$ ist, läßt sich $\boldsymbol{B}$ auf vielerlei Weise als Rotation eines Vektors $\boldsymbol{A}$ ausdrücken. Wir können nämlich zu $\boldsymbol{A}$ ein beliebiges konservatives Vektorfeld addieren, das bei der Bildung der Rotation von $\boldsymbol{A}$ stets verschwindet. Wenn also $\boldsymbol{A}' = \boldsymbol{A} - \operatorname{grad}\phi$ ist, dann gilt

$$\begin{aligned} \boldsymbol{B} = \operatorname{rot}\boldsymbol{A}' &= \operatorname{rot}\boldsymbol{A} - \operatorname{rot}\operatorname{grad}\phi \\ &= \operatorname{rot}\boldsymbol{A}. \end{aligned}$$

Ein besonders brauchbares Ergebnis in der Vektoranalysis ist die Identität

$$\nabla \times (\nabla \times \boldsymbol{A}) = \nabla(\nabla \cdot \boldsymbol{A}) - \nabla^2 \boldsymbol{A}.$$

A3.5 Vektoroperatoren in krummlinigen Koordinaten

Es ist nützlich, eine Liste der Vektoroperatoren in rechtwinkligen (oder Cartesischen), Zylinder- und Kugelkoordinaten zu haben. In der Standardliteratur findet man die folgenden Formeln:

grad

Cartesisch $\operatorname{grad}\Phi = \nabla\Phi = i_x\dfrac{\partial\Phi}{\partial x} + i_y\dfrac{\partial\Phi}{\partial y} + i_z\dfrac{\partial\Phi}{\partial z}$

Zylinder $\operatorname{grad}\Phi = \nabla\Phi = i_r\dfrac{\partial\Phi}{\partial r} + i_z\dfrac{\partial\Phi}{\partial z} + i_\phi\dfrac{1}{r}\dfrac{\partial\Phi}{\partial\phi}$

Kugel $\operatorname{grad}\Phi = \nabla\Phi = i_r\dfrac{\partial\Phi}{\partial r} + i_\theta\dfrac{1}{r}\dfrac{\partial\Phi}{\partial\theta} + i_\phi\dfrac{1}{r\sin\theta}\dfrac{\partial\Phi}{\partial\phi}$

div

Cartesisch $\operatorname{div}\boldsymbol{A} = \nabla\cdot\boldsymbol{A} = \dfrac{\partial A_x}{\partial x} + \dfrac{\partial A_y}{\partial y} + \dfrac{\partial A_z}{\partial z}$

Zylinder $\operatorname{div}\boldsymbol{A} = \nabla\cdot\boldsymbol{A} = \dfrac{1}{r}\left[\dfrac{\partial}{\partial r}\left(rA_r\right) + \dfrac{\partial}{\partial z}\left(rA_z\right) + \dfrac{\partial}{\partial\phi}\left(A_\phi\right)\right]$

Kugel $\operatorname{div}\boldsymbol{A} = \nabla\cdot\boldsymbol{A} = \dfrac{1}{r^2\sin\theta}\left[\dfrac{\partial}{\partial r}\left(r^2\sin\theta\,A_r\right) + \dfrac{\partial}{\partial\theta}\left(r\sin\theta\,A_\theta\right)\right.$

$$+\left.\dfrac{\partial}{\partial\phi}\left(rA_\phi\right)\right]$$

rot

Cartesisch $\operatorname{rot}\boldsymbol{A} = \nabla\times\boldsymbol{A} = \left(\dfrac{\partial A_y}{\partial z} - \dfrac{\partial A_z}{\partial y}\right)i_x + \left(\dfrac{\partial A_z}{\partial x} - \dfrac{\partial A_x}{\partial z}\right)i_y$

$$+\left(\dfrac{\partial A_x}{\partial y} - \dfrac{\partial A_y}{\partial x}\right)i_z$$

Zylinder $\operatorname{rot}\boldsymbol{A} = \nabla\times\boldsymbol{A} = \dfrac{1}{r}\left[\dfrac{\partial}{\partial z}\left(rA_\phi\right) - \dfrac{\partial}{\partial\phi}\left(A_z\right)\right]i_r$

$$+\dfrac{1}{r}\left[\dfrac{\partial}{\partial\phi}\left(A_r\right) - \dfrac{\partial}{\partial r}\left(rA_\phi\right)\right]i_z$$

$$+\left[\dfrac{\partial}{\partial r}\left(A_z\right) - \dfrac{\partial}{\partial z}\left(A_r\right)\right]i_\phi$$

Kugel $\operatorname{rot}\boldsymbol{A} = \nabla\times\boldsymbol{A} = \dfrac{1}{r^2\sin\theta}\left[\dfrac{\partial}{\partial\theta}\left(r\sin\theta\,A_\phi\right) - \dfrac{\partial}{\partial\phi}\left(rA_\theta\right)\right]i_r$

$$+\dfrac{1}{r\sin\theta}\left[\dfrac{\partial}{\partial\phi}\left(A_r\right) - \dfrac{\partial}{\partial r}\left(r\sin\theta\,A_\phi\right)\right]i_\theta$$

$$+\dfrac{1}{r}\left[\dfrac{\partial}{\partial r}\left(rA_\theta\right) - \dfrac{\partial}{\partial\theta}\left(A_r\right)\right]i_\phi$$

Laplacescher Operator

Cartesisch $\nabla^2\Phi = \dfrac{\partial^2\Phi}{\partial x^2} + \dfrac{\partial^2\Phi}{\partial y^2} + \dfrac{\partial^2\Phi}{\partial z^2}$

Zylinder $\qquad \nabla^2 \Phi = \dfrac{1}{r}\dfrac{\partial}{\partial r}\left(r\dfrac{\partial \Phi}{\partial r}\right) + \dfrac{1}{r^2}\dfrac{\partial^2 \Phi}{\partial \phi^2} + \dfrac{\partial^2 \Phi}{\partial z^2}$

Kugel $\qquad \nabla^2 \Phi = \dfrac{1}{r^2}\dfrac{\partial}{\partial r}\left(r^2\dfrac{\partial \Phi}{\partial r}\right) + \dfrac{1}{r^2 \sin\theta}\dfrac{\partial}{\partial \theta}\left(\sin\theta\,\dfrac{\partial \Phi}{\partial \theta}\right)$

$$+ \frac{1}{r^2 \sin^2\theta}\frac{\partial^2 \Phi}{\partial \phi^2}$$

$$= \frac{1}{r}\frac{\partial^2}{\partial r^2}(r\,\Phi) + \frac{1}{r^2 \sin\theta}\frac{\partial}{\partial \theta}\left(\sin\theta\frac{\partial \Phi}{\partial \theta}\right)$$

$$+ \frac{1}{r^2 \sin^2\theta}\frac{\partial^2 \Phi}{\partial \phi^2}$$

A3.6 Vektoroperatoren in Lösungen von Wellengleichungen

Bei allgemeinen dreidimensionalen Lösungen von Wellengleichungen, wie z.B. der Maxwellschen Gleichungen, wird man häufig feststellen, daß sich die Arbeit beträchtlich vereinfacht, wenn man die Beziehungen $\nabla \to \mathrm{i}k$, $\partial/\partial t \to -\mathrm{i}\omega$ verwendet und den Phasenfaktor der Wellen in der Form $\exp\{\mathrm{i}(\boldsymbol{k}\cdot\boldsymbol{r} - \omega t)\}$ schreibt. Wir wollen die folgenden Beziehungen beweisen:

$$\mathrm{grad}\,\mathrm{e}^{\mathrm{i}\boldsymbol{k}\cdot\boldsymbol{r}} = \mathrm{i}\boldsymbol{k}\,\mathrm{e}^{\mathrm{i}\boldsymbol{k}\cdot\boldsymbol{r}}$$

$$\mathrm{div}\,\left(\boldsymbol{A}\,\mathrm{e}^{\mathrm{i}\boldsymbol{k}\cdot\boldsymbol{r}}\right) = \mathrm{i}\boldsymbol{k}\cdot\boldsymbol{A}\,\mathrm{e}^{\mathrm{i}\boldsymbol{k}\cdot\boldsymbol{r}}$$

$$\mathrm{rot}\,\left(\boldsymbol{A}\,\mathrm{e}^{\mathrm{i}\boldsymbol{k}\cdot\boldsymbol{r}}\right) = \mathrm{i}\,[\boldsymbol{k}\times\boldsymbol{A}]\,\mathrm{e}^{\mathrm{i}\boldsymbol{k}\cdot\boldsymbol{r}}$$

In diesen Gleichungen ist $\boldsymbol{A}$ ein konstanter Vektor. Der exponentielle Phasenfaktor hebt sich durch die Wellengleichung auf und man erhält eine Beziehung, die als *Dispersionsbeziehung* bezeichnet wird. Beachten Sie, daß die Vektoren $\boldsymbol{k}$ und $\boldsymbol{A}$ selbst komplex sein können.

$$\mathrm{grad}\,\mathrm{e}^{\mathrm{i}\boldsymbol{k}\cdot\boldsymbol{r}} = \boldsymbol{i}_x\frac{\partial}{\partial x}\mathrm{e}^{\mathrm{i}\boldsymbol{k}\cdot\boldsymbol{r}} + \boldsymbol{i}_y\frac{\partial}{\partial y}\mathrm{e}^{\mathrm{i}\boldsymbol{k}\cdot\boldsymbol{r}} + \boldsymbol{i}_z\frac{\partial}{\partial z}\mathrm{e}^{\mathrm{i}\boldsymbol{k}\cdot\boldsymbol{r}}$$

$$= \mathrm{i}\boldsymbol{i}_x k_x \mathrm{e}^{\mathrm{i}\boldsymbol{k}\cdot\boldsymbol{r}} + \mathrm{i}\boldsymbol{i}_y k_y \mathrm{e}^{\mathrm{i}\boldsymbol{k}\cdot\boldsymbol{r}} + \mathrm{i}\boldsymbol{i}_z k_z \mathrm{e}^{\mathrm{i}\boldsymbol{k}\cdot\boldsymbol{r}}$$

$$= \mathrm{i}\boldsymbol{k}\,\mathrm{e}^{\mathrm{i}\boldsymbol{k}\cdot\boldsymbol{r}}$$

$$\mathrm{div}\,\left(\boldsymbol{A}\,\mathrm{e}^{\mathrm{i}\boldsymbol{k}\cdot\boldsymbol{r}}\right) = \frac{\partial}{\partial x}\left(A_x \mathrm{e}^{\mathrm{i}\boldsymbol{k}\cdot\boldsymbol{r}}\right) + \frac{\partial}{\partial y}\left(A_y \mathrm{e}^{\mathrm{i}\boldsymbol{k}\cdot\boldsymbol{r}}\right) + \frac{\partial}{\partial z}\left(A_z \mathrm{e}^{\mathrm{i}\boldsymbol{k}\cdot\boldsymbol{r}}\right)$$

$$= \mathrm{i}k_x A_x \mathrm{e}^{\mathrm{i}\boldsymbol{k}\cdot\boldsymbol{r}} + \mathrm{i}k_y A_y \mathrm{e}^{\mathrm{i}\boldsymbol{k}\cdot\boldsymbol{r}} + \mathrm{i}k_z A_z \mathrm{e}^{\mathrm{i}\boldsymbol{k}\cdot\boldsymbol{r}}$$

$$= \mathrm{i}\boldsymbol{k}\cdot\boldsymbol{A}\,\mathrm{e}^{\mathrm{i}\boldsymbol{k}\cdot\boldsymbol{r}}$$

$$\mathrm{rot}\,\left(\boldsymbol{A}\,\mathrm{e}^{\mathrm{i}\boldsymbol{k}\cdot\boldsymbol{r}}\right) = \boldsymbol{i}_x\left(A_z\mathrm{i}k_y - A_y\mathrm{i}k_z\right)\mathrm{e}^{\mathrm{i}\boldsymbol{k}\cdot\boldsymbol{r}} + \boldsymbol{i}_y\left(A_x\mathrm{i}k_z - A_z\mathrm{i}k_x\right)\mathrm{e}^{\mathrm{i}\boldsymbol{k}\cdot\boldsymbol{r}}$$
$$+ \boldsymbol{i}_z\left(A_y\mathrm{i}k_x - A_x\mathrm{i}k_y\right)\mathrm{e}^{\mathrm{i}\boldsymbol{k}\cdot\boldsymbol{r}}$$
$$= \mathrm{i}\left(\boldsymbol{k}\times\boldsymbol{A}\right)\mathrm{e}^{\mathrm{i}\boldsymbol{k}\cdot\boldsymbol{r}}.$$

Also können wir für Lösungen der Wellengleichung, die fortschreitende Wellen beinhalten, die Operatoren grad, div und rot durch die folgenden Vektorprodukte ersetzen:

$$\nabla\Phi \quad = \mathrm{grad}\,\Phi \to \mathrm{i}\boldsymbol{k}\Phi$$
$$\nabla\cdot\boldsymbol{A} = \mathrm{div}\,\boldsymbol{A} \to \mathrm{i}\boldsymbol{k}\cdot\boldsymbol{A}$$
$$\nabla\times\boldsymbol{A} = \mathrm{rot}\,\boldsymbol{A} \to \mathrm{i}\boldsymbol{k}\times\boldsymbol{A},$$

d.h. wir ersetzen ∇ durch den Vektor $\mathrm{i}\boldsymbol{k}$.

In ähnlicher Weise gilt für alle partiellen Ableitungen nach der Zeit

$$\frac{\partial}{\partial t}\,\mathrm{e}^{-\mathrm{i}\omega t} = -\mathrm{i}\omega\,\mathrm{e}^{-\mathrm{i}\omega t}$$

und damit

$$\frac{\partial}{\partial t} \to -\mathrm{i}\omega.$$

4 Wie man die Geschichte des Elektromagnetismus umschreiben könnte

4.1 Einführung

Nachdem wir nun die Maxwellschen Gleichungen auf dem von ihm selbst begangenen Wege hergeleitet haben, wollen wir alles in umgekehrter Richtung tun, mit einer mathematischen Struktur beginnen und nachsehen, wie oft wir uns die Realität anschauen müssen, um unser mathematisches Modell auf der richtigen Spur zu halten.

Wir beginnen mit den Maxwellschen Gleichungen, betrachten sie aber einfach als ein System von Vektorgleichungen, die sich auf die Vektorfelder E, D, B, H und J beziehen. Anfänglich haben diese Felder *keine physikalische Bedeutung*. Wir stellen dann eine minimale Anzahl von Postulaten auf, nach denen wir versuchen, den Gleichungen physikalische Bedeutung zu geben und aus ihnen alle Gesetze des Elektromagnetismus herzuleiten. Diese Methode benutzt Stratton in seinem Buch *'Elektromagnetische Theorie'* [4.1].

Wir können dann die Gleichungen auf neue Aspekte der elektromagnetischen Theorie anwenden – die Eigenschaften elektromagnetischer Wellen, die Ausstrahlung von Wellen durch beschleunigte Ladungen usw. – und somit Überprüfungen der Gleichungen ermöglichen, welche weit über die Gesetze hinausgehen, aus denen die Maxwellschen Gleichungen zunächst abgeleitet wurden. Wenn die Theorie auf Abwege gerät, ergeben sich, wie weiter unten erläutert wird, aus dem Ineinandergreifen vieler Ergebnisse Hinweise darauf, wie das ganze Gebäude verändert werden müßte.

Einige meiner Kollegen protestierten energisch gegen diese Behandlung des Elektromagnetismus, hauptsächlich mit der Begründung, daß auf diesem Wege niemand je die richtige Antwort gefunden hätte. Ich will darüber nicht spekulieren. Ich weiß aber, daß diese Verfahrensweise, mit einer mathematischen Struktur zu beginnen, der dann eine physikalische Bedeutung zugeordnet wird, in vielen anderen Gebieten der Grundlagenphysik zu finden ist, zum Beispiel in der Theorie der linearen Operatoren und der Quantenmechanik, der Tensorrechnung und der speziellen und allgemeinen Relativitätstheorie. Die Mathematik gibt der physikalischen Theorie einen formalen Zusammenhang und ermöglicht Voraussagen über das Verhalten realer Systeme in unerforschten Bereichen des Parameterraums.

Diese Untersuchung begann als ein Seminar in mathematischer Physik, und es ist lehrreich, diese Gestaltung beizubehalten. Die folgende Analyse ist zum großen Teil mathematisch einfach – die Betonung liegt auf der Klarheit, mit der wir die Verbindung zwischen Mathematik und Physik herstellen können.

4.2 Die Maxwellschen Gleichungen als ein System von Vektorgleichungen

Wir beginnen mit den Maxwellschen Gleichungen in der Form

$$\operatorname{rot} \boldsymbol{E} = -\frac{\partial \boldsymbol{B}}{\partial t} \tag{4.1}$$

$$\operatorname{rot} \boldsymbol{H} = \boldsymbol{J} + \frac{\partial \boldsymbol{D}}{\partial t}. \tag{4.2}$$

$\boldsymbol{E}$, $\boldsymbol{D}$, $\boldsymbol{B}$, $\boldsymbol{H}$ und $\boldsymbol{J}$ sind als nicht spezifizierte Vektorfelder anzusehen, die Funktionen der Raum- und Zeitkoordinaten sind und das elektromagnetische Feld beschreiben sollen. Die Gleichungen werden durch die Kontinuitätsgleichung für $\boldsymbol{J}$ ergänzt:

$$\operatorname{div} \boldsymbol{J} + \frac{\partial \rho}{\partial t} = 0. \tag{4.3}$$

Wir treffen dann die erste physikalische Feststellung:

$$\rho = \textit{elektrische Ladungsdichte} \text{ und } \textit{Ladung bleibt erhalten.} \tag{4.4}$$

Ausgehend von (4.3) ist zu zeigen, daß $\boldsymbol{J}$ als *Stromdichte* identifiziert werden muß, d.h. als der Ladungsdurchfluß durch die Einheitsfläche.

Beweis. Wir integrieren Gl. (4.3) über ein Volumen v, das von einer Fläche S begrenzt wird, d.h.

$$\int_v \operatorname{div} \boldsymbol{J} \, dv = -\frac{\partial}{\partial t} \int_v \rho \, dv.$$

Nun ist nach dem Divergenzsatz

$$\int_v \operatorname{div} \boldsymbol{J} \, dv = \int_S \boldsymbol{J} \cdot d\boldsymbol{S} \tag{4.5}$$

gleich der Geschwindigkeit, mit der Ladung aus dem Volumen verschwindet,

$$-\frac{\partial}{\partial t} \int_v \rho \, dv,$$

d.h. es ist

$$\int_S \boldsymbol{J} \cdot d\boldsymbol{S} = -\frac{\partial}{\partial t}(\text{enthaltene Gesamtladung}). \tag{4.6}$$

Also muß $\boldsymbol{J}$ den Ladungsdurchfluß pro Flächeneinheit durch die Fläche S darstellen.

4.3 Der Gaußsche Satz im Elektromagnetismus

Es ist zu zeigen, daß die Felder B und D den Beziehungen

$$\operatorname{div} B = 0 \quad\text{und}\quad \operatorname{div} D = \rho \tag{4.7}$$

genügen.

Beweis. Wir bilden die Divergenz der Gleichungen (4.1) und (4.2). Da die Divergenz einer Rotation stets gleich Null ist, erhalten wir

$$\left.\begin{aligned}
\operatorname{div} \operatorname{rot} E &= -\frac{\partial}{\partial t}(\operatorname{div} B) = 0 \\
\operatorname{div} \operatorname{rot} H &= \operatorname{div} J + \frac{\partial}{\partial t}(\operatorname{div} D) = 0.
\end{aligned}\right\} \tag{4.8}$$

Aus (4.3) erhalten wir

$$\frac{\partial}{\partial t}(\operatorname{div} D) - \frac{\partial \rho}{\partial t} = \frac{\partial}{\partial t}(\operatorname{div} D - \rho) = 0. \tag{4.9}$$

Somit sind die *partiellen Ableitungen* von $\operatorname{div} B$ und $(\operatorname{div} D - \rho)$ beide in allen Punkten im Raum gleich Null. Es muß daher gelten:

$$\operatorname{div} B = \text{const} \quad\text{und}\quad \operatorname{div} D - \rho = \text{const}.$$

An diesem Punkt müssen wir feststellen, was diese Konstanten bedeuten. In Lehrbüchern habe ich dazu die drei folgenden Ansätze gefunden: (i) Der *Einfachheit* halber setze man beide Konstanten gleich Null und sehe nach, ob dabei eine in sich widerspruchsfreie Darstellung herauskommt. (ii) Wir postulieren, daß wir zu irgendeinem Zeitpunkt Ladungen und Ströme im Universum so anordnen können, daß $\operatorname{div} B$ und $\operatorname{div} D - \rho$ gleich Null werden. Wenn wir dies für einen Augenblick tun können, dann muß es immer gelten. (iii) Sobald die Vektorfelder physikalisch identifiziert worden sind, bestimme man die Konstanten durch Vergleich mit der Realität. Mir gefällt das Argument (iii) am besten, gefolgt von (i). Wir werden feststellen, daß wir eine in sich widerspruchsfreie Darstellung erhalten, wenn wir beide Konstanten gleich Null setzen, also:

$$\operatorname{div} B = 0 \tag{4.10}$$

$$\operatorname{div} D - \rho = 0. \tag{4.11}$$

Beachten Sie, daß wir in diesem Bereich auf strenge Logik verzichten und eine Annahme machen müssen, die zum Erfolg führt.

Jetzt können wir diese Beziehungen in Integralform schreiben. Beide Gleichungen sind über ein abgeschlossenes Volumen v zu integrieren und der Divergenzsatz ist darauf anzuwenden. Aus

$$\int_v \operatorname{div} B \, dv = 0$$

folgt somit

$$\int_S \boldsymbol{B} \cdot d\boldsymbol{S} = 0, \tag{4.12}$$

und aus

$$\int_v \operatorname{div} \boldsymbol{D} \, dv = \int_v \rho \, dv$$

folgt

$$\int_S \boldsymbol{D} \cdot d\boldsymbol{S} = \int_v \rho \, dv. \tag{4.13}$$

Beachten Sie, daß nach der Aussage von Gl. (4.13) das Feld $\boldsymbol{D}$ von elektrischen Ladungen hervorgerufen werden kann.

4.4 Zeitunabhängige Felder als konservative Kraftfelder

Es ist zu zeigen: wenn die Vektorfelder $\boldsymbol{E}$ und $\boldsymbol{B}$ zeitunabhängig sind, muß $\boldsymbol{E}$ der Bedingung $\oint_C \boldsymbol{E} \cdot d\boldsymbol{s} = 0$ genügen, d.h. es ist ein konservatives Kraftfeld und kann daher in der Form $\boldsymbol{E} = -\operatorname{grad} \phi$ geschrieben werden, wobei ϕ eine skalare Potentialfunktion ist. Man beweise, daß dies definitiv nicht möglich ist, wenn das Feld $\boldsymbol{B}$ zeitlich veränderlich ist.

Beweis.   Wegen $\partial \boldsymbol{B}/\partial t = 0$ besagt die Gleichung (4.1), daß

$$\operatorname{rot} \boldsymbol{E} = 0$$

ist. Wenn wir daher $\boldsymbol{E}$ über eine geschlossene Kurve C integrieren, muß

$$\oint_C \boldsymbol{E} \cdot d\boldsymbol{s} = 0$$

sein. Dies ist eine Art der Definition eines *konservativen* Feldes (siehe den Anhang zu Kap. 3). Wegen $\operatorname{rot} \operatorname{grad} \phi = 0$, wobei ϕ eine skalare Funktion ist, läßt sich $\boldsymbol{E}$ aus dem Gradienten einer skalaren Funktion ableiten:

$$\boldsymbol{E} = -\operatorname{grad} \phi. \tag{4.14}$$

Ist $\boldsymbol{B}$ zeitlich veränderlich, dann finden wir

$$\operatorname{rot} \boldsymbol{E} = -\frac{\partial \boldsymbol{B}}{\partial t} \neq 0.$$

Wenn wir daher versuchen, $\boldsymbol{E}$ ausschließlich aus dem Gradienten eines skalaren Potentials abzuleiten, erhalten wir

$$-\operatorname{rot} \operatorname{grad} \phi = 0 = \frac{\partial \boldsymbol{B}}{\partial t} \neq 0,$$

d.h. $\boldsymbol{E}$ kann nicht gänzlich als $-\operatorname{grad} \phi$ ausgedrückt werden, wenn $\boldsymbol{B}$ zeitlich veränderlich ist.

4.5 Randbedingungen im Elektromagnetismus

An einer scharfen Grenze zwischen zwei Medien ist zu erwarten, daß sich die Eigenschaften der Felder unstetig ändern. Es sind drei Fälle zu betrachten:

(i) Ausgehend von Abschnitt 4.3 ist zu zeigen, daß die zur Grenzfläche zwischen den Medien senkrechte Komponente $B \cdot n$ des Vektorfelds B an der Grenzfläche stetig ist und daß auch $D \cdot n$ stetig ist, wenn sich an der Grenzfläche keine Oberflächenladungen befinden. Sind Oberflächenladungen mit der Flächenladungsdichte σ vorhanden, dann ist zu zeigen, daß $(D_1 - D_2) \cdot n = \sigma$ gilt.

Beweis.   Dies ist eine typische Analyse von Randbedingungen. Wir legen einen sehr kurzen Zylinder quer durch die Grenzfläche (Abb. 4.1(a)) und wenden dann die Regeln an, von denen wir wissen, daß sie unter allen Umständen für die Felder B und D gelten. Die Darstellung zeigt die Felder B und D, welche die Grenzfläche durchsetzen.

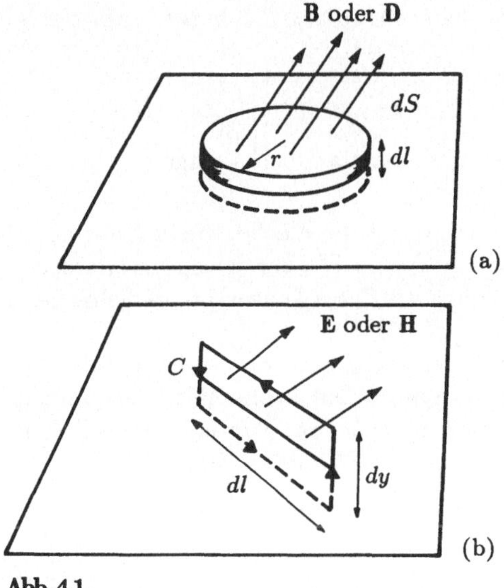

Abb. 4.1.

Zunächst ist der Gaußsche Satz in Integralform (4.12) für B anzuwenden:

$$\int_S B \cdot dS = 0. \qquad (4.12)$$

Nun drücken wir den Zylinder bis auf eine infinitesimal kleine Höhe zusammen. Mit dl gegen Null geht dann die Mantelfläche $2\pi r\, dl$ gegen Null, und die einzigen verbleibenden Komponenten sind diejenigen, die durch die Grund- und

Deckfläche des Zylinders gehen. Ist n der Normaleneinheitsvektor der Fläche, dann muß $B \cdot n$ auf jeder Seite der Grenzfläche gleich groß sein. (Denken Sie daran, daß dS über die gesamte geschlossene Fläche hinweg nach außen (oder nach innen) weisen muß.)

Auf genau die gleiche Weise erhält man

$$\int_S D \cdot dS = \int_v \rho \, dv.$$

Wenn wir den Zylinder zusammendrücken, wird die linke Seite gerade gleich der Differenz zwischen den Werten von $D \cdot n \, dS$ auf der einen und der anderen Seite der Fläche, und $\int_v \rho \, dv$ wird die Flächenladung $\sigma \, dS$, d.h. es ist

$$(D_1 - D_2) \cdot n = \sigma. \tag{4.15}$$

Wenn keine Flächenladungen vorhanden sind, dann ist $\sigma = 0$, und $D \cdot n$ ist stetig.

(ii) Für den Fall, daß E und H (wie auch D, B und J) statische Felder sind, ist zu zeigen, daß (a) die Tangentialkomponente von E an der Grenzfläche stetig ist und (b) die Tangentialkomponente von H stetig ist, wenn dort keine Flächenstromdichte J_s vorhanden ist. Bei vorhandener Flächenstromdichte ist zu zeigen, daß

$$(H_1 - H_2) \times n = J_s$$

gilt. Dies ist ebenfalls eine typische Analyse der Randbedingungen.

Beweis.   (a) Wir legen eine kleine Schleife durch die Fläche, wie in Abb. 4.1(b) dargestellt. Wir integrieren jetzt die Felder E und H über diesen geschlossenen Weg. Alle Felder sind statisch, und daher ist E ein konservatives Feld, denn nach Abschnitt 4.4 ist $\mathrm{rot}\, E = 0$ oder $\oint_C E \cdot ds = 0$.

Es seien E_1 und E_2 die Felder auf der einen bzw. der anderen Seite der Fläche. Die Schleife kann bis auf eine infinitesimal kleine Höhe zusammengedrückt werden, so daß die Enden keinen Beitrag zum Kurvenintegral liefern. Wenn n wieder der Normaleneinheitsvektor der Fläche ist, dann gilt

$$(E_1 - E_2) \times n = 0,$$

d.h. die Tangentialkomponenten von E sind auf beiden Seiten der Grenzfläche gleich.

(b) Wir betrachten nun (4.2) für statische Felder:

$$\mathrm{rot}\, H = J. \tag{4.16}$$

Wie in Abschn. 4.4 integriert man diese Felder über die Fläche der kleinen Schleife und wendet den Stokesschen Satz an:

$$\int_S \mathrm{rot}\, H \cdot dS = \int_S J \cdot dS$$

$$\oint_C \boldsymbol{H} \cdot d\boldsymbol{s} = \int_S \boldsymbol{J} \cdot d\boldsymbol{S}.$$

Wendet man dieses Ergebnis auf die kleine, bis zur Höhe Null zusammengedrückte Stromschleife an, dann wird $\int_S \boldsymbol{J} \cdot d\boldsymbol{S}$ gerade gleich dem gesamten senkrecht zur Schleife fließenden Flächenstrom, d.h. gleich $J_S\, dl$, wobei dl die Länge der Schleife und J_S die Flächenstromdichte ist, also der Strom pro Längeneinheit der Fläche senkrecht zur Stromrichtung.

Wie zuvor können wir das Ergebnis in der Form $(\boldsymbol{H}_1 - \boldsymbol{H}_2) \times \boldsymbol{n}\, dl = \boldsymbol{J}_s\, dl$ oder

$$(\boldsymbol{H}_1 - \boldsymbol{H}_2) \times \boldsymbol{n} = \boldsymbol{J}_s \tag{4.17}$$

schreiben. Sind keine Flächenströme vorhanden, $\boldsymbol{J}_s = 0$, dann ist $\boldsymbol{H} \times \boldsymbol{n}$ stetig, d.h. die Tangentialkomponente von $\boldsymbol{H}$ ist stetig.

Beachten Sie, daß in diesem Stadium die Gültigkeit der Beziehungen (4.14) und (4.15) in Gegenwart zeitlich veränderlicher Felder nicht so offensichtlich ist, da wir die zeitlich veränderlichen Komponenten ausgeschlossen haben. Tatsächlich sind diese Beziehungen auch dann gültig, wie wir in (iii) nachweisen werden.

(iii) Unter Berücksichtigung der Gleichungen (4.1) und (4.2) ist zu beweisen, daß die in (ii) gemachten Aussagen auch in Gegenwart zeitlich veränderlicher Felder richtig sind.

Beweis. Dies erfordert eine etwas eingehendere Untersuchung. Wir wollen Gl. (4.1) über eine Fläche S integrieren und dann den Stokesschen Satz anwenden:

$$\int_S \operatorname{rot} \boldsymbol{E} \cdot d\boldsymbol{S} = -\int_S \frac{\partial \boldsymbol{B}}{\partial t} \cdot d\boldsymbol{S}$$

$$\oint_C \boldsymbol{E} \cdot d\boldsymbol{s} = -\int_S \frac{\partial \boldsymbol{B}}{\partial t} \cdot d\boldsymbol{S}.$$

Nun wenden wir dieses Ergebnis auf das kleine Rechteck in Abb. 4.1(b) an. Die Untersuchung verläuft ebenso wie oben, außer daß auf der rechten Seite die zeitlich veränderliche Komponente steht:

$$(E_{2\parallel} - E_{1\parallel})\, dl = -\frac{\partial B_\perp}{\partial t}\, dl\, dy \quad | \; \text{Beiträge der kurzen Schleifenenden.}$$

Jetzt streichen wir das dl auf beiden Seiten und lassen die Breite des Rechtecks gegen Null gehen, $dy \to 0$:

$$E_{2\parallel} - E_{1\parallel} = -\left(\frac{\partial B_\perp}{\partial t}\, dy\right)_{dy \to 0}.$$

Hier ist $\partial B_\perp/\partial t$ im Falle zeitlich veränderlicher Felder eine endliche Größe, aber im Grenzfall für dy gegen Null liefert die rechte Seite keinen Beitrag, d.h. es gilt wieder

$$(\boldsymbol{E}_2 - \boldsymbol{E}_1) \times \boldsymbol{n} = 0.$$

Genau die gleiche Analyse kann für zeitlich veränderliche $\boldsymbol{D}$-Felder ausgeführt werden, d.h.

$$\int_S \mathrm{rot}\,\boldsymbol{H} \cdot d\boldsymbol{S} = \int_S \boldsymbol{J} \cdot d\boldsymbol{S} + \int_S \frac{\partial \boldsymbol{D}}{\partial t} \cdot d\boldsymbol{S}$$

$$\oint_C \boldsymbol{H} \cdot d\boldsymbol{S} = \int_S \boldsymbol{J} \cdot d\boldsymbol{S} + \int_S \frac{\partial \boldsymbol{D}}{\partial t} \cdot d\boldsymbol{S}.$$

Das Rechteck ist auf die Höhe Null zusammenzudrücken:

$$\boldsymbol{n} \times (\boldsymbol{H}_2 - \boldsymbol{H}_1)\, dl = \boldsymbol{J}_\perp\, dl\, dy + \left(\frac{\partial \boldsymbol{D}}{\partial t}\, dl\, dy \right) + \binom{\text{Beiträge der kurzen}}{\text{Schleifenenden}},$$

d.h. es gilt

$$\boldsymbol{n} \times (\boldsymbol{H}_2 - \boldsymbol{H}_1) = \boldsymbol{J}_S + \left(\frac{\partial \boldsymbol{D}}{\partial t}\, dy \right)_{dy \to 0}$$

$$\boldsymbol{n} \times (\boldsymbol{H}_2 - \boldsymbol{H}_1) = \boldsymbol{J}_S$$

auch in Gegenwart zeitlich veränderlicher $\boldsymbol{D}$-Felder.

4.6 Das Ampèresche Gesetz

Für ein zeitlich *nicht* veränderliches Feld $\boldsymbol{H}$ (wir werden diese Art von $\boldsymbol{H}$ schließlich als magnetostatisches Feld identifizieren) ist zu zeigen, daß $\boldsymbol{H}$ in der Form $-\mathrm{grad}\,V_\mathrm{mag}$ ausgedrückt werden kann, wenn nur Dauermagneten und magnetisierbare Stoffe, aber *keine* Ströme vorhanden sind. Sind stationäre Ströme vorhanden, so ist zu zeigen, daß $\oint_C \boldsymbol{H} \cdot d\boldsymbol{s} = I_\mathrm{umschlossen}$ ist. Diese Gleichung wird oft auch für zeitlich veränderliche Felder verwendet. Warum?

Beweis. Nach Gl. (4.2) ist $\mathrm{rot}\,\boldsymbol{H} = 0$. $\boldsymbol{H}$ ist daher ein konservatives Feld und läßt sich als Gradient eines skalaren Feldes ausdrücken:

$$\boldsymbol{H} = -\mathrm{grad}\,V_\mathrm{mag}.$$

Sind *stationäre* Ströme vorhanden, dann ist $\mathrm{rot}\,\boldsymbol{H} = \boldsymbol{J}$. Integration über eine Fläche S und Anwendung des Stokesschen Satzes ergibt

$$\int_S \mathrm{rot}\,\boldsymbol{H} \cdot d\boldsymbol{S} = \int_S \boldsymbol{J} \cdot d\boldsymbol{S}$$

$$\oint_C \boldsymbol{H} \cdot d\boldsymbol{s} = (\text{umschlossener Gesamtstrom}) = I_\mathrm{umschlossen}. \tag{4.18}$$

Diese Gleichung kann bei Gegenwart zeitvariabler $\boldsymbol{D}$-Felder verwendet werden, vorausgesetzt, sie variieren sehr langsam, d.h. wir fordern, daß $\partial \boldsymbol{D}/\partial t \ll \boldsymbol{J}$ ist. Dies ist sehr oft eine gute Näherung, deren Gültigkeit wir aber jedesmal kontrollieren müssen, wenn irgendwelche Felder oder Ströme variieren.

4.7 Das Faradaysche Gesetz

Es ist das Faradaysche Gesetz $\oint_C \boldsymbol{E} \cdot d\boldsymbol{s} = -d\Phi/dt$ herzuleiten, wobei $\Phi = \int_S \boldsymbol{B} \cdot d\boldsymbol{S}$ als Fluß des Feldes $\boldsymbol{B}$ durch die Schleife C zu definieren ist. In dieser Formulierung erscheint $\boldsymbol{E}$ als elektrisches *Gesamtfeld*, während die übliche Aussage des Faradayschen Gesetzes sich nur auf das in der Leiterschleife induzierte Feld bezieht. Man erkläre diese Diskrepanz.

Beweis. Aus Gl. (4.1) erhält man unter Anwendung des Stokesschen Satzes

$$\int_S \mathrm{rot}\, \boldsymbol{E} \cdot d\boldsymbol{S} = -\frac{\partial}{\partial t}\left(\int_S \boldsymbol{B} \cdot d\boldsymbol{S}\right),$$

d.h. es gilt

$$\oint_C \boldsymbol{E} \cdot d\boldsymbol{s} = -\frac{\partial \Phi}{\partial t}.$$

Normalerweise bezieht sich das Faradaysche Gesetz nur auf den induzierten Teil des Feldes $\boldsymbol{E}$. Es kann jedoch auch eine Komponente geben, die auf ein elektrostatisches Feld zurückzuführen ist, d.h.

$$\begin{aligned}
\boldsymbol{E} &= \boldsymbol{E}_{\text{induziert}} + \boldsymbol{E}_{\text{elektrostatisch}} \\
&= \boldsymbol{E}_{\text{induziert}} - \mathrm{grad}\, V \\
\mathrm{rot}\, \boldsymbol{E} &= \mathrm{rot}\, \boldsymbol{E}_{\text{induziert}} - \mathrm{rot}\,\mathrm{grad}\, V \\
&= -\frac{\partial \boldsymbol{B}}{\partial t} - 0,
\end{aligned}$$

woraus folgt, daß $\boldsymbol{E}$ sich auf das Gesamtfeld einschließlich des elektrostatischen Anteils bezieht, der letztere aber bei der Bildung der Rotation verschwindet.

4.8 Bestandsaufnahme

Die gesamte obige Analyse basierte auf den mathematischen Eigenschaften des grundlegenden Systems von Vektorgleichungen, das in Abschnitt 4.2 eingeführt wurde. Obwohl wir Wörter wie Magneten, elektrostatische Felder usw. gebraucht haben, sind die Eigenschaften der Gleichungen unabhängig von diesen physikalischen Identifikationen. Wir müssen jetzt den Feldern $\boldsymbol{E}$, $\boldsymbol{D}$, $\boldsymbol{H}$ und $\boldsymbol{B}$ eine gewisse physikalische Bedeutung geben.

Wir definieren $q\boldsymbol{E}$ als die Kraft, die auf eine stationäre Ladung q wirkt.

Wir wollen sehen, ob wir unser Gleichungssystem schon abgeschlossen haben. $\boldsymbol{J}$ ist durch die Gleichungen (4.3) und (4.4) festgelegt, $\boldsymbol{E}$ ist gerade definiert worden. Wir müssen jedoch noch $\boldsymbol{D}$, $\boldsymbol{B}$ und $\boldsymbol{H}$ definieren, und es sind nur zwei unabhängige Gleichungen übrig, (4.1) und (4.2). Wir haben das Gleichungssystem noch nicht abgeschlossen. Dazu müssen wir eine weitere Gruppe von Definitionen einführen, die auf experimentellen Feststellungen beruhen. Zunächst betrachten wir das Verhalten elektromagnetischer Felder *im Vakuum* und formulieren – in Übereinstimmung mit dem Experiment – die weitere Definition

$$\left.\begin{array}{l} \boldsymbol{D} = \epsilon_0 \boldsymbol{E} \\ \boldsymbol{B} = \mu_0 \boldsymbol{H} \end{array}\right\} \quad \text{im Vakuum,} \tag{4.20}$$

wobei ϵ_0 und μ_0 Konstanten sind. $\boldsymbol{D}$ wird elektrische Verschiebungs(fluß)dichte genannt, $\boldsymbol{E}$ elektrische Feldstärke, $\boldsymbol{H}$ magnetische Feldstärke und $\boldsymbol{B}$ magnetische Flußdichte.

Im Inneren materieller Medien sind diese Beziehungen u.U. nicht zutreffend; daher führen wir Vektoren ein, welche die Differenz zwischen den tatsächlichen Werten und den Definitionen für das Vakuum beschreiben – diese beziehen sich auf die elektrische und magnetische *Polarisierbarkeit* des Materials:

$$\boldsymbol{P} = \boldsymbol{D} - \epsilon_0 \boldsymbol{E} \tag{4.21}$$

$$\boldsymbol{M} = \frac{\boldsymbol{B}}{\mu_0} - \boldsymbol{H}. \tag{4.22}$$

Wir sehen diese Definitionen als gegeben an. Unser Ziel ist nun, die physikalische Bedeutung der 'Polarisationsvektoren' $\boldsymbol{P}$ und $\boldsymbol{M}$ herauszufinden. Wir wollen dazu mit der mathematischen Analyse der Gleichungen fortfahren und feststellen, ob diese Definitionen zur Widerspruchsfreiheit bei allen bekannten Gesetzen der Elektrizität und des Magnetismus führen.

4.9 Herleitung des Coulombschen Gesetzes

Für ein elektrostatisches Feld mit Ladungen im Vakuum ist zu zeigen, daß $\nabla^2 V = -\rho/\epsilon_0$ gilt. Ausgehend von der Definition für $\boldsymbol{E}$ in Abschn. 4.8 sowie von Abschn. 4.4 ist zu zeigen, daß V die Arbeit pro Ladungseinheit ist, die zur Verschiebung einer Ladung aus dem Unendlichen zum Punkt $\boldsymbol{r}$ geleistet wird. Man zeige, daß die Lösung der Gleichung durch

$$V(\boldsymbol{r}) = \int \frac{\rho(\boldsymbol{r}')}{4\pi\epsilon_0 |\boldsymbol{r} - \boldsymbol{r}'|} \, d^3 r'$$

gegeben ist. Hieraus ist das Coulombsche Gesetz $F = q_1 q_2 / 4\pi\epsilon_0 r^2$ abzuleiten.

Beweis. Wir haben gezeigt, daß $\operatorname{div} \boldsymbol{D} = \rho$ ist, und im Vakuum haben wir $\boldsymbol{D} = \epsilon_0 \boldsymbol{E}$ definiert. Daher gilt

$$\operatorname{div}(\epsilon_0 \boldsymbol{E}) = \rho$$

und

$$\operatorname{div}(\epsilon_0 \operatorname{grad} V) = -\rho,$$

d.h. es ist

$$\nabla^2 V = -\frac{\rho}{\epsilon_0}.$$

Dies ist die *Poissonsche Gleichung des elektrostatischen Potentials in einem Vakuum mit einer Ladungsverteilung* ρ.

Wir benutzen die Grunddefinition der geleisteten Arbeit als der Arbeit, die gegen das Feld $\boldsymbol{E}$ zu leisten ist, um die Ladung q aus dem Unendlichen nach $\boldsymbol{r}$ zu bringen, d.h.

$$\begin{aligned}
\text{Geleistete Arbeit} &= -\int_\infty^r \boldsymbol{F} \cdot d\boldsymbol{r} = -q \int_\infty^r \boldsymbol{E} \cdot d\boldsymbol{r} \\
&= q \int_\infty^r \operatorname{grad} V \cdot d\boldsymbol{r} = qV,
\end{aligned} \tag{4.23}$$

d.h. das elektrostatische Potential an einem Punkt ist ein Maß für die Arbeit, die in einem elektrostatischen Feld geleistet wird, um einen Probekörper aus dem Unendlichen zu diesem Punkt im Feld zu bringen. Beachten Sie, daß es sich *nicht* um die Energiemenge handelt, die zur Erzeugung der elektrischen Feldverteilung insgesamt benötigt wird. Wir werden das in Abschn. 4.12 eingehend behandeln.

Zur Lösung der Poissonschen Gleichung geht man am besten in umgekehrter Richtung vor. Der Grund dafür ist, daß die *Laplacesche Differentialgleichung* $\nabla^2 V = 0$ eine lineare Gleichung ist, auf die sich das Superpositionsprinzip anwenden läßt, d.h. wenn V_1 und V_2 zwei separate Lösungen der Gleichung sind, dann ist $a_1 V_1 + a_2 V_2$ ebenfalls eine Lösung. Da wir uns die Ladungen q als Punktladungen in einem Vakuum vorstellen können, ergibt sich folglich das Feld an einem beliebigen Punkt als Überlagerung von Lösungen der Laplaceschen Gleichung im Vakuum, die auf die Quellen des Feldes, d.h. auf die Ladungen q zu beziehen sind. Wir wollen daher nur ein kleines Stückchen der bei $\boldsymbol{r}'$ lokalisierten Ladungsverteilung betrachten:

$$\rho(\boldsymbol{r}')\, d^3\boldsymbol{r}' = q(\boldsymbol{r}').$$

Dann ist der Lösungsansatz für die Laplacesche Gleichung

$$V(r) = \frac{\rho(\boldsymbol{r}')\, d^3\boldsymbol{r}'}{4\pi\epsilon_0 |\boldsymbol{r} - \boldsymbol{r}'|} = \frac{q}{4\pi\epsilon_0 r}, \tag{4.24}$$

wobei $r = |\boldsymbol{r} - \boldsymbol{r}'|$ der radiale Abstand von der Ladung q im Punkt $\boldsymbol{r}'$ ist. Wir wollen jetzt diese Lösung außerhalb des Punkte $r = 0$ prüfen. Wir erinnern uns daran, daß die Laplacesche Gleichung in Kugelkoordinaten die folgende Form hat:

$$\nabla^2 V = \frac{1}{r}\frac{\partial^2}{\partial r^2}(rV) + \frac{1}{r^2}\left[\frac{1}{\sin\theta}\frac{\partial}{\partial\theta}\left(\sin\theta\frac{\partial V}{\partial\theta}\right) + \frac{1}{\sin^2\theta}\frac{\partial^2 V}{\partial\phi^2}\right].$$

Im vorliegenden Fall brauchen wir wegen der Kugelsymmetrie des Problems nur die radiale Koordinate zu betrachten, d.h. $V(r)$ in $(1/r)(\partial^2/\partial r^2)(rV)$ zu prüfen. Es ist daher

$$\nabla^2 V = \frac{1}{r}\frac{\partial^2}{\partial r^2}(rV) = \frac{1}{r}\frac{\partial^2}{\partial r^2}\left(\frac{q}{4\pi\epsilon_0}\right) = 0,$$

vorausgesetzt, daß $r \neq 0$ ist. Somit ist die Lösung außerhalb des Koordinatenursprungs richtig.

Nun wollen wir die Ladung Q innerhalb einer Kugel berechnen, deren Mittelpunkt im Koordinatenursprung liegt:

$$Q = \int_K \rho\, dv = \int_K \epsilon_0 \nabla^2 V\, dv.$$

Es ist $V = q/4\pi\epsilon_0 r$, und damit erhält man für die insgesamt enthaltene Ladung:

$$Q = -\frac{q}{4\pi}\int_K \operatorname{div}\left(\operatorname{grad}\frac{1}{r}\right) dv.$$

Anwendung des Divergenzsatzes ergibt

$$Q = -\frac{q}{4\pi}\int_S \operatorname{grad}\left(\frac{1}{r}\right)\cdot d\boldsymbol{S} = \frac{q}{4\pi}\int_S \frac{1}{r^2}r^2\, d\Omega = \frac{q}{4\pi}\int_S d\Omega = q.$$

So erhalten wir aus dem Lösungsansatz nach der Poissonschen Gleichung die richtige Ladung im Koordinatenursprung. Wir schließen daraus, daß die Lösung

$$V(r) = \frac{\rho(\boldsymbol{r}')\, d^3\boldsymbol{r}'}{4\pi\epsilon_0|\boldsymbol{r} - \boldsymbol{r}'|}$$

der Poissonschen Gleichung in der Elektrostatik genügt.

Wir kehren wieder zum Fall eines einzelnen geladenen Teilchens q_1 im Koordinatenursprung zurück: $\nabla^2 V = q_1/\epsilon_0$. Die auf ein anderes Teilchen q_2 ausgeübte Kraft ist $q_2\boldsymbol{E}$, d.h. es gilt

$$\begin{aligned}\boldsymbol{F} &= -q_2 \operatorname{grad} V = -\frac{q_1 q_2}{4\pi\epsilon_0}\operatorname{grad}\left(\frac{1}{r}\right)\\ &= \frac{q_1 q_2}{4\pi\epsilon_0}\frac{\boldsymbol{r}}{r^3}.\end{aligned} \qquad (4.25)$$

Damit wurde das *Coulombsche quadratische Abstandsgesetz in der Elektrostatik* abgeleitet. Es mag so aussehen, als ob wir eine ziemlich lange Zeit gebraucht hätten, um dahin zurückzugelangen, wo die meisten Vorlesungen über Elektrizität und Magnetismus beginnen. Der Clou dabei ist, daß wir mit den Maxwellschen Gleichungen beginnen und das Coulombsche Gesetz mit einem Minimum an Annahmen streng herleiten können.

4.10 Herleitung des Biot-Savartschen Gesetzes

In einem Vakuum fließen stationäre oder langsam veränderliche Ströme. Was ist 'langsam veränderlich'? Es ist zu zeigen, daß rot $H = J$ gilt.

Es läßt sich beweisen, daß

$$H(r) = \int \frac{J(r') \times (r - r')}{4\pi |r - r'|^3}\, d^3 r' \tag{4.26}$$

die Lösung dieser Gleichung ist. Man zeige, daß dies gerade der normalen Formel $dH = I\,ds\,\sin\theta/4\pi r^2$ für das von einem Stromelement $I\,ds$ herrührende Magnetfeld entspricht.

Beweis. Wir haben die Frage langsam veränderlicher Felder schon in Abschnitt 4.6 diskutiert. 'Langsam veränderlich' bedeutet, daß der Verschiebungsstrom $\partial D/\partial t \ll J$ ist. Direkt aus Gl. (4.2) erhalten wir dann rot $H = J$. Ebenso wie in Abschn. 4.9, wo wir die Lösung von $\nabla^2 V = \rho/\epsilon_0$ benötigten, brauchen wir hier die Lösung von rot $H = J$. Die allgemeine Lösung wird normalerweise in der Vorlesung für höhere Semester abgeleitet, aber wir werden das hier nicht tun. Die von uns benötigte Lösung ist weiter oben als Gl. (4.26) angegeben. Wir wollen die Integration weglassen, so daß eine Beziehung zwischen einem Stromelement und dem Feld im Abstand r von dem Element entsteht:

$$dH = \frac{J(r') \times (r - r')}{4\pi |r - r'|^3}\, d^3 r'. \tag{4.27}$$

Nun identifizieren wir $J(r')\, d^3 r'$ mit dem Stromelement $I\,ds$. Wir erhalten

$$dH = \frac{I\,ds \times r}{4\pi r^3}$$
$$|dH| = \frac{I \sin\theta\,ds}{4\pi r^2}, \tag{4.28}$$

und das ist gerade das Biot-Savartsche Gesetz. Bei der Gleichung in dieser Form meinen wir mit r den Vektor vom Stromelement zu dem betrachteten Punkt im Feld (Aufpunkt).

4.11 Interpretation der Maxwellschen Gleichungen in Gegenwart materieller Medien

Unter Benutzung der Definitionen in Abschn. 4.8 und der Ergebnisse von Abschnitt 4.3 ist zu zeigen, daß man die Maxwellschen Gleichungen in der folgenden Form schreiben kann:

$$\left.\begin{aligned} \text{rot } \boldsymbol{E} &= -\frac{\partial \boldsymbol{B}}{\partial t} \\ \text{div } \boldsymbol{B} &= 0 \\ \text{div } \epsilon_0 \boldsymbol{E} &= (\rho - \text{div } \boldsymbol{P}) \\ \text{rot } (\boldsymbol{B}/\mu_0) &= \left(\boldsymbol{J} + \frac{\partial \boldsymbol{P}}{\partial t} + \text{rot } \boldsymbol{M} \right) + \frac{\partial \epsilon_0 \boldsymbol{E}}{\partial t} \end{aligned}\right\} \tag{4.29}$$

Man zeige, daß diese Gleichungen wie folgt interpretiert werden können:

(i) 'In der Elektrostatik kann das Feld $\boldsymbol{E}$ überall richtig berechnet werden, indem man polarisierbare Medien durch ein Vakuum zusammen mit einer Volumenladungsverteilung $-\text{div } \boldsymbol{P}$ und einer Flächenladungsdichte $\boldsymbol{P} \cdot \boldsymbol{n}$ repräsentiert'. Dann ist der Ausdruck für das elektrostatische Potential V an einem beliebigen Punkt im Raum unter Verwendung der Ladungen niederzuschreiben, und es ist zu zeigen, daß $\boldsymbol{P}$ das Dipolmoment pro Volumeinheit innerhalb des Mediums darstellt. Dazu kann man die Tatsache verwenden, daß das von einem elektrischen Dipol mit dem Dipolmoment $\boldsymbol{p}$ herrührende elektrostatische Potential durch

$$V = \frac{1}{4\pi\epsilon_0} \boldsymbol{p} \cdot \nabla \left(\frac{1}{r} \right) \tag{4.30}$$

gegeben ist.

(ii) In der Magnetostatik kann das Feld $\boldsymbol{B}$ berechnet werden, indem man polarisierbare Körper durch eine Stromverteilung rot $\boldsymbol{M}$ mit Flächenstromdichten der Form $-\boldsymbol{n} \times \boldsymbol{M}$ ersetzt.

Beweis. Ich betrachte dies als eine besonders schöne Analyse, die eine bemerkenswerte Einsicht in die mathematische Struktur der Maxwellschen Gleichungen gewährt. Der erste Teil ist unkompliziert und erfordert einfach das Umschreiben der Maxwellschen Gleichungen.

Die erste Gleichung ist einfach die ursprüngliche Version der Maxwellschen Gleichung (4.1), die zweite das allgemeine Ergebnis bezüglich magnetischer Felder, das in Abschn. 4.2 hergeleitet wurde:

$$\text{rot } \boldsymbol{E} = -\frac{\partial \boldsymbol{B}}{\partial t} \tag{4.1}$$

$$\text{div } \boldsymbol{B} = 0. \tag{4.10}$$

Im dritten Fall ist div $\boldsymbol{D} = \rho$, und da nach Definition $\boldsymbol{D} = \boldsymbol{P} + \epsilon_0 \boldsymbol{E}$ ist, erhält man

$$\operatorname{div}(\epsilon_0 \boldsymbol{E}) = \rho - \operatorname{div} \boldsymbol{P}. \tag{4.31}$$

In ähnlicher Weise folgt aus Gl. (4.2) und der Definition $\boldsymbol{H} = (\boldsymbol{B}/\mu_0) - \boldsymbol{M}$

$$\operatorname{rot} \boldsymbol{H} = \boldsymbol{J} + \frac{\partial \boldsymbol{D}}{\partial t}$$

$$\operatorname{rot}\left(\frac{\boldsymbol{B}}{\mu_0} - \boldsymbol{M}\right) = \boldsymbol{J} + \frac{\partial \boldsymbol{P}}{\partial t} + \frac{\partial(\epsilon_0 \boldsymbol{E})}{\partial t}$$

$$\operatorname{rot}\left(\frac{\boldsymbol{B}}{\mu_0}\right) = \left(\boldsymbol{J} + \frac{\partial \boldsymbol{P}}{\partial t} + \operatorname{rot} \boldsymbol{M}\right) + \frac{\partial(\epsilon_0 \boldsymbol{E})}{\partial t}. \tag{4.32}$$

Wir wollen uns nun die Probleme (i) und (ii) ansehen.

(i) Die Gleichung (4.31) sagt aus, daß zur Berechnung von $\operatorname{div}(\epsilon_0 \boldsymbol{E})$ an einem beliebigen Punkt im Raum zu ρ die Größe $-\operatorname{div} \boldsymbol{P}$ zu addieren ist, die wir uns als eine effektive Ladung ρ^* zusätzlich zur Ladung ρ denken können, d.h. es ist $\rho^* = -\operatorname{div} \boldsymbol{P}$.

Wir müssen uns nun die Randbedingungen zwischen dem Bereich, der das polarisierbare Medium enthält, und dem Vakuum ansehen. Aus Abschn. 4.5 wissen wir, daß in jedem Fall die Normalkomponente von $\boldsymbol{D}$ an der Grenzfläche stetig ist. Es gilt

$$(\boldsymbol{D}_2 - \boldsymbol{D}_1) \cdot \boldsymbol{n} = \sigma, \tag{4.33}$$

wobei σ die Flächenladungsdichte ist. Wir werden voraussetzen, daß an der Grenzfläche keine freien Ladungen vorhanden sind, also $\sigma = 0$. Daher gilt

$$(\boldsymbol{D}_2 - \boldsymbol{D}_1) \cdot \boldsymbol{n} = 0$$

$$[\epsilon_0 \boldsymbol{E}_2 - (\epsilon_0 \boldsymbol{E}_1 + \boldsymbol{P}_1)] \cdot \boldsymbol{n} = 0$$

$$[\epsilon_0 \boldsymbol{E}_2 - \epsilon_0 \boldsymbol{E}_1] = \boldsymbol{P}_1 \cdot \boldsymbol{n}, \tag{4.34}$$

d.h. die effektive Flächenladungsdichte σ^* ist gleich $\boldsymbol{P}_1 \cdot \boldsymbol{n}$ pro Flächeneinheit.

Somit erhalten wir bei der Berechnung des Feldes $\boldsymbol{E}$ die richtige Lösung, wenn wir das materielle Medium durch eine Ladungsverteilung $\rho^* = -\operatorname{div} \boldsymbol{P}$ und eine Flächenladungsverteilung $\sigma^* = \boldsymbol{P} \cdot \boldsymbol{n}$ pro Flächeneinheit ersetzen. Wir wollen jetzt erläutern, was dies bedeutet. Angenommen, wir haben *reale Ladungsverteilungen* ρ^* und σ^* – wie sieht das Feld in einem beliebigen Punkt im Raum aus?

Das von diesen Ladungen im Volumen v herrührende elektrische Gesamtfeld erhält man aus dem Gradienten des elektrostatischen Potentials V, mit

$$V = \frac{1}{4\pi\epsilon_0} \int_v \frac{\rho^*}{r}\, dv + \frac{1}{4\pi\epsilon_0} \int_S \frac{\sigma^*}{r}\, dS$$

$$= -\frac{1}{4\pi\epsilon_0} \int_v \frac{\operatorname{div} \boldsymbol{P}}{r}\, dv + \frac{1}{4\pi\epsilon_0} \int_S \frac{\boldsymbol{P} \cdot d\boldsymbol{S}}{r}.$$

Durch Anwendung des Divergenzsatzes auf den zweiten Term erhalten wir

$$V = \frac{1}{4\pi\epsilon_0} \int_v \left[-\frac{\operatorname{div} \boldsymbol{P}}{r} + \operatorname{div}\left(\frac{\boldsymbol{P}}{r}\right) \right] dv.$$

Es ist aber

$$\operatorname{div}\left(\frac{\boldsymbol{P}}{r}\right) = (\operatorname{div} \boldsymbol{P})\frac{1}{r} + \boldsymbol{P} \cdot \operatorname{grad}\left(\frac{1}{r}\right),$$

und folglich

$$V = \frac{1}{4\pi\epsilon_0} \int_v \boldsymbol{P} \cdot \operatorname{grad}\left(\frac{1}{r}\right) dv. \tag{4.35}$$

Dies ist das sehr schöne Ergebnis, nach dem wir gesucht haben. Wir erinnern uns daran, daß das Potential im Abstand r von einem elektrostatischen Dipol durch

$$V = \frac{1}{4\pi\epsilon_0}\, \boldsymbol{p} \cdot \operatorname{grad}\left(\frac{1}{r}\right)$$

gegeben ist, wobei $\boldsymbol{p}$ das elektrische Dipolmoment des Dipols ist. Wir können also Gl. (4.35) so deuten, daß die Größe $\boldsymbol{P}$ einfach gleich dem *Dipolmoment pro Volumeinheit* innerhalb des Materials ist.

Wenn wir dies physikalisch deuten wollen, können wir die Erscheinung der Polarisation als das Dipolmoment pro Volumeinheit interpretieren, das dadurch verursacht wird, daß man das Material in ein elektrostatisches Feld $\boldsymbol{E}$ bringt. Von daher kommt der Term $\rho^* = -\operatorname{div} \boldsymbol{P}$. Die Dipole an den Oberflächen des Materials bewirken jedoch, daß auf einer Seite des Materials positive Ladungen, auf der anderen negative Ladungen hervorstehen, so daß das Gesamtsystem neutral bleibt. Durch diese Ladungen entsteht die Flächenladungsverteilung $\sigma^* = \boldsymbol{P} \cdot \boldsymbol{n}$.

(ii) Im Falle der Magnetostatik verläuft die Analyse in genau der gleichen Weise. Gleichung (4.32) besagt, daß wir eine Stromdichteverteilung $\boldsymbol{J}^* = \operatorname{rot} \boldsymbol{M}$ in den Ausdruck für $\boldsymbol{B}$ aufnehmen müssen. Im Falle von Oberflächen erhalten wir aus Gl. (4.17):

$$(\boldsymbol{H}_1 - \boldsymbol{H}_2) \times \boldsymbol{n} = \boldsymbol{J}_s.$$

Sind keine 'realen' Flächenströme vorhanden, dann ergibt sich daraus

$$(\boldsymbol{H}_1 - \boldsymbol{H}_2) \times \boldsymbol{n} = 0$$
$$\left[\left(\frac{\boldsymbol{B}_1}{\mu_0} - \boldsymbol{M}_1\right) - \frac{\boldsymbol{B}_2}{\mu_0}\right] \times \boldsymbol{n} = 0,$$

d.h. es gilt

$$\boldsymbol{n} \times \left[\frac{\boldsymbol{B}_2}{\mu_0} - \frac{\boldsymbol{B}_1}{\mu_0}\right] = (\boldsymbol{M}_1 \times \boldsymbol{n}), \tag{4.36}$$

d.h. in der Schreibweise von Gl. (4.17), es gibt eine Flächenstromverteilung $\boldsymbol{J}_s^* = (\boldsymbol{M}_1 \times \boldsymbol{n})$. Dem ehrgeizigen Leser sei es überlassen, die Stromverteilungen $\boldsymbol{J}^*$ und $\boldsymbol{J}_s^*$ als ein geschlossenes System von Strömen im Vakuum zu deuten, ähnlich unserer Analyse der Bedeutung von ρ^* und σ^* in (i).

4.12 Die Energiedichte elektromagnetischer Felder

Ausgehend von der Definition des elektrischen Feldes $\boldsymbol{E}$ in Abschn. 4.8 ist zu zeigen, daß die Leistung, die Batterien aufbringen müssen, um Ladungen und Ströme gegen elektrostatische Felder mit elektromotorischen Kräften (EMK) zu bewegen, (bei Vernachlässigung der Jouleschen Erwärmung) gleich

$$\int_v \boldsymbol{J} \cdot (-\boldsymbol{E})\, dv$$

ist und daß daher für die Gesamtenergie des Systems

$$U = -\int_{\text{ges. Raum}} dv \int_0^{\text{Endfelder}} \boldsymbol{J} \cdot \boldsymbol{E}\, dt$$

gilt. Durch Multiplikation von Gl. (4.2) mit $\boldsymbol{E}$ und von (4.1) mit $\boldsymbol{H}$ ist diese Gleichung in

$$U = \int_{\text{ges. Raum}} dv \int_0^D \boldsymbol{E} \cdot d\boldsymbol{D} + \int_{\text{ges. Raum}} dv \int_0^B \boldsymbol{H} \cdot d\boldsymbol{B}$$

umzuformen.

Beweis.   Dies ist eine der klassischen Analysen in der Theorie des Elektromagnetismus. Wir beginnen mit der Arbeit, die vom elektromagnetischen Feld an einem Teilchen mit der Ladung q geleistet wird. Im allgemeinen wird Arbeit nur von der elektrischen Feldkomponente geleistet, da im Falle magnetischer Felder die Kraft senkrecht zur Verschiebung des Teilchens angreift, $\boldsymbol{F} = q(\boldsymbol{u} \times \boldsymbol{B})$, so daß keine Arbeit am Teilchen geleistet wird. Daher ist, wenn sich das Teilchen in der Zeiteinheit von $\boldsymbol{r}$ nach $\boldsymbol{r} + d\boldsymbol{r}$ bewegt, die pro Sekunde geleistete Arbeit gleich $q\boldsymbol{E} \cdot d\boldsymbol{r}$, d.h. es gilt:

Leistung $= q\boldsymbol{E} \cdot \boldsymbol{u}$.

Pro Volumeinheit ist daher die Leistung gleich $qN\boldsymbol{E} \cdot \boldsymbol{u} = \boldsymbol{J} \cdot \boldsymbol{E}$, wobei N die Teilchendichte der Ladungen q ist. Integrieren wir jetzt über den gesamten Raum, dann ergibt sich die Gesamtleistung der Ströme zu

$$\int_{\text{ges. Raum}} \boldsymbol{J} \cdot \boldsymbol{E}\, dv.$$

Nun müssen wir diese Arbeit von irgendwo zuführen, und sie muß von den Batterien aufgebracht werden, welche die Ströme erzeugen, d.h. wir müssen am System eine Arbeit $\int_{\text{ges. Raum}}(-\boldsymbol{J}) \cdot \boldsymbol{E}\, dv$ leisten. Die gesamte dem System zugeführte Energiemenge ist daher

$$U = -\int_{\text{ges. Raum}} dv \int_0^t (\boldsymbol{J} \cdot \boldsymbol{E})\, dt. \tag{4.37}$$

Dies ist der einzige komplizierte Teil der Analyse – der Rest ist einfach. Wir drücken jetzt $(\boldsymbol{J} \cdot \boldsymbol{E})$ durch $\boldsymbol{E}$, $\boldsymbol{D}$, $\boldsymbol{H}$ und $\boldsymbol{B}$ aus:

$$\boldsymbol{E} \cdot \boldsymbol{J} = \boldsymbol{E} \cdot \left(\operatorname{rot} \boldsymbol{H} - \frac{\partial \boldsymbol{D}}{\partial t} \right). \tag{4.38}$$

Nun bilden wir das Skalarprodukt von Gl. (4.1) mit $\boldsymbol{H}$ und addieren es zu Gl. (4.38). Nach Umstellung erhält man

$$\boldsymbol{E} \cdot \boldsymbol{J} = \boldsymbol{E} \cdot \operatorname{rot} \boldsymbol{H} - \boldsymbol{H} \cdot \operatorname{rot} \boldsymbol{E} - \boldsymbol{E} \cdot \frac{\partial \boldsymbol{D}}{\partial t} - \boldsymbol{H} \cdot \frac{\partial \boldsymbol{B}}{\partial t}$$

$$= -\operatorname{div}(\boldsymbol{E} \times \boldsymbol{H}) - \boldsymbol{E} \cdot \frac{\partial \boldsymbol{D}}{\partial t} - \boldsymbol{H} \cdot \frac{\partial \boldsymbol{B}}{\partial t}.$$

Daher ist

$$\int_0^t \boldsymbol{J} \cdot \boldsymbol{E}\, dt = -\int_0^t \operatorname{div}(\boldsymbol{E} \times \boldsymbol{H})\, dt - \int \boldsymbol{E} \cdot d\boldsymbol{D} - \int \boldsymbol{H} \cdot d\boldsymbol{B}.$$

Wir wollen den Divergenzsatz auf den ersten Term auf der rechten Seite anwenden:

$$\int_{\text{ges. Raum}} \int_0^t \operatorname{div}(\boldsymbol{E} \times \boldsymbol{H})\, dt\, dv = \int_0^t \int_S (\boldsymbol{E} \times \boldsymbol{H}) \cdot d\boldsymbol{S}\, dt.$$

Dies stellt offensichtlich einen Energiefluß durch die Fläche S dar, die das System einschließt. Die Größe $\boldsymbol{E} \times \boldsymbol{H}$, bekannt als *Poynting-Vektor*, ist die Energiestromdichte in der zu $\boldsymbol{E}$ und zu $\boldsymbol{H}$ senkrechten Richtung. Das Integral über die geschlossene Fläche S stellt offensichtlich einen Energieverlust durch die Fläche dar, d.h. einen Strahlungsverlust. Die anderen beiden Terme bedeuten zweifellos die in den Feldern $\boldsymbol{E}$ und $\boldsymbol{H}$ im Volumen v gespeicherte Energie. Wir können daher den Ausdruck für die Energie in elektrischen und magnetischen Feldern wie folgt schreiben:

$$U = \iint_v \boldsymbol{E} \cdot d\boldsymbol{D}\, dv + \iint_v \boldsymbol{H} \cdot d\boldsymbol{B}\, dv. \tag{4.39}$$

Dies ist die von uns gesuchte Lösung.

Der erste Term dieser Gleichung ist in die Form $\int \frac{1}{2} \rho V\, dv$ zu bringen, wenn alle polarisierbaren Medien linear sind, d.h. wenn $\boldsymbol{D} \propto \boldsymbol{E}$ ist.

Beweis.   Wir wollen hierzu in umgekehrter Richtung vorgehen:

$$\frac{1}{2} \int_v \rho V\, dv = \frac{1}{2} \int_v (\operatorname{div} \boldsymbol{D}) V\, dv.$$

Nun ist $\operatorname{div}(V\boldsymbol{D}) = \operatorname{grad} V \cdot \boldsymbol{D} + V \operatorname{div} \boldsymbol{D}$ und folglich

$$\frac{1}{2} \int_v \rho V\, dv = \frac{1}{2} \int_v \operatorname{div}(V\boldsymbol{D})\, dv - \frac{1}{2} \int_v \operatorname{grad} V \cdot \boldsymbol{D}\, dv$$

$$= \frac{1}{2} \int_S V\boldsymbol{D} \cdot d\boldsymbol{S} + \frac{1}{2} \int_v \boldsymbol{E} \cdot \boldsymbol{D}\, dv. \tag{4.40}$$

Jetzt müssen wir uns nur mit dem Flächenintegral befassen. Wir erstrecken das Integral über ein sehr großes Volumen und fragen dann, wie V und D mit dem Radius r variieren. Bei einem isolierten System ist das elektrische Multipolfeld der niedrigsten Ordnung, das vorhanden sein könnte, das Feld einer elektrischen Ladung mit $D \propto E \propto r^{-2}$ und $V \propto r^{-1}$. Wenn z.B. das System neutral wäre, dann wäre der Multipol der niedrigsten möglichen Ordnung des Feldes in großem Abstand ein Dipolfeld mit $D \propto r^{-3}$, $V \propto r^{-2}$. Daher ist das Beste, was wir tun können, den Fall des Multipols niedrigster Ordnung zu betrachten:

$$\frac{1}{2} \int_S V\boldsymbol{D} \cdot d\boldsymbol{S} \propto \frac{1}{2} \int \frac{1}{r} \times \frac{1}{r^2} r^2 \, d\Omega \propto \frac{1}{r} \to 0 \quad \text{für} \quad r \to \infty.$$

Beim Grenzübergang verschwindet also der erste Term auf der rechten Seite von Gl. (4.40) und es gilt

$$\frac{1}{2} \int_v \rho V \, dv = \frac{1}{2} \int_v \boldsymbol{E} \cdot \boldsymbol{D} \, dv. \tag{4.41}$$

Die rechte Seite stimmt genau mit $\iint \boldsymbol{E} \cdot d\boldsymbol{D} \, dv$ überein, vorausgesetzt, daß $D \propto E$ ist, d.h. daß die Medien linear sind.

In ähnlicher Weise ist zu zeigen, daß bei Abwesenheit von Dauermagneten der zweite Term gleich $\sum \frac{1}{2} I_n \phi_n$ wird, wobei I_n der Strom im n-ten Stromkreis und ϕ_n der Magnetfluß ist, der diesen Stromkreis durchsetzt, wieder unter der Annahme linearer Medien, $B \propto H$.

Beweis.   Dieser Teil des Problems läßt sich am einfachsten durch Einführung des Vektorpotentials A lösen. Sie werden sich erinnern, daß dieses zu der Geschichte gehörte, die Maxwell zur Entdeckung seiner Gleichungen führte (s. Kap. 3). Wir definieren A wie früher durch

$$\boldsymbol{B} = \operatorname{rot} \boldsymbol{A}. \tag{4.42}$$

Analysieren wir nun das Integral

$$\int_v dv \int_0^B \boldsymbol{H} \cdot d\boldsymbol{B}.$$

Es ist $B = \operatorname{rot} A$ und entsprechend $dB = \operatorname{rot} dA$. Untersuchen wir jetzt den Term $\nabla \cdot (\boldsymbol{H} \times d\boldsymbol{A})$:

$$\nabla \cdot (\boldsymbol{H} \times d\boldsymbol{A}) = (\nabla \times \boldsymbol{H}) \cdot d\boldsymbol{A} - \boldsymbol{H} \cdot (\nabla \times d\boldsymbol{A})$$
$$= (\nabla \times \boldsymbol{H}) \cdot d\boldsymbol{A} - \boldsymbol{H} \cdot d\boldsymbol{B}.$$

Einsetzen in das Integral ergibt

$$\int dv \int_0^B \boldsymbol{H} \cdot d\boldsymbol{B} = \int_v dv \int_0^A (\nabla \times \boldsymbol{H}) \cdot d\boldsymbol{A} - \int_v dv \int_0^A \nabla \cdot (\boldsymbol{H} \times d\boldsymbol{A})$$
$$= \int_v dv \int_0^A (\nabla \times \boldsymbol{H}) \cdot d\boldsymbol{A} - \int_S \int_0^A (\boldsymbol{H} \times d\boldsymbol{A}) \cdot d\boldsymbol{S}.$$

Wir benutzen das gleiche Argument wie früher bezüglich der Berechnung des letzten Flächenintegrals im Unendlichen. Wegen $A \propto r^{-1}$, $H \propto r^{-2}$ ist $\int_S \ldots dS \to 0$ für $r \to \infty$ wohl die bestmögliche Lösung. Daher gilt

$$\int dv \int_0^B \boldsymbol{H} \cdot d\boldsymbol{B} = \int_v dv \int_0^A (\nabla \times \boldsymbol{H}) \cdot d\boldsymbol{A}.$$

Nehmen wir an, es wären keine Verschiebungsströme vorhanden ($\partial \boldsymbol{D}/\partial t = 0$), so daß $\nabla \times \boldsymbol{H} = \boldsymbol{J}$ gilt, d.h.

$$\int_v dv \int_0^B \boldsymbol{H} \cdot d\boldsymbol{B} = \int_v dv \int_0^A \boldsymbol{J} \cdot d\boldsymbol{A}.$$

Betrachten wir jetzt einen Abschnitt einer Flußröhre mit der Stromdichte $\boldsymbol{J}$, dem Querschnitt $d\boldsymbol{\sigma}$ und der Länge dl (Abb. 4.2). Der Vorteil bei der Verwendung einer Flußröhre ist, daß der Strom I über die gesamte Röhre konstant ist, d.h. es gilt $\boldsymbol{J} \cdot d\boldsymbol{\sigma} = J \, d\sigma = I = \text{const.}$ Daher ist

$$\int_v dv \int_0^A \boldsymbol{J} \cdot d\boldsymbol{A} = \int J \, d\sigma \, d\boldsymbol{A} \cdot d\boldsymbol{l}$$

$$= \int_l \int_0^A I \, d\boldsymbol{A} \cdot d\boldsymbol{l}.$$

Wenn wir jetzt über $d\boldsymbol{A}$ integrieren, stellen wir fest, daß wir tatsächlich durch das Produkt $I \, d\boldsymbol{A}$ eine Energie berechnen, und daher ist die Energie, die zum Erreichen des Werts $\boldsymbol{A}$ benötigt wird, gleich dem halben Produkt aus I und $\boldsymbol{A}$, wie es uns in der Elektrostatik begegnet. Wir haben die Abhängigkeit vom Vektorfeld $\boldsymbol{J}$ verschleiert, indem wir sie in den konstanten Strom I einbezogen haben. Daher gilt

$$\int_v dv \int_0^A \boldsymbol{J} \cdot d\boldsymbol{A} = \frac{1}{2} I \int_l \boldsymbol{A} \cdot d\boldsymbol{l}$$

$$= \frac{1}{2} I \int_S \text{rot} \, \boldsymbol{A} \cdot d\boldsymbol{S}$$

$$= \frac{1}{2} I \int_S \boldsymbol{B} \cdot d\boldsymbol{S}$$

$$= \frac{1}{2} I \Phi.$$

Nun setzen wir durch Überlagerung von Stromschleifen und Flußverkettungen den gesamten Raum zusammen. Wegen der linearen Beziehung zwischen $\boldsymbol{B}$ und $\boldsymbol{H}$ können wir die gesamten Ströme und Flußverkettungen überlagern:

$$\frac{1}{2} \int \boldsymbol{H} \cdot d\boldsymbol{B} = \frac{1}{2} \sum_n I_n \Phi_n.$$

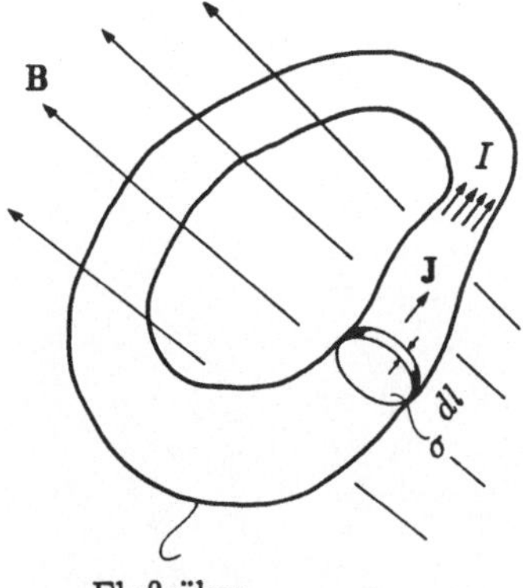

Abb. 4.2.

4.13 Schlußbemerkungen

Wir laufen allmählich Gefahr, ein Lehrbuch über Vektorfelder im Elektromagnetismus zu schreiben. Es ist wirklich eine außerordentlich elegante Sache. Was dabei sichtbar wird, ist die bemerkenswerte Ökonomie der Maxwellschen Gleichungen bei der Erklärung aller Erscheinungen des klassischen Elektromagnetismus. Der Formalismus kann erweitert werden, um viel komplexere Systeme zu behandeln, die mit anisotropen Kräften verbunden sind, wie zum Beispiel bei der Ausbreitung elektromagnetischer Wellen in magnetisierten Plasmen und in anisotropen materiellen Medien. Und all dies entstand aus Maxwells mechanischer Analogie für das Vakuum, durch das sich elektromagnetische Erscheinungen ausbreiten.

Fallstudie 3

Mechanik und Dynamik

Isaac Newton (1642–1727)
(Nach dem Titelblatt der *Memoirs of the Life, Writings and Discoveries of Isaac Newton*, von Sir David Brewster, 2 Bde., 1885, Constable, Edinburgh)

5 Zugänge zur Mechanik und Dynamik

5.1 Einführung

Einer der wesentlichen Teile jeder Vorlesungsreihe über theoretische Physik ist die Darlegung einer großen Auswahl von mehr oder weniger komplexen Verfahren zur Behandlung von Problemen in der klassischen Mechanik und Dynamik. In der einen oder anderen Weise handelt es sich bei allen diesen Verfahren um Erweiterungen der Grundprinzipien, die von Newton in den *Principia* formuliert wurden, obwohl einige von ihnen mit den drei Newtonschen Bewegungsgesetzen nur entfernte Ähnlichkeit zu haben scheinen. Als Beispiel für die vielfältigen Möglichkeiten zur Entwicklung der Grundlagen der Mechanik und Dynamik folgt eine Liste einiger verschiedener Methoden, die ich in einem Lehrbuch der theoretischen Physik gefunden habe:

> Die Newtonschen Bewegungsgesetze
> Das D'Alembertsche Prinzip
> Das Prinzip der virtuellen Verschiebungen
> Das Gaußsche Prinzip des kleinsten Zwanges
> Die Hertzsche Mechanik (Prinzip der geradesten Bahn)
> Das Hamiltonsche Prinzip
> Das Prinzip der kleinsten Wirkung
> Verallgemeinerte Koordinaten und Lagrangesche Gleichungen
> Die Hamiltonschen kanonischen Gleichungen
> Transformationstheorie der Mechanik und die Hamilton-Jacobischen Gleichungen

Nun ist hier nicht der Ort für eine genaue Untersuchung dieser verschiedenen Methoden – dies wird mehr als ausreichend in Standardwerken behandelt, wie z.B. in Goldsteins *Klassischer Mechanik* [5.1]. Ich möchte vielmehr einige Grundmerkmale der verschiedenen Methoden hervorheben, die uns wichtige Einblicke in verschiedene Aspekte dynamischer Systeme gewähren. Wir wollen gleich einige wichtige Punkte betonen.

Vor allem ist es wichtig, zu erkennen, daß alle diese verschiedenen Methoden völlig gleichwertig sind. Ein vorgegebenes Problem in der Mechanik oder Dynamik kann im Prinzip nach jedem dieser Verfahren gelöst werden. Die einfachsten Aussagen der Bewegungsgesetze, wie sie in den Newtonschen Bewegungsgesetzen verkörpert sind, sind jedoch nicht unbedingt die einfachsten in der Anwendung auf irgendein besonderes Problem. Sehr häufig bieten andere Ansätze einen viel einfacheren Lösungsweg.

Ein zweiter wichtiger Punkt ist, daß manche dieser Verfahren zu einem viel tieferen Verständnis einiger Grundmerkmale dynamischer Systeme führen. Hier möchte ich die Begriffe der *Erhaltungssätze* und der *Normalschwingungen* eines mechanischen oder dynamischen Systems als besonders wichtig einstufen.

Schließlich führen einige dieser Verfahren zwanglos zu einem Formalismus, der in die Quantenmechanik übernommen werden kann. Wir werden diesen letzten Punkt als Beispiel dafür verwenden, wie theoretische Physiker in der Praxis arbeiten.

In der vorliegenden Fallstudie werden wir diese drei Punkte hervorheben und zeigen, wie sie zu einer Vertiefung unseres Verständnisses der klassischen Mechanik und zu seiner Erweiterung auf die Quantentheorie führen.

5.2 Die Newtonschen Bewegungsgesetze

Wir haben schon in Kapitel 2 die Ereignisse beschrieben, die zu Newtons Veröffentlichung seiner Bewegungsgesetze in den *Principia* führten, die 1687 von Samuel Pepys verlegt wurden (siehe Abb. 5.1). Die *Principia* bestehen aus drei Büchern, denen zwei kurze Abschnitte mit den Titeln 'Definitionen' und 'Axiome oder die Gesetze der Bewegung' vorangestellt sind. Es werden acht Definitionen gegeben, die Begriffe wie Masse, Bewegungsgröße oder Impuls, eingeprägte Kraft, Trägheit und Zentrifugalkraft beschreiben. Dann folgen die drei Axiome, die wir heute als die drei Bewegungsgesetze kennen. Es hat erhebliche Diskussionen über die genaue Bedeutung der Definitionen und Axiome gegeben, wie sie in den *Principia* stehen, aber in der Analyse der Bücher I und III verwendet Newton diese Größen eindeutig in ihrem modernen Sinn. In der Tat erscheinen die drei Bewegungsgesetze, wie im folgenden zitiert, in einer Form, die der in allen Standardwerken gebrauchten Formulierung bemerkenswert ähnlich ist.

Newton 1. 'Jeder Körper beharrt im Zustand der Ruhe oder der gleichförmig geradlinigen Bewegung, solange er nicht durch Kräfte gezwungen wird, diesen Zustand zu ändern.' Das heißt, wenn

$$F = 0, \quad \text{dann ist} \quad \frac{\partial v}{\partial t} = 0. \tag{5.1}$$

Newton 2. 'Die Änderung der Bewegungsgröße (d.h. des Impulses) ist der Einwirkung der bewegenden Kraft proportional und geschieht in Richtung der geraden Linie, in der jene Kraft angreift.'

Tatsächlich meint Newton, daß die Änderungsrate des Impulses der Kraft proportional ist, wie aus seinem Gebrauch dieses Gesetzes überall in den *Principia* hervorgeht. In moderner Schreibweise heißt das:

$$F = \frac{d}{dt}(p) \quad p = mv, \tag{5.2}$$

wobei p der Impuls ist.

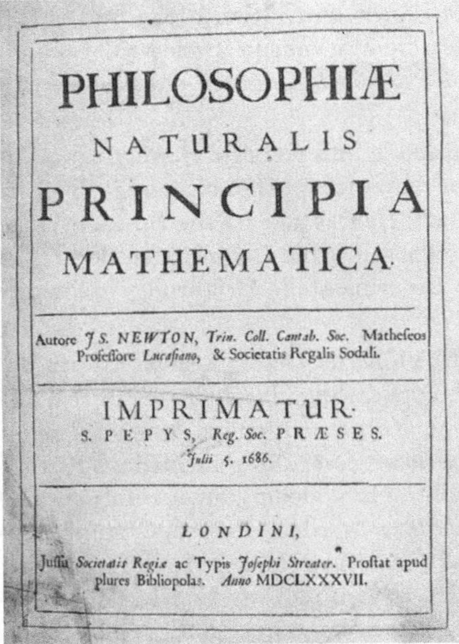

(a)

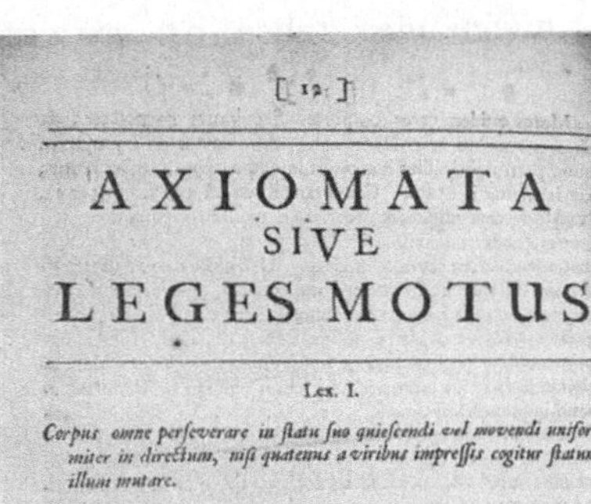

(b)

Abb. 5.1. (a) Titelseite von Newtons *Principia*, 1687, London. (b) Die Newtonschen Bewegungsgesetze, wie sie in seinen *Principia* zu lesen sind.

Newton 3. 'Zu jeder Wirkung gibt es immer eine gleich große und entgegengesetzt gerichtete Gegenwirkung; oder die Wirkungen zweier Körper aufeinander sind stets gleich und entlang der gleichen Geraden entgegengesetzt gerichtet.'

Wie Sie wissen, gibt es mit den Definitionen und den drei Bewegungsgesetzen erhebliche logische Probleme. Newton betrachtete offenbar einige Begriffe als selbstverständlich, z.B. Masse und Kraft. Heutzutage ist die Betrachtungsweise vorzuziehen, daß die Bewegungsgesetze selbst die Definitionen der damit verbundenen Größen liefern und unsere experimentelle Erfahrung widerspiegeln.

Als Beispiel können wir das zweite Newtonsche Gesetz benutzen, um die *Masse* zu definieren. Wir denken uns eine Vorrichtung, durch die wir eine Kraft von vorgegebener Größe auf verschiedene Körper einwirken lassen können. Durch Ausführung von Experimenten stellen wir fest, daß verschiedene Körper unter Einwirkung dieser Kraft unterschiedliche Beschleunigungen erfahren. Die Massen der Körper können als Größen definiert werden, die proportional zum Reziproken ihrer Beschleunigungen sind. Unter Anwendung des zweiten und des dritten Newtonschen Gesetzes läßt sich zeigen, daß wir eine relative Massenskala definieren können. Angenommen, wir haben zwei punktförmige Massen A und B, die miteinander wechselwirken. Dann ist $F = -F$. Wenn wir ihre Beschleunigungen relativ zueinander messen, werden wir feststellen, daß sie in einem bestimmten Verhältnis a_{AB}/a_{BA} zueinander stehen, das wir mit M_{AB} bezeichnen können. Wenn wir dann C separat mit A und B vergleichen, werden wir weitere Beschleunigungsverhältnisse M_{BC} und M_{AC} messen. Wir beobachten experimentell, daß $M_{AB} = M_{AC}/M_{BC}$ ist. Daher können wir jetzt eine Massenskala definieren, indem wir eines dieser Verhältnisse als Standard wählen.

Nun mag Ihnen dies alles sehr trivial erscheinen, aber es unterstreicht eine Feststellung, die ich in der Einführung getroffen habe. Selbst bei einer so offenbar intuitiven Sache wie den Newtonschen Gesetzen gibt es Grundannahmen und experimentelle Ergebnisse, auf die das gesamte Gebäude gegründet ist. Tatsache ist, daß das System wirklich sehr gut funktioniert und die Gleichungen eine sehr gute Annäherung an das tatsächliche Geschehen in der Realität darstellen. Wir betonen jedoch, daß es keinen streng logischen Weg gibt, um die Grundlagen *ab initio* zu schaffen. Dadurch entsteht für uns kein operatives Problem, solange wir uns an Diracs Maxime halten, 'daß wir die Gleichungen haben wollen, welche die Natur beschreiben ... und uns mit dem Fehlen einer strengen Logik abfinden müssen.'

Wir wollen die Entwicklung der Erhaltungssätze aus den Newtonschen Bewegungsgesetzen, die in den Standardlehrbüchern behandelt wird, nicht untersuchen. Wir erinnern einfach daran, daß die folgenden Gesetze aus den Newtonschen Bewegungsgesetzen in einfacher Weise hergeleitet werden können:

(i) *Der Impulserhaltungssatz*

(ii) *Der Drehimpulserhaltungssatz*

(iii) *Der Energieerhaltungssatz*, sobald geeignete Funktionen für die potentielle Energie definiert worden sind.

Wir werden diese Sätze später aus der Euler-Lagrangeschen Gleichung ableiten (Abschn. 5.6).

Ein beachtenswerter Punkt ist die *Invarianz* der Newtonschen Bewegungsgesetze gegenüber der Transformation zwischen Bezugssystemen, die sich gleichförmig gegeneinander bewegen. Dieses Thema bildet den Schlüssel zur Entwicklung der speziellen Relativitätstheorie, die in Kap. 13 erörtert wird. Abbildung 13.1 zeigt die Bezugssysteme S und S', die sich mit der Relativgeschwindigkeit v gleichförmig gegeneinander bewegen. Nach der Newtonschen Theorie sind die Koordinaten in den Bezugssystemen S und S' durch die Beziehungen

$$\left. \begin{aligned} x' &= x - vt \\ y' &= y \\ z' &= z \\ t' &= t \end{aligned} \right\} \tag{5.3}$$

Wenn wir die erste Beziehung (5.3) zweimal nach der Zeit ableiten, erkennen wir, daß $\ddot{x}' = \ddot{x}$ ist, d.h. daß die Beschleunigungen und damit die Kräfte in jedem Inertialsystem gleich sind. Beachten Sie, daß die Zeit absolut ist. Diese Transformationen sind sinngemäß in den Arbeiten von Galilei enthalten, der feststellte, daß es keinen Unterschied zwischen den Naturgesetzen in einem ortsfesten und einem gleichförmig geradlinig bewegten Bezugssystem geben dürfe. Aus diesem Grunde werden die Gleichungen (5.3) oft als *Galilei-Transformation* bezeichnet. Es ist interessant, daß seine Motivation für dieses Argument darin bestand, zu beweisen, daß es nichts gibt, was mit unserer Auffassung vom Universum unvereinbar wäre, falls sich die Erde bewegen sollte, statt im Mittelpunkt des Universums zu ruhen. Die Überlegung war also damals Teil eines pro-kopernikanischen Arguments.

5.3 Prinzip der kleinsten Wirkung

Einige der leistungsfähigsten alternativen Ansätze für die Mechanik und Dynamik verlaufen über die Bestimmung jener Funktion, die zu einem Minimalwert eines geeignet definierten Ausdrucks führt. In der formalen Entwicklung der Mechanik werden diese Verfahren axiomatisch formuliert, und der Formalismus zur Behandlung einer großen Auswahl von Problemen wird ausgearbeitet. Wie bei so vielen Aspekten der Darlegung der Grundlagen der theoretischen Physik finde ich, daß Feynmans Methode in Band 2, Kapitel 19 seiner *Vorlesungen über Physik* [5.2], unter dem Titel 'Das Prinzip der kleinsten Wirkung' die Grundideen hinter diesen Ansätzen für die Dynamik ganz hervorragend auseinandersetzt. Wir werden seiner Darlegung folgen, aber in verkürzter Form, da wir den größten Teil des mathematischen Apparats schon parat haben (oder haben sollten!).

Betrachten wir den einfachen Fall der Dynamik eines Massenpunkts in einem konservativen Kraftfeld, d. h. in einem Feld, das sich als Ableitung eines skalaren Potentials darstellen läßt: $F = -\mathrm{grad}\,V$. Beispiele für solche Felder sind elektrostatische Kräfte $F = -\mathrm{grad}\,\Phi_e$ und Gravitationskräfte $F = -\mathrm{grad}\,\Phi_g$, wobei Φ_e und Φ_g das elektrostatische bzw. das Gravitationspotential sind. Die potentielle Energie des Teilchens ist $q\Phi_e$ bzw. $m\Phi_g$, d.h. die oben eingeführte Größe V ist die potentielle Energie des (geladenen) Teilchens.

Nun wollen wir eine Gruppe von Axiomen einführen, die uns in die Lage versetzen, die Bahn des Teilchens zu berechnen, das diesem Kraftfeld ausgesetzt ist.

Zunächst definieren wir die Größe

$$\mathcal{L} = \left(\frac{1}{2}mv^2 - V \right), \tag{5.4}$$

das ist die Differenz zwischen der kinetischen und der potentiellen Energie des Teilchens an irgendeinem Punkt im Feld. Zur Ableitung der Bahnkurve zwischen zwei Punkten im Feld, die in einem festen Zeitintervall t_1 bis t_2 zurückgelegt wird, müssen wir diejenige Bahn finden, welche auf einen Minimalwert der Funktion

$$S = \int_{t_1}^{t_2} \left(\frac{1}{2}mv^2 - V \right) dt \tag{5.5}$$

$$= \int_{t_1}^{t_2} \left(\frac{1}{2}m \left(\frac{d\boldsymbol{r}}{dt} \right)^2 - V \right) dt \tag{5.6}$$

führt.

Wir sollten diese Aussagen als exakt gleichwertig mit den Newtonschen Bewegungsgesetzen betrachten, oder vielmehr mit dem, was er zutreffend als seine 'Axiome' bezeichnete.

$\mathcal{L}$ wird Lagrange-Funktion genannt. S hat keinen einfachen formellen Namen, aber Feynman bezeichnet die Größe als 'Wirkung', so daß die Minimierung von S als ein Prinzip der 'kleinsten Wirkung' aufgefaßt werden kann. Das Problem bei dieser Definition ist, daß das Wort 'Wirkung' in der formalen Entwicklung der Mechanik für eine Größe verwendet wird, die recht verschieden von S ist. Wir werden einfach von der Funktion S sprechen.

Wir können erkennen, daß diese Definition sicher mit dem ersten Newtonschen Bewegungsgesetz vereinbar ist. Bei Abwesenheit von Kräften ist $V = 0$, und damit müssen wir $S = \int_{t_1}^{t_2} v^2\,dt$ minimieren. Der Minimalwert von S muß einer konstanten Geschwindigkeit v zwischen t_1 und t_2 entsprechen. Wenn sich das Teilchen zwischen den beiden Punkten durch Beschleunigung und Verzögerung so bewegt, daß t_1 und t_2 gleich sind, muß das Integral größer sein als bei konstanter Geschwindigkeit zwischen t_1 und t_2, da unter dem Integral die Größe v^2 erscheint und eine Grundregel der Analysis besagt, daß $\langle v^2 \rangle \geq \langle v \rangle^2$ ist. Somit erweist sich in diesem Spezialfall das erste Newtonsche Bewegungsgesetz als die Lösung, die dem Minimum von S entspricht, d.h. im kräftefreien Fall ist $\boldsymbol{v} = \mathrm{const}$.

Um weiterzukommen, benötigen wir die Verfahren der *Variationsrechnung*. Wir werden uns gleich mit einigen einfachen Aspekten dieses Kalküls befassen, wollen aber zunächst den Fall der Bewegung in einem Feld mit skalarem Potential näher untersuchen. Angenommen, wir haben eine Funktion von einer Variablen, etwa $f(x)$. Wenn wir das Minimum dieser Funktion bestimmen, finden wir den Punkt der Kurve, wo $df(x)/dx$ gleich Null ist (Abb. 5.2). Wenn wir die Änderung der Funktion in der Umgebung des Minimums bei $x = 0$ durch eine Potenzreihe approximieren,

$$f(x) = a_0 + a_1 x + a_2 x^2 + a_3 x^3 + \dots ,$$

dann zeigt sich, daß für die Funktion bei $x = 0$ nur dann $df/dx = 0$ sein kann, wenn $a_1 = 0$ ist. Folglich approximiert die Funktion eine Parabel, da der erste nichtverschwindende Koeffizient am Anfang der Entwicklung von $f(x)$ in der Umgebung des Minimums zum Term x^2 gehören muß, d.h. es ist

$$f(x) = a_0 + a_2 x^2 + a_3 x^3 + \dots .$$

Mit anderen Worten, bei einer kleinen Verschiebung x aus dem Minimum ist die Änderung der Funktion $f(x)$ nur von zweiter Ordnung in x.

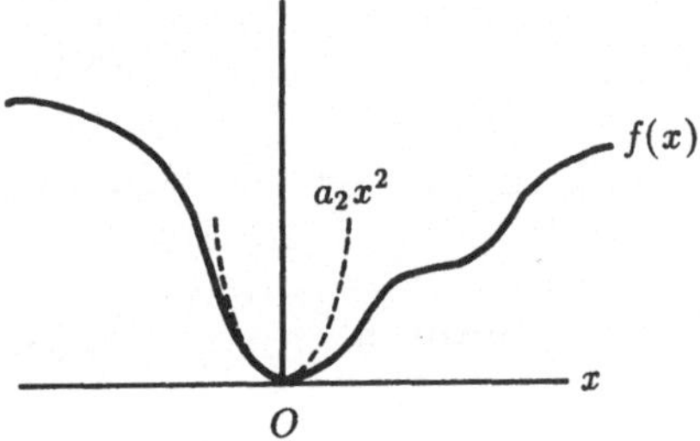

Abb. 5.2.

Genau das gleiche Prinzip wird zur Berechnung der Teilchenbahn beim Verfahren der Minimierung von S angewendet. Wenn die wahre Bahn des Teilchens $x_0(t)$ ist, dann ist eine weitere Bahn zwischen t_1 und t_2 durch

$$x(t) = x_0(t) + \eta(t) \tag{5.7}$$

gegeben, wobei $\eta(t)$ die Abweichung der Funktion $x_0(t)$ von der Minimalbahn $x(t)$ beschreibt. Ebenso wie wir das Minimum einer Funktion als den Punkt beschreiben können, wo keine Abhängigkeit erster Ordnung der Funktion $f(x)$ von x existiert, können wir das Minimum der Funktion $x(t)$ als diejenige Funktion definieren, für welche die Abhängigkeit von $\eta(t)$ mindestens *zweiter Ordnung* ist, d.h. es dürfte kein Term in $\eta(t)$ auftreten. Wir wollen dies nun ausführen.

Einsetzen von Gl. (5.7) in (5.6) ergibt

$$S = \int_{t_1}^{t_2} \left[\frac{m}{2} \left(\frac{d\boldsymbol{x}_0}{dt} + \frac{d\boldsymbol{\eta}}{dt} \right)^2 - V(\boldsymbol{x}_0 + \boldsymbol{\eta}) \right] dt$$

$$= \int_{t_1}^{t_2} \left\{ \frac{m}{2} \left[\left(\frac{d\boldsymbol{x}_0}{dt} \right)^2 + 2\frac{d\boldsymbol{x}_0}{dt} \cdot \frac{d\boldsymbol{\eta}}{dt} + \left(\frac{d\boldsymbol{\eta}}{dt} \right)^2 \right] - V(\boldsymbol{x}_0 + \boldsymbol{\eta}) \right\} dt. \tag{5.8}$$

Nun sind wir nur an der Elimination von Größen erster Ordnung in $d\boldsymbol{\eta}$ interessiert, so daß wir den Term $(d\boldsymbol{\eta}/dt)^2$ weglassen können. Weiterhin können wir $V(\boldsymbol{x}_0 + \boldsymbol{\eta})$ bis zum Term erster Ordnung in $\boldsymbol{\eta}$ in eine Taylorreihe entwickeln:

$$V(\boldsymbol{x}_0 + \boldsymbol{\eta}) = V(\boldsymbol{x}_0) + \nabla V \cdot \boldsymbol{\eta}. \tag{5.9}$$

Wenn wir die Beziehung (5.9) in (5.8) einsetzen und nur Größen bis zur ersten Ordnung in $\boldsymbol{\eta}$ stehenlassen, erhalten wir

$$S = \int_{t_1}^{t_2} \left[\frac{m}{2} \left(\frac{d\boldsymbol{x}_0}{dt} \right)^2 - V(\boldsymbol{x}_0) + m\frac{d\boldsymbol{x}_0}{dt} \cdot \frac{d\boldsymbol{\eta}}{dt} - \nabla V \cdot \boldsymbol{\eta} \right] dt \tag{5.10}$$

Nun sind die ersten beiden Terme unter dem Integral unser Berechnungsergebnis für die Minimalbahn, und sie sind konstant. Uns geht es darum, sicherzustellen, daß die letzten beiden Terme nicht von $\boldsymbol{\eta}$ abhängen, d.i. die Bedingung für ein Minimum. Wir können uns also auf die letzten beiden Terme konzentrieren, d.h. auf

$$S = \int_{t_1}^{t_2} \left(m\frac{d\boldsymbol{x}_0}{dt} \cdot \frac{d\boldsymbol{\eta}}{dt} - \boldsymbol{\eta} \cdot \nabla V \right) dt. \tag{5.11}$$

Wir integrieren den ersten Term partiell, so daß nur $\boldsymbol{\eta}$ im Integranden steht, d.h. es ist

$$S = m \left[\boldsymbol{\eta} \cdot \frac{d\boldsymbol{x}_0}{dt} \right]_{t_1}^{t_2} - \int_{t_1}^{t_2} \left(\frac{d}{dt} \left(m\frac{d\boldsymbol{x}_0}{dt} \right) \cdot \boldsymbol{\eta} + \boldsymbol{\eta} \cdot \nabla V \right) dt. \tag{5.12}$$

Wir wissen, daß die Funktion $\boldsymbol{\eta}$ bei t_1 und t_2 gleich Null sein muß, weil dort die Bahn beginnen und enden muß. Daher ist der erste Term in Gl. (5.12) gleich Null und wir können schreiben:

$$S = - \int_{t_1}^{t_2} \left\{ \boldsymbol{\eta} \cdot \left[\frac{d}{dt} \left(m\frac{d\boldsymbol{x}_0}{dt} \right) + \nabla V \right] \right\} dt = 0. \tag{5.13}$$

Dies muß für beliebige kleine Abweichungen von $\boldsymbol{x}_0(t)$ gelten, und folglich muß der Term in eckigen Klammern verschwinden, d.h. es gilt

$$\frac{d}{dt} \left(m\frac{d\boldsymbol{x}_0}{dt} \right) = -\nabla V. \tag{5.14}$$

Wir erkennen, daß wir wieder zu Newtons zweitem Bewegungsgesetz gelangt sind, denn es ist $\boldsymbol{F} = -\nabla V$, d.h. wir erhalten

$$\boldsymbol{F} = \frac{d}{dt} \left(m\frac{d\boldsymbol{x}_0}{dt} \right) = \frac{d}{dt} (\boldsymbol{p}). \tag{5.15}$$

Somit ist unsere alternative Formulierung der Bewegungsgesetze in Form eines Wirkungsprinzips exakt gleichwertig mit der Aussage der Newtonschen Bewegungsgesetze. Bei der Ausarbeitung aller Seitenäste dieses Verfahrens gibt es offensichtlich eine Menge zu tun.

Es muß genügen, zu sagen, daß wir diese Verfahren verallgemeinern können, um konservative *und* nichtkonservative Kräfte zu berücksichtigen, z.B. geschwindigkeitsabhängige Kräfte, die etwa von der Reibung bzw. der Kraft abhängen, die in einem Magnetfeld auf ein geladenes Teilchen wirkt. Der entscheidende Punkt ist, daß wir eine Vorschrift besitzen, wonach wir unmittelbar die kinetische und die potentielle Energie des Systems (T bzw. V) hinschreiben, dann die Lagrange-Funktion $\mathcal{L}$ bilden und den Minimalwert der Funktion S bestimmen müssen. Der große Vorteil dieses Verfahrens liegt darin, daß es oft eine einfache Sache ist, diese Energien in irgendwelchen geeigneten Koordinaten aufzuschreiben. Der nächste Schritt ist daher klar. Wir benötigen Vorschriften, die aussagen, wie man den Minimalwert von S in beliebigen, für das betreffende Problem geeigneten Koordinaten bestimmt. Die Vorschriften erweisen sich als die *Euler-Lagrange-Gleichungen*.

Eine letzte Bemerkung über Wirkungsprinzipien in der Physik: Im allgemeinen haben wir keine eindeutige Vorschrift für die Bestimmung der Funktion, die der Lagrange-Funktion äquivalent ist. Um Feynman zu zitieren: 'Die Frage, was in einem bestimmten Fall als Wirkung (S) anzusetzen ist, muß in einer Art Probierverfahren entschieden werden. Es handelt sich um genau das gleiche Problem, wie wenn man zuerst die Bewegungsgesetze bestimmt. Man muß eben an den Gleichungen herumbasteln und versuchen, sie in die Form eines Prinzips der kleinsten Wirkung zu bringen.' Ein interessantes und wichtiges Beispiel ist das eines relativistischen Teilchens, das sich in einem elektromagnetischen Feld bewegt. Die entsprechende Lagrange-Funktion ist

$$\mathcal{L} = -m_0 c^2 (1 - v^2/c^2)^{\frac{1}{2}} - q\phi + \boldsymbol{v} \cdot \boldsymbol{A}, \tag{5.16}$$

wobei ϕ das elektrostatische Potential und $\boldsymbol{A}$ das Vektorpotential ist. Wenn Sie möchten, können Sie die entsprechenden Bewegungsgleichungen für ein relativistisches Teilchen in elektrischen und magnetischen Feldern in ihren herkömmlicheren Formen herleiten.

5.4 Die Euler-Lagrange-Gleichung

Der Einfachheit halber werden wir nur Kräfte betrachten, die aus einem skalaren Potential V abgeleitet werden können. Als Beispiel betrachten wir ein Problem mit N Teilchen, die über eine skalare Potentialfunktion V miteinander wechselwirken. Die Positionen der N Teilchen sind durch den Vektor $[\boldsymbol{r}_1, \boldsymbol{r}_2, \boldsymbol{r}_3 \ldots \boldsymbol{r}_N]$ gegeben. Da wir zur Beschreibung jeder Position drei Zahlen benötigen, zum Beispiel $x_i\, y_i\, z_i$, hat dieser Vektor in Wirklichkeit $3N$ Koordinaten. Es kann sich durchaus als zweckmäßig erweisen, mit einem anderen

Koordinatensatz zu arbeiten, den wir in der Form $[q_1, q_2, q_3 \ldots q_{3N}]$ schreiben können. Zwischen den beiden Koordinatensätzen gibt es ein System von Beziehungen, die wir wie folgt schreiben können:

$$\text{und} \qquad \left.\begin{aligned} q_i &= q_i(\boldsymbol{r}_1, \boldsymbol{r}_2, \boldsymbol{r}_3 \ldots \boldsymbol{r}_N) \\ r_i &= r_i(q_1, q_2, q_3 \ldots q_{3N}). \end{aligned}\right\} \qquad (5.17)$$

Beachten Sie, daß dies nicht mehr ist als eine Substitution der Variablen. Das Ziel des Verfahrens ist nun, Gleichungen für die Dynamik der Teilchen, d.h. eine Gleichung für jede unabhängige Koordinate, in bezug auf die Koordinaten q_i anstelle der r_i niederzuschreiben. Wir lassen uns von der Analyse des vorigen Abschnitts über Wirkungsprinzipe leiten, um die Größen T und V, die kinetische bzw. potentielle Energie, bezüglich des neuen Koordinatensatzes zu bilden und dann den stationären Wert der 'Wirkung' S zu bestimmen, d.h. wir setzen

$$\mathcal{L} = (T - V); \qquad \delta \int_{t_1}^{t_2} (T - V)\, dt = 0. \qquad (5.18)$$

Diese Formulierung wird als *Hamiltonsches Prinzip* bezeichnet, und $\mathcal{L}$ ist wie zuvor die *Lagrange-Funktion*. Der entscheidende Punkt ist, daß das Hamiltonsche Prinzip nichts über das Koordinatensystem aussagt, in dem wir arbeiten. Es stellt die Ausdehnung der Argumente, die wir in Abschn. 5.3 für Cartesische Koordinaten entwickelten, auf allgemeinere Koordinatensysteme dar.

Nun ist die kinetische Energie des Systems

$$T = \sum_i m_i\, \dot{r}_i^2. \qquad (5.19)$$

Bezogen auf unser neues Koordinatensystem können wir ohne Beschränkung der Allgemeinheit schreiben:

$$r_i = r_i(q_1, q_2 \ldots q_{3N}, t)$$
$$\dot{r}_i = \dot{r}_i(\dot{q}_1, \dot{q}_2, \dot{q}_3 \ldots \dot{q}_{3N}, q_1, q_2 \ldots q_{3N}, t).$$

Beachten Sie, daß wir jetzt die Zeitabhängigkeit von r_i und $\dot{r}_i$ explizit mit einbezogen haben. Wir können daher die kinetische Energie als eine bestimmte Funktion von den Koordinaten $\dot{q}_i$, q_i und t umschreiben, d.h. als $T(\dot{q}_i, q_i, t)$, wobei wir voraussetzen, daß alle Werte von i zwischen 1 und $3N$ enthalten sind. In ähnlicher Weise können wir den Ausdruck für die potentielle Energie ausschließlich in den Koordinaten q_i und t, d.h. als $V(q_i, t)$ schreiben. Wir benötigen ein Verfahren zur Bestimmung des stationären Werts von

$$S = \int_{t_1}^{t_2} [T(\dot{q}_i, q_i, t) - V(q_i, t)]\, dt. \qquad (5.20)$$

Wir wiederholen jetzt unsere Analyse von Abschn. 5.3, in der wir die Bedingung für die Unabhängigkeit der Größe S von Störungen erster Ordnung der

Minimalbahn gefunden haben. Wie zuvor setzen wir $q_0(t)$ als Minimallösung an und schreiben den Ausdruck für eine weitere Funktion $q(t)$ in der Form

$$q(t) = q_0(t) + \eta(t). \tag{5.21}$$

Wir schreiben S wie folgt um:

$$S = \int_{t_1}^{t_2} \mathcal{L}(\dot{q}_i,\, q_i,\, t)\, dt. \tag{5.22}$$

Nun setzen wir den Lösungsansatz (5.21) in (5.22) ein. Dann ist

$$S = \int_{t_1}^{t_2} \mathcal{L}(\dot{q}_0(t) + \dot{\eta}(t),\, q_0(t) + \eta(t),\, t)\, dt.$$

Wir entwickeln S in eine Taylorreihe bis zur ersten Ordnung in $\dot{\eta}(t)$ und $\eta(t)$:

$$S = \int_{t_1}^{t_2} \mathcal{L}(\dot{q}_0(t),\, q_0(t),\, t)\, dt + \int_{t_1}^{t_2} \left(\frac{\partial \mathcal{L}}{\partial \dot{q}_i}\, \dot{\eta}(t) + \frac{\partial \mathcal{L}}{\partial q_i}\, \eta(t) \right) dt.$$

Wie früher integrieren wir den Term in $\eta(t)$ partiell und erhalten:

$$S = S_0 + \left[\frac{\partial \mathcal{L}}{\partial \dot{q}_i}\, \eta(t) \right]_{t_1}^{t_2} - \int_{t_1}^{t_2} \left[\frac{d}{dt} \left(\frac{\partial \mathcal{L}}{\partial \dot{q}_i} \right) \eta(t) - \frac{\partial \mathcal{L}}{\partial q_i}\, \eta(t) \right] dt. \tag{5.23}$$

Da wieder $\eta(t)$ an den Endpunkten stets gleich Null sein muß, verschwindet der erste Term in eckigen Klammern und das Ergebnis läßt sich wie folgt schreiben:

$$S = S_0 - \int_{t_1}^{t_2} \eta(t) \left[\frac{d}{dt} \left(\frac{\partial \mathcal{L}}{\partial \dot{q}_i} \right) - \frac{\partial \mathcal{L}}{\partial q_i} \right] dt. \tag{5.24}$$

Wir fordern, daß für alle Störungen erster Ordnung der Minimallösung das Integral gleich Null ist. Damit finden wir die Bedingung

$$\frac{\partial \mathcal{L}}{\partial q_i} - \frac{d}{dt} \left(\frac{\partial \mathcal{L}}{\partial \dot{q}_i} \right) = 0 \tag{5.25}$$

Gleichung (5.25) besteht aus $3N$ Gleichungen für die zeitliche Entwicklung der $3N$ Koordinaten. Diese fundamentale Gleichung ist als *Euler-Lagrange-Gleichung* bekannt. Aus unseren früheren Untersuchungen geht hervor, daß sie nichts anderes ist als das zweite Newtonsche Bewegungsgesetz in der Schreibweise des q_i-Koordinatensystems.

5.5 Kleine Schwingungen und Normalschwingungen

Wir möchten nicht zur formalen Entwicklung der Mechanik unter Verwendung der *Euler-Lagrange-Gleichungen* übergehen, sondern nur ein einfaches Beispiel anführen, um die Leistungsfähigkeit des Verfahrens bei der Untersuchung des dynamischen Verhaltens von Systemen zu zeigen, die *kleine Schwingungen* ausführen. Dies führt auf natürliche Weise zum Begriff der *Normalschwingungen* des Systems. Wir wollen zunächst ein einfaches Beispiel lösen, um die allgemeine Verfahrensweise zu veranschaulichen.

Ein typisches Problem ist das eines Hohlzylinders, also einer Röhre mit dünnen Wänden, die an beiden Enden an Fäden von gleicher Länge aufgehängt ist. Die Fäden sind am äußeren Umfang des Zylinders befestigt, wie in Abb. 5.3(a) dargestellt, so daß er gleichzeitig taumeln und pendeln kann. Wir wollen zuerst die Pendelbewegung betrachten, bei welcher der Faden und die Stirnfläche des Zylinders in einer Ebene bleiben. Eine Ansicht des ausgelenkten Zylinders in Längsrichtung ist in Abb. 5.3(b) dargestellt. Der Eindeutigkeit halber setzen wir die Länge des Fadens gleich $3a$ und den Radius des Zylinders gleich $2a$.

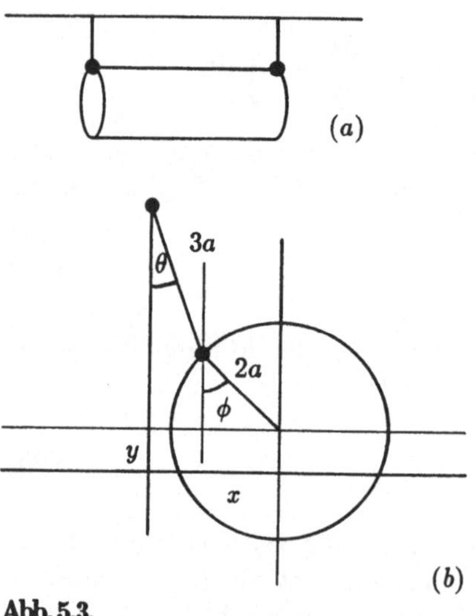

Abb. 5.3.

Zunächst müssen wir einen geeigneten Koordinatensatz wählen, der die Lage des Zylinders bei einer kleinen Störung vollständig definiert. Es ist zu sehen, daß die Koordinaten θ und ϕ dies leisten und das natürliche System für die zu erwartende pendelartige Bewegung sind. Wir schreiben nun die Lagrange-Funktion für das System in den Koordinaten $\dot{\theta}$, $\dot{\phi}$, θ, ϕ auf.

Die *kinetische Energie T* besteht aus zwei Anteilen, deren einer mit der *translatorischen Bewegung* des Zylinders, der andere mit seiner *Rotation* verbunden ist. Bei der Untersuchung betrachten wir nur kleine Verschiebungen.

Daher ist die Verschiebung des Massenmittelpunkts des Zylinders aus der Vertikallage durch

$$x = 3a \sin \theta + 2a \sin \phi = 3a\theta + 2a\phi \tag{5.26}$$

gegeben, und folglich beschreibt $\dot{x} = 3a\dot{\theta} + 2a\dot{\phi}$ die Translationsbewegung. Die kinetische Energie der Linearbewegung ist daher $\frac{1}{2}ma^2(3\dot{\theta} + 2\dot{\phi})^2$. Die Rotationsbewegung des Zylinders liefert die kinetische Energie $\frac{1}{2}I\dot{\phi}^2$, wobei I das Trägheitsmoment des Zylinders in bezug auf seine Achse ist. In diesem Fall ist $I = 4a^2m$, wobei m die Masse des Zylinders ist. Somit gilt für die gesamte kinetische Energie des Zylinders:

$$\begin{aligned} T &= \tfrac{1}{2}ma^2(3\dot{\theta} + 2\dot{\phi})^2 + 2a^2m\dot{\phi}^2 \\ &= \tfrac{1}{2}ma^2(9\dot{\theta}^2 + 12\dot{\theta}\dot{\phi} + 8\dot{\phi}^2). \end{aligned} \tag{5.27}$$

Die *potentielle Energie* ist ausschließlich mit der Anhebung des Massenmittelpunkts des Zylinders über seine Gleichgewichtslage verknüpft. Es gilt

$$\begin{aligned} y &= 3a(1 - \cos \theta) + 2a(1 - \cos \phi) \\ &= \frac{3a\theta^2}{2} + a\phi^2 \end{aligned} \tag{5.28}$$

für kleine Werte von θ und ϕ. Folglich gilt für die potentielle Energie

$$V = \frac{mg}{2}(3a\theta^2 + 2a\phi^2). \tag{5.29}$$

Die Lagrange-Funktion ist daher

$$\mathcal{L} = T - V = \frac{ma^2}{2}(9\dot{\theta}^2 + 12\dot{\theta}\dot{\phi} + 8\dot{\phi}^2) - \frac{mg}{2}(3a\theta^2 + 2a\phi^2). \tag{5.30}$$

Beachten Sie, daß wir schließlich zu einer Form gelangt sind, die in $\dot{\theta}$, $\dot{\phi}$, θ, ϕ quadratisch ist. Der Grund dafür ist, daß die kinetische Energie eine quadratische Funktion der Geschwindigkeit ist. Ebenso wird die potentielle Energie relativ zur Gleichgewichtslage $\theta = \phi = 0$ berechnet, und folglich ist der Entwicklungsterm niedrigster Ordnung in der Umgebung des Minimums von zweiter Ordnung in der Auslenkung aus der Minimallage (siehe Abschnitt 5.3).

Wir verwenden nun die Euler-Lagrange-Gleichung:

$$\frac{\partial \mathcal{L}}{\partial q_i} - \frac{d}{dt}\left(\frac{\partial \mathcal{L}}{\partial \dot{q}_i}\right) = 0. \tag{5.31}$$

Wir wollen zuerst das Koordinatenpaar θ, $\dot{\theta}$ nehmen. Durch Einsetzen von (5.30) in (5.31) mit $\dot{q}_i = \dot{\theta}$ und $q_i = \theta$ erhalten wir

$$\frac{1}{2}ma^2\frac{d}{dt}(18\dot{\theta} + 12\dot{\phi}) = -\frac{1}{2}mga \cdot 6\theta. \tag{5.32}$$

Ähnlich erhalten wir für das zweite Koordinatenpaar $\dot{q}_i = \dot{\phi}$, $q_i = \phi$:

$$\frac{1}{2}ma^2\frac{d}{dt}(12\dot{\theta}+16\dot{\phi})=-\frac{1}{2}mga\cdot4\phi. \tag{5.33}$$

Wir gelangen schließlich zu zwei Differentialgleichungen:

$$\left.\begin{aligned}9\ddot{\theta}+6\ddot{\phi}&=-\frac{3g}{a}\theta\\6\ddot{\theta}+8\ddot{\phi}&=-\frac{2g}{a}\phi\end{aligned}\right\} \tag{5.34}$$

Der Schlüssel zum Auffinden von Normalschwingungen des Systems ist, daß bei einer Normalschwingung alle Komponenten mit der gleichen Frequenz schwingen, d.h. wir suchen Schwingungslösungen der Form

$$\left.\begin{aligned}\ddot{\theta}&=-\omega^2\theta\\\ddot{\phi}&=-\omega^2\phi\end{aligned}\right\} \tag{5.35}$$

Wir setzen jetzt diese Lösungsansätze in Gl. (5.34) ein. Wenn wir $\lambda=a\omega^2/g$ setzen, ist

$$\left.\begin{aligned}(9\lambda-3)\theta+6\lambda\phi&=0\\6\lambda\theta+(8\lambda-2)\phi&=0\end{aligned}\right\} \tag{5.36}$$

Wenn die Gleichungen (5.36) für alle θ und ϕ erfüllt sein sollen, muß die Koeffizientendeterminante von (5.36) gleich Null sein:

$$\begin{vmatrix}(9\lambda-3) & 6\lambda\\ 6\lambda & (8\lambda-2)\end{vmatrix}=0. \tag{5.37}$$

Durch Ausmultiplizieren dieser Determinante erhält man

$$6\lambda^2-7\lambda+1=0, \tag{5.38}$$

d.h. die Lösungen sind $\lambda=\frac{1}{6}$ und $\lambda=1$. Für die Kreisfrequenzen ergibt sich $\omega^2=\lambda(g/a)$ oder $\omega_1=(g/a)^{\frac{1}{2}}$ und $\omega_2=(g/6a)^{\frac{1}{2}}$, d.h. das Frequenzverhältnis der Normalschwingungen ist gleich $\sqrt{6}:1$.

Wir können jetzt die physikalische Natur dieser Schwingungsarten feststellen, indem wir die Lösungen $\lambda=\frac{1}{6}$ und $\lambda=1$ in die Gleichungen (5.36) einsetzen. Die Ergebnisse sind:

$$\left.\begin{aligned}\lambda&=1, & \omega_1&=(g/a)^{\frac{1}{2}}, & \phi&=-\theta\\\lambda&=\frac{1}{6}, & \omega_2&=(g/6a)^{\frac{1}{2}}, & \phi&=\frac{3}{2}\theta.\end{aligned}\right\} \tag{5.39}$$

Diese Schwingungsarten sind in Abb. 5.4 veranschaulicht. Wenn wir das System in einer der beiden in Abb. 5.4 dargestellten Schwingungsarten in Schwingung versetzen, so folgt aus unserer Analyse, daß es für alle Zeiten mit der Frequenz ω_1 bzw. ω_2 weiterschwingt. Wir stellen außerdem fest, daß wir jeden beliebigen Satz von Anfangsbedingungen des Systems durch Superposition der Schwingungsarten 1 und 2 darstellen können, wenn wir geeignete Amplituden der Normalschwingungen wählen. Angenommen, wir stellen die Normalschwingungen durch die Vektoren

$$a(i_\theta + \tfrac{3}{2}i_\phi)$$
$$b(i_\theta - i_\phi).$$

dar. Wenn wir dann mit einer beliebigen Konfiguration von θ und ϕ beginnen, können wir geeignete Amplituden a und b aus den Relationen

$$\theta = a + b$$
$$\phi = \tfrac{3}{2}a - b$$

bestimmen. Durch ein ähnliches Verfahren können wir geeignete Anfangswerte für $\dot\theta$ und $\dot\phi$ anpassen. Die Schönheit dieses Verfahrens liegt darin, daß wir das Verhalten des Systems zu *jedem* späteren Zeitpunkt ermitteln können, indem wir die beiden voneinander unabhängigen Normalschwingungen addieren, d.h. durch die Beziehung

$$x = ae^{i\omega_2 t}(i_\theta + \tfrac{3}{2}i_\phi) + be^{i\omega_1 t}(i_\theta - i_\phi).$$

Dies ist die grundlegende Bedeutung der *Normalschwingungen*. Jede Konfiguration des Systems kann durch eine geeignete Überlagerung von Normalschwingungen dargestellt werden, wodurch wir in die Lage versetzt werden, das spätere dynamische Verhalten des Systems vorauszusagen.

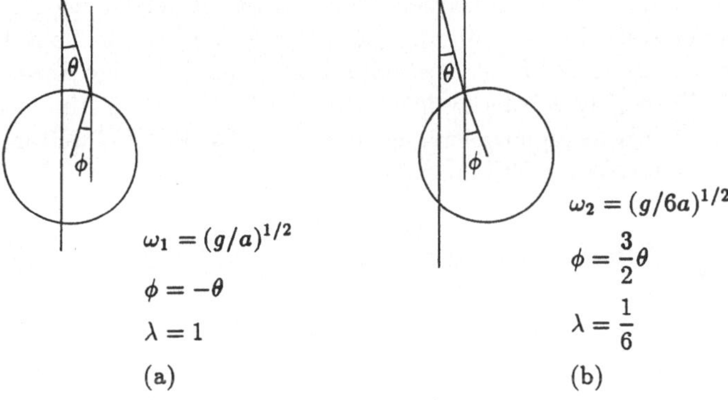

Abb. 5.4. Darstellung der beiden Normalschwingungen, die mit der Pendelbewegung eines Hohlzylinders verbunden sind, bei der seine Stirnflächen jeweils in einer Ebene schwingen

Von besonderem Interesse sind *vollständige Systeme orthonormierter Funktionen*. Die Funktionen selbst sind unabhängig voneinander und auf Eins normiert, so daß jede beliebige Funktion durch eine Überlagerung dieser Funktionen dargestellt werden kann. Das einfachste Beispiel ist wohl die Fourier-Reihe:

$$f(x) = \frac{a_0}{2} + \sum_{n=1}^{\infty} a_n \cos \frac{2\pi n x}{L} + \sum_{n=1}^{\infty} b_n \sin \frac{2\pi n x}{L},$$

die jede im Intervall $0 < x < L$ definierte Funktion präzise beschreiben kann. Die einzelnen Terme mit den Koeffizienten a_0, a_n, b_n kann man sich als die Normalschwingungen mit festen Endpunkten bei 0 und L denken. Es gibt viele derartige Orthonormalfunktionen, die in weiten Bereichen der Physik und theoretischen Physik Anwendung finden. Zum Beispiel liefern in Kugelkoordinaten die *Legendre-Polynome* und die *zugeordneten Legendre-Polynome* ein geeignetes vollständiges System von Orthogonalfunktionen, die auf einer Kugel definiert sind.

In Wirklichkeit sind die Schwingungsmoden physikalisch nicht völlig unabhängig voneinander. In realen Situationen gibt es immer Prozesse höherer Ordnung, durch die Energie zwischen verschiedenen Schwingungsmoden ausgetauscht werden kann. Dies sind die Mechanismen, durch welche die Energie schließlich gleichmäßig über die Schwingungsformen verteilt wird. Außerdem klingen die Schwingungen, wenn sie nicht von außen aufrechterhalten werden, durch Dissipationsprozesse schließlich auf Null ab. Die zeitliche Entwicklung des Systems kann genau bestimmt werden, indem das Abklingen jeder einzelnen Schwingungsart mit der Zeit verfolgt wird. In dem oben angeführten Beispiel wäre die zeitliche Entwicklung durch

$$x = ae^{i\omega_2 t}e^{-\gamma_2 t}\left(\boldsymbol{i}_\theta + \tfrac{3}{2}\boldsymbol{i}_\phi\right) + be^{i\omega_1 t}e^{-\gamma_1 t}\left(\boldsymbol{i}_\theta - \boldsymbol{i}_\phi\right)$$

gegeben.

Eine letzte Bemerkung über Normalschwingungen. Es ist klar, daß dynamische Systeme sehr kompliziert werden können. Nehmen wir beispielsweise an, wir ließen den Zylinder statt der Schwingung, bei der sich die Stirnfläche des Zylinders und der Faden in einer Ebene bewegen müssen, eine beliebige Bewegung ausführen. Die Bewegung würde komplizierter werden, aber wir können abschätzen, wie die Normalschwingungen aussehen müssen. Es gibt zwei weitere Freiheitsgrade, die im allgemeinen Fall auftreten.

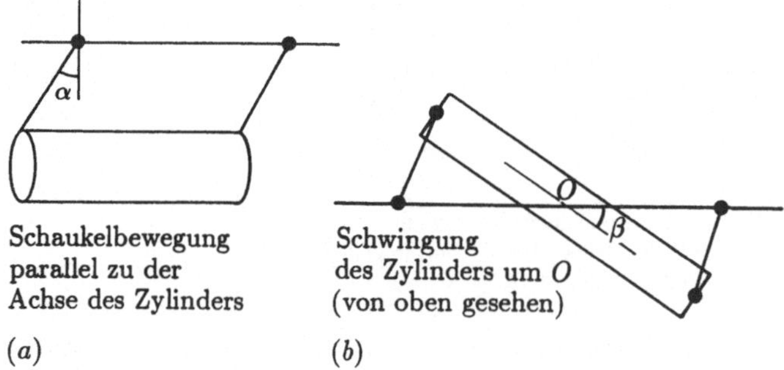

Abb. 5.5. Weitere Normalschwingungen, die mit der allgemeinen Bewegung eines Zylinders verbunden sind

Diese sind in Abb. 5.5 schematisch angedeutet. Wir vermuten, daß die weiteren Freiheitsgrade mit der in Abb. 5.5(a) dargestellten Schaukelbewegung und mit der Schwingung des Zylinders um 0 (Abb. 5.5(b)) verbunden sind. In der Tat kann man bei den meisten physikalischen Problemen ein gutes Stück weiterkommen, indem man durch nähere Prüfung abschätzt, wie die Schwingungsformen aussehen müssen. Der entscheidende Punkt ist, daß alle Teile des Systems mit der gleichen Frequenz ω schwingen müssen. Wir werden in unserer Studie zu den Ursprüngen des Quantenbegriffs noch eine Menge über Normalschwingungen zu sagen haben.

5.6 Erhaltungssätze und Symmetrie

Wir erinnern uns, daß in der Newtonschen Mechanik die Erhaltungssätze aus dem ersten Integral der Bewegungsgleichungen abgeleitet werden. Auf genau die gleiche Weise können wir eine Gruppe von Erhaltungssätzen aus dem ersten Integral der Euler-Lagrange-Gleichungen ableiten. Die Behandlung des Problems vom Standpunkt dieser Gleichungen aus läßt deutlich die enge Beziehung zwischen Symmetrie und Erhaltungssätzen erkennen. Tatsächlich hängt vieles einfach von der Form der Lagrange-Funktion selbst ab.

5.6.1 Von q_i unabhängige Lagrange-Funktion

In diesem Fall ist $\partial \mathcal{L}/\partial q_i = 0$, und die Euler-Lagrange-Gleichungen lauten somit

$$\frac{d}{dt}\left(\frac{\partial \mathcal{L}}{\partial \dot{q}_i}\right) = 0$$

$$\frac{\partial \mathcal{L}}{\partial \dot{q}_i} = \text{const.}$$

Ein Beispiel für eine derartige Lagrange-Funktion ist die Bewegung eines Massenpunkts bei fehlendem Kraftfeld. Dann ist $\mathcal{L} = \frac{1}{2}m\dot{r}_i^2$ und

$$\frac{\partial \mathcal{L}}{\partial \dot{q}_i} = \frac{\partial \mathcal{L}}{\partial \dot{r}} = m\dot{r} = \text{const,} \tag{5.40}$$

d.h. wir erhalten das erste Newtonsche Bewegungsgesetz.

Diese Berechnung deutet an, wie wir einen verallgemeinerten Impuls p_i definieren können. Für ein beliebiges Koordinatensystem können wir einen *konjugierten Impuls* durch

$$p_i \equiv \frac{\partial \mathcal{L}}{\partial \dot{q}_i} \tag{5.41}$$

definieren. Nun ist dies nicht unbedingt so etwas wie ein normaler Impuls, aber die Größe besitzt die Eigenschaft, daß sie eine Konstante der Bewegung ist, wenn $\mathcal{L}$ nicht von q_i abhängt.

5.6.2 Zeitunabhängige Lagrange-Funktion

Diese ist offensichtlich mit der Erhaltung der Energie verbunden. Wir wollen die einfachste mathematische Untersuchung durchführen. Unter Weglassung höherer Terme als $\dot{q}_i$ finden wir

$$\frac{d\mathcal{L}}{dt} = \frac{\partial \mathcal{L}}{\partial t} + \sum_i \dot{q}_i \frac{\partial \mathcal{L}}{\partial q_i}. \tag{5.42}$$

Nach den Euler-Lagrange-Gleichungen ist bekanntlich

$$\frac{d}{dt}\left(\frac{\partial \mathcal{L}}{\partial \dot{q}_i}\right) = \frac{\partial \mathcal{L}}{\partial q_i}.$$

Daher gilt

$$\frac{d\mathcal{L}}{dt} - \frac{d}{dt}\left(\sum_i \dot{q}_i \frac{\partial \mathcal{L}}{\partial \dot{q}_i}\right) = \frac{\partial \mathcal{L}}{\partial t}$$

$$\frac{d}{dt}\left(\mathcal{L} - \sum_i \dot{q}_i \frac{\partial \mathcal{L}}{\partial \dot{q}_i}\right) = \frac{\partial \mathcal{L}}{\partial t}. \tag{5.43}$$

Die Lagrange-Funktion ist aber nicht explizit zeitabhängig, so daß $\partial \mathcal{L}/\partial t = 0$ gilt. Daher ist

$$\sum_i \dot{q}_i \frac{\partial \mathcal{L}}{\partial \dot{q}_i} - \mathcal{L} = \text{const.} \tag{5.44}$$

Dieser Ausdruck besagt genau dasselbe wie der *Energieerhaltungssatz* in der Newtonschen Mechanik. Die Erhaltungsgröße ist als *Hamiltonsche Funktion H* bekannt, mit der Definition:

$$H = \sum_i \dot{q}_i \frac{\partial \mathcal{L}}{\partial \dot{q}_i} - \mathcal{L}. \tag{5.45}$$

Wir können diesen Ausdruck unter Benutzung des konjugierten Impulses $p_i = \partial \mathcal{L}/\partial \dot{q}_i$ umschreiben:

$$H = \sum_i p_i \dot{q}_i - \mathcal{L}. \tag{5.46}$$

Beachten Sie, daß im Fall Cartesischer Koordinaten die Hamilton-Funktion die Gestalt

$$\begin{aligned}
H &= \sum_i (m_i \dot{\boldsymbol{r}}_i) \cdot \dot{\boldsymbol{r}}_i - \mathcal{L} \\
&= 2T - (T - V) \\
&= T + V,
\end{aligned} \tag{5.47}$$

annimmt, woraus der Zusammenhang mit der Erhaltung der Energie explizit hervorgeht.

Weiter ist zu beachten, daß der Erhaltungssatz formal eine Folge der zeitlichen Invarianz der Lagrange-Funktion ist.

5.6.3 Unabhängigkeit der Lagrange-Funktion vom absoluten Ort der Massenpunkte

Mit dieser Aussage meinen wir, daß $\mathcal{L}$ nur von $r_1 - r_2$, nicht aber von r_1 abhängt. Bei Verschiebung aller Teilchen um eine kleine Distanz ϵ bleibt $\mathcal{L}$ unverändert, d.h. es ist

$$\mathcal{L} + \sum_i \frac{\partial \mathcal{L}}{\partial q_i} \delta q_i = \mathcal{L} + \sum_i \epsilon \frac{\partial \mathcal{L}}{\partial q_i} = \mathcal{L}.$$

Die Invarianz erfordert, daß

$$\sum_i \frac{\partial \mathcal{L}}{\partial q_i} = 0$$

ist. Nach den Euler-Lagrange-Gleichungen gilt aber

$$\frac{d}{dt}\left(\sum_i \frac{\partial \mathcal{L}}{\partial \dot{q}_i}\right) = \sum_i \frac{\partial \mathcal{L}}{\partial q_i} = 0$$

$$\frac{d}{dt}\sum_i p_i = 0. \tag{5.48}$$

Dies ist gerade der *Impulserhaltungssatz*, der aus der Forderung nach der Invarianz der Lagrange-Funktion gegenüber räumlichen Translationen abgeleitet ist.

5.6.4 Unabhängigkeit der Lagrange-Funktion von der räumlichen Orientierung des Gesamtsystems

Mit dieser Aussage meinen wir, daß $\mathcal{L}$ invariant gegenüber Drehungen ist. Wenn das System um einen kleinen Winkel $\delta\theta$ gedreht wird (Abb. 5.6), ändern sich der Ort und die Geschwindigkeit eines Teilchens r_i und v_i um

$$\delta r_i = d\theta \times r_i$$
$$\delta v_i = d\theta \times v_i.$$

Wir fordern für diese Drehung $\delta\mathcal{L} = 0$ und folglich

$$\delta\mathcal{L} = \sum_i \left(\frac{\partial \mathcal{L}}{\partial r_i} \cdot \delta r_i + \frac{\partial \mathcal{L}}{\partial v_i} \cdot \delta v_i\right) = 0.$$

Unter Verwendung der Euler-Lagrange-Beziehungen erhält man

$$\sum_i \left[\frac{d}{dt}\left(\frac{\partial \mathcal{L}}{\partial \dot{r}_i}\right) \cdot (d\theta \times r_i) + \frac{\partial \mathcal{L}}{\partial v_i} \cdot (d\theta \times v_i)\right] = 0.$$

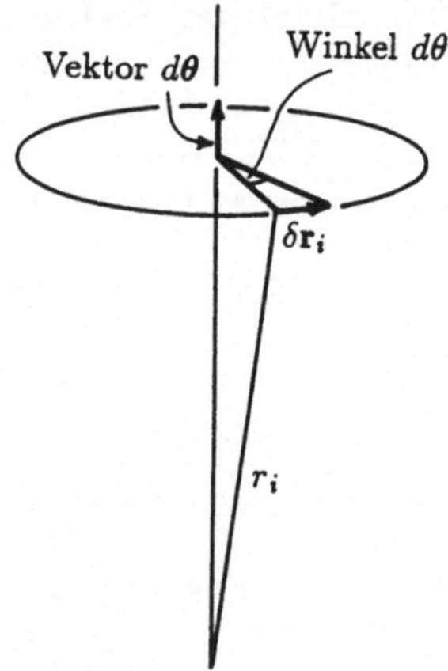

Abb. 5.6.

Durch Umordnen der Vektorprodukte wird daraus:

$$\sum_i \left\{ d\boldsymbol{\theta} \cdot \left[\boldsymbol{r}_i \times \frac{d}{dt}\left(\frac{\partial \mathcal{L}}{\partial \dot{\boldsymbol{r}}_i} \right) \right] + d\boldsymbol{\theta} \cdot \left(\boldsymbol{v}_i \times \frac{\partial \mathcal{L}}{\partial \boldsymbol{v}_i} \right) \right\} = 0$$

$$\sum_i d\boldsymbol{\theta} \cdot \left[\frac{d}{dt}\left(\boldsymbol{r}_i \times \frac{\partial \mathcal{L}}{\partial \boldsymbol{v}_i} \right) \right] = 0$$

$$d\boldsymbol{\theta} \cdot \sum_i \left[\frac{d}{dt}\left(\boldsymbol{r}_i \times \frac{\partial \mathcal{L}}{\partial \boldsymbol{v}_i} \right) \right] = 0 \tag{5.49}$$

Wenn daher die Lagrange-Funktion von der Orientierung unabhängig sein soll, folgt

$$\sum_i \left(\boldsymbol{r}_i \times \frac{\partial \mathcal{L}}{\partial \boldsymbol{v}_i} \right) = \text{const} \tag{5.50}$$

oder

$$\sum_i (\boldsymbol{r}_i \times \boldsymbol{p}_i) = \text{const}. \tag{5.51}$$

Dies ist einfach der *Drehimpulserhaltungssatz*, der aus der Forderung nach Drehungsinvarianz der Lagrange-Funktion resultiert.

5.7 Hamiltonsche kanonische Gleichungen und Poisson-Klammern – wie Dirac ihre Anwendung in der Quantenmechanik entdeckte

Die nächste Erweiterung besteht darin, daß die Bewegungsgleichungen durch p_i und q_i anstelle von $\dot{q}_i$ und q_i ausgedrückt werden, d.h. wir verwenden den kanonischen Impuls p_i gemäß der Definition durch $\partial \mathcal{L}/\partial \dot{q}_i$. Denken Sie daran, daß dies nicht unbedingt dem entspricht, was wir in der Newtonschen Mechanik unter einem Impuls verstehen. Die Beziehung zwischen der Hamilton- und der Lagrange-Funktion läßt sich wie folgt schreiben:

$$H = \sum_i p_i \dot{q}_i - \mathcal{L}(q, \dot{q}). \tag{5.52}$$

Es sieht so aus, als ob H von p_i, $\dot{q}_i$ und q_i abhängt, aber in Wirklichkeit können wir die Gleichung so umordnen, daß H eine Funktion von p_i und q_i allein ist. Wir wollen in der üblichen Weise das vollständige Differential von H bilden, wobei wir $\mathcal{L}$ als zeitunabhängig annehmen. Dann ist

$$dH = \sum_i p_i \, d\dot{q}_i + \sum_i \dot{q}_i \, dp_i - \sum_i \frac{\partial \mathcal{L}}{\partial \dot{q}_i} \, d\dot{q}_i - \sum_i \frac{\partial \mathcal{L}}{\partial q_i} \, dq_i. \tag{5.53}$$

Wegen $p_i = \partial \mathcal{L}/\partial \dot{q}_i$ sind der erste und der dritte Term auf der rechten Seite gleich und heben sich daher auf. Folglich ist

$$dH = \sum_i \dot{q}_i \, dp_i - \sum_i \frac{\partial \mathcal{L}}{\partial q_i} \, dq_i. \tag{5.54}$$

Dieses Differential ist nur von den Veränderungen dp_i und dq_i abhängig, so daß wir dH mit seiner formalen Entwicklung nach p_i und q_i vergleichen können:

$$dH = \sum_i \frac{\partial H}{\partial p_i} \, dp_i + \sum_i \frac{\partial H}{\partial q_i} \, dq_i.$$

Daraus folgt unmittelbar:

$$\frac{\partial H}{\partial q_i} = -\frac{\partial \mathcal{L}}{\partial q_i} \, ; \quad \frac{\partial H}{\partial p_i} = \dot{q}_i,$$

und da nach den Euler-Lagrange-Gleichungen

$$\frac{\partial \mathcal{L}}{\partial q_i} = \frac{d}{dt}\left(\frac{\partial \mathcal{L}}{\partial \dot{q}_i}\right)$$

gilt, erhält man

$$\frac{\partial H}{\partial q_i} = -\dot{p}_i.$$

So reduzieren wir die Bewegungsgleichungen auf die Beziehungspaare

$$\left.\begin{aligned}
\dot{q}_i &= \frac{\partial H}{\partial p_i} \\
\dot{p}_i &= -\frac{\partial H}{\partial q_i}.
\end{aligned}\right\} \tag{5.55}$$

Diese Gleichungspaare heißen *Hamiltonsche Gleichungen*. Das sind je zwei Differentialgleichungen erster Ordnung für jede der $3N$ Koordinaten. Wir behandeln jetzt die p_i und die q_i in der gleichen Weise.

Meine letzte Bemerkung zu diesen Verfahren möchte ich über das Konzept der *Poisson-Klammern* machen. In Verbindung mit den Hamiltonschen Bewegungsgleichungen bringen sie den Formalismus in eine kompakte Form. Die Poisson-Klammer der Größen g und h ist definiert durch:

$$[g, h] = \sum_{i=1}^{n} \left(\frac{\partial g}{\partial p_i} \frac{\partial h}{\partial q_i} - \frac{\partial g}{\partial q_i} \frac{\partial h}{\partial p_i} \right). \tag{5.56}$$

Offensichtlich können wir allgemein die Änderung irgendeiner physikalischen Größe g wie folgt ausdrücken:

$$\dot{g} = \sum_{i=1}^{n} \left(\frac{\partial g}{\partial q_i} \dot{q}_i + \frac{\partial g}{\partial p_i} \dot{p}_i \right), \tag{5.57}$$

und unter Verwendung der Hamiltonschen Gleichungen erhalten wir daraus:

$$\dot{g} = [H, g]. \tag{5.58}$$

Daher können wir die Hamiltonschen Gleichungen wie folgt schreiben:

$$\dot{q}_i = [H, q_i]; \quad \dot{p}_i = [H, p_i].$$

Diese Klammern haben eine Reihe sehr nützlicher Eigenschaften. Wenn wir q_i für g und q_j für h setzen, erhalten wir

$$[q_i, q_j] = 0.$$

Ähnlich ergibt sich

$$[p_j, p_k] = 0,$$

und für $j \neq k$ ist

$$[p_j, q_k] = 0.$$

Aber für $g = p_k$ und $h = q_k$ gilt

$$[p_k, q_k] = 1, \quad [q_k, p_k] = -1.$$

Größen, deren Poisson-Klammern gleich Null sind, bezeichnet man als *vertauschbar*. Größen, deren Poisson-Klammern gleich 1 sind, heißen *kanonisch konjugiert*. Aus der in Gl. (5.58) aufgestellten Beziehung erkennen wir, daß jede mit der Hamiltonschen Funktion vertauschbare Größe sich zeitlich nicht ändert. Insbesondere ist H selbst zeitlich konstant, da die Funktion mit sich selbst vertauschbar ist. Wir sind ein weiteres Mal auf die Erhaltung der Energie zurückgekommen.

Sie werden feststellen, daß diese Größen eine wichtige Rolle in der Quantenmechanik spielen (siehe z.B. Dirac: *The Principles of Quantum Mechanics* [5.3]). In Diracs Memoiren findet sich eine sehr hübsche Geschichte darüber, wie er ihre Bedeutung erkannte. Im Oktober 1925 machte er sich Gedanken darüber, daß nach seiner Formulierung der Quantenmechanik die dynamischen Variablen nicht miteinander vertauschbar waren, d.h. wenn man zwei Variablen u und v hatte, dann war uv nicht dasselbe wie vu. Dirac huldigte offenbar einem fast religiösen Brauch, an Sonntagnachmittagen spazierenzugehen. Er schreibt:
"Während eines der Sonntagsspaziergänge im Oktober 1925, als ich sehr viel über dieses uv-vu grübelte, trotz meiner Absicht zu entspannen, dachte ich an Poisson-Klammern ... . Ich erinnerte mich nicht sehr gut, was eine Poisson-Klammer war. Ich entsann mich nicht an die genaue Formel für eine Poisson-Klammer und hatte nur einige vage Erinnerungen. Aber es gab da aufregende Möglichkeiten, und ich dachte, daß ich auf eine große neue Idee kommen könnte.

Natürlich konnte ich da draußen auf dem Lande nicht [herausfinden, was eine Poisson-Klammer war]. Ich mußte einfach nach Hause eilen und sehen, was ich dann über Poisson-Klammern herausbekommen konnte. Ich sah meine Notizen durch, und nirgendwo fand sich ein Hinweis auf Poisson-Klammern. Die Lehrbücher, die ich zu Hause hatte, waren alle zu elementar, um der Rede wert zu sein. Ich konnte nichts tun, weil es Sonntagabend war und die Bibliotheken alle geschlossen waren. Ich mußte eben ungeduldig diese Nacht lang warten, ohne zu wissen, ob diese Idee irgendwie gut war oder nicht, aber bis heute glaube ich, daß meine Zuversicht im Laufe der Nacht wuchs. Am nächsten Morgen beeilte ich mich, in eine der Bibliotheken zu kommen, sobald sie geöffnet hatte, und dann schlug ich die Poisson-Klammern in Whittakers 'Analytischer Dynamik' nach und fand, daß sie gerade das waren, was ich brauchte. Sie boten die vollkommene Analogie zum Kommutator." [5.4]
Dies ist ein gutes Beispiel dafür, wie Profis arbeiten. Sie haben tatsächlich nicht die ganze verfügbare Mathematik im Kopf, aber sie halten Augen und Ohren offen für alles, was sie erfahren, gleichgültig wie weit es von ihren unmittelbaren Interessen entfernt scheint. Eines Tages erweisen sich dann diese kleinen Informationssplitter schließlich als wichtig. Sie erinnern sich möglicherweise nicht genau daran, aber sie wissen, wo die notwendige Information zu finden ist. So versuchen wir alle, die Physik im Zusammenhang mit unseren Forschungsarbeiten anzupacken.

5.8 Eine Warnung

Ich habe bewußt keine strenge Behandlung der klassischen Mechanik gewählt, so daß ich gewisse besondere Merkmale verschiedener Betrachtungsweisen der Mechanik und Dynamik hervorheben kann. Der Gegenstand erscheint oft etwas schwer verständlich und mathematisch, und ich habe mich bewußt auf die einfachen Teile konzentriert, die mit unserem intuitiven Verständnis der Newtonschen Gesetze in besonders unmittelbarer Beziehung stehen. Ich möchte betonen, daß man den Gegenstand streng behandeln kann, und eine solche Behandlung ist in Büchern wie etwa Goldsteins *Klassischer Mechanik* [5.1] oder in dem Lehrbuch *Mechanik* [5.5] von Landau und Lifschitz zu finden. Mein Ziel war zu zeigen, daß es gute physikalische Gründe für die Entwicklung dieser komplexeren Methoden der Mechanik und Dynamik gibt.

Anhang zu Kapitel 5
Die Bewegung von Flüssigkeiten und Gasen

A5.1 Einführung

Ziel dieses Anhangs ist es, die Anwendbarkeit der Newtonschen Gesetze auf die Bewegung von Flüssigkeiten und Gasen. zu überprüfen. Die Strömungsdynamik ist aus Gründen, die sogleich offenbar werden, ein ausgedehntes und kompliziertes Fachgebiet. Mit diesen Anmerkungen ist beabsichtigt, einige grundlegende Unterschiede hervorzuheben, denen wir bei der Behandlung von Gasen und Flüssigkeiten im Gegensatz zu Systemen von Massenpunkten oder festen Körpern begegnen.

A5.2 Die Kontinuitätsgleichung

Zunächst müssen wir die Grundgleichung herleiten, die aussagt, daß die Flüssigkeit oder das Gas nicht 'verlorengeht'. Nach einer Methode ähnlich derjenigen, die beim Elektromagnetismus angewendet wird (Abschnitt 4.2), betrachten wir den Massenfluß aus einem Volumen v, das von einer Fläche S umschlossen wird. Wenn dS ein Flächenelement ist, wobei der Vektor normalerweise als nach außen weisend angenommen wird, dann ist der Massenfluß durch dS gleich $\rho u \cdot dS$ (siehe Abb. A5.1). Integriert man über die Oberfläche des Volumens, dann muß die nach außen gerichtete Massenströmungsgeschwindigkeit gleich der Massenverlustgeschwindigkeit innerhalb des Volumens v sein, d.h. es gilt

$$\int_S \rho u \cdot dS = -\frac{d}{dt} \int_v \rho \, dv. \qquad (A5.1)$$

Durch Anwendung des Divergenzsatzes erhält man

$$\int_v \mathrm{div}\,(\rho u)\, dv = -\frac{d}{dt} \int_v \rho \, dv,$$

d.h. es ist

$$\int_v \left(\mathrm{div}\,(\rho u) + \frac{d\rho}{dt} \right) dv = 0.$$

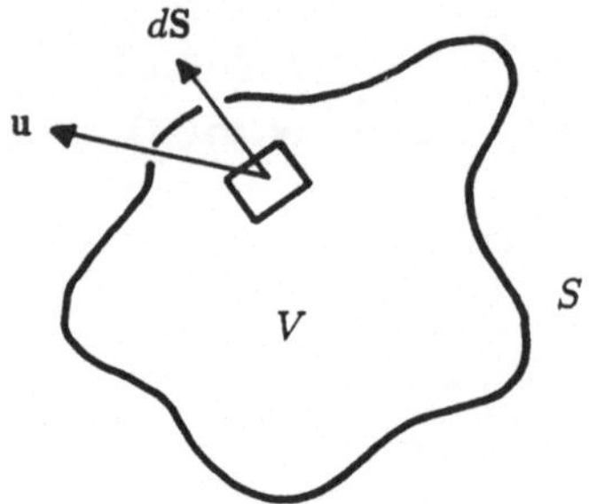

Abb. A5.1.

Dieses Ergebnis muß für jedes Gebiet an jeder beliebigen Stelle im Raum gelten, und folglich ist

$$\operatorname{div} \rho \boldsymbol{u} + \frac{\partial \rho}{\partial t} = 0. \tag{A5.2}$$

Dies ist die *Kontinuitätsgleichung*. Beachten Sie, daß wir zwischen den letzten beiden Gleichungen von der totalen zur partiellen Ableitung übergegangen sind. Der Grund dafür ist, daß wir in der mikroskopischen Form partielle Ableitungen verwenden, um die Änderungen der Eigenschaften der Flüssigkeit oder des Gases *an einem festen Punkt im Raum* zu bezeichnen (örtliche Ableitung). Dies unterscheidet sich von den Ableitungen der Größen, die einem bestimmten Element der Flüssigkeit oder des Gases folgen und durch totale Ableitungen bezeichnet werden, d.h. durch $d\rho/dt$. Dies hat den folgenden Grund:

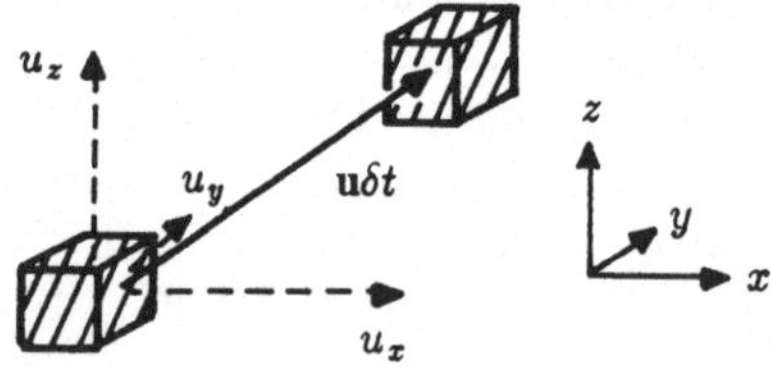

Abb. A5.2.

Wir definieren $d\rho/dt$ als Änderungsgeschwindigkeit der Dichte, wenn wir einem Flüssigkeits- oder Gaselement folgen. Dies ist schematisch in Abb. A5.2 dargestellt, wo wir der Bewegung des Elements im Verlauf des Zeitintervalls δt folgen. Wenn die Geschwindigkeit der Flüssigkeit oder des Gases bei (x, y, z) gleich $\boldsymbol{u} = (u_x, u_y, u_z)$ ist, dann sehen wir, daß $d\rho/dt$ durch

$$\frac{d\rho}{dt} = \lim_{\delta t \to 0} \frac{1}{\delta t} \left[\rho(x + u_x \delta t, \, y + u_y \delta t, \, z + u_z \delta t, \, t + \delta t) - \rho(x, y, z, t) \right]. \tag{A5.3}$$

gegeben ist. Nun entwickeln wir den ersten Term in den eckigen Klammern in eine Taylorreihe:

$$\frac{d\rho}{dt} = \lim_{\delta t \to 0} \frac{1}{\delta t} \left[\rho(x,\,y,\,z,\,t) + \frac{\partial \rho}{\partial x}\,u_x\,\delta t + \frac{\partial \rho}{\partial y}\,u_y\,\delta t + \frac{\partial \rho}{\partial z}\,u_z\,\delta t \right.$$

$$\left. + \frac{\partial \rho}{\partial t}\,\delta t - \rho(x,\,y,\,z,\,t) \right]$$

$$= \frac{\partial \rho}{\partial t} + u_x\,\frac{\partial \rho}{\partial x} + u_y\,\frac{\partial \rho}{\partial y} + u_z\,\frac{\partial \rho}{\partial z}$$

$$\frac{d\rho}{dt} = \frac{\partial \rho}{\partial t} + \boldsymbol{u} \cdot \operatorname{grad}\rho. \tag{A5.4}$$

Beachten Sie, daß Gl. (A5.4) nichts anderes als die Kettenregel ist, was unseren Gebrauch von d/dt und $\partial/\partial t$ erklärt. Außerdem ist zu beachten, daß Gl. (A5.4) eine Beziehung zwischen Differentialoperatoren ist,

$$\frac{d}{dt} = \left(\frac{\partial}{\partial t} + \boldsymbol{u} \cdot \operatorname{grad} \right), \tag{A5.5}$$

und daß diese Beziehung überall in der Strömungsdynamik wiederkehrt. Man kann in dem einen oder andern dieser Bezugssysteme arbeiten. Wenn wir in dem Koordinatensystem arbeiten, das die Flüssigkeits- bzw. Gaselemente begleitet, werden die Koordinaten *Lagrangesche Koordinaten* genannt. Wenn wir im ortsfesten äußeren Bezugssystem arbeiten, sprechen wir von *Eulerschen Koordinaten*. Im allgemeinen verwendet man die Eulerschen Koordinatenangaben; allerdings gibt es Gelegenheiten, wo die Anwendung Lagrangescher Koordinaten einfacher ist.

Die Beziehung (A5.4) ermöglicht es uns, die Kontinuitätsgleichung (A5.2) wie folgt umzuformen:

$$\operatorname{div}\rho\boldsymbol{u} + \frac{d\rho}{dt} = \boldsymbol{u} \cdot \operatorname{grad}\rho.$$

Durch Anwendung der Produktregel auf $\operatorname{div}\rho\boldsymbol{u}$ erhält man

$$\boldsymbol{u} \cdot \operatorname{grad}\rho + \rho\operatorname{div}\boldsymbol{u} + \frac{d\rho}{dt} = \boldsymbol{u} \cdot \operatorname{grad}\rho$$

$$\frac{d\rho}{dt} = -\rho\operatorname{div}\boldsymbol{u}. \tag{A5.6}$$

Wenn es sich um eine inkompressible Flüssigkeit handelt, ist $\rho = \text{const}$ und die Strömung wird durch $\operatorname{div}\boldsymbol{u} = 0$ beschrieben.

A5.3 Die Bewegungsgleichungen
für eine inkompressible reibungsfreie Flüssigkeit

Zur Herleitung der Bewegungsgleichungen betrachten wir die Kräfte, die auf ein Einheitsvolumen der Flüssigkeit wirken. Offenbar gelten die Newtonschen Bewegungsgesetze für die Flüssigkeit in Lagrangeschen Koordinaten. Wenn wir dann Viskositätskräfte vernachlässigen und die Flüssigkeit als inkompressibel annehmen, gilt

$$\rho \, \frac{d\boldsymbol{u}}{dt} = -\operatorname{grad} p - \rho \operatorname{grad} \phi, \qquad (A5.7)$$

wobei p der Druck und ϕ das Gravitationspotential ist. Wir schreiben diese Gleichung nun in Eulerschen Koordinaten, d.h. mit partiellen anstelle der vollständigen Differentiale. Die Analyse verläuft genauso wie in Abschnitt A5.2, aber jetzt betrachten wir die Änderung der Vektorgröße $\boldsymbol{u}$ statt der skalaren Größe ρ. Dies bedeutet nur eine geringfügige Komplikation, da wir die drei Komponenten des Vektors $\boldsymbol{u}$, d.h. (u_x, u_y, u_z), als skalare Funktionen ansehen können, für welche die Beziehung (A.5.3) gilt. Zum Beispiel ist

$$\frac{d}{dt} u_x = \frac{\partial u_x}{\partial t} + \boldsymbol{u} \cdot \operatorname{grad} u_x.$$

Ähnliche Gleichungen gelten für u_y und u_z, und daher erhält man durch vektorielle Addition aller drei Gleichungen:

$$\boldsymbol{i}_x \frac{du_x}{dt} + \boldsymbol{i}_y \frac{du_y}{dt} + \boldsymbol{i}_z \frac{du_z}{dt} = \boldsymbol{i}_x \frac{\partial u_x}{\partial t} + \boldsymbol{i}_y \frac{\partial u_y}{\partial t} + \boldsymbol{i}_z \frac{\partial u_z}{\partial t}$$
$$+ \boldsymbol{i}_x \left(\boldsymbol{u} \cdot \operatorname{grad} u_x \right) + \boldsymbol{i}_y \left(\boldsymbol{u} \cdot \operatorname{grad} u_y \right) + \boldsymbol{i}_z \left(\boldsymbol{u} \cdot \operatorname{grad} u_z \right)$$

$$\frac{d\boldsymbol{u}}{dt} = \frac{\partial \boldsymbol{u}}{\partial t} + (\boldsymbol{u} \cdot \operatorname{grad}) \boldsymbol{u}. \qquad (A5.8)$$

Beachten Sie, daß der Operator $(\boldsymbol{u} \cdot \operatorname{grad})$ bedeutet, daß wir die Operation $[u_x(\partial/\partial x) + u_y(\partial/\partial y) + u_z(\partial/\partial z)]$ an allen drei Komponenten des Vektors $\boldsymbol{u}$ ausführen, um die Größe von $(\boldsymbol{u} \cdot \operatorname{grad})$ in jeder Richtung zu bestimmen. Die Bewegungsgleichung wird daher

$$\frac{\partial \boldsymbol{u}}{\partial t} + (\boldsymbol{u} \cdot \operatorname{grad}) \boldsymbol{u} = -\frac{1}{\rho} \operatorname{grad} p - \operatorname{grad} \phi. \qquad (A5.9)$$

Diese Gleichung zeigt deutlich, woher die Probleme der Strömungsmechanik kommen. Der zweite Term auf der linken Seite bringt eine unangenehme Nichtlinearität in der Geschwindigkeit $\boldsymbol{u}$ ein, und dies führt zu allen möglichen Komplikationen, wenn man versucht, exakte Lösungen bei strömungsdynamischen Problemen zu finden. Man kann dabei rasch zu mathematisch sehr komplizierten Ausdrücken kommen.

Eine interessante Möglichkeit zur Umformung von Gl. (A5.9) besteht in der Einführung eines neuen Vektors $\boldsymbol{\omega}$, der als *Wirbelstärke* der Strömung bezeichnet wird und durch $\boldsymbol{\omega} = \operatorname{rot} \boldsymbol{u} = \nabla \times \boldsymbol{u}$ definiert ist. Es sei dem Leser überlassen, die Gültigkeit der folgenden Beziehung zu zeigen:

$$\boldsymbol{u} \times \boldsymbol{\omega} = \boldsymbol{u} \times (\operatorname{rot} \boldsymbol{u}) = \tfrac{1}{2}\operatorname{grad} \boldsymbol{u}^2 - (\boldsymbol{u} \cdot \operatorname{grad})\,\boldsymbol{u}. \tag{A5.10}$$

Damit erhält man für die Bewegungsgleichung:

$$\frac{\partial \boldsymbol{u}}{\partial t} - (\boldsymbol{u} \times \boldsymbol{\omega}) = -\operatorname{grad}\left(\frac{1}{2}u^2 + \frac{p}{\rho} + \phi\right). \tag{A5.11}$$

Diese Form ist brauchbar für die Ermittlung partikulärer Lösungen einiger strömungsdynamischer Probleme. Wenn wir es z.B. nur mit einer stationären Strömung zu tun haben, dann ist $\partial \boldsymbol{u}/\partial t = 0$ und es gilt

$$\boldsymbol{u} \times \boldsymbol{\omega} = \operatorname{grad}\left(\frac{1}{2}u^2 + \frac{p}{\rho} + \phi\right). \tag{A5.12}$$

Wenn die Strömung wirbelfrei ist, d.h. wenn $\operatorname{rot} \boldsymbol{u} = 0$ gilt und folglich $\boldsymbol{u}$ aus dem Gradienten eines skalaren Potentials abgeleitet werden kann (siehe Anhang A3.4), dann muß die rechte Seite gleich Null sein, so daß man erhält:

$$\frac{1}{2}u^2 + \frac{p}{\rho} + \phi = \text{const}. \tag{A5.13}$$

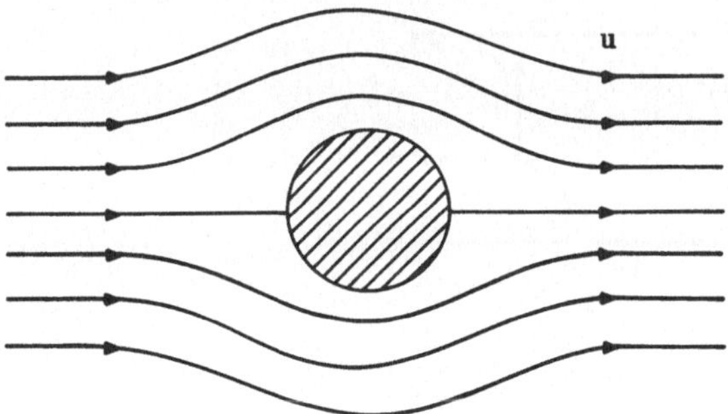

Abb. A5.3. Darstellung der Strömung einer inkompressiblen reibungsfreien Flüssigkeit um eine Kugel mittels Stromlinien

Eine andere Art der Anwendung des Erhaltungssatzes ist die Einführung des Begriffs der *Stromlinien* in der Flüssigkeit, deren Tangente in jedem Augenblick überall parallel zu $\boldsymbol{u}$ ist. Zum Beispiel zeigt Abb. A5.3 die Stromlinien für den Fall der Umströmung einer Vollkugel durch eine inkompressible Flüssigkeit. Wenn wir die Strömung entlang einer Stromlinie verfolgen, dann muß die Größe $\boldsymbol{u} \times \boldsymbol{\omega}$ senkrecht zu $\boldsymbol{u}$ sein, und wenn wir $\operatorname{grad}\left(\frac{1}{2}u^2 + p/\rho + \phi\right)$ in Richtung der Stromlinie bilden, muß daher $\boldsymbol{u} \times \boldsymbol{\omega} = 0$ und wiederum

$$\frac{1}{2}u^2 + \frac{p}{\rho} + \phi = \text{const}$$

sein, solange wir einer bestimmten Stromlinie folgen. Beachten Sie, daß das Ergebnis in jedem Falle richtig ist, selbst wenn $\omega \neq 0$ ist. Wir stellen fest, daß wir den *Satz von Bernoulli* hergeleitet haben.

A5.4 Die Bewegungsgleichung
einer inkompressiblen Flüssigkeit
unter Berücksichtigung von Viskositätskräften

Wir sind beinahe so weit gekommen, wie wir können, ohne den Spannungstensor der Flüssigkeit und die Bewegungsgleichungen in Tensorform aufzuschreiben. Um die Bewegungsgleichungen unter Berücksichtigung von Viskositätskräften richtig herzuleiten, ist die vollständige tensorielle Behandlung erforderlich, und wir werden hier nur so weit gehen, die Form, welche die Gleichungen haben müssen, rational zu erklären. Wir wollen eine stationäre gerichtete Strömung einer inkompressiblen Flüssigkeit in Richtung der positiven x-Achse betrachten und die Viskositätskraft berechnen, die auf ein Flüssigkeitselement vom Volumen $\delta V = dx\,dy\,dz$ wirkt, das die Dicke dx und den Querschnitt $dy\,dz$ besitzt (Abb. A5.4).

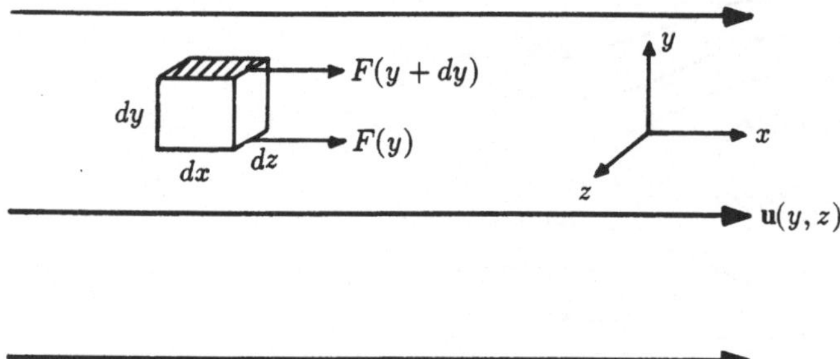

Abb. A5.4. Veranschaulichung der Viskositätskräfte, die auf ein Flüssigkeitselement in einer gerichteten Strömung einwirken

Betrachten wir zuerst die Viskositätskräfte, die an der oberen und der unteren Fläche des Volumens bei y bzw. $y + dy$ angreifen. Die an der unteren Fläche angreifende Viskositätskraft ist $\mu\,dx\,dz\,\partial u_x(y)/\partial y$, wobei μ die Viskosität der Flüssigkeit ist. Die an der oberen Fläche angreifende Kraft ist $\mu\,dx\,dz\,\partial u_x(y + dy)/\partial y$. Die am Flüssigkeitselement angreifende resultierende Kraft ist die Differenz zwischen diesen Kräften. Durch Entwicklung in eine Taylorreihe erhält man

$$\mu\,dx\,dz\,\frac{\partial u_x(y+dy)}{\partial y} = \mu\,dx\,dz\,\left(\frac{\partial u_x(y)}{\partial y} + \frac{\partial^2 u_x(y)}{\partial y^2}\,dy\right).$$

Daher erhält man für die resultierende Kraft auf die obere und die untere Fläche:

$$\mu\,(dx\,dz)\,\frac{\partial^2 u_x}{\partial y^2}\,dy.$$

Die gleiche Rechnung kann für die Kräfte ausgeführt werden, die an den durch $dx\,dy$ definierten Flächen angreifen. Die resultierende Kraft ist dann

$$\mu\,(dx\,dy)\,\frac{\partial^2 u_x}{\partial z^2}\,dz.$$

Die Bewegungsgleichung des Flüssigkeitselements lautet daher

$$\rho\,\delta V\,\frac{du_x}{dt} = \mu\left(\frac{\partial^2 u_x}{\partial y^2} + \frac{\partial^2 u_x}{\partial z^2}\right)\,dx\,dy\,dz$$

oder

$$\rho\,\frac{du_x}{dt} = \mu\left(\frac{\partial^2 u_x}{\partial y^2} + \frac{\partial^2 u_x}{\partial z^2}\right).$$

Da die Strömung einseitig in x-Richtung verläuft, ist $\partial u_x/\partial x = 0$ und folglich

$$\rho\,\frac{du_x}{dt} = \mu\,\nabla^2 u_x.$$

Die vollständige Analyse zeigt, daß die Bewegungsgleichung einer inkompressiblen Flüssigkeit die folgende Form hat:

$$\frac{\partial \boldsymbol{u}}{\partial t} + (\boldsymbol{u}\cdot\mathrm{grad})\,\boldsymbol{u} = -\frac{1}{\rho}\,\mathrm{grad}\,p - \mathrm{grad}\,\phi + \frac{\mu}{\rho}\,\nabla^2\boldsymbol{u}. \tag{A5.14}$$

Diese Gleichung ist als die *Navier-Stokes-Gleichung* bekannt. Wir können sehen, daß die Viskositätskräfte in der Form auftreten, die durch unsere einfache Analyse der stationären gerichteten Strömung nahegelegt wurde. Eine vollständige Behandlung ist z.B. in Batchelors Buch *An Introduction to Fluid Dynamics* [5.6] und in dem Lehrbuch *Fluid Mechanics* von Landau und Lifschitz [5.7] zu finden.

Fallstudie 4

Thermodynamik und Statistische Mechanik

Rudolf Clausius (1822–1888)[2]

James Clark Maxwell (1831–1879)[3]

Ludwig Boltzmann (1844–1902)[4]

[1] Aus *Scientific American*, **245**, 103, 1981

[2] Aus *Introduction to Concepts and Theories in Physical Science*, G. Holton & S.G. Brush, S. 347, Addison-Wesley, 1973

[3] Nach dem Titelblatt von *Clark Maxwell 1831–1931*, Cambridge University Press, 1931

[4] Aus *The Boltzmann Equation. Theory and Application*, Hrsg. E.G.D. Cohen & W. Thirring, Titelblatt, Springer-Verlag, 1973

6 Einfache Thermodynamik

6.1 Der einzigartige Status der Thermodynamik

Die Thermodynamik lehrt, wie sich die Eigenschaften von Materie und Strahlung mit der Temperatur ändern. Der Gegenstand kann im *mikroskopischen Maßstab* betrachtet werden, in welchem Falle wir die Wechselwirkungen zwischen Atomen und Molekülen mit der Änderung der Temperatur untersuchen. In diesem Falle müssen wir für diese physikalischen Erscheinungen ein besonderes Modell konstruieren. Wenn wir jedoch den entgegengesetzten Standpunkt einnehmen und die Erscheinungen nur im *makroskopischen Maßstab* betrachten, dann wird der einzigartige Status des Gebiets, das wir als *klassische Thermodynamik* bezeichnen, offenbar. Bei dieser Auffassung betrachten wir nur das Verhalten von Materie und Strahlung im ganzen und negieren bewußt, daß sie überhaupt irgendeine innere Struktur haben. Mit anderen Worten, die Lehre der klassischen Thermodynamik befaßt sich ausschließlich mit Beziehungen zwischen makroskopischen beobachtbaren Größen.

Nun mag dies alles recht langweilig klingen, ist aber tatsächlich das genaue Gegenteil. Bei vielen physikalischen Problemen kennt man möglicherweise nicht die richtigen mikrophysikalischen Bedingungen, und dennoch kann die thermodynamische Betrachtungsweise Antworten zum makrophysikalischen Verhalten des Systems geben, die von den unbekannten physikalischen Details unabhängig sind. Man kann die Sache auch so ansehen, daß die klassische Thermodynamik die Randbedingungen liefert, denen jedes mikroskopische Modell genügen muß. Die thermodynamischen Schlußfolgerungen haben absolute Gültigkeit unabhängig von dem Modell, das zur Erklärung irgendeiner besonderen Erscheinung eingeführt wurde.

Es ist bemerkenswert, daß diese tiefgründigen Aussagen auf der Grundlage der *beiden Hauptsätze der Thermodynamik* gemacht werden können. Die Hauptsätze selbst zeichnen sich dadurch aus, daß sie nicht mehr als vernünftige Hypothesen sind, die als Ergebnis praktischer Erfahrung formuliert wurden. Sie erweisen sich jedoch als Hypothesen von größter Leistungsfähigkeit. Sie sind auf zahllose Erscheinungen angewendet worden und haben sich immer wieder als richtig erwiesen. Sie wurden auf Materie unter extremen Bedingungen angewendet, wie z.B. auf hochverdichtete Materie in Neutronensternen und in den Frühstadien des heißen Urknallmodells des Universums ($\rho \sim 10^{15}\,\mathrm{g\,cm^{-3}}$) sowie bei ultratiefen Temperaturen in Laborversuchen. Es ist wichtig, zu betonen, daß es keine Möglichkeit gibt, die Hauptsätze der Thermodynamik zu beweisen – sie sind einfach Ausdruck der allgemeinen Erfahrung in bezug auf die thermischen Eigenschaften von Materie und Strahlung.

Ich habe in den obigen Abschnitten den einzigartigen Status der klassischen Thermodynamik hervorgehoben. Wir sollten zwischen diesem 'thermodynamischen' Herangehen an die Probleme der Physik und der Methode der Modellkonstruktion unterscheiden, bei der wir bestrebt sind, das Wesen der Hauptsätze im Sinne mikroskopischer Prozesse zu deuten. Das vorliegende Kapitel wird streng *modellfrei* bleiben, aber im nächsten Kapitel werden wir zwei Modelle untersuchen. Dabei handelt es sich um die von Clausius und Maxwell formulierte *kinetische Gastheorie* und die *statistische Mechanik*, die von Boltzmann entdeckt wurde. Diese Theorien sind in einem Sinne erklärend, der grundsätzlich von der Thermodynamik verschieden ist. Beide sind sehr erfolgreich, und doch bleiben Probleme, die für eine Behandlung durch diese Theorien zu kompliziert sind. Gerade bei diesen hochkomplizierten Problemen kommt die thermodynamische Betrachtungsweise zur Geltung.

Dieses Kapitel verfolgt eine zweifache Absicht. Erstens beleuchtet die Entdeckungsgeschichte der Hauptsätze der Thermodynamik gewisse begriffliche Probleme, mit denen die Pioniere des 19. Jahrhunderts konfrontiert waren. Die Lösung dieser Probleme erleichtert die Klärung der Definitionen von Begriffen wie Wärme, Energie, Arbeit usw. Zweitens finde ich, daß man mit besonderer Sorgfalt genau definieren muß, was man mit den verschiedenen Bezeichnungen meint, wenn man zur Natur des zweiten Hauptsatzes und zum Begriff der Entropie kommt. Der Grund dafür ist, daß wir es bei einem großen Teil der Erörterungen mit dem *idealen* Verhalten vollkommener Maschinen oder Systeme zu tun haben und dies dann dem Geschehen in der in Wirklichkeit unvollkommenen Welt gegenüberstellen. Ich glaube, daß viele der Unsicherheiten, die bei Studenten gegenüber dem zweiten Hauptsatz auftreten, aus einer schlechten Erklärung der Grunddefinitionen resultieren.

6.2 Die Entstehung des ersten Hauptsatzes der Thermodynamik

Im Vorgriff auf die Entwicklung der späteren Abschnitte weisen wir darauf hin, daß der erste Hauptsatz der Thermodynamik eine Aussage über die Erhaltung der Energie ist. Eine einfache Formulierung ist:

Bei Berücksichtigung der Wärme bleibt Energie erhalten.

Der zweite Hauptsatz macht eine Aussage über die Art und Weise, in der sich thermodynamische Systeme entwickeln. Clausius formuliert ihn so:

Es ist kein Prozeß möglich, dessen alleiniges Ergebnis eine Wärmeübertragung von einem kälteren zu einem wärmeren Körper ist.

Für die meisten Studenten ist der erste Hauptsatz der leichtere von beiden, und doch war es historisch der erste Hauptsatz, dessen Aufstellung sich als schwieriger erwies. Die Entwicklung dieser Konzepte wird hervorragend in dem Buch

Energy, Force and Matter. The Conceptual Development of Nineteenth Century Physics von P.M. Harman [6.1] beschrieben. Die Schwierigkeiten mit dem ersten Hauptsatz lassen sich auf das Problem des genauen Verständnisses des Wärmebegriffs zurückführen. Im 18. Jahrhundert war die vorherrschende Theorie, daß Wärme eine Art 'unwägbares Fluid' (Flüssigkeit oder Gas) wäre, d.h. ein masseloses Fluid, das *Kalorikum* oder Wärmestoff genannt wurde. Wenn ein Körper eine höhere Temperatur als ein anderer besitzt und beide in thermischen Kontakt miteinander gebracht werden, sagt man, es fließe Wärmestoff vom wärmeren zum kühleren Körper, bis sie auf der gleichen Temperatur ins Gleichgewicht kommen. Es gab Probleme mit dieser Theorie – wenn zum Beispiel ein warmer Körper in Kontakt mit Eis gebracht wird, fließt der Wärmestoff vom warmen Körper in das Eis, aber obgleich das Eis sich in Wasser umwandelt, bleibt die Temperatur des Eis-Wasser-Gemischs gleich. Es mußte angenommen werden, daß Wärmestoff sich mit Eis zur Bildung von Wasser verbinden konnte. Im 18. Jahrhundert entwickelte sich eine andere Ansicht, wonach Wärme mit den Bewegungen oder Schwingungen der mikroskopischen Teilchen verbunden ist, aus denen die Materie besteht. Diese Theorie, bekannt als *kinetische oder dynamische Theorie*, verband die Wärme mit der kinetischen Energie der Bewegungen der mikroskopischen Bestandteile der Materie.

Die beiden Theorien gerieten am Ende des 18. Jahrhunderts in Konflikt miteinander. Zu den Beweisen gegen die Wärmestofftheorie gehörten die Experimente des Grafen Rumford, der 1798 demonstrierte, daß Wärme durch Reibung erzeugt werden konnte. Dieser Soldat mit der glücklichen Hand veranschaulichte das Phänomen, indem er versuchte, Kanonen mit einem stumpfen Bohrer auszubohren. In diesem Experiment gibt es keine offensichtliche Quelle für den Wärmestoff, der augenscheinlich in unbegrenzten Mengen erzeugt werden kann.

Zu den Beiträgen, die sich für die zukünftige mathematische Entwicklung als höchst wichtig erweisen sollten, gehörte Fouriers Abhandlung *Analytische Theorie der Wärme* [6.2], die 1822 erschien. In dieser Arbeit entwickelte Fourier die mathematische Theorie der Wärmeübertragung in Form von Differentialgleichungen, welche nicht die Konstruktion eines bestimmten physikalischen Modells für die physikalische Natur der Wärme erforderten. Fouriers Methoden waren fest in der französischen Tradition der rationalen Mechanik gegründet und verliehen den *Wirkungen* der Wärme mathematischen Ausdruck, ohne nach ihren Ursachen zu fragen. Dieses Verfahren, physikalische Wirkungen mathematisch zu begründen, war von großem Einfluß auf die zukünftige Generation schottischer Physiker, insbesondere auf William Thomson (später Lord Kelvin), der eine gründliche Ausbildung in der französischen Schule der mathematischen Physik erhielt.

Die Idee von Erhaltungssätzen, angewendet auf das, was wir heute als Energie bezeichnen würden, war für mechanische Systeme in Abhandlungen des 18. Jahrhunderts diskutiert worden, insbesondere in den Arbeiten von Leibniz. Er argumentierte, daß die 'Antriebskraft' oder 'vis viva', die wir heute als die kinetische Energie der Teilchen bezeichnen, in mechanischen Prozessen erhalten bleibt. Bis zu den 1820er Jahren wurde die Beziehung der kinetischen Energie zur aufgewendeten Arbeit geklärt. In den 1840er Jahren gelangten dann mehrere Wissenschaftler unabhängig voneinander zu der richtigen Schlußfolgerung, daß Wärme und Arbeit ineinander umgewandelt werden können. Im Jahre 1842 stellte Mayer die Behauptung auf, daß Wärme und Arbeit austauschbar sind, und leitete aus der adiabatischen Expansion von Gasen einen Wert für das mechanische Wärmeäquivalent ab. Die wichtigsten Beiträge kamen jedoch von Joule, der eine hervorragende Versuchsreihe durchführte, die für die mathematische Ausarbeitung der Gesetze von der Erhaltung der Energie grundlegend war.

James Prescott Joule wurde in einer Familie geboren, die durch die Gründung einer Brauerei durch seinen Großvater wohlhabend geworden war. Joules bahnbrechende Experimente wurden in Laboratorien ausgeführt, die er auf eigene Kosten in seinem Haus oder in der Brauerei einrichtete. Seine natürliche Begabung war die eines akribischen Experimentators, und in der Tat ist der Grund für die Auswahl seines Namens unter den anderen Pionieren des 19. Jahrhunderts, daß er die Thermodynamik auf eine feste experimentelle Grundlage stellte. Der vielleicht wichtigste Aspekt seiner Arbeit war die Fähigkeit, in seinen Experimenten sehr kleine Temperaturänderungen exakt zu messen. Die erste Gruppe von Schlüsselexperimenten betraf die 'Erzeugung von Wärme durch galvanische Elektrizität' [6.3]. In den ersten Versuchen stellte er fest, daß die erzeugte Wärmemenge proportional zu RI^2 ist, wobei R der Widerstand und I die Stromstärke ist. Um 1843 konnte er aus diesen Experimenten einen Wert für das mechanische Wärmeäquivalent ableiten. In einer Nachschrift zu seiner Veröffentlichung finden wir eine Bemerkung, daß er in anderen Versuchen gezeigt hatte, 'daß beim Durchgang von Wasser durch enge Röhren Wärme entwickelt wird'. Dies liefert einen Hinweis auf den Ursprung seiner berühmtesten Experimente, die Schaufelradexperimente, die in einer 1850 erschienenen Arbeit erläutert sind (Abb. 6.1). Die von den Gewichten beim Antrieb des Schaufelrads geleistete Arbeit wird durch die Reibungskraft zwischen dem Wasser und den Schaufeln des Schaufelrades in Wärme umgewandelt. Indem Joule mit der größten Sorgfalt alle Wärmeverluste abschätzte, fand er den Wert des mechanischen Wärmeäquivalents zu $4,13$ Joule cal^{-1} in moderner Schreibweise. Der moderne Wert beträgt $4,187$ Joule cal^{-1}.

Die ersten Ergebnisse der Schaufelradexperimente erregten 1847 bei William Thomson großes Interesse, als er erst 22 Jahre alt war. Thomson erkannte sofort die grundlegende Bedeutung der Jouleschen Experimente und verwendete sie als Grundlage für das Gebiet, das wir heute Thermodynamik nennen, wobei der Name selbst von Thomson erfunden wurde. Diese grundlegenden Ergebnisse wurden im kontinentalen Europa in weiten Kreisen bekannt, und um 1850 formulierten Helmholtz und Clausius das Gesetz, das heute als Satz von der Erhaltung der Energie oder erster Hauptsatz der Thermodynamik bekannt ist. Insbesondere brachte Helmholtz als erster die Erhaltungssätze in mathematische Form unter Einschluß von mechanischen und elektrischen Erscheinungen, Wärme und Arbeit.

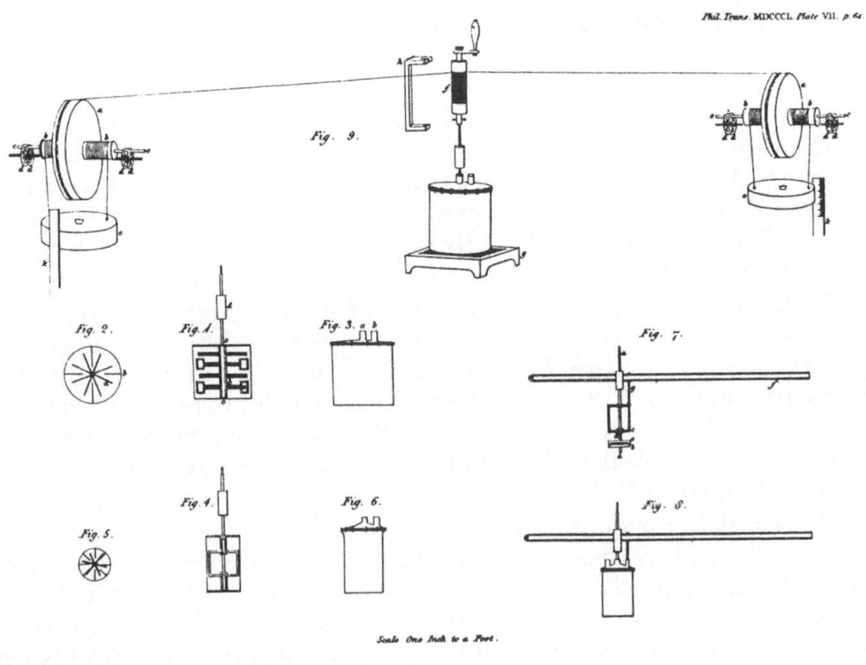

Abb. 6.1. Joules Apparatur für die 'Schaufelradexperimente', die zur Bestimmung des mechanischen Wärmeäquivalents dienten. (Aus J.P. Joule, *Phil. Trans. Roy. Soc.*, 1850, **140**, gegenüber S. 64)

6.3 Der erste Hauptsatz der Thermodynamik

Ich betone, daß ich hier nicht beabsichtige, eine systematische Einführung in dieses umfangreiche Gebiet zu geben. Mir liegt daran, die Grundlagen so klar wie möglich zu beschreiben. Meine Betrachtungsweise der beiden Hauptsätze der Thermodynamik ist stark beeinflußt von Pippards *The Elements of Classical Thermodynamics*.

6.3.1. Der nullte Hauptsatz und die Definition der empirischen Temperatur

In vielen Schlußfolgerungen, die zur Formulierung der Gesetze der Wärmelehre führen, machen wir Aussagen der Art: 'Es ist eine Erfahrungstatsache, daß ...'. Aus diesen Axiomen leiten wir eine mathematische Struktur her.

Ich werde die thermischen Eigenschaften von *Fluida* (Flüssigkeiten oder Gasen) aus dem einfachen Grunde betrachten, weil bei einer Formänderung des Behälters ohne Volumenänderung keine Arbeit geleistet wird. Wir vergegenwärtigen uns außerdem, daß wir in diesem Stadium keinerlei Definition der Temperatur besitzen. Wir machen nun unsere erste Grundsatzaussage:

'Es ist eine Erfahrungstatsache, daß die Eigenschaften eines Fluids durch nur zwei Eigenschaften vollständig bestimmt sind: den Druck p und das Behältervolumen V.' Damit wird vorausgesetzt, daß wir das Fluid keinen anderen Einflüssen aussetzen, es beispielsweise nicht in ein elektrisches oder Magnetfeld bringen. Wenn das System durch die zwei Eigenschaften vollständig bestimmt ist, wird es als System mit zwei unabhängigen Variablen bezeichnet. Die meisten Systeme, mit denen wir zu tun haben, gehören zu dieser Klasse, aber der Formalismus läßt sich relativ einfach auch für Systeme mit mehreren unabhängigen Variablen entwickeln.

Beachten Sie genau, was diese Aussage bedeutet. Angenommen, wir unterwerfen eine Fluidmenge einer Folge von Prozessen, so daß sie am Ende den Druck p_1 und das Volumen V_1 besitzt. Nehmen wir dann an, wir unterwerfen eine weitere Flüssigkeitsmenge einer völlig anderen Folge von Operationen, wonach sie gleichfalls die Koordinaten p_1 und V_1 besitzt. Dann bedeutet die obige Aussage, daß diese beiden Fluida in ihren physikalischen Eigenschaften völlig ununterscheidbar sind!

Wir wollen zwei isolierte Systeme betrachten, die aus Fluida mit den Koordinaten p_1, V_1 und p_2, V_2 bestehen. Wir bringen sie nun in Wärmekontakt. Wenn wir sie eine sehr lange Zeit sich selbst überlassen, werden sie ihre Eigenschaften so verändern, daß sie einen Zustand des *thermodynamischen Gleichgewichts* erreichen. Damit meinen wir, daß wir alle Komponenten, aus denen das System besteht, miteinander thermisch wechselwirken lassen, bis nach einer sehr langen Zeit keine weiteren Änderungen in den makroskopischen Eigenschaften des Systems feststellbar sind. Bis zum Erreichen dieses Zustands wird im allgemeinen Wärme ausgetauscht und Arbeit geleistet. Schließlich erreichen die beiden Fluida ein thermodynamisches Gleichgewicht, so daß ihre thermodynamischen Koordinaten p_1, V_1 und p_2, V_2 sind. Nun ist klar, daß diese vier Werte nicht beliebig sein können. Es ist eine Erfahrungstatsache, daß man für zwei Fluida mit willkürlichen Werten für p_1, V_1 und p_2, V_2 nicht erwarten kann, daß sie sich im thermodynamischen Gleichgewicht befinden. Es muß daher irgendeine mathematische Beziehung zwischen den vier Größen geben, und wir können schreiben:

$$F(p_1, V_1, p_2, V_2) = 0.$$

Diese Beziehung bestimmt den Wert der vierten Größe, wenn die anderen drei fest vorgegeben sind.

Bisher haben wir den Gebrauch des Wortes *Temperatur* vermieden. Wir wollen eine geeignete Definition finden, indem wir uns eine weitere allgemeine Erfahrungstatsache zunutze machen, die so wesentlich für das Gebiet ist, daß sie als ein Gesetz in die Thermodynamik aufgenommen wird – den nullten Hauptsatz. Die formale Aussage lautet:

Wenn zwei Systeme 1 und 2 getrennt voneinander mit einem dritten System 3 im thermischen Gleichgewicht sind, dann müssen sie auch miteinander im thermischen Gleichgewicht sein.

Wir können dies mathematisch formulieren und uns die Schlußfolgerungen ansehen:

Aus dem Gleichgewicht zwischen System 1 und System 3 folgt

$$F(p_1, V_1, p_3, V_3) = 0$$

oder, wenn wir den Druck p_3 durch die anderen Variablen ausdrücken:

$$p_3 = f(p_1, V_1, V_3).$$

Ebenso folgt aus dem Gleichgewicht zwischen System 2 und System 3 die Beziehung

$$p_3 = g(p_2, V_2, V_3),$$

so daß gilt:

$$f(p_1, V_1, V_3) = g(p_2, V_2, V_3). \tag{6.1}$$

Der nullte Hauptsatz besagt aber, daß 1 und 2 ebenfalls im Gleichgewicht sein müssen, und folglich muß eine Funktion existieren, die der Bedingung

$$H(p_1, V_1, p_2, V_2) = 0. \tag{6.2}$$

genügt.

Die Beziehung (6.2) bedeutet, daß sich in Gl. (6.1) die Abhängigkeit von V_3 auf beiden Seiten wegheben muß, z.B. in der Form $f(p_1, V_1, V_3) = \phi_1(p_1, V_1)\zeta(V_3) + \eta(V_3)$. Wenn wir daher den Term V_3 streichen, erhalten wir:

$$\phi_1(p_1, V_1) = \phi_2(p_2, V_2) = \phi_3(p_3, V_3) = \theta = \text{const} \tag{6.3}$$

im thermodynamischen Gleichgewicht. Dies ist die logische Folge des nullten Hauptsatzes – es existiert eine Funktion von p und V, die für alle Systeme, die sich miteinander im thermischen Gleichgewicht befinden, einen konstanten Wert annimmt. Verschiedene Gleichgewichtszustände werden durch verschiedene Konstanten gekennzeichnet. Diese Konstante, die das Gleichgewicht charakterisiert, ist folglich eine sogenannte *Zustandsfunktion*, d.h. eine Größe, die für einen bestimmten Gleichgewichtszustand einen eindeutigen Wert annimmt. Sie wird als *empirische Temperatur θ* bezeichnet. Wir definieren auch eine *Zustandsgleichung*, die p und V in Beziehung zur empirischen Temperatur setzt:

$$\phi(p, V) = \theta. \tag{6.4}$$

Wir können nun aus dem Experiment alle Kombinationen von p und V ermitteln, die einem vorgegebenen Wert der empirischen Temperatur θ entsprechen. Wir haben drei Größen p, V und θ, die den Gleichgewichtszustand definieren, und je zwei davon sind für seine vollständige Definition ausreichend. Linien konstanter Temperatur θ werden *Isothermen* genannt.

In diesem Stadium sieht die empirische Temperatur keiner Größe ähnlich, die wir herkömmlicherweise als Temperatur bezeichnen, und in der Tat könnten wir uns furchtbar komplizierte Temperaturskalen ausdenken. Um das Ganze auf eine feste experimentelle Grundlage zu stellen, müssen wir eine *Thermome-terskala* festlegen. Sobald wir diese Skala für ein System fixiert haben, ist sie aufgrund der Tatsache, daß alle Systeme im thermodynamischen Gleichgewicht den gleichen Wert der empirischen Temperatur haben, für alle anderen fixiert.

Das Gebiet der Thermometerskalen ist sehr ausgedehnt. Wir geben nur das *Gasthermometer konstanten Volumens* nach Jolly an, das in Abb. 6.2 darge-stellt ist. Obwohl sperrig und unhandlich, ist das Gasthermometer nach Jolly von besonderer Bedeutung, da empirisch festgestellt wurde, daß alle Gase bei niedrigen Drücken die gleiche Druckänderung mit dem Volumen aufweisen, d.h. sie ergeben bei hinreichend niedrigen Drücken die gleiche Temperatur. Außerdem kommen diese Gase unserer Definition der *idealen oder vollkomme-nen Gase* sehr nahe, und wir können dann noch weitergehen und die Druck- und Volumenwerte dieser Gase in Beziehung zur thermodynamischen Tempera-tur T setzen. Die Beziehung zwischen diesen Größen ist die *Zustandsgleichung der idealen Gase*:

$$pV = RT, \tag{6.5}$$

wobei R die universelle Gaskonstante für 1 Mol Gas ist. Wir werden in Ab-schnitt 6.5.2 zeigen, daß es sich hier nicht um eine empirisch definierte Tempera-tur handelt, sondern um eine Temperatur, die in Zusammenhang mit thermody-namischen Grundprinzipien gebracht werden kann. So können wir im Grenzfall niedriger Drücke Gasthermometer zur direkten Messung *thermodynamischer Temperaturen* einsetzen. Symbolisch können wir schreiben:

$$T = \lim_{p \to 0}(pV)/R. \tag{6.6}$$

Beachten Sie, daß p und V im allgemeinen weit kompliziertere Funktionen von T sind, besonders bei hohen Drücken und in der Nähe von Phasenübergängen.

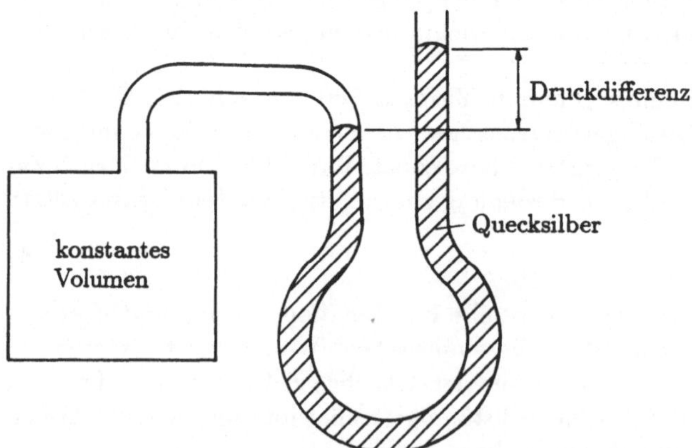

Abb. 6.2. Darstellung des Prinzips des Gasthermometers nach Jolly

6.3.2 Der mathematische Ausdruck
für den ersten Hauptsatz der Thermodynamik

Wir haben den Satz schon in der einfachen Formulierung 'Bei Berücksichtigung
der Wärme bleibt Energie erhalten' angegeben. Um dem Gesetz quantitativen
Gehalt zu geben, müssen wir klar definieren, was wir mit Wärme, Energie
und Arbeit meinen. Die letzten beiden Größen sind einfach zu verstehen. Die
grundsätzliche Definition ist, daß die geleistete Arbeit durch

$$W = \int_{r_1}^{r_2} \boldsymbol{F} \cdot d\boldsymbol{r} \tag{6.7}$$

gegeben ist. Wenn wir an einem Körper einen gewissen Arbeitsbetrag leisten,
erhöhen wir seine *Energie.* Wir wollen einige Arten angeben, auf die wir Arbeit
an einem System leisten können.

Bei der Kompression eines Fluids geleistete Arbeit. Wenn wir an einem
Fluid Arbeit leisten, betrachten wir die geleistete Arbeit als eine positive Größe.
Da das Volumen abnimmt, wenn wir mechanische Arbeit an dem Fluid leisten,
ist daher der Betrag der (positiven) geleisteten Arbeit gleich

$$dW = - \int p \, dV.$$

Wenn das Fluid durch Expansion Arbeit leistet, ist die an der Umgebung geleistete Arbeit positiv und die am System geleistete Arbeit negativ, d.h. das
Vorzeichen des Volumenzuwachses ist wichtig.

Beim Strecken eines Drahtes um $d\boldsymbol{l}$ geleistete Arbeit: $dW = \boldsymbol{F} \cdot d\boldsymbol{l}$.
Durch ein elektrisches Feld an einer Ladung q geleistete Arbeit: $dW = q\boldsymbol{E} \cdot d\boldsymbol{r}$.
Bei der Oberflächenvergrößerung dA gegen die Oberflächenspannung geleistete
Arbeit: $dW = \gamma \, dA$, wobei γ die Oberflächenspannung ist.
Durch ein Kräftepaar mit dem Drehmoment C geleistete Arbeit: $dW = C \, d\theta$.
Durch ein elektrisches Feld an einem Dielektrikum geleistete Arbeit: $dW =$
$\boldsymbol{E} \cdot d\boldsymbol{p}$, wobei $\boldsymbol{p}$ das Gesamtdipolmoment ist.
Durch ein Magnetfeld geleistete Arbeit: $dW = \boldsymbol{B} \cdot d\boldsymbol{m}$, wobei $\boldsymbol{m}$ das magnetische
Dipolmoment ist.

Wir sehen, daß die Arbeit im allgemeinen das Produkt aus einer verallgemei-
nerten Kraft $\boldsymbol{X}$ und einer verallgemeinerten Verschiebung $d\boldsymbol{x}$ ist: $dW = \boldsymbol{X} \cdot d\boldsymbol{x}$.
Wir stellen fest, daß die geleistete Arbeit stets das Produkt ist aus einer *in-*
tensiven Variablen $\boldsymbol{X}$, womit wir eine in einem bestimmten Punkt des Fluids
definierte Eigenschaft meinen, und einer *extensiven Variablen* $d\boldsymbol{x}$, die etwas
über die 'Ausdehnung' des Systems aussagt. Wir wollen nun ein isoliertes System ohne thermische Wechselwirkung mit der Umgebung betrachten. Es ist
eine Erfahrungstatsache, daß das System, wenn wir in irgendeiner Weise Arbeit
daran leisten, in einen neuen Gleichgewichtszustand gelangt und daß es dabei
keine Rolle spielt, wie wir die Arbeit leisten. Zum Beispiel können wir ein Gas
komprimieren oder es mit einem Schaufelrad durchwirbeln oder eine gewisse
Zeit lang einen elektrischen Strom hindurchschicken. Joules großer Beitrag zur

Thermodynamik bestand darin, experimentell präzise zu demonstrieren, daß diese Äquivalenz wirklich mit der Praxis übereinstimmt. Im Ergebnis führen wir dem System Energie zu. Wir sagen, daß sich aufgrund der am System geleisteten Arbeit seine innere Energie U erhöht. Da es keine Rolle spielt, wie die Arbeit geleistet wird, muß U eine *Zustandsfunktion* des Systems sein. Für das isolierte System gilt

$$W = U_2 - U_1 \quad \text{oder} \quad W = \Delta U. \tag{6.8}$$

Angenommen, das System sei nicht isoliert, sondern stehe in thermodynamischer Wechselwirkung mit der Umgebung. Dann wird das System einen neuen inneren Energiezustand erreichen, der nicht ausschließlich auf Arbeit zurückzuführen ist. Wir definieren dann die zugeführte Wärme durch den Überschuß

$$Q = \Delta U - W. \tag{6.9}$$

Dies ist unsere Definition der *Wärme*. Dieses Vorgehen mag recht umständlich aussehen, hat aber den großen Wert der logischen Widerspruchsfreiheit. Dabei umgeht man das Problem der genauen Beschreibung, was Wärme ist, das den Schwierigkeiten zugrunde lag, die bis in die 1840er Jahre bei der Einbeziehung der Wärme in die Erhaltungssätze auftraten.

Für das Weitere ist es zweckmäßig, die obige Beziehung in differentieller Form zu schreiben:

$$dQ = dU - dW. \tag{6.10}$$

Es ist außerdem nützlich, zwischen den Differentialen, die sich auf Zustandsfunktionen beziehen, und denen, die sich nicht auf Zustandsfunktionen beziehen, zu unterscheiden. Offenbar ist dU das Differential einer Zustandsfunktion, wie auch dp, dV und dT, jedoch nicht dQ und dW, da wir von U_1 nach U_2 gelangen können, indem wir verschiedene Beträge von dQ und dW addieren. Wir schreiben diese Differentiale $đQ$, $đW$. Somit ist

$$đQ = dU - đW. \tag{6.11}$$

Die Beziehung (6.11) ist der formale mathematische Ausdruck für den *ersten Hauptsatz der Thermodynamik*. Wir können jetzt den Erhaltungssatz auf alle möglichen verschiedenen Probleme anwenden. Wir werden im nächsten Unterabschnitt einige davon kurz betrachten.

6.3.3 Einige Anwendungen des ersten Hauptsatzes der Thermodynamik

(i) Spezifische Wärmen. U ist eine Zustandsfunktion, und wir wissen, daß wir die Eigenschaften eines Gases vollständig durch zwei andere Zustandsfunktionen beschreiben können. Wir wollen daher U durch T und V ausdrücken: $U = U(T, V)$. Dann ist das totale Differential von U:

$$dU = \left(\frac{\partial U}{\partial T}\right)_V dT + \left(\frac{\partial U}{\partial V}\right)_T dV. \tag{6.12}$$

Daraus folgt

$$\dot{q}Q = \left(\frac{\partial U}{\partial T}\right)_V dT + \left[\left(\frac{\partial U}{\partial V}\right)_T + p\right] dV. \tag{6.13}$$

Wir können jetzt den Begriff der *Wärmekapazität C* einführen. Bei konstantem Volumen gilt

$$C_V = \left(\frac{\dot{q}Q}{dT}\right)_V = \left(\frac{dU}{dT}\right)_V.$$

Bei konstantem Druck ist

$$C_P = \left(\frac{\dot{q}Q}{dT}\right)_p = \left(\frac{\partial U}{\partial T}\right)_V + \left[\left(\frac{\partial U}{\partial V}\right)_T + p\right]\left(\frac{\partial V}{\partial T}\right)_p. \tag{6.14}$$

Diese Ausdrücke sagen etwas darüber aus, um wieviel – bei vorgegebener Wärmezufuhr – die Temperatur ansteigt. Beachten Sie, daß diese Wärmekapazitäten sich nicht auf ein bestimmtes Volumen oder eine bestimmte Masse beziehen. Verabredungsgemäß verwendet man *spezifische Wärmekapazitäten* oder *spezifische Wärmen*, wobei das Wort spezifisch seine gewöhnliche Bedeutung 'pro Masseneinheit' hat. Herkömmlicherweise werden spezifische Größen in Kleinbuchstaben geschrieben, also:

$$c_V = C_V/m; \qquad c_p = C_p/m. \tag{6.15}$$

Durch Subtraktion erhalten wir

$$C_p - C_V = \left[\left(\frac{\partial U}{\partial V}\right)_T + p\right]\left(\frac{dV}{dT}\right)_p. \tag{6.16}$$

Diese Gleichung läßt sich einfach deuten. Der zweite Term auf der rechten Seite gibt offenbar an, wieviel Arbeit geleistet werden muß, um das umgebende Medium bei konstantem p zurückzudrängen. Der erste Term hat zweifellos mit den inneren Eigenschaften des Gases zu tun, da er angibt, wie die innere Energie sich mit dem Volumen ändert. Offensichtlich muß er mit der Arbeit verbunden sein, die gegen die intermolekularen Kräfte im Gas geleistet wird. So liefert uns $C_p - C_V$ Informationen über $(dU/dV)_T$.

(ii) Die Joulesche Expansion. Eine Möglichkeit, die Beziehung zwischen C_p und C_V herauszufinden, besteht darin, die sogenannte *Joulesche Expansion* auszuführen, d.h. eine freie Expansion des Gases in ein größeres Volumen (Abb. 6.3). Bei der freien Expansion erfolgt kein Wärmezufluß und es wird keine Arbeit der Form $p\,dV$ geleistet, d.h. alle Wände sind fest. Wenn daher $(dU/dV)_T = 0$ ist, dürfte sich U nicht ändern. Auf diese Art können wir klassisch ein *ideales Gas* definieren. Es wird durch die folgenden beiden Eigenschaften definiert:

(a) Seine Zustandsgleichung ist die des idealen Gases, $pV = RT$.
(b) Bei einer Jouleschen Expansion erfolgt keine Änderung der inneren Energie U.

So finden wir für ein ideales Gas eine einfache Beziehung zwischen C_p und C_V. Wir werden nur 1 Mol Gas betrachten. Aus (b) folgt

$$\left(\frac{dU}{dV}\right)_T = 0.$$

Aus (a) erhält man

$$\left(\frac{\partial V}{\partial T}\right)_p = \left(\frac{\partial}{\partial T}\left(\frac{RT}{p}\right)\right)_p = \frac{R}{p}$$

$$C_p - C_V = [0 + p]\frac{R}{p}$$

$$C_p - C_V = R. \tag{6.17}$$

Abb. 6.3. Darstellung einer Jouleschen Expansion

Die Bedeutung dieses Ergebnisses liegt darin, daß die innere Energie eines idealen Gases eine Funktion von der Temperatur allein ist und daher als Funktion der nur *zwei* Variablen ausgedrückt werden kann, die wir zur Beschreibung des Systems benötigen: p und V. Die Joulesche Expansion des idealen Gases zeigt, daß die innere Energie vom Volumen unabhängig ist. Sie muß auch vom Druck unabhängig sein, da dieser sicherlich bei einer Jouleschen Expansion abnimmt. Dies beweist, daß die innere Energie für ein ideales Gas nur von der Temperatur abhängt. Bei realen Gasen tritt natürlich in Wirklichkeit eine Änderung von U mit dem Volumen auf – die physikalische Ursache dafür ist, daß Arbeit gegen die intermolekularen Kräfte geleistet wird, z.B. die van der Waalsschen Kräfte. Außerdem tritt bei sehr hohen Drücken eine effektive Abstoßungskraft auf, da die Moleküle nicht über ein gewisses Maß zusammengedrückt werden können – die 'hard-core'-Abstoßung. Der Joulesche Koeffizient ist durch $(\partial T/\partial V)_U$ definiert, d.h. durch die Änderung von T mit zunehmendem Volumen bei konstantem U, und wir können dies zu den anderen Eigenschaften des Gases in Beziehung setzen.

(iii) Die Enthalpie und die Joule-Thomsonsche Expansion. Wir wollen nun wieder die Wärmekapazitäten betrachten. Sie werden feststellen, daß die Wärmekapazität bei konstantem Volumen das Differential einer Zustandsfunktion ist, und wir können fragen, ob es eine Zustandsfunktion gibt, die C_p entspricht. Beginnen wir noch einmal und schreiben $U = U(p, T)$ anstelle von $U = U(V, T)$. Erinnern wir uns daran, daß wir im allgemeinen Falle stets zwei Koordinaten zur Beschreibung des Gaszustands benötigen:

$$dU = \left(\frac{\partial U}{\partial p}\right)_T dp + \left(\frac{\partial U}{\partial T}\right)_p dT. \qquad (6.18)$$

Nun verfahren wir wie zuvor:

$$\mathit{d}Q = dU + p\,dV$$

$$= \left(\frac{\partial U}{\partial p}\right)_T dp + p\,dV + \left(\frac{\partial U}{\partial T}\right)_p dT$$

$$\left(\frac{\mathit{d}Q}{dT}\right)_p = p\left(\frac{\partial V}{\partial T}\right)_p + \left(\frac{\partial U}{\partial T}\right)_p \qquad (6.19)$$

$$= \left[\frac{\partial}{\partial T}(pV + U)\right]_p.$$

Die Kombination $pV + U$ setzt sich aber ausschließlich aus Zustandsfunktionen zusammen und muß daher ebenfalls eine Zustandsfunktion sein. Diese Größe ist als die *Enthalpie* H bekannt. Folglich gilt:

$$H = U + pV$$

$$C_p = \left(\frac{\mathit{d}Q}{dT}\right)_p = \left(\frac{\partial H}{\partial T}\right)_p = \left[\frac{\partial}{\partial T}(U + pV)\right]_p. \qquad (6.20)$$

Die Enthalpie tritt häufig in Strömungsprozessen auf, und besonders in einem weiteren Typ des Expansionsprozesses, der als Joule-Thomsonsche Expansion bekannt ist. In diesem Fall wird Gas aus einem Zylinder in den anderen überführt, wobei die Drücke in den beiden Zylindern auf den Werten p_1 bzw. p_2 konstant gehalten werden. Angenommen, wir drücken eine vorgegebene Anzahl von Gasmolekülen durch eine Düse oder einen porösen Stopfen. Das Gas hat vorher die innere Energie U, das Volumen V_1 und den Druck p_1 und danach auf der anderen Seite den Druck p_2, das Volumen V_2 und die Temperatur T_2. Das System ist thermisch völlig isoliert und wir können daher den Energieerhaltungssatz auf das Gas anwenden. Die Energie besteht aus der inneren Energie U_1 zuzüglich der Arbeit p_1V_1, die auf der einen Seite am Gas geleistet wird, und diese muß gleich der Summe aus der inneren Energie und der Arbeit p_2V_2 sein, die vom Gas auf der anderen Seite geleistet wird:

$$p_1V_1 + U_1 - p_2V_2 + U_2$$

oder

$$H_1 = H_2. \qquad (6.21)$$

Wenn wir es nun wieder mit einem idealen Gas zu tun haben, muß $H = pV + U = RT + U(T)$ gelten. $U(T) + RT$ ist aber eine eindeutige Funktion der Temperatur, und folglich muß T in beiden Volumina gleich sein. Für ein ideales Gas tritt daher bei einer Joule-Thomsonschen Expansion keine Temperaturänderung auf. Bei realen Gasen gibt es jedoch wieder eine Temperaturänderung, eben wegen der inneren Kräfte zwischen den Molekülen. Je nach

Druck und Temperatur kann die Temperaturänderung positiv oder negativ sein. Der Joule-Thomsonsche Koeffizient ist durch $(\partial T/\partial p)_H$ definiert.

Wir sind jetzt der Herleitung einer allgemeineren Strömungsgleichung sehr nahe gekommen, in der wir andere Beiträge zur Strömung berücksichtigen, z.B. die kinetische Energie des Gases und seine potentielle Energie in einem Gravitationsfeld. Betrachten wir die Strömung durch eine 'Black box' und nehmen auch diese anderen Energien hinzu (Abb. 6.4).

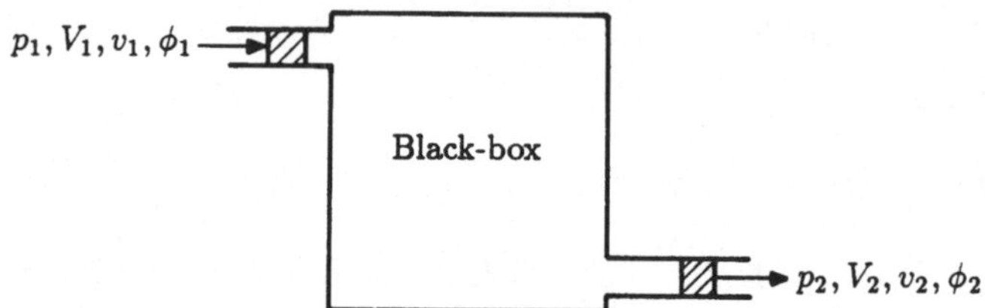

Abb. 6.4. Veranschaulichung der Erhaltung der Energie bei einer Strömung in Gegenwart eines Gravitationsfeldes

Wir betrachten nur die stationäre Strömung einer vorgegebenen Gas- oder Flüssigkeitsmenge beim Eintritt in die und Austritt aus der Black box. Die Energieerhaltungsgleichung lautet dann:

$$H_1 + \tfrac{1}{2}mv_1^2 + m\phi_1 = H_2 + \tfrac{1}{2}mv_2^2 + m\phi_2$$

$$p_1 V_1 + U_1 + \tfrac{1}{2}mv_1^2 + m\phi_1 = p_2 V_2 + U_2 + \tfrac{1}{2}mv_2^2 + m\phi_2, \tag{6.22}$$

oder

$$\frac{p}{m/V} + \frac{U}{m} + \frac{1}{2}v^2 + \phi = \text{const}$$

$$\frac{p}{\rho} + u + \frac{1}{2}v^2 + \phi = \text{const.} \tag{6.23}$$

Damit gelangen wir zu den Strömungsgleichungen. Insbesondere ist für eine inkompressible Flüssigkeit $U = \text{const}$ und wir erhalten die Bernoullische Gleichung,

$$\frac{p}{\rho} + \frac{1}{2}v^2 + \phi = \text{const}, \tag{6.24}$$

die wir strömungsmechanisch in Anhang A5.3 hergeleitet haben. Beachten Sie auch unsere Annahme, daß alle in der Bernoullischen Gleichung auftretenden zusätzlichen Terme fehlen, wenn wir die einfache Joule-Thomson-Expansion betrachten. Die vollständige Bernoullische Gleichung deutet darauf hin, daß wir voraussetzen müssen, daß die Joule-Thomson-Expansion sehr langsam abläuft, so daß die kinetischen Energieterme vernachlässigt werden können.

(iv) Adiabatische Expansion. Bei einer adiabatischen Expansion ändert sich das Volumen des Gases ohne jeden thermischen Kontakt zwischen dem System

und seiner Umgebung. Klassisch wird die Expansion bzw. Kompression des
Gases innerhalb eines vollkommen isolierten Zylinders mit beweglichem Kolben
dargestellt (Abb. 6.5). Ein wichtiger Punkt bei Expansionen dieser Art ist,
daß sie sehr langsam ablaufen, so daß das System zwischen den Anfangs- und
Endkoordinaten eine unendliche Zahl von Gleichgewichtszuständen durchläuft.
Wir werden in unserer Diskussion reversibler Prozesse in Abschnitt 6.5.1 auf
dieses Schlüsselkonzept zurückkommen. Wir können daher schreiben:

$$\mathit{d}Q = dU + p\,dV = 0. \tag{6.25}$$

Wir betrachten n Gasmole, und wenn wir $C_V = (\partial U/\partial T)_V$ auf 1 Gasmol
beziehen, gilt daher $dU = nC_V\,dT$. Während der Expansion durchläuft das Gas
eine unendliche Folge von Gleichgewichtszuständen, für welche die Gültigkeit
des idealen Gasgesetzes $pV = nRT$ angenommen wird, und damit folgt aus Gl.
(6.25):

$$nC_V\,dT + \frac{nRT}{V}\,dV = 0 \tag{6.26}$$

$$\frac{C_V}{R}\frac{dT}{T} = -\frac{dV}{V}.$$

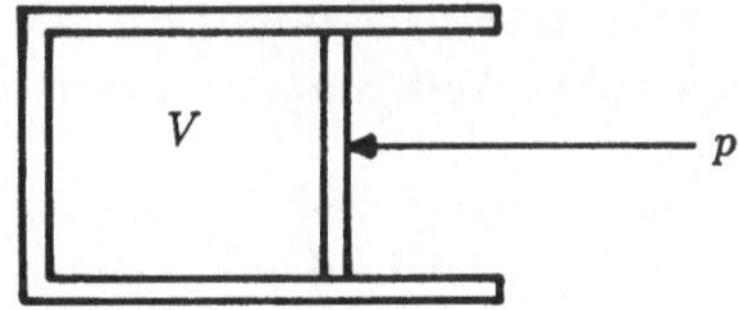

Abb. 6.5.

Durch Integration erhalten wir

$$\frac{V_2}{V_1} = \left(\frac{T_2}{T_1}\right)^{-C_V/R} \qquad \text{oder} \qquad VT^{C_V/R} = \text{const.} \tag{6.27}$$

Da in allen Stadien der Expansion $pV = nRT$ gilt, kann dieses Ergebnis auch
in der Form

$$pV^\gamma = \text{const}$$

mit

$$\gamma = 1 + \frac{R}{C_V}$$

geschrieben werden. Wir haben schon gezeigt, daß für ein Gasmol $C_V + R = C_p$
gilt, woraus folgt:

$$1 + \frac{R}{C_V} = \frac{C_p}{C_V} = \gamma. \tag{6.28}$$

Dabei ist γ das Verhältnis der spezifischen Wärmen oder der Adiabatenexponent. Für ein einatomiges Gas ist $C_V = \frac{3}{2}R$ und folglich $\gamma = \frac{5}{3}$.

Isotherme Expansion. In diesem Falle muß ein Wärmeaustausch mit der Umgebung erfolgen, so daß das Gas im Zylinder auf der gleichen Temperatur bleibt: $T = \text{const}$. Bei der Expansion wird beim Zurückstoßen des Kolbens Arbeit geleistet, und diese muß durch entsprechende Wärmezufuhr ausgeglichen werden, d.h. für die geleistete Arbeit gilt:

$$\int_{V_1}^{V_2} p\, dV = \int_{V_1}^{V_2} \frac{RT}{V}\, dV = RT \ln\left(\frac{V_2}{V_1}\right). \tag{6.29}$$

Dies ist die Wärmemenge, die zur Aufrechterhaltung einer isothermen Expansion aus der Umgebung zugeführt werden muß. Dieses Ergebnis wird wichtige Anwendungen beim Verständnis der Wärmekraftmaschinen finden.

(vi) Verschiedene Expansionsarten. Wir sollten die vier verschiedenen Expansionsarten, die wir in diesem Abschnitt beschrieben haben, sorgfältig zur Kenntnis nehmen.

Isotherme Expansion, $\Delta T = 0$. Es muß Wärme zugeführt oder aus dem System entnommen werden, um $\Delta T = 0$ aufrechtzuerhalten (siehe Punkt (v)).

Adiabatische Expansion, $\Delta Q = 0$. Es findet kein Wärmeaustausch mit der Umgebung statt (siehe Punkt (iv)).

Joulesche Expansion, $\Delta U = 0$. *Bei einem idealen Gas* erfolgt die freie Expansion in ein größeres Volumen mit festen Wänden ohne Änderung der inneren Energie (Punkt (ii)).

Joule-Thomsonsche Expansion, $\Delta H = 0$. Beim Übergang von Gas aus einem Volumen ins andere bleibt, wenn dabei die Drücke in den beiden Behältern auf p_1 bzw. p_2 gehalten werden, für ein ideales Gas die Enthalpie erhalten (Punkt (iii)).

Das Wesentliche bei allen diesen verschiedenen Anwendungen ist einfach die Erhaltung der Energie unter Berücksichtigung der Wärme, d.h. es handelt sich um nichts anderes als einfache Anwendungen des ersten Hauptsatzes der Thermodynamik.

6.4 Die Entstehung
des zweiten Hauptsatzes der Thermodynamik

Die Entstehung des zweiten Hauptsatzes der Thermodynamik ist historisch mit dem Namen Sadi Carnots verbunden. Er war der älteste Sohn von Lazare Carnot, Mitglied des Direktoriums nach der Französischen Revolution und später, während der Hundert Tage im Jahre 1815, Napoleons Innenminister. Nach 1807 kümmerte Lazare Carnot sich sehr tatkräftig um die Ausbildung seiner Söhne. Sadi Carnot erhielt seine Ausbildung an der École Polytechnique, wo Poisson, Gay-Lussac und Ampère zu seinen Lehrern gehörten. Nach einer Dienstzeit als Militäringenieur konnte er sich ab 1819 ganz seinen Forschungen widmen.

Seine große Arbeit *Réflexions sur la Puissance Motrice du Feu et sur les Machines Propres à Developper cette Puissance* erschien 1824; sie wird gewöhnlich als *Betrachtungen über die Antriebskraft des Feuers* übersetzt. Die Abhandlung betraf die Frage nach dem maximalen Wirkungsgrad von Wärmekraftmaschinen. In seiner Auffassung wurde Carnot stark von der Arbeit seines Vaters über Dampfmaschinen beeinflußt. Die Abhandlung ist jedoch von viel größerer Allgemeinheit und stellt eine intellektuelle Leistung von höchster Originalität dar.

Die meisten früheren Arbeiten über den maximalen Wirkungsgrad von Dampfmaschinen beinhalteten empirische Untersuchungen, wie z.B. den Vergleich der Brennstoffzufuhr mit der abgegebenen Arbeit, oder theoretische Untersuchungen auf der Grundlage spezieller Modelle für das Verhalten der Gase in Wärmekraftmaschinen. Carnots Ziele waren fraglos im Grunde praktischer Art, aber seine grundsätzlichen Erkenntnisse waren völlig neuartig. Meiner Ansicht nach ist der damit verbundene schöpferische Sprung der eines Genies.

In seinem Streben, eine ganz allgemeine Theorie der Wärmekraftmaschinen herzuleiten, ließ sich Carnot bei der Untersuchung von Dampfmaschinen von der Grundvoraussetzung seines Vaters, der Unmöglichkeit des Perpetuum mobile, leiten. In den *Réflexions* übernahm er die Wärmestofftheorie der Wärme und nahm an, daß beim zyklischen Betrieb von Wärmekraftmaschinen der Wärmestoff erhalten bleibt. Er postulierte, daß der Übergang des Wärmestoffs vom wärmeren zum kälteren Körper die Quelle der von einer Wärmekraftmaschine geleisteten Arbeit sei. Der Fluß des Wärmestoffs wurde als analog zur Strömung einer Flüssigkeit oder eines Gases angesehen, die wie beim Wasserrad Arbeit erzeugen kann, wenn sie ein Potentialgefälle herabfällt.

Carnot gewann zwei Grundeinsichten in die Wirkungsweise von Wärmekraftmaschinen. Erstens erkannte er, daß eine Wärmekraftmaschine mit dem größten Wirkungsgrad arbeitet, wenn die Wärmeübertragung als Teil eines Kreisprozesses erfolgt. Zweitens stellte er fest, daß der entscheidende Faktor bei der Bestimmung der Arbeitsmenge, die aus einer Wärmekraftmaschine gewonnen werden kann, die Temperaturdifferenz zwischen der Wärmequelle und der Senke ist, in die der Wärmestoff fließt. Es zeigt sich, daß diese Grundvorstellungen unabhängig von dem besonderen Modell des Wärmeflußprozesses sind.

Durch einen weiteren großen Wurf einfallsreichen Scharfsinns ersann Carnot den Arbeitszyklus, den wir heute als *Carnotschen Kreisprozeß* kennen, eine Idealisierung des Verhaltens einer Wärmekraftmaschine. Wir werden den Kreisprozeß ausführlicher in Abschnitt 6.5.2 diskutieren. Ein wesentliches Merkmal des Carnotschen Kreisprozesses ist seine *Reversibilität*, so daß durch Umkehrung der Operationsfolge Arbeit am System geleistet und Wärmestoff vomkälteren zum wärmeren Körper übertragen werden kann. Indem er eine beliebige Wärmekraftmaschine (im Gedankenexperiment) mit einer umgekehrt arbeitenden Carnot-Maschine verband, konnte Carnot beweisen, daß keine Wärmekraftmaschine jemals mehr Arbeit erzeugen kann als eine Carnot-Maschine. Wäre es anders, dann könnten wir durch Zusammenschalten der beiden Maschinen entweder Wärme vom kälteren zum wärmeren Körper übertragen, ohne irgendwelche Arbeit zu leisten, oder wir könnten eine resultierende Arbeitsmenge ohne irgendwelche resultierende Wärmeübertragung erzeugen, und beide Phänomene verstoßen gegen die allgemeine Erfahrung. Der Einfluß der Prämisse Lazare Carnots über die Unmöglichkeit des Perpetuum mobile wird hier offenbar. Wir werden die Ergebnisse formal in Abschnitt 6.5.2 darlegen.

Tragischerweise starb Carnot an der Cholera im August 1832, im Alter von 36 Jahren, bevor die große Bedeutung seiner Arbeit von irgend jemand voll erkannt wurde. Im Jahre 1834 jedoch formulierte Emile Clapeyron die Carnotschen Schlußfolgerungen in analytischer Form um und brachte die Carnot-Maschine in Verbindung mit dem Standard-Druck-Volumen-Indikatordiagramm. Damit hatte es sein Bewenden, bis William Thomson an gewissen Aspekten der Clapeyronschen Veröffentlichung zu arbeiten begann und auf die ursprüngliche Version in den *Réflexions* zurückgriff. Das große Problem für Thomson und andere zu jener Zeit bestand darin, Carnots Arbeit, wonach der Wärmestoff erhalten bleibt, in Einklang mit der Arbeit von Joule zu bringen, wo gezeigt wird, daß Wärme und Arbeit ineinander umgewandelt werden können. Die Sache wurde von Rudolf Clausius entschieden, der zeigte, daß der Satz von Carnot über den maximalen Wirkungsgrad von Wärmekraftmaschinen richtig, die Annahme, daß kein Wärmeverlust auftritt, aber falsch war. In Wirklichkeit erfolgt im Carnotschen Kreisprozeß eine Umwandlung von Wärme in Arbeit. Diese Neuformulierung von Clausius stellt die Grundaussage des zweiten Hauptsatzes der Thermodynamik dar. Wie wir jedoch zeigen werden, geht der Satz weit über den Wirkungsgrad von Wärmekraftmaschinen hinaus. Er dient nicht nur zur Definition einer geeigneten thermodynamischen Temperaturskala, sondern löst auch das Problem, in welcher Weise Systeme sich thermodynamisch entwickeln. Wir wollen dies nun in einer methodisch strengeren Form demonstrieren, wobei wir die Grundannahmen bei der mathematischen Formulierung des zweiten Hauptsatzes herausarbeiten.

6.5 Der zweite Hauptsatz der Thermodynamik

Bisher haben wir uns mit der Erhaltung der Energie beschäftigt und präzise definiert, was wir mit Wärme meinen. Wir beobachten jedoch, daß es weitere Einschränkungen für thermodynamische Prozesse geben muß. Zum Beispiel besitzen wir keinerlei Regeln über die Richtung, in der Wärme fließt, oder über die Art und Weise, in der sich thermodynamische Systeme entwickeln. Wir werden den zweiten Hauptsatz so aufbauen, daß wir diese Regeln nachweisen, zunächst aber wollen wir den entscheidenden Unterschied zwischen reversiblen und irreversiblen Prozessen erörtern.

6.5.1 Reversible und irreversible Prozesse

Ein reversibler Prozeß ist ein Prozeß, der unendlich langsam ausgeführt wird, so daß das System beim Übergang vom Zustand A nach B eine unendliche Zahl von Gleichgewichtszuständen durchläuft. Da der Prozeß unendlich langsam abläuft, gibt es keine Reibung oder Turbulenz und es werden keine Schallwellen erzeugt. In keinem Stadium treten irgendwelche unausgeglichenen Kräfte auf. In jedem Stadium nehmen wir nur eine infinitesimale Änderung vor. Daraus folgt, daß wir durcheine präzise Umkehrung des Prozesses zum Ausgangspunkt zurückkehren können, wonach sich weder im System noch in seiner Umgebung irgend etwas verändert hat. Gäbe es Reibungsverluste, dann könnten wir offensichtlich nicht zum Ausgangspunkt zurückkehren, ohne der Umgebung eine gewisse Energiemenge zu entnehmen.

Wir wollen diesen Punkt hervorheben, indem wir ausführlich betrachten, wie wir eine reversible isotherme Expansion ausführen könnten. Angenommen, wir haben ein großes Wärmereservoir mit der Temperatur T und einen Zylinder mit Gas, das ebenfalls die Temperatur T hat (Abb. 6.6). Nun findet kein Wärmefluß statt, wenn die beiden sich auf der gleichen Temperatur befinden. Wenn wir aber den Kolben um einen infinitesimal kleinen Betrag nach außen bewegen, kühlt sich das Gas im Zylinder um einen infinitesimalen Betrag ab, so daß aufgrund der Temperaturdifferenz eine infinitesimale Wärmemenge in das Gas fließt. Diese kleine Energiemenge bringt das Gas wieder auf die Temperatur T. Das System ist reversibel, weil bei einer geringfügigen Kompression des Gases bei T sich das Gas aufwärmt und die Wärme aus dem Gas in das Reservoir zurückfließt. Folglich verläuft der Wärmeflußprozeß reversibel, vorausgesetzt, wir betrachten nur infinitesimale Änderungen.

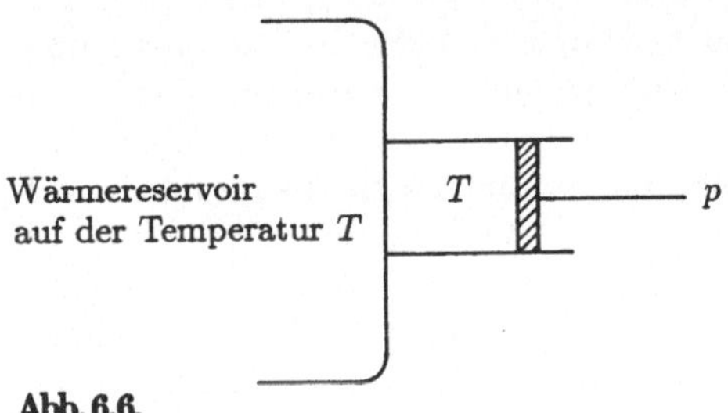

Abb. 6.6.

Offensichtlich ist dies nicht möglich, wenn die Temperaturen des Reservoirs und des Zylinders verschieden sind. In diesem Falle können wir die Richtung des Wärmeflusses nicht durch eine infinitesimale Temperaturänderung des kühleren Objekts umkehren. Damit wird klar, daß wir bei reversiblen Prozessen in der Lage sein müssen, über eine unendliche Folge von Gleichgewichtszuständen, die wir durch infinitesimale Arbeits- und Energiefluß-Inkremente miteinander verbinden, von einem Zustand zum anderen zu gelangen.

Um dies völlig klarzustellen, wollen wir die Erörterung noch einmal für eine adiabatische Expansion wiederholen. Wieder führen wir jeden Schritt unendlich langsam aus. Es treten kein Wärmefluß in das System oder aus dem System und keine Reibung auf. Da jeder infinitesimale Schritt reversibel ist, können wir daher die gesamte Expansion durch Addition sehr vieler Einzelschritte ausführen.

Wir wollen nun dieses Verhalten den beiden anderen Expansionen gegenüberstellen, die wir beschrieben haben. Bei der Jouleschen Expansion dehnt sich das Gas in ein großes Volumen aus, und dies kann offenbar nicht geschehen, ohne daß alle möglichen Nichtgleichgewichtsprozesse stattfinden. Anders als bei der adiabatischen und der isothermen Expansion gibt es keine Möglichkeit, eine Serie von Gleichgewichtszuständen zu ersinnen, über die der Endzustand erreicht wird.

Die Joule-Thomsonsche Expansion ist ein Fall, wo beim Übergang in den zweiten Zylinder eine Unstetigkeit in den Eigenschaften des Gases auftritt. Wir erreichen den Endzustand nicht, indem wir das System unendlich langsam eine Serie von Gleichgewichtszuständen durchlaufen lassen.

Diese lange Einleitung unterstreicht, daß reversible Prozesse in hohem Maße idealisiert sind, aber sie liefern die Norm, an der alle anderenProzesse gemessen werden können.

6.5.2 Der Carnotsche Kreisprozeß
und die Definition der thermodynamischen Temperatur

Wir wollen den zweiten Hauptsatz noch einmal in der auf Clausius zurückgehenden Form angeben: 'Es ist kein Prozeß möglich, dessen alleiniges Ergebnis eine Wärmeübertragung von einem kälteren zu einem wärmeren Körper ist.' Beachten Sie, daß dies eine weitere 'Erfahrungstatsache' ist, die wir ohne Beweis behaupten. Aus diesem Satz folgt, daß man nicht Wärme von einem kalten auf einen warmen Körper übertragen kann, ohne daß sich irgend etwas in der Umgebung des Systems verändert. Zu beachten ist auch die Voraussetzung, daß wir definieren können, was wir mit wärmer und kälter meinen. Wir haben dies bis jetzt noch nicht getan. Was wir getan haben, war die Einrichtung einer empirischen Temperaturskala, wobei ich Sie bat zu glauben, daß sie sich schließlich als identisch mit der thermodynamischen Temperaturskala erweisen würde. Wir werden dies gleich zeigen.

Es ist eine allgemeine Erfahrungstatsache, daß sich Arbeit leicht in Wärme umwandeln läßt, daß es aber viel schwieriger ist, ein Mittel zu ersinnen, um das Gegenteil zu erreichen, d.h. um Wärme in Arbeit umzuwandeln. Hier kommen Wärmekraftmaschinen ins Spiel, denn wir definieren sie als Vorrichtungen zur Umwandlung von Wärme in Arbeit. Wir haben Carnots großartige Einsichten schon beschrieben, sie sind aber der Wiederholung wert. Vor allem gibt es in jeder leistungsfähigen Wärmekraftmaschine eine Arbeitssubstanz, die *periodisch* eingesetzt wird. In einer Dampfmaschine zum Beispiel ist Dampf die Arbeitssubstanz, die einen zyklischen Prozeß durchläuft (Abb. 6.7). Der Arbeitssubstanz wird bei hoher Temperatur im Kessel Wärme zugeführt, der Dampf gelangt in die Turbine, wo er beim Drehen des Rotors des elektrischen Generators Arbeit leistet, und dann wird der abgekühlte Dampf zu Wasser kondensiert, das durch die Pumpe zurückgeführt wird.

Abb. 6.7. Als ich meinem Sohn das Kinderbuch *What Do People Do All Day?* (Was tun die Leute den ganzen Tag?) von Richard Scarry vorlas, stellte ich mit Vergnügen fest, daß die elektrische Turbine deutlich die Grundeinsicht Carnots veranschaulichte, daß in einer leistungsfähigen Wärmekraftmaschine die Arbeitssubstanz (Dampf und Wasser) periodisch eingesetzt wird. (R. Scarry, 1968, *What Do People Do All Day?*, S. 50-1, Collins)

Zweitens wird in allen realen Wärmekraftmaschinen die Wärme der Arbeitssubstanz bei einer hohen Temperatur zugeführt; die Arbeitssubstanz leistet dann Arbeit und gibt die Restwärme bei einer niedrigeren Temperatur ab. Drittens können wir bestenfalls eine Wärmekraftmaschine bauen, die in allen Betriebsstadien reversibel läuft, d.h. in der alle Änderungen unendlich langsam ablaufen und keine Dissipationsverluste wie Reibung oder Turbulenz auftreten.

Carnots berühmter Kreisprozeß ist in Abb. 6.8(a) dargestellt. Ich empfehle sehr Feynmans sorgfältige Beschreibung des Carnotschen Kreisprozesses in Band 1, Kapitel 44 seiner *Lectures on Physics* [6.6]. Unsere Darlegung ist dieser Beschreibung nachgestaltet. Wir haben zwei große Wärmereservoirs 1 und 2, die auf den Temperaturen T_1 bzw. T_2 gehalten werden. Die Arbeitssubstanz ist Gas, das in einem Zylinder mit beweglichem Kolben enthalten ist. Wir erörtern nun die nachstehende Folge reversibler Operationen, welche die Arbeitsweise realer Maschinen simulieren.

(1) Wir bringen den Zylinder in Wärmekontakt mit dem Reservoir auf der Temperatur T_1 und führen dann eine sehr langsame reversible isotherme Expansion aus. Wie wir oben beschrieben haben, muß bei einer reversiblen isothermen Expansion Wärme vom Reservoir in das im Zylinder enthaltene Gas fließen. Wir halten an, wenn eine Wärmemenge Q_1 von dem Gas im Zylinder aufgenommen worden ist. Diese Änderung wollen wir in einem p, V-Diagramm durch die Linie von A nach B andeuten (Abb. 6.8(b)). Beachten Sie, daß vom Kolben Arbeit an der Umgebung geleistet wird.

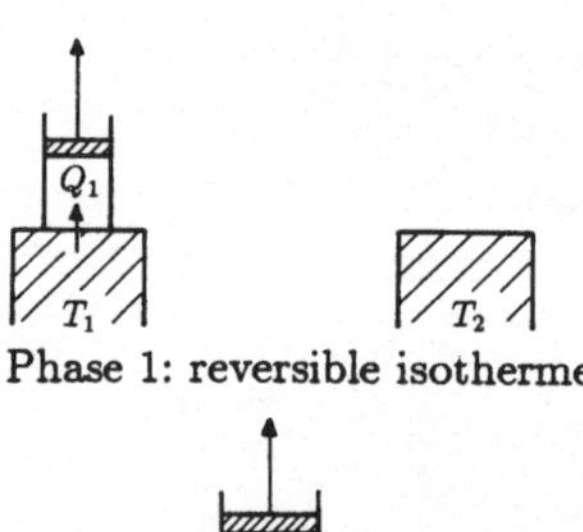

Phase 1: reversible isotherme Expansion bei T_1

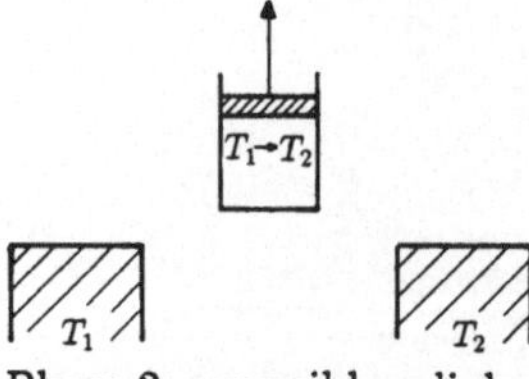

Phase 2: reversible adiabatische Expansion, $T_1 \rightarrow T_2$

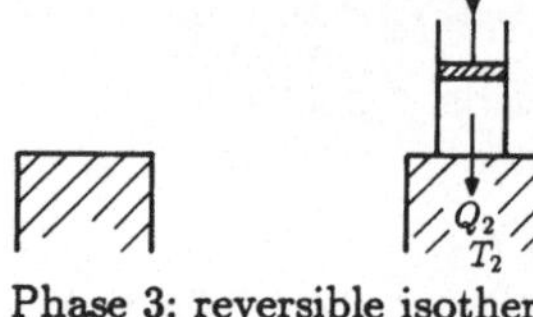

Phase 3: reversible isotherme Kompression bei T_2

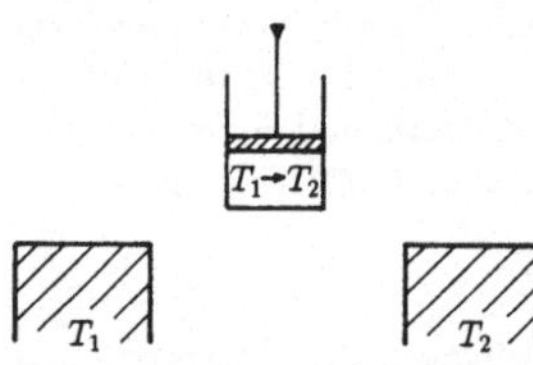

(a)   Phase 4: reversible adiabatische Kompression, $T_2 \rightarrow T_1$

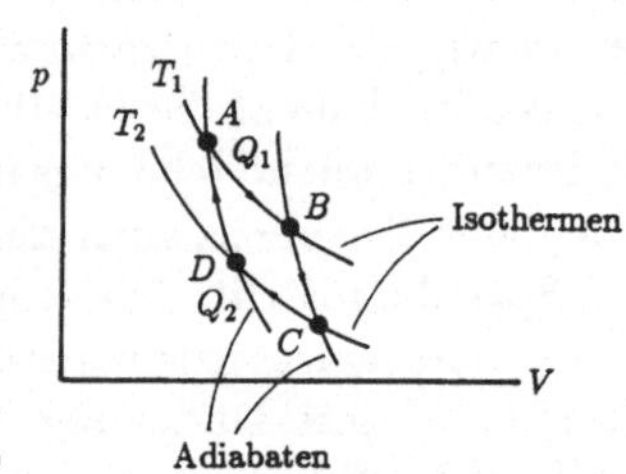

(b)

Abb. 6.8. (a) Schematische Darstellung der vier Stadien beim Carnotschen Kreisprozeß einer idealen Maschine. (b) Die vier Betriebsstadien einer idealen Carnot-Maschine, dargestellt in einem p, V- oder Indikatordiagramm.

(2) Jetzt führen wir eine unendlich langsame adiabatische Expansion des Kolbens aus, so daß die Temperatur von T_1 auf T_2, die Temperatur des zweiten Reservoirs, absinkt. Dieser Prozeß ist wiederum reversibel. Wieder wird Arbeit an der Umgebung geleistet.

(3) Nun beginnen wir, das Gas im Zylinder zu komprimieren, wieder unendlich langsam und reversibel bei der Temperatur T_2. In diesem Prozeß erhöhen wir fortlaufend die Temperatur des Gases um einen infinitesimalen Betrag über

T_2, so daß Wärme in das zweite Reservoir fließt. Wir setzen diesen Prozeß fort, bis die Isotherme die Adiabate schneidet, auf der die Arbeitssubstanz zum Ausgangspunkt zurückgeführt wird. Es wird die Wärmemenge Q_2 an das Reservoir abgegeben und Arbeit am System geleistet.

(4) Wir führen eine weitere unendlich langsame Kompression des Gases unter adiabatischen Bedingungen aus, die das Gas in seinen Ausgangszustand zurückbringt.

Dies ist die Arbeitsweise einer 'idealen Maschine' in einem noch genau zu definierenden Sinne. Der Endeffekt dieses Kreisprozesses ist, daß wir die Wärmemenge Q_1 bei T_1 entnommen und Q_2 bei T_2 wieder abgegeben haben. In dem Prozeß hat die Maschine Arbeit geleistet. Nun läßt sich der Betrag der Arbeit leicht berechnen. Er ist gerade gleich $W = \int p\,dV$, wobei das Integral über den gesamten Kreislauf genommen wird. Aus dem Diagramm ist ersichtlich, daß das Kreisintegral gerade gleich der Fläche der geschlossenen Kurve ist, die von dem Kreisprozeß der Maschine im p, V-Diagramm beschrieben wird (Abb. 6.9). Wir wissen auch aus dem ersten Hauptsatz, daß diese Arbeit gerade gleich $Q_1 - Q_2$ sein muß, d.h. es gilt

$$W = Q_1 - Q_2. \tag{6.30}$$

Wir stellen beiläufig fest, daß die adiabatischen Kurven steiler als die Isothermen sein müssen, da für die ersteren $pV^\gamma = \text{const}$ gilt, wobei für alle Gase $\gamma > 1$ ist. Wir können diese Maschine schematisch darstellen, wie in Abb. 6.10 gezeigt ist.

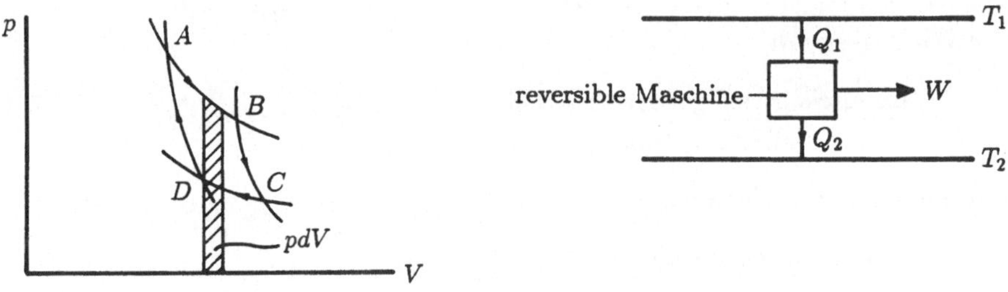

$\oint p\,dV = $ von $ABCD$ eingeschlossene Fläche

Abb. 6.9.

Abb. 6.10. Darstellung einer reversiblen Carnot-Maschine

Nun ist das wirklich Schöne an dieser Maschine, daß sie völlig reversibel ist, d.h. wir können das ganze System rückwärts laufen lassen, so daß der Ablauf der Ereignisse und ihre Funktionen umgekehrt werden (Abb. 6.11). Diese Ereignisse sind:

(1) Adiabatische Expansion von A nach D, wodurch die Temperatur der Arbeitssubstanz von T_1 auf T_2 absinkt.

(2) Isotherme Expansion bei T_2, wobei dem Reservoir die Wärmemenge Q_2 entnommen wird.

(3) Adiabatische Kompression von C nach B, wodurch die Arbeitssubstanz wieder auf die Temperatur T_1 kommt.

(4) Isotherme Kompression bei T_1, wobei die Arbeitssubstanz die Wärmemenge Q_1 an das Reservoir mit der Temperatur T_1 abgibt.

Auf diese Weise wirkt der in umgekehrter Richtung ablaufende Kreisprozeß als ideale Kältemaschine oder Wärmepumpe, die Wärme aus dem Reservoir mit der niedrigeren Temperatur entnimmt und sie dem Reservoir mit der höheren Temperatur zuführt. Wir zeigen diese Kältemaschine bzw. Wärmepumpe schematisch in Abb. 6.12. Beachten Sie, daß bei diesem Kreisprozeß Arbeit geleistet werden muß, um die Wärme aus T_2 zu entnehmen und nach T_1 zu fördern.

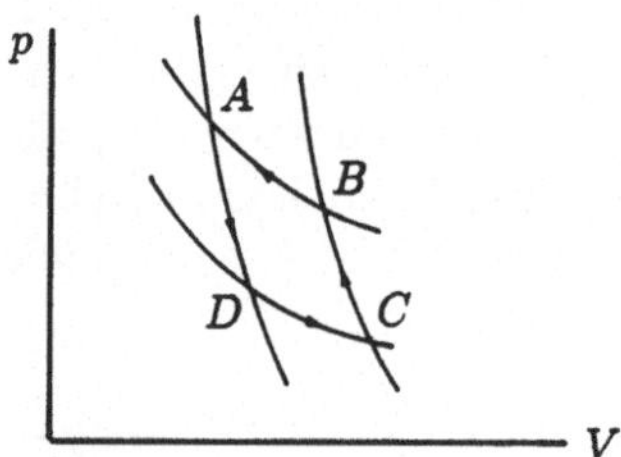

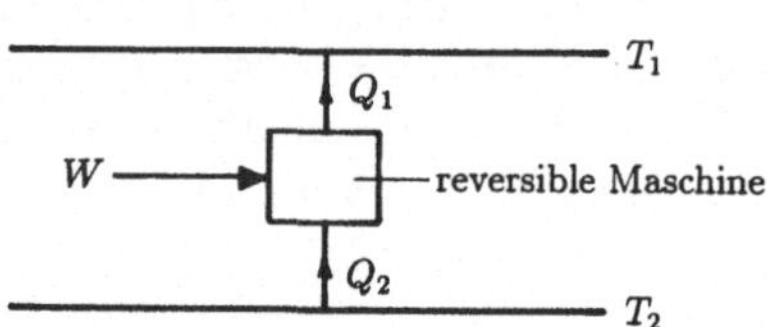

Abb. 6.11. Umgekehrter Carnotscher Kreisprozeß, der einer Kältemaschine oder Wärmepumpe entspricht

Abb. 6.12. Darstellung eines umgekehrten Carnotschen Kreisprozesses, der als Kältemaschine oder Wärmepumpe wirkt

Wir sehen nun, wie wir die Wirkungsgrade von Wärmekraftmaschinen definieren können. Für die vorwärtslaufende Standard-Wärmekraftmaschine ist der Wirkungsgrad:

$$\eta = \frac{\text{im Kreisprozeß geleistete Arbeit}}{\text{Wärmezufuhr}} = \frac{W}{Q_1} = \frac{Q_1 - Q_2}{Q_1}.$$

Für eine Kältemaschine gilt:

$$\eta = \frac{\text{Wärmeentnahme aus Reservoir 2}}{\text{geleistete Arbeit}} = \frac{Q_2}{W} = \frac{Q_2}{Q_1 - Q_2}.$$

Für eine Wärmepumpe wird der Kreisprozeß rückwärts gefahren, dient aber dazu, durch die Arbeitsleistung W die Wärmemenge Q_1 nach T_1 zu schaffen:

$$\eta = \frac{\text{Wärmezufuhr zu Reservoir 1}}{\text{geleistete Arbeit}} = \frac{Q_1}{W} = \frac{Q_1}{Q_1 - Q_2}.$$

Wir können jetzt dreierlei tun – den Satz von Carnot beweisen, die Äquivalenz der Formulierungen des zweiten Hauptsatzes nach Clausius bzw. Kelvin zeigen und den Begriff der thermodynamischen Temperatur herleiten.

Der *Satz von Carnot* besagt: 'Von allen Wärmekraftmaschinen, die zwischen zwei gegebenen Temperaturen arbeiten, kann keine einen höheren Wirkungsgrad haben als eine reversible Carnot-Maschine.'

Angenommen, das Gegenteil wäre richtig – d.h. wir hätten eine irreversible Wärmekraftmaschine mit einem höheren Wirkungsgrad als dem einer reversiblen Maschine, die zwischen den gleichen Temperaturen arbeitet. Dann könnten wir die von der irreversiblen Maschine erzeugte Arbeit dazu verwenden, die reversible Maschine in umgekehrter Richtung anzutreiben (Abb. 6.13). Betrachten wir nun das System, das aus der Kombination beider Maschinen zu einer einzigen Maschine besteht. Wir verwenden die gesamte von der irreversiblen Maschine erzeugte Arbeit zum Antrieb der reversiblen Maschine. Wegen unserer Annahme

$$\eta_{\mathrm{irr}} > \eta_{\mathrm{rev}}$$

muß daher $W/Q_1' > W/Q_1$ und folglich $Q_1 > Q_1'$ gelten, d.h. es ist $Q_1 - Q_1' > 0$. Somit besteht, insgesamt gesehen, der einzige resultierende Effekt dieser kombinierten Maschine darin, daß Energie von der niedrigeren zur höheren Temperatur übertragen wird, was nach dem zweiten Hauptsatz verboten ist. Daher kann die irreversible Maschine keinen größeren Wirkungsgrad als die reversible Maschine haben. Dies ist der Satz, den Carnot 1824 in seinen *Réflexions* veröffentlichte, 26 Jahre vor der formalen Aufstellung der Hauptsätze der Thermodynamik durch Clausius im Jahre 1850.

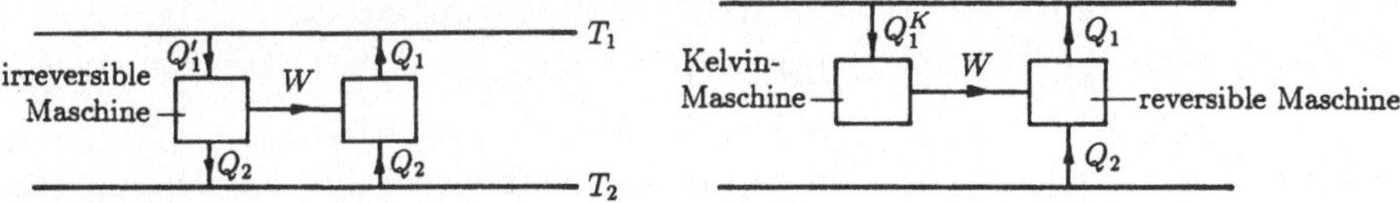

Abb. 6.13. Erläuterung des Beweises zum Satz von Carnot

Abb. 6.14. Erläuterung der Äquivalenz der Formulierungen des zweiten Hauptsatzes nach Kelvin bzw. Clausius unter Verwendung einer hypothetischen Kelvin-Maschine, welche die gesamte bei T_1 zugeführte Wärme in Arbeit umwandelt.

Kelvins Formulierung des zweiten Hauptsatzes lautet: 'Es ist kein Prozeß möglich, dessen alleiniges Ergebnis die vollständige Umwandlung von Wärme in Arbeit ist.' Nehmen wir wieder an, das Gegenteil wäre richtig und die Maschine wandle die Wärmemenge Q_1 vollständig in die Arbeit W um. Wieder verwenden wir diese Arbeit zum Antrieb einer umgekehrt als Wärmepumpe betriebenen Carnot-Maschine (Abb. 6.14). Wenn wir beide Maschinen als ein einziges System betrachten, wird dann keine Arbeit geleistet, aber die gesamte, dem Reservoir bei T_1 zugeführte Wärmemenge beträgt

$$Q_1 - Q_1^K = Q_1 - W = Q_1 - (Q_1 - Q_2) = Q_2,$$

wobei Q_1^K die der hypothetischen Kelvin-Maschine zugeführte Wärmemenge bedeutet, die vollständig in die Arbeit W umgewandelt wird. Es gibt daher eine resultierende Übertragung der Wärmemenge Q_2 zum Reservoir T_1, ohne daß sich irgend etwas sonst im Universum verändert, und das ist nach der Aussage von Clausius verboten. Die Formulierungen von Clausius und von Kelvin sind daher äquivalent.

Schließlich können wir die *thermodynamische Temperatur* definieren. Den Schlüssel zur thermodynamischen Definition liefert der Satz von Carnot. Eine reversible Wärmekraftmaschine, die zwischen zwei Temperaturen arbeitet, besitzt den maximal möglichen Wirkungsgrad.

Wenn wir dies durch die Wärmeaufnahme und -abgabe ausdrücken, erhalten wir:

$$\eta = \frac{Q_1 - Q_2}{Q_1}; \qquad \frac{Q_1}{Q_2} = \frac{1}{1 - \eta}. \tag{6.31}$$

Nach dem Satz muß dies eine eindeutige Funktion der beiden Temperaturen sein, die wir bisher etwas salopp als T_1 und T_2 bezeichnet haben. Wir wollen nun die Beweisführung mathematisch fortführen. Wir nehmen an, das Verhältnis Q_1/Q_2 sei durch eine Funktion $f(\theta_1, \theta_2)$ gegeben, wobei wir die Temperaturen θ_1 und θ_2 nennen, um zu betonen, daß es sich in Wirklichkeit um empirische Temperaturen handelt. Schalten wir nun die beiden Wärmekraftmaschinen in Reihe, wie in Abb. 6.15 dargestellt. Die Maschinen sind so geschaltet, daß die bei der Temperatur θ_2 abgegebene Wärme der zweiten Wärmekraftmaschine zugeführt wird, welche die Energie zum Reservoir mit der Temperatur θ_3 überträgt. Damit erhalten wir

$$\frac{Q_1}{Q_2} = f(\theta_1, \theta_2); \qquad \frac{Q_2}{Q_3} = f(\theta_2, \theta_3) \tag{6.32}$$

für jede Stufe. Andererseits können wir das kombinierte System als eine Maschine betrachten, die zwischen θ_1 und θ_3 arbeitet, und in diesem Falle erhalten wir

$$\frac{Q_1}{Q_3} = f(\theta_1, \theta_3). \tag{6.33}$$

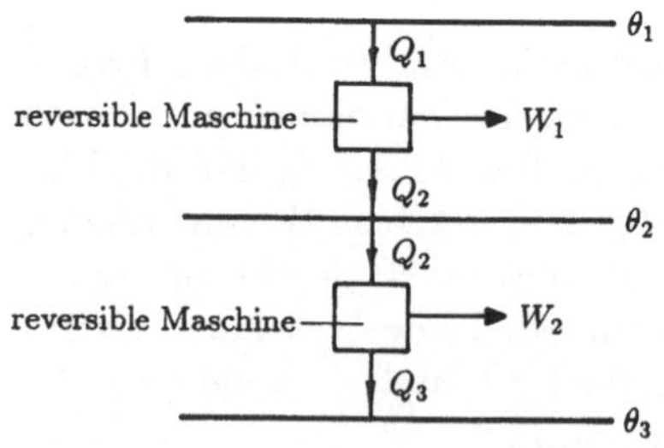

Abb. 6.15. Erläuterung des Ursprungs der Definition der thermodynamischen Temperatur

Wegen

$$\frac{Q_1}{Q_3} = \frac{Q_1}{Q_2} \frac{Q_2}{Q_3}$$

gilt daher

$$f(\theta_1, \theta_3) = f(\theta_1, \theta_2)\, f(\theta_2, \theta_3).\tag{6.34}$$

Folglich muß die Funktion f die Form

$$f(\theta_1, \theta_3) = \frac{g(\theta_1)}{g(\theta_3)} = \frac{g(\theta_1)}{g(\theta_2)}\frac{g(\theta_2)}{g(\theta_3)}\tag{6.35}$$

haben. Wir führen dann eine Definition der *thermodynamischen Temperatur* ein, die mit dieser Forderung vereinbar ist, nämlich:

$$\frac{g(\theta_1)}{g(\theta_3)} = \frac{T_1}{T_3}, \quad \text{d.h.} \quad \frac{Q_1}{Q_3} = \frac{T_1}{T_3}.\tag{6.36}$$

Nun müssen wir nur noch zeigen, daß diese Definition mit derjenigen identisch ist, die der idealen Gastemperaturskala entspricht. Wir werden die Temperaturskala nach dem idealen Gasgesetz in der Form T^{P} schreiben (P steht für "perfect"), und folglich ist $pV = RT^{\mathrm{P}}$. Daher gilt für den Carnotschen Kreisprozeß mit einem idealen Gas:

$$\left.\begin{aligned}
Q_1 &= \int_A^B p\,dV = R\,T_1^{\mathrm{P}}\ln\left(\frac{V_B}{V_A}\right)\\
Q_2 &= \int_D^C p\,dV = R\,T_2^{\mathrm{P}}\ln\left(\frac{V_C}{V_D}\right)
\end{aligned}\right\}\tag{6.37}$$

Auf den adiabatischen Kurvenabschnitten des Kreisprozesses gilt:

$$pV^\gamma = \text{const} \quad \text{und} \quad T^{\mathrm{P}}V^{\gamma-1} = \text{const}.$$

Daraus folgt

$$(V_B/V_C)^{\gamma-1} = (T_2^{\mathrm{P}}/T_1^{\mathrm{P}})\tag{6.38}$$

$$(V_D/V_A)^{\gamma-1} = (T_1^{\mathrm{P}}/T_2^{\mathrm{P}}).\tag{6.39}$$

Multiplikation von (6.38) mit (6.39) ergibt

$$\left(\frac{V_B\,V_D}{V_A\,V_C}\right) = 1$$

oder

$$\frac{V_B}{V_A} = \frac{V_C}{V_D},\tag{6.40}$$

und damit erhalten wir aus den Beziehungen (6.37) und (6.36):

$$\frac{Q_1}{Q_2} = \frac{T_1^{\mathrm{P}}}{T_2^{\mathrm{P}}} = \frac{T_1}{T_2}.$$

Damit haben wir endlich eine strenge thermodynamische Definition der Temperatur, die sich ganz aus der Arbeitsweise idealer Wärmekraftmaschinen herleitet, d.h. aus dem von Carnot begonnenen Gedankengang. Wir können nun die maximalen Wirkungsgrade von Wärmekraftmaschinen, Kältemaschinen und Wärmepumpen unter Verwendung der Temperaturen, zwischen denen sie arbeiten, umschreiben:

$$\left.\begin{array}{l} \textit{Wärmekraftmaschine:} \qquad \eta = \dfrac{Q_1 - Q_2}{Q_1} = \dfrac{T_1 - T_2}{T_1} \\[2ex] \textit{Kältemaschine:} \qquad \eta = \dfrac{Q_2}{Q_1 - Q_2} = \dfrac{T_2}{T_1 - T_2} \\[2ex] \textit{Wärmepumpe:} \qquad \eta = \dfrac{Q_1}{Q_1 - Q_2} = \dfrac{T_1}{T_1 - T_2} \end{array}\right\} \qquad (6.41)$$

6.6 Entropie

Sie haben möglicherweise bei der Beziehung, die wir in unserer Definition der thermodynamischen Temperatur entwickelten, etwas sehr Bemerkenswertes festgestellt. Wenn wir einen Carnotschen Kreisprozeß verfolgen, wobei wir die Wärmemengen Q_1 und Q_2 als positive Größen betrachten, dann gilt

$$\frac{Q_1}{T_1} - \frac{Q_2}{T_1} = 0. \tag{6.42}$$

Wir können dies in die folgende Form bringen:

$$\int_A^C \frac{dQ}{T} - \int_C^A \frac{dQ}{T} = 0. \tag{6.43}$$

Da beide Abschnitte des Kreisprozesses reversibel sind, heißt das, daß wir beim Übergang von A nach C auf dem einen wie dem anderen Kurvenabschnitt erhalten:

$$\int_{\substack{A \\ \text{über } B}}^{C} \frac{dQ}{T} = \int_{\substack{A \\ \text{über } D}}^{C} \frac{dQ}{T}. \tag{6.44}$$

Dies legt den Schluß sehr nahe, daß wir eine weitere Zustandsfunktion entdeckt haben. Es spielt keine Rolle, wie wir von A nach C gelangen; das Integral hat stets den gleichen Wert.

Wir sehen, daß wir uns bei beliebigen Systemen mit zwei unabhängigen Variablen zwischen zwei Punkten immer über eine unendliche Anzahl von infinitesimal kleinen Carnot-Prozessen bewegen können, die alle reversibel sind (Abb. 6.16). Welchen Weg wir auch nehmen, wir werden immer das gleiche Ergebnis erhalten. Mathematisch gilt für zwei Punkte A und B:

$$\sum_A^B \frac{dQ}{T} = \text{const.} \tag{6.45}$$

Wenn wir dies in Integralform schreiben, erkennen wir, daß

$$\int_A^B \frac{dQ}{T} = \text{konstant} = S_B - S_A \tag{6.46}$$

gilt. Diese neue, durch $\int_A^B dQ/T$ definierte Zustandsfunktion heißt die *Entropie* des Systems. Beachten Sie, daß die Funktion für reversible Prozesse definiert ist, welche die Zustände A und B miteinander verbinden. Mit T meinen wir die Temperatur, bei der die Wärme dem System zugeführt wird und die in diesem Falle gleich der Temperatur des Systems selbst ist, da die mit Wärmeaustausch verbundenen Prozesse reversibel ausgeführt werden.

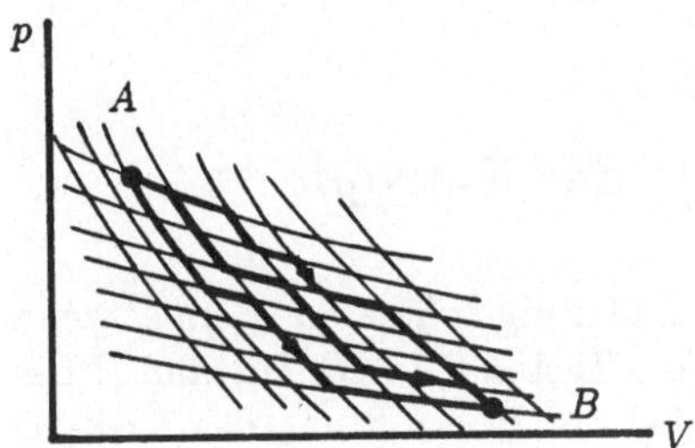

Abb. 6.16.

Wir erinnern uns nun daran, daß für jede Maschine der Wirkungsgrad kleiner als derjenige der idealen Carnot-Maschine sein muß, die zwischen den gleichen Temperaturen arbeitet, und daher gilt

$$\eta_{\text{irr}} \leq \eta_{\text{rev}}$$

$$\frac{Q_1 - Q_2}{Q_1} \leq \frac{Q_{1\,\text{rev}} - Q_{2\,\text{rev}}}{Q_{1\,\text{rev}}}.$$

Daraus folgt

$$\frac{Q_2}{Q_1} \geq \frac{Q_{2\,\text{rev}}}{Q_{1\,\text{rev}}} = \frac{T_2}{T_1}$$

$$\frac{Q_2}{T_2} \geq \frac{Q_1}{T_1}, \tag{6.47}$$

d.h. über den gesamten Kreisprozeß genommen erhält man

$$\frac{Q_1}{T_1} - \frac{Q_2}{T_2} \leq 0.$$

Dies läßt darauf schließen, daß im allgemeinen die Beziehung

$$\oint \frac{dQ}{T} \leq 0 \qquad\qquad (6.48)$$

gelten muß, wobei die Qs die im realen Kreisprozeß zugeführten bzw. entnommenen Wärmemengen sind. Beachten Sie, daß das Gleichheitszeichen nur im Falle der reversiblen Wärmekraftmaschine gilt. Wenn wir dem System Wärme zuführen, nehmen wir das positive Vorzeichen, bei Wärmeentnahme das negative Vorzeichen.

Diese Beziehung $\oint dQ/T \leq 0$ ist grundlegend für die gesamte Thermodynamik und wird als *Satz von Clausius* bezeichnet. Ich betrachte diesen Beweis des Satzes von Clausius als hinreichend für unsere gegenwärtigen Zwecke. Die einzige Einschränkung ist, daß er nur für Systeme mit zwei unabhängigen Variablen gilt, und natürlich kann man es im allgemeinen mit mehreren unabhängigen Variablen zu tun haben. Diese Frage wird sehr elegant in Pippards Buch [6.4] behandelt, wo gezeigt wird, daß das gleiche Ergebnis allgemein für Systeme mit mehreren unabhängigen Variablen gilt.

6.7 Das Gesetz von der Zunahme der Entropie

Beachten Sie, daß wir nur dann eine Entropieänderung definieren können, wenn sich das System auf einem reversiblen Weg vom Zustand A zum Zustand B bewegt. In der Praxis bedeutet dies, daß wir bei der Überführung des Systems aus dem Zustand A in den Zustand B in der Realität niemals präzise eine reversible Änderung bewirken können und daher die Wärmeübertragung nicht direkt mit der Entropieänderung zwischen dem Anfangs- und dem Endzustand zusammenhängt. Angenommen, die irreversible Änderung ist die von A nach B (Abb. 6.17). Dann können wir den Kreislauf vollenden, indem wir auf irgendeinem reversiblen Weg von B nach A zurückgehen. Nach dem Satz von Clausius muß dann gelten:

$$\oint \frac{dQ}{T} \leq 0$$

$$\int_{\substack{A \\ \text{irrev}}}^{B} \frac{dQ}{T} + \int_{\substack{B \\ \text{rev}}}^{A} \frac{dQ}{T} \leq 0,$$

$$\int_{\substack{A \\ \text{irrev}}}^{B} \frac{dQ}{T} \leq \int_{\substack{A \\ \text{rev}}}^{B} \frac{dQ}{T}.$$

Da aber die zweite Änderung reversibel ist, gilt nach der Definition der Entropie:

$$\int_{\substack{A \\ \text{rev}}}^{B} \frac{dQ}{T} = S_B - S_A.$$

Daraus folgt

$$\int_{\substack{A \\ \text{irrev}}}^{B} \frac{dQ}{T} \leq S_B - S_A$$

oder, wenn wir dies für eine differentielle irreversible Änderung schreiben:

$$\frac{dQ}{T} \leq \Delta S. \tag{6.49}$$

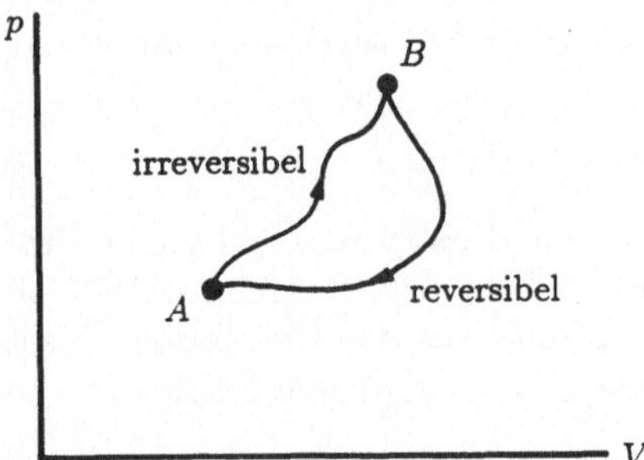

Abb. 6.17.

Damit erhalten wir das allgemeine Ergebnis, daß für eine beliebige differentielle Änderung $\Delta S \geq dQ/T$ ist, wobei das Gleichheitszeichen nur im Falle einer reversiblen Änderung gilt.

Dies ist ein äußerst wichtiges Ergebnis, da wir endlich zu erkennen beginnen, welche Quantität die Richtung bestimmt, in der sich physikalische Prozesse entwickeln müssen. Beachten Sie: wenn wir es mit reversiblen Systemen zu tun haben, ist die Temperatur, bei der Wärme zugeführt wird, die des Systems selbst. Dies ist bei irreversiblen Systemen nicht unbedingt der Fall.

Bei einem *isolierten System* gibt es keinen thermischen Kontakt mit der Außenwelt, so daß in der obigen Ungleichung $dQ = 0$ ist. Daraus folgt

$$\Delta S \geq 0. \tag{6.50}$$

Daher kann die Entropie eines isolierten Systems nicht abnehmen. Eine Schlußfolgerung daraus ist, daß bei der Annäherung an das Gleichgewicht die Entropie des isolierten Systems gegen ein Maximum gehen muß und die schließliche Gleichgewichtskonfiguration diejenige sein wird, in der die Entropie am größten ist.

Als Beispiel betrachten wir zwei Körper mit den Temperaturen T_1 bzw. T_2 und nehmen an, daß zwischen ihnen eine kleine Wärmemenge ΔQ ausgetauscht wird. Dann fließt Wärme vom wärmeren zum kälteren Körper und wir finden eine Entropieabnahme des wärmeren Körpers um $\Delta Q/T_1$ und eine Entropiezunahme des kälteren Körpers um $\Delta Q/T_2$, während die Gesamtänderung der Entropie $(\Delta Q/T_2) - (\Delta Q/T_1)$ beträgt; das ist ein positiver Wert, was bedeutet, das unsere Aussage über die Richtung des Wärmeflusses richtig war.

Bisher haben wir uns nur mit isolierten Systemen befaßt. Betrachten wir nun den entgegengesetzten Fall, in dem das System thermischen Kontakt mit der Umgebung hat.

Als erstes Beispiel wollen wir unser System einen vollen Arbeitszyklus durchlaufen lassen, so daß es am Ende genau den gleichen Zustand erreicht wie am Anfang. Der Kreisprozeß kann durchaus irreversible Prozesse einschließen, wie das bei den meisten realen Systemen der Fall ist. Da das System am Ende wieder genau seinen Ausgangszustand erreicht, haben alle Zustandsfunktionen genau den gleichen Wert, und folglich gilt für das System $\Delta S = 0$. Nach dem Satz von Clausius muß dies größer oder gleich $\oint dQ_{\mathrm{sys}}/T$ sein, d.h. es ist

$$0 = \Delta S \geq \oint \frac{dQ_{\mathrm{sys}}}{T}.$$

Um zum Ausgangszustand zurückzukehren, muß dem System aus seiner Umgebung Wärme zugeführt werden. Das beste, was wir tun können, ist eine reversible Wärmeübertragung zur Umgebung und aus der Umgebung. Dann gilt in jedem Stadium des Kreisprozesses $dQ_{\mathrm{sys}} = - dQ_{\mathrm{surr}}$ und folglich

$$0 = \Delta S \geq \oint \frac{dQ_{\mathrm{sys}}}{T} = - \oint \frac{dQ_{\mathrm{surr}}}{T}.$$

Nur wenn die Wärmeübertragung reversibel erfolgt, können wir die letzte Größe $\oint dQ_{\mathrm{surr}}/T$ mit ΔS_{surr} gleichsetzen. Auf diese Weise erhalten wir

$$0 \geq -\Delta S_{\mathrm{surr}}$$

oder

$$\Delta S_{\mathrm{surr}} \geq 0.$$

Als zweites Beispiel betrachten wir eine irreversible Änderung beim Übergang vom Zustand 1 zum Zustand 2. Wieder nehmen wir an, daß der Wärmeaustausch mit der Umgebung reversibel erfolgt. Dann gilt wie oben:

$$\Delta S_{\mathrm{sys}} \geq \int_{1}^{2} \frac{dQ_{\mathrm{irr}}}{T} = - \int \frac{dQ_{\mathrm{surr}}}{T} = -\Delta S_{\mathrm{surr}}$$

$$\Delta S_{\mathrm{sys}} + \Delta S_{\mathrm{surr}} \geq 0.$$

Sie werden den tieferen Sinn dieser Beispiele bemerkt haben. Wenn wir im Kreisprozeß oder in den Zustandsänderungen irreversible Prozesse haben, dann hat die Entropie des gesamten Universums zugenommen, auch wenn sich die Entropie des Systems selbst möglicherweise nicht ändert. Es ist immer wichtig, die Umgebung ebenso wie das System selbst zu betrachten.

Diese Beispiele geben einen Hinweis auf den Ursprung der populären Formulierung der beiden Hauptsätze der Thermodynamik nach Clausius, der 1865 das Wort Entropie erfand (nach dem griechischen Wort für Umwandlung):

Die Energie des Universums ist konstant: die Entropie des Universums geht gegen ein Maximum.

Die Entropieänderung muß nicht unbedingt mit einem Wärmeaustausch verbunden sein. Betrachten wir nochmals die Joulesche Expansion eines idealen Gases als Beispiel. Wir erinnern uns, daß in diesem Fall das Gas sich ausdehnt und ein größeres Volumen ausfüllt, ohne Arbeit zu leisten, d.h. die innere Energie U ist eine Konstante. Die Entropieänderung des idealen Gases bei der Temperatur T ist $\int_A^B dQ/T$. Nun gilt

$$dQ = dU + p\,dV\,,$$

und damit für 1 Mol Gas

$$dQ = C_V\,dT + \frac{RT}{V}\,dV.$$

Daraus folgt

$$\int_A^B \frac{dQ}{T} = C_V \int_A^B \frac{dT}{T} + R \int_A^B \frac{dV}{V}$$

oder

$$S - S_0 = C_V \ln \frac{T}{T_0} + R \ln \frac{V}{V_0}. \tag{6.51}$$

Da bei dieser Entwicklung $T = \text{const}$ ist, gilt

$$S - S_0 = R \ln V/V_0. \tag{6.52}$$

Obwohl kein Wärmefluß im herkömmlichen Sinne stattfand, hat also das System eine offenbar irreversible Änderung erfahren, und infolgedessen muß die Entropie beim Übergang aus dem alten Gleichgewichtszustand in den neuen zugenommen haben.

Schließlich wollen wir die Entropieänderung eines idealen Gases in einer interessanten Form aufschreiben. Nach Gl. (6.51) können wir schreiben:

$$\begin{aligned}
S - S_0 &= C_V \ln \left(\frac{pV}{p_0 V_0} \right) + R \ln \frac{V}{V_0} \\
&= C_V \ln \frac{p}{p_0} + (C_V + R) \ln \frac{V}{V_0} \\
&= C_V \ln \left(\frac{pV^\gamma}{p_0 V_0^\gamma} \right).
\end{aligned} \tag{6.53}$$

Bei adiabatischer Expansion, $pV^\gamma = \text{const}$, erfolgt daher keine Entropieänderung. Aus diesem Grunde werden adiabatische Expansionen manchmal *isentrope* Expansionen genannt. Außerdem stellen wir fest, daß wir dadurch eine Interpretation der Entropiefunktion erhalten – Isothermen sind Kurven konstanter Temperatur, Adiabaten sind Kurven konstanter Entropie.

6.8 Die differentielle Form des kombinierten ersten und zweiten Hauptsatzes der Thermodynamik

Schließlich sind wir zu der zentralen Gleichung gekommen, die den ersten und den zweiten Hauptsatz verbindet. Für reversible Prozesse gilt

$$dS = \frac{dQ}{T},$$

und wenn wir dies mit der Beziehung $dQ = dU - dW$ kombinieren, erhalten wir daher:

$$T\,dS = dU + p\,dV. \tag{6.54}$$

Allgemeiner, wenn wir die geleistete Arbeit in der Form

$$\sum_i X_i\,dx_i$$

schreiben, erhalten wir

$$T\,dS = dU - \sum_i X_i\,dx_i. \tag{6.55}$$

Das Bemerkenswerte an dieser Formel ist, daß sie eine Möglichkeit bietet, die Kombination aus dem ersten und dem zweiten Hauptsatz ganz in Form von Zustandsfunktionen zu schreiben, so daß die Beziehung für alle Änderungen gelten muß.

Wir werden diesen Weg nicht viel weiter verfolgen, aber wir sollten bemerken, daß die Beziehung (6.54) Ausgangspunkt vieler sehr leistungsfähiger Ergebnisse ist, die wir später benötigen werden. Insbesondere erhalten wir für ein Gas:

$$\left(\frac{\partial S}{\partial U}\right)_V = \frac{1}{T}, \tag{6.56}$$

das heißt: die partielle Ableitung der Entropie nach U bei konstantem Volumen definiert die thermodynamische Temperatur T. Dies ist von besonderer Bedeutung in der statistischen Mechanik, da der Begriff der Entropie S in der statistischen Mechanik leicht zugänglich ist und die innere Energie U eine der ersten Größen ist, die wir statistisch bestimmen müssen. Damit haben wir den Schlüssel zur Definition des Temperaturbegriffs in der statistischen Mechanik.

Anhang zu Kapitel 6
Maxwellsche Beziehungen
und Jacobische Determinanten

A6.1 Vollständige Differentiale in der Thermodynamik

Es ist zweckmäßig, den Begriff der *vollständigen Differentiale* in der Thermodynamik einzuführen. Der Grund dafür ist, daß wir, wie schon betont, meistens Systeme mit zwei unabhängigen Variablen betrachtet haben, d.h. daß ein thermodynamischer Gleichgewichtszustand durch nur zwei Zustandsfunktionen definiert werden kann. Beim Übergang von einem Gleichgewichtszustand zu einem anderen hängt die Änderung jeder Zustandsfunktion nur von den Anfangs- und Endkoordinaten ab. Im allgemeinen kann man daher, wenn z eine Zustandsfunktion und x und y zwei geeignete Koordinaten sind, die Zustandsänderung wie folgt schreiben:

$$dz = \left(\frac{\partial z}{\partial x}\right)_y dx + \left(\frac{\partial z}{\partial y}\right)_x dy. \tag{A6.1}$$

Die Tatsache, daß die differentielle Änderung dz nicht von der Art und Weise abhängt, in der wir die Zuwachsschritte dx und dy ausführen, ermöglicht es uns nun, der funktionalen Abhängigkeit der Größe z von x und y Beschränkungen aufzuerlegen. Die Beziehung läßt sich am einfachsten durch die zwei Arten demonstrieren, auf die wir die in Abb. A6.1 dargestellte differentielle Änderung dz ausführen können. Wir können von A nach C entweder über D oder über B gelangen. Da z eine Zustandsfunktion ist, muß die Zustandsänderung auf den Wegen ABC und ADC gleich sein. Auf dem Weg ADC bewegen wir uns zuerst um dx in x-Richtung und dann vom Punkt $x + dx$ aus um dy, d.h. es gilt

$$z(C) = z(A) + \left(\frac{\partial z}{\partial x}\right)_y dx + \left\{\frac{\partial}{\partial y}\left[z + \left(\frac{\partial z}{\partial x}\right)_y dx\right]\right\}_x dy$$
$$= z(A) + \left(\frac{\partial z}{\partial x}\right)_y dx + \left(\frac{\partial z}{\partial y}\right)_x dy + \frac{\partial^2 z}{\partial y \partial x} dx\, dy, \tag{A6.2}$$

wobei $\partial^2 z/\partial y \partial x$ den Ausdruck

$$\left[\frac{\partial}{\partial y}\left(\frac{\partial z}{\partial x}\right)_y\right]_x$$

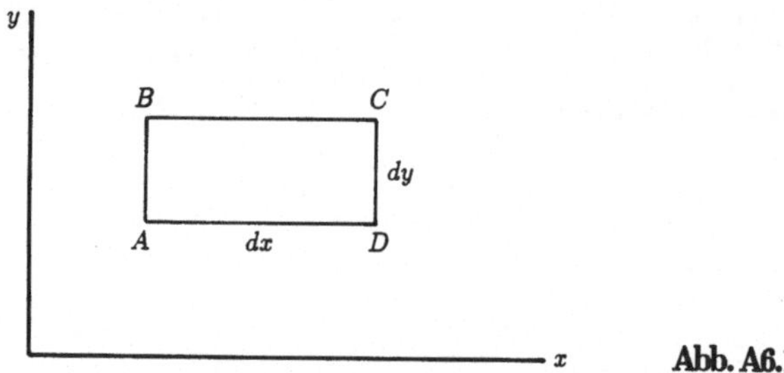

Abb. A6.1.

bezeichnet. Auf dem Weg ABC erhalten wir für den Wert von z(C):

$$
\begin{aligned}
z(C) &= z(A) + \left(\frac{\partial z}{\partial y}\right)_x dy + \left\{\frac{\partial}{\partial x}\left[z + \left(\frac{\partial z}{\partial y}\right)_x dy\right]\right\}_y dx \\
&= z(A) + \left(\frac{\partial z}{\partial y}\right)_x dy + \left(\frac{\partial z}{\partial x}\right)_y dx + \frac{\partial^2 z}{\partial x \partial y} dx\, dy.
\end{aligned}
\tag{$A6.3$}
$$

Beachten Sie, daß in den Gleichungen (A6.2) und (A6.3) die Reihenfolge wichtig ist, in der wir die doppelten partiellen Ableitungen ausführen. Da die Gleichungen (A6.2) und (A6.3) identisch sein müssen, muß für die Funktion z gelten:

$$
\frac{\partial^2 z}{\partial y \partial x} = \frac{\partial^2 z}{\partial x \partial y} \qquad \text{d.h.} \qquad \frac{\partial}{\partial y}\left(\frac{\partial z}{\partial x}\right) = \frac{\partial}{\partial x}\left(\frac{\partial z}{\partial y}\right).
\tag{$A6.4$}
$$

Dies ist die mathematische Bedingung dafür, daß z ein vollständiges Differential von x und y ist.

A6.2 Maxwellsche Beziehungen

Sie werden bemerkt haben, daß wir zwar Systeme mit zwei unabhängigen Variablen behandelt, aber tatsächlich eine viel größere Zahl von Zustandsfunktionen eingeführt haben: p, V, T, S, U, H usw. In der Tat können wir durch Kombination dieser Funktionen noch eine unendliche Zahl von Zustandsfunktionen definieren. Wenn wir differentielle Änderungen am Zustand des Systems durchführen, erwarten wir daher, daß in den anderen Zustandsfunktionen entsprechende Änderungen auftreten. Die vier wichtigsten dieser differentiellen Beziehungen werden als Maxwellsche Beziehungen bezeichnet. Wir wollen zwei davon herleiten. Betrachten wir zuerst die Gleichung (6.54), die eine Beziehung zwischen den differentiellen Änderungen von S, U und V herstellt:

$$
\left.\begin{aligned}
T\, dS &= dU + p\, dV \\
dU &= T\, dS - p\, dV
\end{aligned}\right\}
\tag{$A6.5$}
$$

Dabei muß dU als Differential einer Zustandsfunktion ein vollständiges Differential sein und kann daher in der Form

$$dU = \left(\frac{\partial U}{\partial S}\right)_V dS + \left(\frac{\partial U}{\partial V}\right)_S dV \qquad (A6.6)$$

geschrieben werden. Vergleich mit Gl. (A6.5) ergibt

$$T = \left(\frac{\partial U}{\partial S}\right)_V; \qquad p = -\left(\frac{\partial U}{\partial S}\right)_S. \qquad (A6.7)$$

Da jedoch dU ein vollständiges Differential ist, fordern wir außerdem von Gl. (A6.4), daß

$$\frac{\partial}{\partial V}\left(\frac{\partial U}{\partial S}\right) = \frac{\partial}{\partial S}\left(\frac{\partial U}{\partial V}\right) \qquad (A6.8)$$

gilt. Einsetzen der Beziehungen (A6.7) in (A6.8) liefert

$$\left(\frac{\partial T}{\partial V}\right)_S = -\left(\frac{\partial p}{\partial S}\right)_V. \qquad (A6.9)$$

Dies ist die erste von vier ähnlichen Beziehungen zwischen T, S, p und V. Für die Enthalpie H können wir ganz ebenso verfahren:

$$H = U + pV$$

$$\begin{aligned} dH &= dU + p\,dV + V\,dp \\ &= T\,dS + V\,dp. \end{aligned} \qquad (A6.10)$$

Nach genau dem gleichen mathematischen Verfahren erhalten wir

$$\left(\frac{\partial T}{\partial p}\right)_S = \left(\frac{\partial V}{\partial S}\right)_p. \qquad (A6.11)$$

Wir können die Analysen für andere Zustandsfunktionen durchführen, die *(Helmholtzsche) freie Energie* $F = U - TS$ und die *freie Enthalpie* oder *Gibbssche freie Energie* $G = U - TS + pV$, um die anderen beiden Beziehungen zu finden:

$$\left(\frac{\partial S}{\partial V}\right)_T = \left(\frac{\partial p}{\partial T}\right)_V. \qquad (A6.12)$$

$$\left(\frac{\partial V}{\partial T}\right)_p = -\left(\frac{\partial S}{\partial p}\right)_T. \qquad (A6.13)$$

Die Funktionen F und G sind besonders nützlich bei der Untersuchung von Prozessen, die bei konstanter Temperatur bzw. bei konstantem Druck ablaufen.

Die Beziehungen (A6.9), (A6.11), (A6.12) und (A6.13) werden *Maxwellsche Beziehungen* genannt und sind bei vielen thermodynamischen Problemen von Nutzen. Wir werden sie in späteren Vorlesungsstunden anwenden. Zur besseren Erinnerung an diese Beziehungen ist eine Gedächtnisstütze nützlich, und ich finde, daß Jacobische Determinanten sich dafür anbieten.

A6.3 Jacobische Determinanten in der Thermodynamik

Wenn die Variablen x, y, η und ξ den Beziehungen

$$x = x(\eta, \xi)$$
$$y = y(\eta, \xi)$$

genügen, ist ihre Jacobische Determinante wie folgt definiert:

$$\frac{\partial(x, y)}{\partial(\eta, \xi)} = \begin{vmatrix} \dfrac{\partial x}{\partial \eta} & \dfrac{\partial y}{\partial \eta} \\ \dfrac{\partial x}{\partial \xi} & \dfrac{\partial y}{\partial \xi} \end{vmatrix} . \tag{A6.15}$$

Unter Anwendung der Eigenschaften von Determinanten können wir dann die Gültigkeit der Beziehungen

$$\left.\begin{aligned} \frac{\partial(x, y)}{\partial(x, y)} &= -\frac{\partial(y, x)}{\partial(x, y)} = 1 \\[2mm] \frac{\partial(v, v)}{\partial(x, y)} &= 0 = \frac{\partial(k, v)}{\partial(x, y)} \qquad \text{wenn } k \text{ eine Konstante ist} \\[2mm] \frac{\partial(u, v)}{\partial(x, y)} &= -\frac{\partial(v, u)}{\partial(x, y)} = \frac{\partial(-v, u)}{\partial(x, y)} = \frac{\partial(v, -u)}{\partial(x, y)} \end{aligned}\right\} \tag{A6.16}$$

usw. zeigen, sowie ähnliche Regeln für Änderungen 'niederer Stufe'. Beachten Sie insbesondere die Beziehungen

$$\frac{\partial(u, y)}{\partial(x, y)} = \left(\frac{\partial u}{\partial x}\right)_y \tag{A6.17}$$

$$\frac{\partial(u, v)}{\partial(x, y)} = \frac{\partial(u, v)}{\partial(r, s)} \times \frac{\partial(r, s)}{\partial(x, y)} = \frac{1}{\partial(x, y)/\partial(u, v)} . \tag{A6.18}$$

Außerdem gilt

$$\left(\frac{\partial y}{\partial x}\right)_z \left(\frac{\partial z}{\partial y}\right)_x \left(\frac{\partial x}{\partial z}\right)_y = -1. \tag{A6.19}$$

Der Wert der Jacobischen Schreibweise liegt darin, daß wir alle vier Maxwellschen Gleichungen in der sehr eleganten Form

$$\frac{\partial(T, S)}{\partial(x, y)} = \frac{\partial(p, V)}{\partial(x, y)} \tag{A6.20}$$

schreiben können, wobei x und y verschiedene Variable sind. Wir wollen an einem Beispiel zeigen, wie dies funktioniert. Wegen (A6.17) istdie Maxwellsche Beziehung

$$\left(\frac{\partial T}{\partial V}\right)_S = -\left(\frac{\partial p}{\partial S}\right)_V$$

nach (A6.16) gleichbedeutend mit

$$\frac{\partial(T,\,S)}{\partial(V,\,S)} = -\frac{\partial(p,\,V)}{\partial(S,\,V)} = \frac{\partial(p,\,V)}{\partial(V,\,S)}.$$

Wir sehen, wie wir durch Einsetzen der vier möglichen Kombinationen von T, S, p und V in (A6.20) alle Beziehungen erzeugen können. Wegen (A6.18) ist die Gleichung (A6.20) gleichbedeutend mit

$$\frac{\partial(T,\,S)}{\partial(p,\,V)} = 1. \tag{A6.21}$$

Die Jacobische Determinante (A6.21) ist der Schlüssel zur Erinnerung an alle vier Beziehungen. Wir brauchen nur daran zu denken, daß die Jacobische Determinante gleich $+\,1$ ist, wenn T, S, p und V in der obigen Reihenfolge geschrieben werden. Man kann sich das auf die Weise merken, daß die *intensiven Variablen* T und p und die *extensiven Variablen* S und V oben und unten in der gleichen Reihenfolge erscheinen müssen, wenn das Vorzeichen positiv ist.

Neben der Funktion als Gedächtnisstütze ist der Jacobische Formalismus ein recht eleganter Weg zum Auffinden von Beziehungen zwischen thermodynamischen Größen in Form von partiellen Ableitungen.

7 Die kinetische Gastheorie und die Entstehung der statistischen Mechanik

7.1 Einführung

In Kapitel 6 haben wir betont, daß die klassische Thermodynamik von dem besonderen physikalischen Modell, das zur Erklärung der Eigenschaften von Materie oder Strahlung gewählt wird, unabhängig ist. Um es ganz kurz zu sagen, das Gebiet besteht aus einer Reihe von Definitionen und den beiden Hauptsätzen der Thermodynamik. Manchmal erwähnten wir die Kräfte zwischen Molekülen und interpretierten die verschiedenen von uns diskutierten Größen anhand physikalischer Modelle für das Verhalten der Moleküle, aus denen das Gas besteht. Das gehörte jedoch eigentlich nicht zum Thema des vorigen Kapitels. Die Beziehungen zwischen den Variablen in der klassischen Thermodynamik haben absolute Gültigkeit und bedürfen keiner Interpretation, wenn wir nur an den makroskopischen Eigenschaften von Materie und Strahlung interessiert sind.

Dennoch ist es nicht überraschend, daß die klassische Thermodynamik sich parallel zu Fortschritten in der atomaren und molekularen Interpretation der Eigenschaften der Materie entwickelte. In der Tat stellen wir fest, daß die Pioniere auf dem Gebiet der klassischen Thermodynamik, Thomson, Clausius, Maxwell und Boltzmann, auch in der Geschichte der Aufklärung der mikroskopischen Struktur von Festkörpern, Flüssigkeiten und Gasen wieder in Erscheinung treten. Wir werden in diesem Kapitel zwei Geschichten erzählen, die der kinetischen Gastheorie und wie sie zur Boltzmannschen statistischen Mechanik führt. Tatsächlich gehören beide zu einer einzigen Geschichte, da die kinetische Theorie – obwohl aus guten Gründen durchaus nicht ohne weiteres akzeptiert – deutlich darauf hinwies, daß das Gesetz von der Zunahme der Entropie im Grunde ein statistisches Ergebnis ist. Dieser Gedanke hatte einen großen Einfluß auf Boltzmanns Überlegungen.

7.2 Die kinetische Gastheorie

Die Kontroverse zwischen der Wärmestofftheorie und der kinetischen oder dynamischen Theorie der Wärme war offenbar durch die Jouleschen Experimente der 1840er Jahre und durch die Aufstellung der beiden Hauptsätze der Thermodynamik durch Clausius Anfang der 1850er Jahre entschieden worden. Es waren jedoch verschiedene kinetische Theorien vorgeschlagen worden, insbesondere von John Herapath und John James Waterston. Wir werden am Ende dieses Abschnitts auf die Arbeit Waterstons zurückkommen. Joule hatte angegeben, wie seine Entdeckung der Äquivalenz von Wärme und Arbeit in einer kinetischen Theorie interpretiert werden konnte, und Clausius hatte in seiner ersten Formulierung der beiden Hauptsätze der Thermodynamik beschrieben, wie die Sätze im Sinne der kinetischen Theorie gedeutet werden konnten, obgleich er betonte, daß die Sätze völlig unabhängig von der Theorie sind. Die erste systematische Darstellung der Theorie gab Clausius 1857 in einer Veröffentlichung mit dem Titel 'Die Natur der Bewegung, die wir als Wärme bezeichnen' [7.1]. Diese Arbeit enthielt eine einfache Herleitung der Zustandsgleichung der idealen Gase, wobei angenommen wurde, daß die Atome eines Gases elastische Kugeln sind, die beim Abprallen von den Wänden des Behälters einen Druck auf diese ausüben. Auf die Gefahr hin, meine Leser zu beleidigen, die, wie ich höre, diesen Stoff heutzutage 'zusammen mit dem Alphabet' lernen, will ich kurz die einfache Herleitung der Clausiusschen Theorie skizzieren. In seiner ursprünglichen Veröffentlichung arbeitete Clausius ausschließlich mit der mittleren Geschwindigkeit der Teilchen; wir können es aber ein wenig besser machen. Wir werden annehmen, daß eine Geschwindigkeitsverteilung existiert, so daß die Wahrscheinlichkeit dafür, daß die Geschwindigkeit im Bereich zwischen u und $u + du$ liegt, gleich $f(u)\,du$ ist, mit $\int_0^\infty f(u)\,du = 1$. Dann ist die mittlere Geschwindigkeit

$$\bar{u} = \int_0^\infty u\,f(u)\,du, \tag{7.1}$$

und der quadratische Mittelwert der Geschwindigkeit ist

$$\overline{u^2} = \int_0^\infty u^2 f(u)\,du. \tag{7.2}$$

Wir wollen zuerst elastische Stöße von Gasatomen gegen die Behälterwände betrachten (Abb. 7.1). Die kinetische Energie (bei Clausius: *vis viva*) bleibt beim Stoß erhalten, während die zur Wand senkrechte Komponente des Impulsvektors sich umkehrt. Daher ist die Impulsänderung gleich $\Delta p = 2mu \cos\theta$. Wir brauchen lediglich auszurechnen, wieviele Teilchen pro Zeiteinheit auf eine Flächeneinheit der Wand auftreffen, und die Gesamtänderung des Impulses pro Zeiteinheit an dieser Fläche ist dann gleich dem Druck des Gases.

Indem wir uns an einem bestimmten Punkt der Wand aufstellen, fragen wir: 'Mit welcher Wahrscheinlichkeit erreicht ein Atom die Wand unter einem Winkel zwischen θ und $\theta + d\theta$, wobei θ von der Normalenrichtung der Wand aus

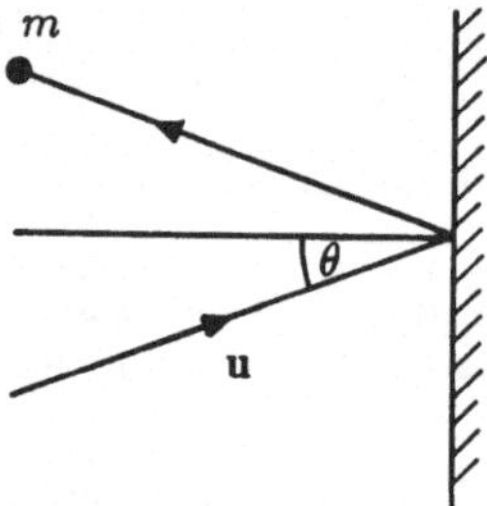

Abb. 7.1.

gemessen wird'. Wenn wir den Raumwinkel betrachten, der durch einen Ring auf einer Kugelfläche im Abstand r im Bereich von θ bei $\theta + d\theta$ aufgespannt wird (Abb. 7.2), dann ist die Wahrscheinlichkeitsverteilung durch

$$
\begin{aligned}
P(\theta)\,d\theta &= \frac{2\pi r \sin\theta\, r\, d\theta}{4\pi r^2} \\
&= \frac{1}{2}\sin\theta\,d\theta
\end{aligned}
\tag{7.3}
$$

gegeben. Nun wissen wir außerdem, daß die Geschwindigkeitsverteilung der Teilchen, die unter einem Winkel zwischen θ und $\theta + d\theta$ auftreffen, gleich $f(u)\,du$ ist. Die Teilchen mit der Geschwindigkeit u nähern sich der Wand mit der Normalgeschwindigkeit $u\cos\theta$. Wenn wir daher die Flächeneinheit der Wandoberfläche betrachten, ist die Anzahl der pro Sekunde auftreffenden Teilchen:

$$
n(u,\,\theta)\,du\,d\theta = \frac{1}{2}f(u)\sin\theta\,du\,d\theta \cdot n_0\,u\cos\theta.
\tag{7.4}
$$

Der Faktor $\frac{1}{2}f(u)\sin\theta\,du\,d\theta$ ist die Wahrscheinlichkeit dafür, daß ein einzelnes Teilchen eine Geschwindigkeit im Bereich zwischen u und $u + du$ besitzt und unter einem Winkel zwischen θ und $\theta + d\theta$ auftrifft, und der Faktor $n_0 u\cos\theta$ ist gleich der Anzahl der Teilchen in einem rechtwinkligen Kasten mit dem Querschnitt Eins und einer solchen Höhe, daß innerhalb einer Sekunde alle darin enthaltenen Teilchen mit der Geschwindigkeit u und dem Winkel θ die Wandoberfläche erreichen. Aus dieser Rechnung können wir zwei Schlußfolgerungen ziehen.

Erstens ist die Gesamtzahl der Teilchen, die pro Flächeneinheit und Sekunde auf die Wand auftreffen, einfach gleich dem Integral über den Ausdruck (7.4), d.h. es ist

$$
\begin{aligned}
\text{Teilchenfluß pro Flächeneinheit} &= \int_0^\infty \int_0^{\frac{\pi}{2}} \frac{1}{2}n_0 f(u)\,u\cos\theta\sin\theta\,d\theta\,du \\
&= \frac{1}{4}n_0 \int_0^\infty f(u)\,u\,du \\
&= \frac{1}{4}n_0\,\bar{u}.
\end{aligned}
\tag{7.5}
$$

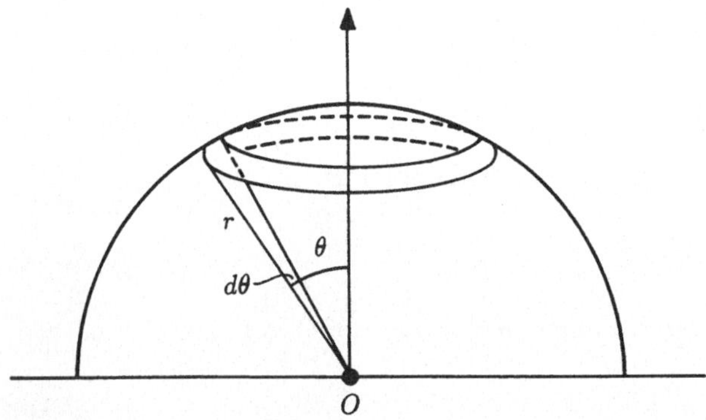

Abb. 7.2.

Zweitens ist die Änderung der Impulskomponente senkrecht zur Behälterwand für die Teilchen, die unter dem Winkel θ mit der Geschwindigkeit u auftreffen, gleich $2mu\cos\theta$, und damit erhält man für den Druck

$$
\begin{aligned}
p &= \int_0^\infty \int_0^{\frac{\pi}{2}} (2mu\cos\theta)\frac{1}{2}n_0\,f(u)\,u\cos\theta\sin\theta\,d\theta\,du \\
&= n_0 m \int_0^\infty u^2 f(u)\,du \int_0^{\frac{\pi}{2}} \sin\theta\cos\theta\,d\theta \qquad (7.6) \\
&= \frac{1}{3}n_0\,m\,\overline{u^2}.
\end{aligned}
$$

Clausius stellte dann fest, daß dies gerade der Ausdruck für ein ideales Gas ist. Wenn wir 1 Mol Gas betrachten, dann ist N die Gesamtzahl der Atome, und folglich ist $n_0 V = N$, d.h. es gilt

$$
pV = \frac{1}{3}Nm\overline{u^2}. \qquad (7.7)
$$

Für ein ideales Gas müssen wir die rechte Seite von Gl. (7.7) mit RT gleichsetzen, das heißt die Temperatur des Gases ist proportional zu $\overline{u^2}$, dem quadratischen Mittelwert der Geschwindigkeit der Gasatome. Daher ist

$$
RT = \frac{1}{3}Nm\overline{u^2}. \qquad (7.8)
$$

Wir können aber noch weitergehen und feststellen, daß die innere Energie des Gases gerade gleich der kinetischen Energie der Gasmoleküle ist, d.h. für 1 Mol gilt

$$
U = \frac{1}{2}Nm\overline{u^2}. \qquad (7.9)
$$

Wir erhalten somit

$$
U = \frac{3}{2}RT \qquad (7.10)
$$

und folglich die Wärmekapazität bei konstantem Volumen:

$$C_V = \left(\frac{\partial U}{\partial T}\right)_V = \frac{3}{2}R. \tag{7.11}$$

Das Verhältnis der spezifischen Wärmen beträgt

$$\gamma = \frac{C_V + R}{C_V} = \frac{5}{3}. \tag{7.12}$$

Entsprechend erhält man für die mittlere Energie pro Atom:

$$\frac{1}{2}m\overline{u^2} = \frac{U}{N} = \frac{3}{2}\frac{R}{N}T = \frac{3}{2}kT, \tag{7.13}$$

wobei $k = R/N = 1,38 \times 10^{-23}\,\mathrm{J\,K^{-1}}$ die Boltzmannsche Konstante ist.

Diese bemerkenswert elegante Beweisführung wird heute als so selbstverständlich angesehen, daß man vergißt, was für eine große Leistung sie 1857 darstellte. Während sie das ideale Gasgesetz großartig erklärte, ergab sie bei molekularen Gasen, da $\gamma \approx 1.4$ beobachtet wurde, keine gute Übereinstimmung mit den bekannten Werten. Es muß daher in molekularen Gasen weitere Arten der Speicherung kinetischer Energie geben, welche die innere Energie pro Molekül erhöhen können; ein wichtiger Punkt, der von Clausius in den letzten Sätzen seiner Veröffentlichung klar erkannt wurde.

Zwei Aspekte der Beweisführung sind beachtenswert. Erstens wußte Clausius, daß es eine Dispersion der Geschwindigkeit $f(u)$ der Gasatome geben mußte, aber er konnte nicht wissen, wie sie aussah, und arbeitete daher nur mit Mittelwerten. Zweitens war der Gedanke, daß der Gasdruck proportional zu $N m \overline{u^2}$ sein sollte, 15 Jahre vorher von Waterston ausgearbeitet worden. Schon 1843 schrieb Waterston in einem in Edinburgh erschienenen Buch: 'Ein Medium, das aus elastischen kugelförmigen Atomen besteht, die fortwährend mit der gleichen Geschwindigkeit aufeinanderprallen, wird auf ein Vakuum eine elastische Kraft ausüben, die dem Quadrat der Geschwindigkeit und seiner Dichte proportional ist' [7.2]. Im Dezember 1845 entwickelte Waterston eine systematischere Version seiner Theorie und gab eine erste Darstellung des Gleichverteilungssatzes für eine Gasmischung aus unterschiedlichen Atomarten. Er berechnete auch das Verhältnis der spezifischen Wärmen; allerdings enthält seine Rechnung einen numerischen Fehler.

Waterstons Arbeit wurde 1845 der Royal Society zur Veröfflichung vorgelegt, jedoch schroff beurteilt, und blieb unveröffentlicht bis 1892, acht Jahre nach seinem Tode. Die Arbeit wurde von Lord Rayleigh in den Archiven der Royal Society entdeckt, und er ließ sie dann mit einer von ihm selbst geschriebenen Einführung veröffentlichen. In der Einführung schrieb Rayleigh:

Beeindruckt von der obigen Textstelle [aus einer späteren Arbeit von Waterston] und von der allgemeinen Genialität und Folgerichtigkeit von Waterstons Auffassungen, ergriff ich die erste Gelegenheit, in den Archiven nachzuschlagen, und sah sofort, daß die Abhandlung die gestellten hohen Ansprüche rechtfertigte und daß sie einen enormen Vorstoß in

Richtung auf die jetzt allgemein anerkannte Theorie unternimmt. Die Unterlassung der Veröffentlichung war ein Unglück, das wahrscheinlich die Entwicklung des Fachgebiets um zehn oder fünfzehn Jahre verzögerte. [7.3]

Später bemerkt er:

Die Art des aus dieser Veröffentlichung sich herleitenden Fortschritts wird man sofort verstehen, wenn man sich klarmacht, daß Waterston als erster die Vorstellung in die Theorie einführte, daß Wärme und Temperatur durch die 'vis viva' (d.h. die kinetische Energie) zu messen sind ... . Die große Besonderheit im zweiten Abschnitt ist die Aussage (VII), daß in gemischten Medien das quadratische Mittel der Geschwindigkeit umgekehrt proportional zum spezifischen Gewicht der Moleküle ist. Der von Waterston angegebene Beweis ist zweifellos nicht befriedigend; aber das gleiche läßt sich von dem Beweis sagen, der von Maxwell fünfzehn Jahre später vorgebracht wurde. [7.4]

Ein letztes Zitat ist besonders denkwürdig:

Die Geschichte dieser Arbeit legt die Schlußfolgerung nahe, daß in hohem Maße spekulative Untersuchungen, insbesondere von einem unbekannten Autor, der wissenschaftlichen Welt am besten über einen anderen Kanal als eine wissenschaftliche Gesellschaft vorgestellt werden, die naturgemäß zögert, Material von ungewissem Wert in ihre gedruckten Protokolle aufzunehmen. Vielleicht kann man noch weitergehen und sagen, daß ein junger Autor, der sich selbst großer Dinge für fähig hält, normalerweise gut daran tun würde, sich die geneigte Anerkennung der wissenschaftlichen Welt durch Arbeiten begrenzten Umfangs zu sichern, bevor er sich auf größere Höhenflüge einläßt [7.5].

Was soll man sagen? Die Situation ist recht tragisch, und doch ist leicht zu sehen, wie sie zustandekommen kann. Wie oft haben wir die Ideen eines unbekannten Wissenschaftlers oder Studenten abgetan, dessen Arbeit wir nicht voll verstanden? Ich wünsche, ich könnte glauben, dies nicht getan zu haben, aber ich werde mir wohl nie ganz sicher sein können.

7.3 Die Maxwellsche Geschwindigkeitsverteilung

Bevor wir zu Maxwells neuer Behandlung der kinetischen Gastheorie übergehen, sollten wir eine andere Besonderheit der Clausiusschen Arbeit beachten, die für Maxwell besondere Bedeutung hatte. Aus der kinetischen Theorie konnte Clausius die typischen Geschwindigkeiten der Luftatome und -moleküle nach seiner Formel $RT = \frac{1}{3}Nm\overline{u^2}$ berechnen. Für Sauerstoff und Stickstoff leitete er Geschwindigkeiten von 461 bzw. 492 m s^{-1} ab. Der holländische Meteorologe Buys Ballot kritisierte diesen Aspekt der Theorie, da stechende Gerüche bekanntlich Minuten brauchen, um sich in einem Raum auszubreiten. Clausius antwortete darauf mit dem Hinweis, daß die Luftmoleküle miteinander zusammenstoßen und daher die Teilchen von einem Teil eines Volumens zu anderen *diffundieren*, statt sich geradlinig auszubreiten. In seiner 1858 veröffentlichten Antwort führte Clausius erstmalig den Begriff der *mittleren freien Weglänge* für Gasatome und -moleküle ein. Daher muß in der kinetischen Gastheorie vorausgesetzt werden, daß ständig Zusammenstöße zwischen den Molekülen stattfinden.

Beide Veröffentlichungen von Clausius waren Maxwell bekannt, als er sich 1859 und 1860 dem Problem der kinetischen Gastheorie zuwandte. Seine Arbeit wurde 1860 in einer weiteren charakteristisch neuartigen und tiefgründigen Abhandlung mit dem Titel 'Illustrations of the dynamical theory of gases' (Erläuterungen zur dynamischen Theorie der Gase) [7.6] veröffentlicht. Seine ganz erstaunliche Leistung war, daß er in einer Abhandlung die richtige Formel für die Geschwindigkeitsverteilung $f(u)$ herleitete und statistische Konzepte in die kinetische Gastheorie und Thermodynamik einführte. C.W.F. Everitt schreibt, daß diese Herleitung der Funktion, die wir heute als Maxwellsche Geschwindigkeitsverteilung kennen, den Beginn einer neuen Epoche in der Physik bezeichnet [7.7]. Daraus entstanden direkt die Auffassungen von der statistischen Natur der Gesetze der Thermodynamik, die den Schlüssel zur Boltzmannschen Statistik und zur modernen Theorie der statistischen Mechanik bilden.

Maxwells Herleitung der Verteilung nimmt nicht mehr als ein halbes Dutzend kurze Abschnitte ein. Er stellt das Problem als Aussage IV in seiner Veröffentlichung 'To find the average number of particles whose velocities lie between given limits, after a great number of collisions among a great number of equal particles' (Bestimmung der mittleren Zahl von Teilchen, deren Geschwindigkeiten zwischen vorgegebenen Grenzen liegen, nach einer großen Zahl von Stößen zwischen einer großen Zahl gleichartiger Teilchen). Die Gesamtzahl der Teilchen ist N, und wir werden die x-, y- und z-Komponenten der Teilchengeschwindigkeiten mit u_x, u_y und u_z bezeichnen. Maxwell setzt dann voraus, daß die Geschwindigkeitsverteilung in den drei zueinander senkrechten Richtungen nach einer großen Anzahl von Stößen die gleiche ist, d.h. es gilt

$$N f(u_x)\, du_x = N f(u_y)\, du_y = N f(u_z)\, du_z \,, \tag{7.14}$$

wobei f stets die gleiche Funktion ist. Nun sind die drei zueinander senkrechten Komponenten der Geschwindigkeit völlig unabhängig voneinander, und folglich ist die Zahl der Teilchen mit Geschwindigkeiten im Bereich von u_x bis $u_x + du_x$, u_y bis $u_y + du_y$, u_z bis $u_z + du_z$ gleich

$$N f(u_x)\, f(u_y)\, f(u_z)\, dx\, dy\, dz. \tag{7.15}$$

Die Gesamtgeschwindigkeit eines Teilchens mit den Komponenten u_x, u_y, u_z ist aber die Wurzel aus $u^2 = u_x^2 + u_y^2 + u_z^2$, und da wir annehmen, daß sehr viele Stöße stattgefunden haben, muß die Geschwindigkeitsverteilung isotrop sein und folglich nur von u^2 abhängen, d.h. es gilt

$$f(u_x)\, f(u_y)\, f(u_z) = \phi(u^2) = \phi\left(u_x^2 + u_y^2 + u_z^2\right). \tag{7.16}$$

Dies kennen wir als Funktionalgleichung, und wir müssen fragen, welche Formen der Funktion $f(u_x)$ mit (7.14) und (7.16) vereinbar sind. Die einfache Lösung ist

$$f(x) = C\,e^{Au_x^2}, \quad f(y) = C\,e^{Au_y^2}, \quad f(z) = C\,e^{Au_z^2},$$

woraus folgt:

$$\begin{aligned}
\phi(u^2) &= f(u_x)\,f(u_y)\,f(u_z) = C^3\,e^{A(u_x^2+u_y^2+u_z^2)} \\
&= C^3\,e^{Au^2}.
\end{aligned} \tag{7.17}$$

Nun muß die Verteilung für $u \to \infty$ konvergieren, und daher muß A negativ sein. Maxwell schrieb dies in der Form

$$\phi(u^2) = C^3\,e^{-u^2/\alpha^2}. \tag{7.18}$$

Wir wissen, daß die Gesamtzahl der Teilchen gleich N ist; folglich muß für jede Geschwindigkeitskomponente gelten:

$$N = N \int_{-\infty}^{\infty} C\,e^{-u_x^2/\alpha^2}\,du_x. \tag{7.19}$$

Dies enthält das Standardintegral $\int_{-\infty}^{\infty} e^{-x^2}\,dx = \pi^{\frac{1}{2}}$, und damit erhalten wir

$$C = \frac{1}{\alpha\pi^{\frac{1}{2}}}. \tag{7.20}$$

Diese Überlegung führt direkt auf vier Schlußfolgerungen, die wir in Maxwells Worten (jedoch unter Benutzung unserer Schreibweise) zitieren:

1. Die Zahl der Teilchen, deren Geschwindigkeit in einer bestimmten Richtung zwischen u_x und $u_x + du_x$ liegt, ist gleich

$$N\,\frac{1}{\alpha\pi^{\frac{1}{2}}}\,e^{-u_x^2/\alpha^2}\,du_x.$$

2. Die Zahl der Teilchen, deren tatsächliche Geschwindigkeit zwischen u und $u + du$ liegt, ist gleich

$$N\,\frac{4}{\alpha^3\pi^{\frac{1}{2}}}\,u^2\,e^{-u^2/\alpha^2}\,du.$$

Es gilt nämlich

$$N(u)\,du = N\,\frac{1}{\alpha^3\pi^{\frac{3}{2}}}\,e^{-u^2/\alpha^2}\,du_x\,du_y\,du_z.$$

Wir erhalten aber das Betragsquadrat u^2 der Geschwindigkeit aus allen Volumelementen, die in der Kugelschale mit dem Radius u und der Dicke du liegen (Abb. 7.3), d.h. das gesamte Volumelement für Geschwindigkeiten von u bis $u + du$ ist gleich $4\pi u^2\,du$. Daher gilt

$$N(u)\,du = N\,\frac{4\pi u^2}{\alpha^3 \pi^{\frac{3}{2}}}\,e^{-u^2/\alpha^2}\,du$$

$$= N\,\frac{4}{\alpha^3 \pi^{\frac{1}{2}}}\,u^2 e^{-u^2/\alpha^2}\,du\,.$$

$$(7.21)$$

3. Um den Mittelwert von u zu bestimmen, sind die Geschwindigkeiten aller Teilchen zu addieren und durch die Teilchenzahl zu dividieren; das Ergebnis ist:

$$\text{Mittlere Geschwindigkeit} = \frac{2\alpha}{\pi^{\frac{1}{2}}}. \qquad (7.22)$$

Dies entspricht dem Standardverfahren:

$$\bar{u} = \frac{\displaystyle\int_0^\infty u\,N(u)\,du}{\displaystyle\int_0^\infty N(u)\,du} = \int_0^\infty \frac{4}{\alpha^3 \pi^{\frac{1}{2}}}\,u^3\,e^{-u^2/\alpha^2}\,du.$$

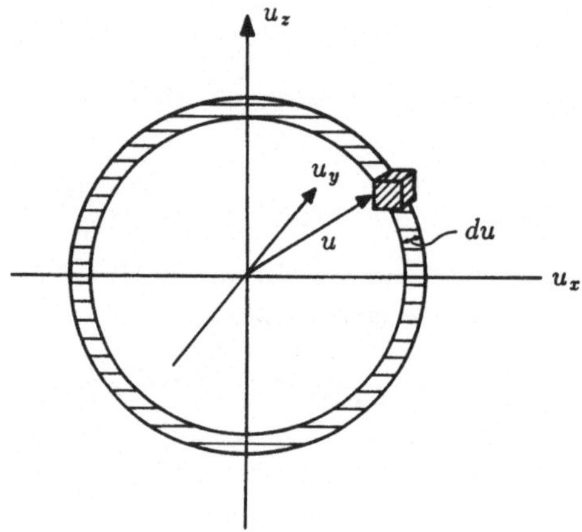

Abb. 7.3. Umwandlung des Volumenintegrals über $du_x du_y du_z$, d.h. über den Geschwindigkeitsraum in ein Integral über den Betrag u der Geschwindigkeit und das Element $4\pi u^2\,du$ des Geschwindigkeitsraums

Das ist ein weiteres Standardintegral $\int_0^\infty x^3 e^{-x^2}\,dx = \frac{1}{2}$. Daher gilt:

$$\bar{u} = \frac{4}{\alpha^3 \pi^{\frac{1}{2}}}\,\frac{\alpha^4}{2} = \frac{2\alpha}{\pi^{\frac{1}{2}}}.$$

4. Zur Bestimmung des Mittelwerts von u^2 sind alle Werte zu addieren und durch N zu teilen:

$$\text{Mittelwert von } u^2 = \frac{3}{2}\alpha^2,$$

d.h. wir bilden

$$\overline{u^2} = \int_0^\infty \frac{4}{\alpha^3 \pi^{\frac{1}{2}}} \, u^4 \, e^{-u^2/\alpha^2} \, du. \tag{7.23}$$

Dies kann durch partielle Integration wiederum auf die obigen Standard-formen reduziert werden. Maxwell fährt sogleich mit der Feststellung fort, 'daß die Geschwindigkeiten unter den Teilchen nach den gleichen Gesetzen verteilt sind wie die Beobachtungsfehler in der Theorie der "Methode der kleinsten Quadrate" ', d.h. in dieser allerersten Veröffent-lichung wird schon die direkte Beziehung zu statistischen Verfahren her-gestellt.

Um die Maxwellsche Verteilung in ihre normale Form zu bringen, brauchen wir nur das Ergebnis (7.23) mit dem aus der Clausiusschen Theorie hergeleite-ten Wert für $\overline{u^2}$ zu vergleichen (Gl. 7.13)) und erhalten dann

$$\overline{u^2} = \frac{3}{2}\alpha^2 = \frac{3kT}{m}. \tag{7.24}$$

Damit können wir die Maxwellsche Verteilung (7. 21) in ihrer endgültigen Form schreiben:

$$N(u)\,du = 4\pi N \left(\frac{m}{2\pi kT}\right)^{\frac{3}{2}} u^2 \, e^{-mu^2/2kT} \, du. \tag{7.25}$$

Diese Ableitung ist eine ganz erstaunliche Leistung, denn es handelt sich um die bei weitem die einfachste Herleitung der Maxwellschen Verteilung. Im Ge-gensatz dazu führt die Herleitung in modernen Lehrbüchern über den Umweg der Boltzmann-Verteilung.

Maxwell wendet dann dieses Gesetz auf die verschiedensten Situationen an und zeigt insbesondere, daß bei Vorhandensein zweier verschiedener Teilchenar-ten im gleichen Volumen die mittlere *vis viva* oder kinetische Energie für jede Teilchenart gleich ist. Im letzten Abschnitt der Arbeit befaßt sich Maxwell mit dem Problem, das Verhältnis der spezifischen Wärmen zu erklären, dessen Meßwerte für die meisten Gase bei $\gamma \approx 1,4$ lagen. Clausius hatte schon festge-stellt, daß irgendein zusätzliches Mittel zur Speicherung der *vis viva* erforderlich war, und Maxwell behauptete, daß sie in der kinetischen Rotationsenergie der Atome oder Moleküle gespeichert wäre, die er sich als unregelmäßig geformte Teilchen vorstellte. Er fand, daß im Gleichgewicht in der Rotationsbewegung ebensoviel Energie wie in der Translationsbewegung gespeichert werden konnte, d.h. $\frac{1}{2}I\omega^2 = \frac{1}{2}mu^2$, und daraus konnte er einen Wert für das Verhältnis der spe-zifischen Wärmen herleiten. Statt $U = \frac{3}{2}RT$ (Gl. (7.10)) schrieb er $U = 3RT$, da in der Rotation ebensoviel Energie wie in der Translation gespeichert wird, und indem wir die Analyse der Gleichungen (7.10) bis (7.12) verfolgen, finden wir daher

$$\gamma = \tfrac{4}{3} = 1,333\,.$$

Dieser Wert ist ebenso schlecht wie der Wert 1,667, den wir erhalten, wenn wir nur die Translationsbewegung betrachten. Maxwell war dadurch tief deprimiert. Der letzte Satz dieser großen Arbeit lautet: 'Schließlich haben wir durch die Aufstellung einer notwendigen Beziehung zwischen den Translations- und Rotationsbewegungen aller nicht kugelförmigen Teilchen nachgewiesen, daß ein System solcher Teilchen unmöglich die Beziehung zwischen den beiden spezifischen Wärmen aller Gase erfüllen könnte'. Sein Unvermögen, den Wert von $\gamma \approx 1,4$ zu erklären, war eine schwere Enttäuschung für Maxwell, der in seinem Bericht an die British Association for the Advancement of Science von 1860 feststellt, daß dieser Widerspruch 'die ganze Hypothese über den Haufen warf' [7.8].

Der zweite Schlüsselgedanke, der sich direkt aus dieser Arbeit ergibt, ist das *Prinzip von der Gleichverteilung der Energie*. Dies sollte sich als ein sehr umstrittener Punkt erweisen, bis er schließlich durch Einsteins Anwendung der Quantenbegriffe auf die mittlere Energie eines Oszillators gelöst wurde (siehe Abschnitt 11.4). Das Prinzip besagt, daß im Gleichgewicht die Energie gleichmäßig über die einzelnen Freiheitsgrade verteilt ist, in denen Energie von Atomen und Molekülen gespeichert werden kann. Das Problem, Werte von $\gamma \approx 1,4$ zu erklären, wurde durch die Entdeckung von Spektrallinien in den Spektren von Gasen erschwert. Diese wurden als molekulare Resonanzen interpretiert, die mit der inneren Struktur der Moleküle zusammenhingen, und es gab so viele davon, daß das Verhältnis der spezifischen Wärmen von Gasen gegen 1 gehen würde, wenn jeder Freiheitsgrad seinen Anteil an der inneren Energie des Gases erhalten sollte. Diese beiden grundsätzlichen Probleme ließen schwerwiegende Zweifel an der Richtigkeit des Gleichverteilungssatzes der Energie und infolgedessen an der ganzen Idee einer kinetischen Gastheorie aufkommen, trotz ihres Erfolgs bei der Erklärung des idealen Gasgesetzes.

Diese Fragen standen im Mittelpunkt eines großen Teils von Maxwells späterer Arbeit. Im Jahre 1867 legte er eine weitere Herleitung der Geschwindigkeitsverteilung vor, die direkt mit Molekülstößen verbunden war. Zur Erhaltung des Gleichgewichts bei Stößen müssen die Verteilungsfunktionen der Geschwindigkeiten bei einem Stoß mit

$$u_1 + u_2 \rightarrow u_1' + u_2'$$

die Bedingung

$$f(u_1)\,f(u_2) = f(u_1')\,f(u_2') \tag{7.26}$$

erfüllen. Aufgrund der Erhaltung der Energie muß außerdem gelten:

$$\frac{1}{2}mu_1^2 + \frac{1}{2}mu_2^2 = \frac{1}{2}mu_1'^2 + \frac{1}{2}mu_2'^2. \tag{7.27}$$

Eine Prüfung der Maxwellschen Geschwindigkeitsverteilung zeigt, daß sie tatsächlich dieses Kriterium erfüllt, d.h. es gilt

$$\exp\left[-\frac{m}{2kt}\left(u_1^2 + u_2^2\right)\right] = \exp\left[-\frac{m}{2kt}\left(u_1'^2 + u_2'^2\right)\right]. \tag{7.28}$$

Trotz der Probleme mit der kinetischen Theorie zweifelte Maxwell niemals ernsthaft an ihrer Gültigkeit oder an der Richtigkeit der Geschwindigkeitsverteilung, die er hergeleitet hatte, entweder nach seiner ersten allgemeinen Beweisführung oder nach der zweiten, die Molekülstöße einschloß. Gegen Ende seines Lebens begann die volle Bedeutung seiner Leistungen mit Boltzmanns radikal neuem Herangehen an die Thermodynamik offenbar zu werden.

7.4 Die statistische Natur des zweiten Hauptsatzes der Thermodynamik

Im Jahre 1867 stellte Maxwell zuerst seine berühmte Beweisführung vor, durch die er zeigte, wie auf der Grundlage der kinetischen Gastheorie Wärme von einem kälteren zu einem wärmeren Körper übertragen werden kann. Er hatte inzwischen die Geschwindigkeitsverteilung eingeführt, die den im Gas vorhandenen Geschwindigkeitsbereich beschreibt. Er betrachtete einen Behälter, der in zwei Hälften A und B unterteilt ist, wobei das Gas in A wärmer als in B ist. Maxwell dachte sich ein kleines, in die Trennwand zwischen A und B gebohrtes Loch und ein 'endliches Wesen', das die Moleküle bei ihrer Annäherung an das Loch beobachtet. Das endliche Wesen kann einen Verschluß betätigen, und es wählt die Strategie, daß es nur schnelle Moleküle durch das Loch von B nach A und langsame Moleküle von A nach B passieren läßt. Dadurch heizen die heißen Moleküle im Schwanz der Maxwell-Verteilung des Gases in B das Gas in A auf, und die kalten Moleküle vom energiearmen Ende der Verteilung in A kühlen das Gas in B ab. Das endliche Wesen ermöglicht auf diese Weise, daß das System gegen den zweiten Hauptsatz der Thermodynamik verstößt. Thomson bezeichnete das endliche Wesen als 'Maxwellschen Dämon', wogegen Maxwell Einspruch erhob, der Tait bat, 'lieber von einem Ventil als von einem Dämon zu sprechen'. [7.9]

Maxwells letzte Bemerkung läßt den springenden Punkt bei der statistischen Natur des zweiten Hauptsatzes der Thermodynamik erkennen. Ganz unabhängig von endlichen Wesen oder Dämonen gibt es eine kleine, aber endliche Wahrscheinlichkeit dafür, daß von Zeit zu Zeit genau das tatsächlich passiert, was Maxwell beschreibt. Jedesmal wenn ein schnelles Molekül von B nach A fliegt, wird ohne den Einfluß irgendeiner äußeren Ursache Wärme vom kälteren zum wärmeren Körper übertragen. Nun ist natürlich die Wahrscheinlichkeit dafür, daß heiße Moleküle von A nach B fliegen, überwältigend größer, und in diesem Prozeß fließt Wärme vom wärmeren zum kälteren Körper, mit dem Ergebnis, daß die Entropie des Gesamtsystems zunimmt. Es steht jedoch außer Frage, daß nach der kinetischen Gastheorie mit einer sehr kleinen, aber endlichen Wahrscheinlichkeit spontan das Gegenteil eintritt und die Entropie in diesem natürlichen Prozeß abnimmt. Maxwell war sich über die Bedeutung dieses Arguments völlig im klaren. Er äußerte gegenüber Tait, daß seine Beweisführung darauf angelegt wäre, 'zu zeigen, daß der zweite Hauptsatz der Thermodynamik nur mit statistischer Sicherheit gilt' [7.10]. Ich halte dies für ein brillantes und zwingendes Argument, aber es ist von einem speziellen Modell für das Gas abhängig, d.h. von der kinetischen Gastheorie.

Die im wesentlichen statistische Natur des zweiten Hauptsatzes wurde durch ein weiteres Argument Maxwells unterstrichen. Ende der 1860er Jahre versuchten sowohl Clausius als auch Boltzmann, den zweiten Hauptsatz der Thermodynamik aus der Mechanik abzuleiten, eine Methode, die als dynamische Interpretation des zweiten Hauptsatzes bezeichnet wurde. Bei dieser Behandlungsweise wurde die Dynamik einzelner Teilchen verfolgt, in der Hoffnung, daß sie schließlich zum Verständnis des Ursprungs des zweiten Hauptsatzes führen würde. Maxwell widerlegte diese Auffassung grundsätzlich mit dem einfachen, aber schlagenden Argument, daß die Newtonschen Bewegungsgesetze und tatsächlich auch die Maxwellschen Gleichungen für das elektromagnetische Feld vollständig zeitlich umkehrbar sind und folglich die im zweiten Hauptsatz implizierte Irreversibilität nicht durch eine dynamische Theorie erklärt werden kann. Der zweite Hauptsatz kann nur als eine Aussage verstanden werden, die auf der statistischen Analyse einer ungeheuer großen Zahl von Teilchen basiert.

Boltzmann gehörte ursprünglich der dynamischen Schule an, kannte aber Maxwells Arbeiten vollständig. Zu seinen bedeutendsten Beiträgen in diesen Jahren gehörte eine Überarbeitung der Maxwellschen Analyse der Gleichgewichtsverteilung der Geschwindigkeiten in einem Gas unter Einbeziehung eines vorhandenen Potentialterms $\phi(r)$, der die potentielle Energie des Teilchens im Feld beschreibt. Die Erhaltung der Energie fordert, daß

$$\frac{1}{2}mu_1^2 + \phi(r_1) = \frac{1}{2}mu_2^2 + \phi(r_2)$$

gilt, und die entsprechende Wahrscheinlichkeitsverteilung hat die Form

$$f(u) \propto \exp\left[-\frac{\frac{1}{2}mu^2 + \phi(r)}{kT}\right].$$

Wir erkennen in dieser Analyse die Urform des Boltzmannschen Faktors $e^{-E/kT}$.

Schließlich akzeptierte er Maxwells Doktrin bezüglich der statistischen Natur des zweiten Hauptsatzes und machte sich daran, den formalen Zusammenhang zwischen Entropie und Wahrscheinlichkeit auszuarbeiten:

$$S = k \ln p, \tag{7.29}$$

wobei S die Entropie, p die Wahrscheinlichkeit des betreffenden Zustands und k die Boltzmann-Konstante ist. In Wirklichkeit war bei der Boltzmannschen Analyse der exakte Wert der Konstante k nicht bekannt. Boltzmanns Analyse ist mathematisch sehr kompliziert, und in der Tat war dies eins der Probleme, welche die Wissenschaftler seiner Zeit hinderten, die Bedeutung seiner Leistungen voll zu würdigen. Wir wollen nicht mit der formalen Entwicklung der statistischen Mechanik beginnen, aber wir können die Vernünftigkeit des Boltzmannschen Satzes andeuten, der die Grundlage der modernen statistischen Physik bildet.

7.5 Entropie und Wahrscheinlichkeit

Das Gesetz von der Zunahme der Entropie besagt, daß Systeme sich zu größerer Gleichförmigkeit hin entwickeln. Um es anders auszudrücken, die Teilchen, aus denen das System besteht, werden stärker randomisiert – es entsteht eine weniger organisierte Struktur. Wir haben schon in Kapitel 6 Beispiele dafür kennengelernt. Wenn Körper mit unterschiedlichen Temperaturen in Kontakt miteinander gebracht werden, erfolgt ein Wärmeaustausch, so daß sie auf die gleiche Temperatur kommen, d.h. ungleiche Temperaturen werden ausgeglichen. Bei einer Jouleschen Expansion dehnt sich das Gas in ein größeres Volumen aus und stellt damit Gleichförmigkeit über ein größeres Volumen her. In beiden Fällen erfolgt eine Zunahme der Entropie.

Maxwells Argumente legen den Schluß sehr nahe, daß die Entropiezunahme eine statistische Erscheinung ist, obwohl er nicht versuchte, die Art der Beziehung zwischen dem zweiten Hauptsatz und der Statistik zu quantifizieren. Der von Boltzmann unternommene Vorstoß bestand darin, daß er den Grad der Unordnung in Systemen durch die Wahrscheinlichkeit für ihre zufällige Entstehung beschrieb und diese Wahrscheinlichkeit in Beziehung zur Entropie des Systems setzte.

Nehmen wir nun an, wir haben zwei Systeme und berechnen die Wahrscheinlichkeiten p_1 und p_2 für ihre zufällige Entstehung. Dann ist die Wahrscheinlichkeit dafür, daß sie zusammen auftreten, gleich dem Produkt der beiden Wahrscheinlichkeiten, $p = p_1 p_2$. Wenn wir andererseits den einzelnen Systemen die Entropien S_1 und S_2 zuordnen, wissen wir, daß die Entropien additiv sind und folglich die Gesamtentropie durch

$$S = S_1 + S_2 \tag{7.30}$$

gegeben ist. Wenn daher eine Beziehung zwischen Entropie und Wahrscheinlichkeit besteht, muß es sich um eine logarithmische Beziehung der Form $S = C \ln p$ handeln, wobei C irgendeine Konstante ist.

Wir wollen diese statistische Definition der Entropie auf die Joulesche Expansion eines idealen Gases anwenden und sehen, ob sie funktioniert. Wir betrachten die Joulesche Expansion des Gases vom Volumen V auf $2V$. Wir wollen zunächst annehmen, daß sich in V 1 Mol Gas befindet. Wir fragen nun: 'Wenn die Moleküle ungehindert das Volumen $2V$ ausfüllen könnten, wie groß ist dann die Wahrscheinlichkeit dafür, daß sie alle nur ein Volumen V ausfüllen würden?' Für jedes Molekül ist die Wahrscheinlichkeit gleich $\frac{1}{2}$. Wenn wir daher nur 2 Moleküle haben, ist die Wahrscheinlichkeit gleich $(\frac{1}{2})^2$, für 3 Moleküle gleich $(\frac{1}{2})^3$, für 4 Moleküle gleich $(\frac{1}{2})^4$, ... und bei N Molekülen beträgt die Wahrscheinlichkeit $(\frac{1}{2})^N$. Wegen $N = 6 \times 10^{23}$ ist in der Tat diese Wahrscheinlichkeit sehr klein. Wir wollen jedoch weitermachen und die Definition $S = C \ln p$ auf $p(V_1, V_2) = (\frac{1}{2})^N$ anwenden. Wir erwarten daher, daß für die Entropieänderung gilt:

$$S_2 - S_1 = \Delta S = C \ln(p_2/p_1) = C \ln 2^N = CN \ln 2. \tag{7.31}$$

Wir haben diesen Ausdruck jedoch schon für die Joulesche Expansion nach der klassischen Thermodynamik berechnet (Gl. 6.52):

$$\Delta S = R \ln V_2/V_1 = R \ln 2.$$

Wir sehen sofort, daß die Beziehung

$$R = CN$$

gelten muß, d.h.

$$C = R/N = k.$$

Wir erhalten Boltzmanns grundlegende Beziehung zwischen Entropie und Wahrscheinlichkeit:

$$S = k \ln p$$

oder

$$S_2 - S_1 = k \ln (p_2/p_1). \tag{7.32}$$

Die Vorzeichen sind so gewählt, daß das wahrscheinlichere Ereignis einer Zunahme der Entropie entspricht.

Wir wollen ein weiteres anschauliches Beispiel vortragen, das zeigt, wie die statistische Methode arbeitet. Betrachten wir zwei gleiche Gasvolumina mit verschiedenen Drücken p_1 und p_2. Auf der einen Seite der Trennwand zwischen den Volumina befinden sich r Mole Gas, auf der anderen Seite $1 - r$ Mole. Wir nehmen an, daß das Volumen jeweils gleich $V/2$ ist. Wir können nun die Entropie von 1 Mol Gas aufschreiben, wenn sich Volumen und Temperatur von V_0, T_0 in V, T ändern. Nach Gl. (6.51) gilt für 1 Mol Gas:

$$S_1(T, V) = C_V \ln \left(\frac{T}{T_0}\right) + R \ln \left(\frac{V}{V_0}\right) + S_1(T_0, V_0).$$

Der Index 1 bezieht sich auf 1 Mol Gas. Nehmen wir nun an, wir haben m Mole Gas. Wegen der Additivität der Entropien gilt dann:

$$S_m(T, V) = mC_V \ln \left(\frac{T}{T_0}\right) + mR \ln \left(\frac{V}{V_0}\right) + mS_1(T_0, V_0),$$

wenn wir bei der Hinzunahme von Gasvolumina alle Variablen konstanthalten. Der einzige Haken ist, daß V und V_0 sich immer noch auf nur 1 Mol Gas beziehen. Das Volumen der m Mole beträgt $mV = V_m$. Wir wollen daher den Ausdruck für die Entropie umschreiben:

$$S_m(T, V_m) = mC_V \ln \left(\frac{T}{T_0}\right) + mR \ln \left(\frac{V_m}{mV_0}\right) + mS_1(T_0, V_0). \tag{7.33}$$

Wir können jetzt dieses Ergebnis auf die beiden Volumina $V_m = V/2$ anwenden, die r bzw. $1 - r$ Mole enthalten:

$$\left.\begin{aligned}
S_1 &= rC_V \ln\left(\frac{T}{T_0}\right) + rR \ln\left(\frac{V}{2rV_0}\right) + rS_1(T_0, V_0) \\
S_2 &= (1-r)\,C_V \ln\left(\frac{T}{T_0}\right) + (1-r)\,R \ln\left(\frac{V}{2(1-r)V_0}\right) \\
&\quad + (1-r)\,S_1(T_0, V_0)
\end{aligned}\right\} \tag{7.34}$$

Durch Addition dieser Entropien erhalten wir die Entropie des Systems:

$$\left.\begin{aligned}
S = S_1 + S_2 &= C_V \ln\left(\frac{T}{T_0}\right) + R \ln\left(\frac{V}{2V_0}\right) + S_1(T_0, V_0) \\
&\quad + (1-r)\,R \ln\left(\frac{1}{1-r}\right) + rR \ln\frac{1}{r} \\
&= C_V \ln\left(\frac{T}{T_0}\right) + R \ln\left(\frac{V}{2V_0}\right) + S_1(T_0, V_0) + \Delta S(r)
\end{aligned}\right\} \tag{7.35}$$

wobei wir alle r enthaltenden Terme in $\Delta S(r)$ zusammengefaßt haben:

$$\Delta S(r) = -R\left[(1-r)\ln(1-r) + r\ln r\right]. \tag{7.36}$$

Dieser Term $\Delta S(r)$ sagt etwas darüber aus, wie die Entropie von der Gasmenge abhängt, die sich auf der einen oder anderen Seite der Trennwand befindet. Wir wollen nun das Problem vom statistischen Standpunkt aus betrachten. Wir können unter Anwendung einfacher statistischer Verfahren berechnen, wieviele Möglichkeiten es gibt, N identische Objekte auf zwei Kästen zu verteilen. In Abschnitt 10.2 entwickeln wir die notwendigen Werkzeuge dafür. Unter Bezugnahme auf diesen Abschnitt ergibt sich als Zahl der möglichen Anordnungen von m Objekten in einem Kasten und $N - m$ Objekten im anderen:

$$g(N, m) = \frac{N!}{(N-m)!\,m!}.$$

Wir wollen diese Zahlen auf den Fall beziehen, daß jeder Kasten die gleiche Anzahl von Objekten enthält. Dann gilt

$$g(N, x) = \frac{N!}{[(N/2) - x]!\,[(N/2) + x]!}\,,$$

wobei $x = m - N/2$ ist. Nun handelt es sich hier nicht ganz um eine Wahrscheinlichkeit, sondern in Wirklichkeit um die genaue Anzahl der Arten, auf die wir mikroskopisch $[(N/2) - x]$ Objekte in einem Kasten und $[(N/2) - x]$ im anderen erhalten können, aber es ist offenbar die Wahrscheinlichkeit, wenn wir durch die Gesamtzahl der möglichen Aufteilungen der Objekte zwischen den Kästen dividieren, und diese Zahl ist nur eine Konstante. Der Teil der Wahrscheinlichkeit, der x enthält, ist nur der obige Ausdruck für $g(N, x)$. Wir können damit eine Definition der Entropie einführen:

$$S = k \ln g(N, x) = k\left\{\ln N! - \ln[(N/2) - x]! - \ln[(N/2) + x]!\right\}. \tag{7.37}$$

Wir benutzen jetzt die Stirlingsche Formel in der Form

$$\ln M! \approx M \ln M - M. \tag{7.38}$$

Nach einigen einfachen Umformungen von Gl. (7.37) erhalten wir

$$\frac{S}{k} = N \ln 2 - \left[\left(\frac{N}{2} - x\right) \ln \left(1 - \frac{2x}{N}\right)\right] - \left[\left(\frac{N}{2} + x\right) \ln \left(1 + \frac{2x}{N}\right)\right] \tag{7.39}$$

$$= -N \left[\left(\frac{1}{2} - \frac{x}{N}\right) \ln \left(\frac{1}{2} - \frac{x}{N}\right) + \left(\frac{1}{2} + \frac{x}{N}\right) \ln \left(\frac{1}{2} + \frac{x}{N}\right)\right]. \tag{7.40}$$

Nun nehmen wir analog zu unserer klassischen Herleitung an, daß N der Anzahl der Atome in 1 Mol entspricht. Dann gilt

$$r = \frac{1}{2} - \frac{x}{N}; \quad 1 - r = \frac{1}{2} + \frac{x}{N}$$

und

$$S = -Nk \left[r \ln r + (1 - r) \ln (1 - r)\right]. \tag{7.41}$$

Dies ist genau das Ergebnis, das wir aus der klassischen Thermodynamik erhielten, mit dem korrekten Wert für k, d.h. $k = R/N$. Wir bemerken, daß die Definition $S = k \ln p$ sehr schön das klassische Ergebnis durch statistische Argumente erklären kann.

Betrachten wir die Entwicklung unserer Funktion $g(N, x)$ für kleine Werte von x. Aus dem Ausdruck (7.39) erhalten wir

$$\frac{S}{k} = \ln g(N, x) = N \ln 2 - \frac{N}{2} \left[\left(1 - \frac{x}{2N}\right) \ln \left(1 - \frac{2x}{N}\right)\right.$$
$$\left. + \left(1 + \frac{x}{2N}\right) \ln \left(1 + \frac{2x}{N}\right)\right].$$

Mit

$$\ln(1 + x) = x - x^2/2 + \dots$$

erhalten wir durch Entwicklung bis zur Ordnung x^2:

$$\ln g(N, x) = N \ln 2 - \frac{N}{2} \left[\left(1 - \frac{x}{2N}\right) \left(-\frac{2x}{N} - \frac{1}{2}\frac{4x^2}{N^2}\right)\right.$$
$$\left. + \left(1 + \frac{x}{2N}\right) \left(\frac{2x}{N} - \frac{1}{2}\frac{4x^2}{N^2}\right)\right]$$
$$= N \ln 2 - \frac{2x^2}{N} + \dots$$

$$g(N, x) = 2^N \exp \left(-\frac{2x^2}{N}\right). \tag{7.42}$$

Nun ist die Gesamtzahl der möglichen Aufteilungsarten der Objekte zwischen den Kästen gleich 2^N, und folglich erhalten wir für die Wahrscheinlichkeitsverteilung in dieser Näherung:

$$p(N, x) = \exp\left(-\frac{2x^2}{N}\right), \tag{7.43}$$

d.h. eine Gauß-Verteilung mit dem Mittelwert 0 und der Wahrscheinlichkeit 1! Wir stellen fest, daß die Standardabweichung der Verteilung vom Wert 0 gleich $N^{\frac{1}{2}}/2$ ist, d.h. in der Größenordnung $N^{\frac{1}{2}}$ liegt. Dies bedeutet, daß die wahrscheinliche Abweichung vom Wert 0 in der Tat winzig kleinen Schwankungen entspricht. Wegen $N \sim 10^{23}$ ist $N^{\frac{1}{2}} \sim 10^{11,5}$, und die relativen Schwankungen betragen $N^{\frac{1}{2}}/N \sim 10^{-11,5}$. Unsere Analyse von Abschnitt 12.2.1 zeigt, daß dies lediglich die statistische Schwankung um den Mittelwert ist.

Dieses Beispiel veranschaulicht, wie die statistische Mechanik arbeitet. Wir befassen uns mit riesigen Teilchenensembles mit $N \sim 10^{23}$, und daher können wir zwar im Prinzip tatsächlich statistische Abweichungen vom mittleren Verhalten finden, doch sind diese in der Praxis sehr klein. In der Tat, obgleich die statistische Entropie, die wir definiert haben, spontan abnehmen kann, ist die Wahrscheinlichkeit dafür absolut vernachlässigbar, da N so groß ist.

Wir wollen ein letztes Beispiel betrachten, das zeigt, wie die Entropie vom Volumen des Systems abhängt, und zwar nicht nur im physikalischen dreidimensionalen Raum, sondern auch im Sinne des Geschwindigkeitsraums (oder Phasenraums). Wir haben die Entropie des idealen Gases schon klassisch hergeleitet:

$$\Delta S(T, V) = C_V \ln\left(\frac{T}{T_0}\right) + R \ln\left(\frac{V}{V_0}\right). \tag{7.44}$$

Wir wollen nun den ersten Ausdruck auf der rechten Seite durch Molekülgeschwindigkeiten anstelle der Temperaturen ausdrücken. Wenn wir die kinetische Theorie als richtig annehmen, ist $T \propto \overline{u^2}$ und damit wegen $C_V = \frac{3}{2}R$:

$$\begin{aligned}
\Delta S(T, V) &= \frac{3}{2}R \ln \frac{\overline{u^2}}{\overline{u_0^2}} + R \ln\left(\frac{V}{V_0}\right) \\
&= R\left[\ln\left(\frac{\overline{u^2}}{\overline{u_0^2}}\right)^{\frac{3}{2}} + \ln\frac{V}{V_0}\right].
\end{aligned} \tag{7.45}$$

Wir können diese Formel so interpretieren, daß bei Änderung von T und V das verfügbare physikalische Volumen sich im Verhältnis V/V_0 ändert. Außerdem läßt der erste Term erkennen, daß die Teilchen ein Volumen des Geschwindigkeitsraums ausfüllen, das um den Faktor $(\overline{u^2}/\overline{u_0^2})^{\frac{3}{2}}$ größer ist. Wir sehen, daß wir die Formel für die Entropiezunahme im Sinne einer Zunahme des verfügbaren Volumens sowohl im realen als auch im Geschwindigkeitsraum interpretieren können.

7.6 Schlußbemerkungen

Mit dieser Einführung ist der Weg für den Aufbau der vollständigen statistischen Interpretation der klassischen Thermodynamik nun klar. Diese Entwicklung wird in Standardwerken wie Kittels *Thermal Physics* [7.11] und Mandls *Statistical Physics* [7.12] verfolgt.

Boltzmanns große Entdeckung wurde damals von relativ wenigen Physikern gewürdigt. Die Hindernisse waren, daß die kinetische Gastheorie nicht richtig verstanden wurde, da sie die spezifischen Wärmen von Gasen nicht erklärte, und daß nicht klar war, wie die inneren Schwingungen von Atomen und Molekülen, die sich in Spektrallinien zeigten, in den Gleichverteilungssatz einbezogen werden konnten. In der Tat verbreitete sich gegen Ende des 19. Jahrhunderts im kontinentalen Europa zunehmend eine Reaktion gegen atomare und molekulare Theorien der Eigenschaften der Materie. Es wurde die Ansicht vertreten, daß man sich nur mit den makroskopischen Eigenschaften von Systemen befassen sollte, d.h. mit der klassischen Thermodynamik, und die atomaren und molekularen Konzepte als unnötig abschaffen sollte. Dies waren für Boltzmann sehr entmutigende Entwicklungen. Es ist wahrscheinlich, daß sie zu seinem Selbstmord im Jahre 1906 beitrugen. Es ist eine Tragödie, daß er gerade zu der Zeit dazu getrieben wurde, als die Richtigkeit seiner grundlegenden Einsichten von Einstein erkannt wurde, der das Problem der spezifischen Wärmen in seinen klassischen Arbeiten von 1905 und 1906 löste.

Wir werden auf Boltzmanns Verfahren zurückkommen, wenn wir einen Überblick über Einsteins große Beiträge zur Entdeckung der Quanten geben.

Fallstudie 5

Die Ursprünge des Quantenbegriffs

Max Planck (1858–1947)
(Aus *Introduction to Concepts and Theories in Physical Science*, G. Holton & S.G. Brush, S. 431, Addison-Wesley, 1973)

Albert Einstein (1879–1955)
(Aus *Einstein: A Centenary Volume*, Hrsg. A.P. French, S. 69, Heinemann, 1979, reproduziert mit Genehmigung des Einstein Estate)

Quanten und Relativität sind die beiden Phänomene der Physik, die völlig außerhalb unserer täglichen Erfahrung liegen – sie sind auch vielleicht die größten Entdeckungen der modernen Physik. In dieser Fallstudie möchte ich etwas ausführlicher auf die Ursprünge des Quantenbegriffs eingehen. Für mich ist dies eine der erstaunlichsten Erzählungen in der Geistesgeschichte. Sie ist sehr aufregend und läßt den Atem einer Epoche spüren, als sich die Auffassung der Physiker von der Natur innerhalb von 25 Jahren völlig veränderte und sich ganz neue Perspektiven eröffneten. Der Bericht gibt viele wichtige Beispiele dafür, wie Physik und theoretische Physik in der Praxis arbeiten. Wir stellen fest, daß die größten Physiker Fehler machen; wir finden einzelne, die gegen die von praktisch allen Physikern anerkannten Ansichten kämpfen müssen, und vor allem begegnet uns ein Niveau der Inspiration und wissenschaftlichen Kreativität, das ich verblüffend finde. Könnte doch jeder – und nicht nur diejenigen, die zwei Jahre Physikstudium hinter sich haben – die geistige Schönheit dieser Geschichte voll erkennen!

Neben dem Erzählen einer faszinierenden und unwiderstehlichen Geschichte möchte ich alles dafür Wesentliche unter Anwendung der Physik und Mathematik, wie man sie damals voraussetzen konnte, beweisen. Dies wird ein ausgezeichnetes Wiederholungsmaterial für grundlegende Teile der Physik bieten. Wir werden einen auffallenden Gegensatz zwischen den Dingen, die wir *klassisch* beweisen können, und denen feststellen, die notwendigerweise *Quantencharakter* haben. Es wird berichtet über die Jahre von 1890 bis etwa 1920, als die Sache zur Entscheidung kam und schließlich alle Physiker mit einer neuen Auffassung der gesamten Physik konfrontiert wurden, wonach alle fundamentalen Größen quantisiert werden mußten.

Der Bericht konzentriert sich auf zwei große Physiker: Planck und Einstein. Planck gebührt das Verdienst für die Entdeckung der Quanten, und wir werden verfolgen, wie er zu dieser Entdeckung kam. Einsteins Beitrag war vielleicht insofern noch größer, als er lange vor jedem anderen den Schluß zog, daß alle Naturerscheinungen Quantencharakter haben, und als erster den Gegenstand auf eine feste theoretische Grundlage stellte.

Ich habe meinen Bericht auf eine Vorlesungsreihe von M.J. Klein mit dem Titel *The Beginnings of the Quantum Theory* [8.1] gestützt, die in den Arbeitsberichten des 57. Sommerkurses von Varenna veröffentlicht wurde. Als ich sie zum ersten Mal las, waren diese Vorlesungen eine Offenbarung für mich, und ich fühlte mich betrogen, daß ich diese Geschichte nicht früher gekannt hatte. Ich verdanke sicherlich Dr. Klein ein Gutteil der Anregungen zu dem, was ich in mancher Hinsicht als den Kern des vorliegenden Buches betrachte.

8 Theorie der Hohlraumstrahlung bis 1895

8.1 Physik und theoretische Physik im Jahre 1890

In den letzten vier Fallstudien haben wir eine Darstellung des Zustands der Physik und der theoretischen Physik gegen Ende des 19. Jahrhunderts zusammengetragen. In der Mechanik und Dynamik waren alle in Kapitel 5 beschriebenen Verfahren bekannt. In der Thermodynamik waren der erste und der zweite Hauptsatz sicher begründet, weitgehend durch die Arbeit von Clausius, und die detaillierten Weiterungen des Entropiebegriffs für die klassische Thermodynamik wurden gerade ausgearbeitet. In den Kapiteln 3 und 4 beschrieben wir, wie Maxwell die Grundgleichungen des Elektromagnetismus herleitete, die 1889 durch die Hertzschen Experimente vollständig bestätigt wurden. Es war nun bekannt, daß Licht und elektromagnetische Wellen die gleiche Erscheinung sind. Diese Entdeckung lieferte eine feste theoretische Grundlage für die Wellentheorie des Lichts, die praktisch alle bekannten Phänomene der Optik erklären konnte.

Manchmal entsteht der Eindruck, daß die meisten Physiker der 1890er Jahre glaubten, daß die Kombination aus Thermodynamik, Elektromagnetismus und klassischer Mechanik alle bekannten physikalischen Erscheinungen erklären konnte und daß nur noch übrigblieb, die Konsequenzen der vor kurzem erlangten Errungenschaften auszuarbeiten. In Wirklichkeit war dies eine Zeit der Gärung, in der es noch viele ungelöste Grundprobleme gab, welche die größten Geister der Zeit beschäftigten.

Wir haben den problematischen Zustand der kinetischen Gastheorie beschrieben, wie sie von Clausius, Maxwell und Boltzmann entwickelt wurde. Die Tatsache, daß die Theorie nicht alle Eigenschaften von Gasen befriedigend erklären konnte, war ein schwerwiegendes Hindernis für ihre Anerkennung. Der ganze Status der atomaren und molekularen Theorien der Struktur der Materie geriet unter Beschuß, sowohl aus dem oben skizzierten technischen Grunde als auch wegen einer Entwicklung weg von mechanistischen atomaren Modellen für physikalische Erscheinungen zugunsten empirischer und phänomenologischer Theorien. Für die Entstehung von 'Resonanzen' innerhalb von Molekülen, die man für die Quelle der Spektrallinien hielt, gab es keine klare physikalische Deutung, und sie brachten die Verfechter der kinetischen Gastheorie in Verlegenheit. Boltzmann hatte die statistische Grundlage der Thermodynamik entdeckt, aber die Theorie hatte wenig Erfolg gehabt, besonders angesichts einer Bewegung, die kinetischen Theorien überhaupt keinen Wert zugestand, nicht einmal als Hypothesen.

Zu diesen Grundproblemen gehörte die Entstehung des Spektrums der schwarzen Strahlung, die sich als Schlüssel nicht nur für die Entdeckung der Quanten, sondern auch für die Lösung vieler der oben bezeichneten Grundprobleme erwies. Die Entdeckung der Quanten war der Vorbote der modernen Quantentheorie der Materie und Strahlung.

8.2 Das Stefan-Boltzmannsche Gesetz

Stefan leitete das nach ihm benannte Gesetz empirisch aus einigen Experimenten ab, die von Tyndall zur Strahlung von Platinband ausgeführt wurden, das auf verschiedene bekannte Temperaturen erhitzt wurde. Er stellte fest, daß die von einem schwarzen Körper über alle Wellenlängen (bzw. Frequenzen) abgestrahlte Gesamtenergie der vierten Potenz der Temperatur proportional ist:

$$-\left(\frac{dE}{dt}\right) = \text{gesamte Strahlungsenergie pro Sekunde} \propto T^4. \tag{8.1}$$

Boltzmann leitete dieses Gesetz 1884 aus Überlegungen der klassischen Thermodynamik ab. Wesentlich hierbei ist, daß seine Analyse völlig klassisch war, und ich denke, wir sollten ohne jede Abkürzung demonstrieren, wie man dies durchführen kann.

Am einfachsten fängt man mit einem Volumen an, das nur von elektromagnetischer Strahlung erfüllt ist, und wie gewöhnlich setzen wir voraus, daß das Volumen durch einen Kolben abgeschlossen ist, so daß das Strahlungs-'Gas' komprimiert oder expandiert werden kann. Angenommen, wir führen nun dem System eine bestimmte Wärmemenge dQ zu, und infolgedessen erhöht sich die gesamte innere Energie um dU, und wir lassen darüberhinaus zu, daß der Kolben leicht nach außen gestoßen wird, so daß sich das Volumen um dV vergrößert. Wegen der Erhaltung der Energie gilt dann

$$dQ = dU + p\,dV. \tag{8.2}$$

Wir wollen diese Beziehung umformen, indem wir die Entropiezunahme $dS = dQ/T$ einführen:

$$T\,dS = dU + p\,dV. \tag{8.3}$$

Indem wir bei konstantem T durch dV dividieren, erhalten wir daraus eine partielle Differentialgleichung:

$$T\left(\frac{\partial S}{\partial V}\right)_T = \left(\frac{\partial U}{\partial V}\right)_T + p. \tag{8.4}$$

Um diese Beziehung umzuformen, können wir eine der Maxwellschen Beziehungen verwenden, die im Anhang zu Kapitel 6 hergeleitet werden:

$$\left(\frac{\partial p}{\partial T}\right)_V = \left(\frac{\partial S}{\partial V}\right)_T. \tag{A6.12}$$

Damit gilt

$$T\left(\frac{\partial p}{\partial T}\right)_V = \left(\frac{\partial U}{\partial V}\right)_T + p. \tag{8.5}$$

Dies ist die gesuchte Beziehung, denn wir können den Zusammenhang zwischen U und T finden, vorausgesetzt, daß wir die Zustandsgleichung des Gases kennen, d.h. die Beziehung zwischen p, V und U. Nun ergibt sich diese letzte Beziehung direkt aus der Maxwellschen Theorie des Elektromagnetismus. Wir wollen den Strahlungsdruck der als 'Gas' behandelten elektromagnetischen Strahlung aus den Maxwellschen Gleichungen herleiten. Wenn Sie die Lösung $p = \frac{1}{3}\varepsilon$, wobei ε die Energiedichte der Strahlung ist, schon kennen und klassisch beweisen können, dann können Sie nach Abschnitt 8.2.3 weiterblättern.

8.2.1 Reflexion elektromagnetischer Wellen an einer leitenden Ebene

Es gibt mehrere Möglichkeiten zur Herleitung des Ausdrucks für den Strahlungsdruck, aber ich werde eine recht einfache angeben, die auf der Vorstellung basiert, daß die Wellen bei ihrer Reflexion einen Druck ausüben. Da wohl bekannt ist, daß die Wellen an einer ideal leitenden Oberfläche vollkommen reflektiert werden, wollen wir den Fall von Wellen betrachten, die senkrecht auf eine Platte mit hoher, aber endlicher Leitfähigkeit auftreffen (Abb. 8.1). Dies ist ein ausgezeichnetes Wiederholungsbeispiel, bei dem einiges von dem Handwerkszeug verwendet wird, das wir schon in unserer Studie zum Elektromagnetismus (Kapitel 3 und 4) entwickelt haben.

Das Medium 1 ist ein Vakuum, und das Medium 2 besitzt die hohe Leitfähigkeit σ. In Abb. 8.1 sind die einfallende und die reflektierte Welle sowie eine vom Leiter durchgelassene Welle dargestellt. Nach unseren Untersuchungen in Kapitel 3 und 4 können wir nun die *Dispersionsbeziehungen* für Wellen, die sich im Vakuum ausbreiten, sowie für Wellen im leitenden Medium aufschreiben.

$$\left.\begin{aligned}\textit{Medium 1} \qquad k^2 &= \omega^2/c^2 \\[4pt] \textit{Medium 2} \quad \nabla \times \boldsymbol{H} &= \frac{\partial \boldsymbol{D}}{\partial t} + \boldsymbol{J} \\[4pt] \nabla \times \boldsymbol{E} &= -\frac{\partial \boldsymbol{B}}{\partial t}\end{aligned}\right\} \quad \left.\begin{aligned}\boldsymbol{J} &= \sigma\boldsymbol{E} \\[4pt] \boldsymbol{D} &= \epsilon\epsilon_0\boldsymbol{E} \\[4pt] \boldsymbol{B} &= \mu\mu_0\boldsymbol{H}.\end{aligned}\right\} \tag{8.6}$$

Unter Anwendung der in Anhang A3.6 entwickelten Beziehungen

$$\nabla\times \to \mathrm{i}\boldsymbol{k}\times$$

$$\frac{\partial}{\partial t} \to -\mathrm{i}\omega$$

erhalten wir daher

$$\left.\begin{aligned}(\boldsymbol{k} \times \boldsymbol{H}) &= -(\omega\epsilon\epsilon_0 + \mathrm{i}\sigma)\boldsymbol{E} \\ (\boldsymbol{k} \times \boldsymbol{E}) &= \omega\boldsymbol{B}.\end{aligned}\right\} \tag{8.7}$$

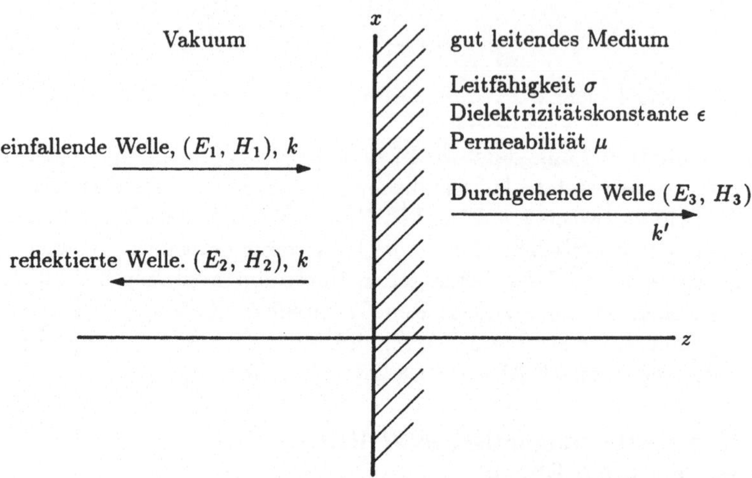

Abb. 8.1. Darstellung der Randbedingungen an der Grenzfläche zwischen einem Vakuum und einem Medium hoher Leitfähigkeit bei senkrecht einfallender elektromagnetischer Welle

So gelangen wir zur gleichen Lösung wie in Abschnitt 3.2, wobei jedoch $\omega\epsilon\epsilon_0$ durch $(\omega\epsilon\epsilon_0 + i\sigma)$ ersetzt ist, d.h. es gilt

$$k^2 = \epsilon\mu\frac{\omega^2}{c^2}\left(1 + \frac{i\sigma}{\epsilon\epsilon_0\omega}\right). \tag{8.8}$$

Wir wollen nur den Fall sehr hoher Leitfähigkeit betrachten, $\sigma/\epsilon\epsilon_0\omega \gg 1$. Dann ist

$$k^2 = i\frac{\mu\omega\sigma}{\epsilon_0 c^2}.$$

Wegen $i^{\frac{1}{2}} = (1/\sqrt{2})(1+i)$ ist die Lösung für k

$$\text{oder} \quad \left.\begin{aligned} k &= \pm\left(\mu\omega\sigma/2\epsilon_0 c^2\right)^{\frac{1}{2}}(1+i) \\ k &= \pm\left(\mu\omega\sigma/\epsilon_0 c^2\right)^{\frac{1}{2}} e^{i\pi/4}. \end{aligned}\right\} \tag{8.9}$$

Nun lassen sich die Phasenbeziehungen zwischen E und B in der Welle aus der zweiten Beziehung von (8.7) ermitteln: es gilt $k \times B = \omega B$.

Im Vakuum ist k reell, und folglich oszillieren E und B phasengleich mit konstanter Amplitude. *Im Leiter* jedoch besteht ein Phasenunterschied von $\frac{\pi}{4}$ zwischen E und B (Glgn. (8.9)), und beide Felder nehmen zum Inneren des Leiters hin exponentiell ab, also:

$$\begin{aligned} E &= \text{const}\, e^{i(kz-\omega t)} \\ &= \text{const}\, e^{-z/l}\, e^{i[(z/l)-\omega t]} \end{aligned} \tag{8.10}$$

mit $l = (2\epsilon_0 c^2/\mu\omega\sigma)^{\frac{1}{2}}$. Die Amplitude der Welle nimmt auf dieser Strecke l, die als *Eindringtiefe* des Leiters bezeichnet wird, um den Faktor $1/e$ ab. Dies ist die typische Tiefe, bis zu der elektromagnetische Felder in den Leiter eindringen können.

Die durch die Beziehung (8.9) gegebene Lösung besitzt eine schöne allgemeine Eigenschaft, die beachtenswert ist. Wenn wir die Schritte zurückverfolgen, die für das Auffinden der Lösung erforderlich waren, stellen wir fest, daß die Voraussetzung der hohen Leitfähigkeit der Vernachlässigung des Verschiebungsstroms $\partial \boldsymbol{D}/\partial t$ gegen $\boldsymbol{J}$ entspricht. Dann ist die von uns gelöste Gleichung nichts als eine Diffusionsgleichung:

$$\nabla^2 \boldsymbol{H} = \sigma\mu\mu_0 \frac{\partial \boldsymbol{H}}{\partial t}. \tag{8.11}$$

Im allgemeinen genügen Wellenlösungen von Diffusionsgleichungen Dispersionsbeziehungen der Form $k = A(1+\mathrm{i})$, d.h. der Real- und der Imaginärteil des Wellenvektors sind gleich groß, was Wellen entspricht, deren Amplitude über jede volle Periode der Welle zum Inneren des Mediums hin um $e^{-2\pi}$ abklingt. Dies gilt für Gleichungen wie

(a) die *Wärmediffusionsgleichung*

$$\kappa\nabla^2 T - \frac{\partial T}{\partial t} = 0, \qquad \kappa = \frac{K}{\rho C}, \tag{8.12}$$

worin K die Wärmeleitfähigkeit des Mediums, ρ seine Dichte, C die spezifische Wärme und T die Temperatur des Mediums ist;

(b) die *Diffusionsgleichung*

$$D\nabla^2 N - \frac{\partial N}{\partial t} = 0, \tag{8.13}$$

worin D der Diffusionskoeffizient und N die Teilchendichte ist;

(c) *viskose Wellen*

$$\frac{\mu}{\rho}\nabla^2 \boldsymbol{u} - \frac{\partial \boldsymbol{u}}{\partial t} = 0, \tag{8.14}$$

worin μ die Viskosität, ρ die Dichte des Fluids und $\boldsymbol{u}$ die Geschwindigkeit des Fluids ist. Diese Gleichung ist aus der Navier-Stokesschen Gleichung für die Strömung in einem viskosen Medium abgeleitet (siehe den Anhang zu Kapitel 5, Abschnitt A5.4, Gl. A5.12).

Wir nehmen nun unsere Überlegungen wieder auf und versuchen, die Vektoren $\boldsymbol{E}$ und $\boldsymbol{H}$ der Wellen an der Grenzfläche zwischen den beiden Medien aneinander anzupassen. Indem wir z als die Normalenrichtung zur Grenzfläche betrachten, führen wir die folgenden Begriffe ein:

Einfallende Welle

$$\left.\begin{array}{l} E_x = E_1 e^{\mathrm{i}(kz-\omega t)} \\ H_y = (E_1/Z_0)e^{\mathrm{i}(kz-\omega t)}, \end{array}\right\} \tag{8.15}$$

wobei $Z_0 = (\mu_0/\epsilon_0)^{\frac{1}{2}}$ die Impedanz des leeren Raums ist.

Reflektierte Welle

$$\left.\begin{aligned} E_x &= E_2 e^{-i(kz+\omega t)} \\ H_y &= -(E_2/Z_0)e^{-i(kz+\omega t)}. \end{aligned}\right\} \tag{8.16}$$

Durchgehende Welle

$$\left.\begin{aligned} E_x &= E_3 e^{i(k'z-\omega t)} \\ H_y &= E_3 \frac{(\mu\omega\sigma/2\epsilon_0 c^2)^{\frac{1}{2}}}{\omega\mu\mu_0}(1+i)\,e^{i(k'z-\omega t)}, \end{aligned}\right\} \tag{8.17}$$

wobei k' durch den Wert von k in der Beziehung (8.9) gegeben ist. Die Werte von H_y findet man, indem man in der Beziehung zwischen $\boldsymbol{E}$ und $\boldsymbol{B}$, $\boldsymbol{k} \times \boldsymbol{E} = \omega\boldsymbol{B}$, k' für k einsetzt.

Wir wollen der Einfachheit halber $q = [(\mu\omega\sigma/2\epsilon_0 c^2)^{\frac{1}{2}}/\omega\mu\mu_0](1+i)$ schreiben. Damit gilt

$$H_y = qE_3\,e^{i(k'z-\omega t)}. \tag{8.18}$$

Die Randbedingungen fordern, daß E_x und H_y an der Grenzfläche stetig sind (siehe Abschnitt 4.5), d.h. bei $z = 0$ finden wir

$$\left.\begin{aligned} E_1 + E_2 &= E_3 \\ \frac{E_1}{Z_0} - \frac{E_2}{Z_0} &= qE_3. \end{aligned}\right\} \tag{8.19}$$

Folglich gilt

$$\frac{E_1}{1+qZ_0} = \frac{E_2}{1-qZ_0} = \frac{E_3}{2}. \tag{8.20}$$

Im allgemeinen ist q eine komplexe Zahl, und folglich treten Phasenunterschiede zwischen E_1, E_2 und E_3 auf. Wir interessieren uns jedoch für den Fall, wo die Leitfähigkeit sehr hoch ist, d.h. für $|q|Z_0 \gg 1$, so daß gilt:

$$E_1 = -E_2 = \frac{qZ_0}{2}. \tag{8.21}$$

Auf der Vakuumseite der Grenzfläche ist daher die elektrische Gesamtfeldstärke $E_1 + E_2$ gleich Null und die magnetische Feldstärke ist $H_1 + H_2 = 2H_1$.

Es mag den Anschein haben, daß wir recht weit von der Thermodynamik der Strahlung abgekommen sind, aber wir sind jetzt bereit, den Druck auszurechnen, der durch die einfallende Welle auf die Oberfläche ausgeübt wird.

8.2.2 Die Formel für den Strahlungsdruck

Nehmen wir an, wir schließen die Strahlung in einen Kasten mit rechtwinkligen Seitenwänden ein, so daß die Wellen zwischen den Wänden bei $z = \pm z_1$ hin- und herreflektiert werden. Wenn wir wie im vorstehenden Abschnitt voraussetzen, daß die Wände des Kastens eine hohe Leitfähigkeit besitzen, haben wir nun Werte für die elektrische und die magnetische Feldstärke in Wandnähe bei senkrechtem Einfall.

Ein Teil des Strahlungsdruck-Phänomens läßt sich wie folgt einsehen: Das elektrische Feld E_x im Leiter verursacht eine Stromdichte in positiver x-Richtung:

$$J_x = \sigma E_x. \tag{8.22}$$

Die Kraft pro Volumeneinheit, die in Gegenwart eines Magnetfeldes auf diesen Strom einwirkt, ist aber

$$\begin{aligned} \boldsymbol{F} &= N_q q(\boldsymbol{v} \times \boldsymbol{B}) \\ &= \boldsymbol{J} \times \boldsymbol{B}, \end{aligned} \tag{8.23}$$

wobei N_q die Anzahl der Leitungselektronen pro Volumeneinheit und q ihre Ladung ist. Da $\boldsymbol{B}$ die positive y-Richtung hat, wirkt diese Kraft in der Richtung $\boldsymbol{i}_x \times \boldsymbol{i}_y$, d.h. in der k-Richtung der einfallenden Welle. Daher gilt für den Druck, der auf eine Schicht der Dicke dz im Leiter wirkt:

$$dp = J_x B_y \, dz. \tag{8.24}$$

Wir wissen jedoch auch, daß im Leiter wegen der sehr hohen Leitfähigkeit $\operatorname{rot} \boldsymbol{H} = \boldsymbol{J}$ gilt, und folglich erhalten wir zwischen J_x und B_y die Beziehung

$$\left(\frac{\partial H_z}{\partial y} - \frac{\partial H_y}{\partial z} \right) = J_x.$$

Wegen $H_z = 0$ gilt $-\partial H_y / \partial z = J_x$. Einsetzen in (8.24) liefert

$$dp = -B_y \frac{\partial H_y}{\partial z} \, dz. \tag{8.25}$$

Daher gilt

$$\begin{aligned} p &= -\int_0^\infty B_y \frac{\partial H_y}{\partial z} \, dz \\ &= \int_0^{H_0} B_y \, dH_y, \end{aligned} \tag{8.26}$$

wobei H_0 der Wert der magnetischen Feldstärke an der Grenzfläche ist und nach Abschnitt 8.2.1 $H \to 0$ für $t \to \infty$ gilt. Für ein lineares Medium ist $B_0 = \mu \mu_0 H_0$ und damit

$$p = \frac{1}{2} \mu \mu_0 H_0^2.$$

Beachten Sie, daß diese Kraft mit Strömen verbunden ist, die in dem leitfähigen Medium fließen.

Wir müssen jetzt die Frage stellen, welche anderen Kräfte an dem Metall angreifen. Die einzigen Kräfte sind diejenigen, welche mit den Spannungen in den elektromagnetischen Feldern selbst verbunden sind. In einem beliebigen Medium sind diese Spannungen durch die entsprechenden Komponenten des Maxwellschen Spannungstensors gegeben, aber in unserem einfachen Fall können wir die Spannungen durch eine Schlußfolgerung ableiten, die auf dem Faradayschen Kraftlinienbegriff basiert.

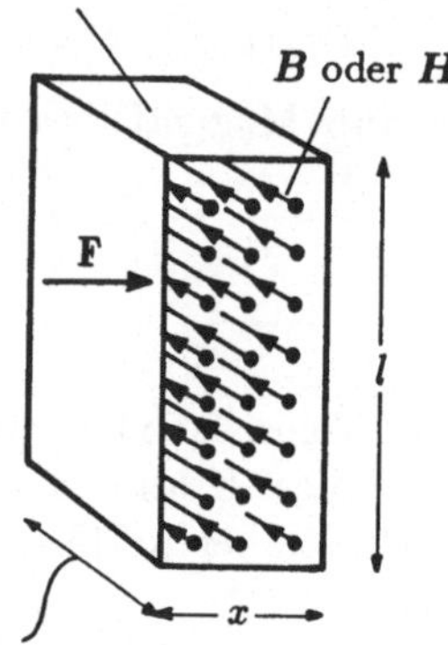

Abb. 8.2. Lange, ideal leitende Röhre mit rechteckigem Querschnitt, die ein longitudinales Magnetfeld einschließt. Beim Zusammendrücken der Röhre bleibt der in der Röhre enthaltene Magnetfluß erhalten (weitere Details zum *Einfrieren des Magnetflusses* siehe M.S. Longair, *High Energy Astrophysics*, S. 143-9, Cambridge University Press, 1981)

Angenommen, wir haben ein homogenes longitudinales Magnetfeld, das auf einen bestimmten Bereich begrenzt ist, den wir als eine lange, ideal leitende Röhre mit rechteckigem Querschnitt annehmen (Abb. 8.2). Wenn das Medium linear ist, d.h. für $B = \mu\mu_0 H$, wissen wir, daß die Energie pro Längeneinheit der Röhre durch

$$E = \frac{1}{2}BHxl$$

gegeben ist, wobei x die Breite und l die Länge der Röhre ist. Nun wollen wir das Rechteck um dx zusammendrücken, wobei wir die Anzahl der hindurchgehenden Kraftlinien konstant halten. Die magnetische Flußdichte steigt wegen der Erhaltung der Kraftlinien auf $Bx/(x-dx)$ an, und wegen der Linearität des Feldes steigt die Feldstärke von H auf $Hx/(x-dx)$. Die im Volumen enthaltene Energie wird dann

$$E + dE = \frac{1}{2}BHlx^2(x - dx)^{-1}$$

und folglich

$$dE = \frac{1}{2}BHlx\left(1 + \frac{dx}{x}\right) - \frac{1}{2}BHlx$$

$$= \frac{1}{2}BHl\,dx.$$

Diese Energiezunahme muß das Ergebnis der am Feld geleisteten Arbeit sein:

$$F\,dx = dE = \frac{1}{2}BHl\,dx,$$

d.h. die pro Flächeneinheit angreifende Kraft ist $F/l = \frac{1}{2}BH$. Wir können sagen, daß der Druck, den wir mit dem Feld im Volumen in Verbindung bringen können, durch

$$p = \frac{1}{2}\mu\mu_0 H^2 \tag{8.27}$$

senkrecht zur Feldrichtung gegeben ist. Wir können genau die gleiche Schlußweise auf elektrostatische Felder anwenden und finden in diesem Falle für den durch die elektrischen und magnetischen Felder entstehenden Gesamtdruck:

$$p = \frac{1}{2}\epsilon\epsilon_0 E^2 + \frac{1}{2}\mu\mu_0 H^2. \tag{8.28}$$

Da der Wert von μ auf beiden Seiten der Grenzfläche verschieden ist, tritt an der Grenzfläche eine Druckdifferenz auf, die mit dem Vorhandensein der Magnetfelder verbunden ist. Im Falle des Vakuums haben wir gezeigt, daß $E_x = 0$ und damit $p = \frac{1}{2}\mu_0 H_0^2$ gilt. Innerhalb des Leiters ist die Spannung gleich $\frac{1}{2}\mu\mu_0 H_0^2$. Der Gesamtdruck auf den Leiter ist daher

$$p = \underset{\substack{\uparrow \\ \text{Spannung} \\ \text{im Vakuum}}}{\tfrac{1}{2}\mu_0 H_0^2} - \underset{\substack{\uparrow \\ \text{Spannung} \\ \text{im Leiter}}}{\tfrac{1}{2}\mu\mu_0 H_0^2} + \underset{\substack{\uparrow \\ \text{Kraft auf Lei-} \\ \text{tungsstrom}}}{\tfrac{1}{2}\mu\mu_0 H_0^2}$$

oder

$$p = \frac{1}{2}\mu_0 H_0^2. \tag{8.29}$$

Wir haben nun gezeigt, daß bei sehr hoher Leitfähigkeit das Feld H_0 gleich $2H_1$ ist, wobei H_1 die Feldstärke der Welle ist, die sich im Vakuum in positiver z-Richtung ausbreitet und deren Energiedichte gleich $\frac{1}{2}(\epsilon_0 E_1^2 + \mu_0 H_1^2) = \mu_0 H_1^2 = \epsilon_1$ ist. Folglich gilt

$$p = \frac{1}{2}\mu_0 H_0^2 = 2\mu_0 H_1^2 = 2\epsilon_1 = \epsilon_0, \tag{8.30}$$

wobei ϵ_0 die gesamte Energiedichte der Strahlung im Vakuum vor dem Leiter ist, d.h. die Summe der Energiedichten von einfallender und reflektierter Welle.

Dies ist die grundlegende Beziehung für ein 'eindimensionales' Gas, d.h. für eine zwischen zwei reflektierenden Wänden eingeschlossene Strahlung. In einem isotropen dreidimensionalen Medium gehören zu der Strahlung, die sich in drei zueinander senkrechten Richtungen ausbreitet, gleich große Energiedichten, d.h. es gilt:

$$\varepsilon_x = \varepsilon_y = \varepsilon_z = \varepsilon_0$$

und folglich

$$p = \frac{1}{3}\varepsilon, \tag{8.31}$$

wobei ε die gesamte Energiedichte der Strahlung ist.

Diese etwas langatmige Darstellung zeigt, wie man den Druck eines elektromagnetischen Strahlungsgases ausschließlich unter Verwendung klassischer Argumente herleiten kann. Ich habe bewußt diese Ableitung gewählt, da ich die Verwendung dieser mehr physikalischen Argumente der eher mathematischen Behandlung vorziehe, die von den Maxwellschen Gleichungen ausgeht und die Anwendung des Maxwellschen Spannungstensors für das elektromagnetische Feld erfordert.

8.2.3 Herleitung des Stefan-Boltzmannschen Gesetzes

Gleichung (8.31) löst das Problem der Beziehung zwischen p, V und U für ein elektromagnetisches Strahlungsgas, denn wir schreiben $U = \varepsilon V$ und $p = \frac{1}{3}\varepsilon$ und erhalten dann aus Gl. (8.5):

$$T\left(\frac{\partial(\frac{1}{3}\varepsilon)}{\partial T}\right)_V = \left(\frac{\partial(\varepsilon V)}{\partial V}\right)_T + \frac{1}{3}\varepsilon$$

$$\frac{1}{3}T\left(\frac{\partial \varepsilon}{\partial T}\right) = \varepsilon + \frac{1}{3}\varepsilon = \frac{4}{3}\varepsilon.$$

Es bleibt eine Beziehung zwischen ε und T, die auf einfache Weise gelöst werden kann:

$$\frac{d\varepsilon}{\varepsilon} = 4\frac{dT}{T}$$

$$\ln\varepsilon = 4\ln T$$

$$\varepsilon \propto T^4. \tag{8.32}$$

Dies wurde von Boltzmann gezeigt, und sein Name ist zu Recht mit dem Stefan-Boltzmannschen Gesetz und der Stefan-Boltzmannschen Konstanten σ verbunden. In moderner Form lautet das Gesetz:

$$I = \sigma T^4, \tag{8.33}$$

wobei I die Strahlungsenergie ist, die pro Flächeneinheit und Sekunde bei der Temperatur T von der Oberfläche eines schwarzen Körpers emittiert wird. In moderner Schreibweise ist

$$\sigma = (\pi^2 k^4 / 60\hbar^3 c^2) = 5,67 \times 10^{-8} \,\mathrm{W\,m^{-2}\,K^{-4}}.$$

Die Emissionsrate der Strahlungsenergie I ist mit ε durch die Beziehung $I = c\varepsilon/4$ verknüpft. Wir können dies aus dem Ergebnis für die Einfallsrate von Teilchen (oder Wellen) pro Flächeneinheit einer Oberfläche ersehen, die wir in Gl. (7.5) hergeleitet haben. Im vorliegenden Falle können wir N als die numerische Dichte der Wellen einer gegebenen Frequenz ansehen, die alle die gleiche Geschwindigkeit c haben. Daher ist die Einfallsrate der Wellen in die (oder die Austrittsrate aus der) Oberfläche gleich $\frac{1}{4}Nc$ pro Flächeneinheit und die Gesamtenergie beträgt $\frac{1}{4}Nc\overline{E} = c\varepsilon/4$, wobei $\overline{E}$ die mittlere Energie pro Welle ist.

Der experimentelle Nachweis für das Stefan-Boltzmannsche Gesetz war 1884 nicht besonders überzeugend, und erst 1897 führten Lummer und Pringsheim sehr sorgfältige Experimente durch, die zeigten, daß das Gesetz in der Tat mit hoher Genauigkeit richtig ist.

8.3 Das Wiensche Verschiebungsgesetz und das Strahlungsspektrum des schwarzen Körpers

Das Strahlungsspektrum des schwarzen Körpers war sogar noch schlechter bekannt, aber es gab schon einige wichtige theoretische Arbeiten zu der theoretischen Form, die das Strahlungsgesetz haben sollte. Dies war das *Wiensche Verschiebungsgesetz*, das durch eine Kombination von Eelektromagnetismus und Thermodynamik hergeleitet wurde. Wir wollen genau darstellen, was Wien tat. Diese Arbeit von einzigartiger Bedeutung in der Entwicklung der Theorie der schwarzen Strahlung wurde 1894 veröffentlicht.

Als erstes mußte richtig verstanden werden, was mit einem Strahlungs-'Gas' geschieht, wenn es adiabatisch expandiert wird. Dies folgt direkt aus den thermodynamischen Beziehungen.

$$dQ = dU + p\,dV.$$

Bei einer adiabatischen Expansion ist $dQ = 0$, und wir haben gezeigt, daß für Strahlung $U = \varepsilon V$ und $p = \frac{1}{3}\varepsilon$ ist. Daher gilt

$$d(\varepsilon V) + \tfrac{1}{3}\varepsilon\,dV = 0$$

$$V\,d\varepsilon + \varepsilon\,dV + \tfrac{1}{3}\varepsilon\,dV = 0$$

$$\frac{d\varepsilon}{\varepsilon} = -\frac{4}{3}\frac{dV}{V}.$$

Durch Integration erhält man

$$\varepsilon = \mathrm{const} \times V^{-\frac{4}{3}}. \tag{8.34}$$

Es ist aber $\varepsilon = aT^4$ mit $a = 4\sigma/c$ und folglich

$$TV^{\frac{1}{3}} = \text{const.} \tag{8.35}$$

Da V proportional zur dritten Potenz des Radius eines kugelförmigen Volumens ist, finden wir

$$T \propto r^{-1}. \tag{8.36}$$

Der nächste Schritt ist die Aufstellung der Beziehung zwischen der Wellenlänge der Strahlung und dem Volumen des Behälters. Wir wollen eine einfache Zusammenfassung geben, welche die Lösung veranschaulicht. Zunächst ist zu fragen, wie sich die Wellenlänge der Strahlung ändert, wenn eine Welle von einem langsam bewegten Spiegel reflektiert wird. Dies ist in Abb. 8.3 dargestellt. Am Anfang befindet sich der Spiegel bei X, und wir nehmen an, daß zu diesem Zeitpunkt ein Maximum der einfallenden Wellen bei A liegt. Es wird dann auf dem Weg AC reflektiert. Bis zum Eintreffen des nächsten Wellenkamms hat sich der Spiegel nach X' bewegt, und daher muß dieses Maximum im Vergleich zum ersten Maximum einen zusätzlichen Weg ABN zurücklegen, d.h. der Abstand zwischen den Maxima vergrößert sich um den Betrag $d\lambda$, der gleich $AB + BN$ ist. Aus Symmetriegründen ist

$$AB + BN = A'N = AA' \cos\theta.$$

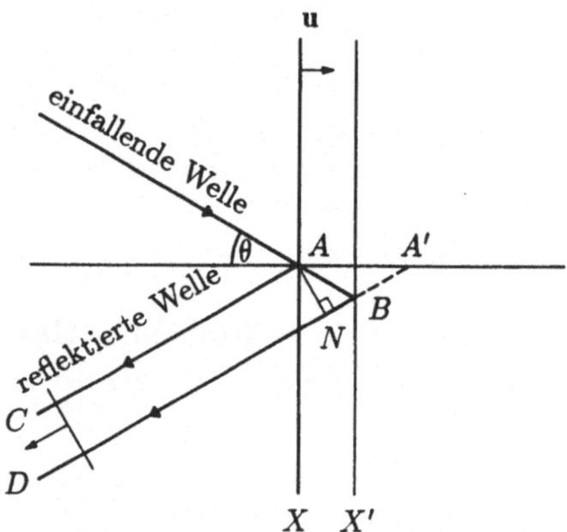

Abb. 8.3. Erläuterung der Wellenlängenänderung einer elektromagnetischen Welle, die von einer bewegten ideal leitenden Ebene reflektiert wird

Es gilt aber

$$AA' = 2 \times \text{vom Spiegel zurückgelegter Weg} = 2XX' = 2uT,$$

wobei u die Geschwindigkeit des Spiegels und T die Periode der Welle ist. Daraus folgt

$$d\lambda = 2uT \cos\theta$$
$$= 2\lambda\frac{u}{c}\cos\theta \quad \text{wegen} \quad d\lambda \ll \lambda. \tag{8.37}$$

Beachten Sie, daß das Ergebnis bis zur ersten Ordnung kleiner Größen richtig ist, aber mehr benötigen wir nicht, da wir uns nur für das Ergebnis differentieller Änderungen interessieren.

Nun bringen wir unsere Welle in einen kugelförmigen, langsam expandierenden Hohlraum und nehmen an, daß sie unter einem Einfallswinkel θ auf die Wand auftrifft (Abb. 8.4). Dann fragen wir, wieviele Reflexionen stattfinden und wie sich folglich die Wellenlänge insgesamt ändert, wenn sich der Hohlraum mit der kleinen Geschwindigkeit V von r auf $r + dr$ ausdehnt.

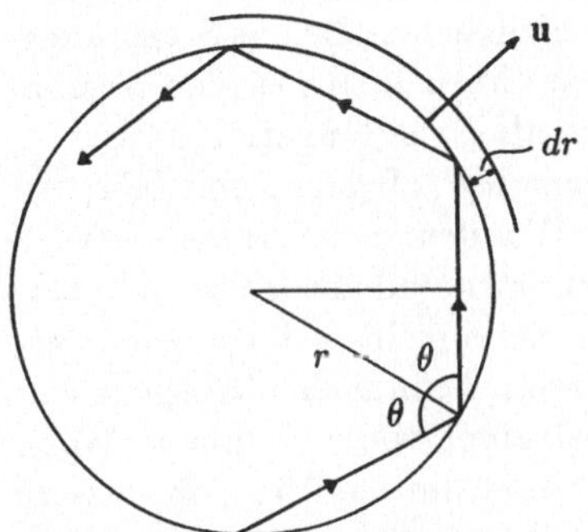

Abb. 8.4. Eine elektromagnetische Welle, die in einem expandierenden kugelförmigen Leiter reflektiert wird

Bei kleiner Ausdehnungsgeschwindigkeit bleibt der Winkel θ für alle Reflexionen gleich, während sich die Kugel um dr ausdehnt. Außerdem ist die für die Ausdehnung um eine Distanz dr benötigte Zeit gleich $dt = dr/u$. Aus der in Abb. 8.4 dargestellten Geometrie ist ersichtlich, daß die Zeit zwischen den Reflexionen für eine Welle mit der Ausbreitungsgeschwindigkeit c gleich $2r\cos\theta/c$ ist. Die Anzahl der in der Zeit dt erfolgenden Reflexionen ist daher gleich $c\,dt/2r\cos\theta$, und für die Änderung der Wellenlänge gilt:

$$d\lambda = \left(\frac{2u\lambda}{c}\cos\theta\right)\left(\frac{c\,dt}{2r\cos\theta}\right)$$

oder

$$\frac{d\lambda}{\lambda} = \frac{u\,dt}{r} = \frac{dr}{r}.$$

Durch Integration erhalten wir

$$\lambda \propto r, \tag{8.38}$$

d.h. die Wellenlänge der Strahlung nimmt proportional zum Radius des kugelförmigen Volumens zu.

Wir können nun dieses Ergebnis mit der Beziehung (8.36), d.h. $T \propto r^{-1}$, kombinieren und erhalten

$$T \propto \lambda^{-1}. \tag{8.39}$$

Dies ist ein Aspekt des Wienschen Verschiebungsgesetzes. Wenn Strahlung adiabatisch expandiert wird, ändert sich die Wellenlänge der Strahlung umgekehrt proportional zur Temperatur, wenn wir eine bestimmte Wellengruppe verfolgen. Mit anderen Worten, die Wellenlänge der Strahlung 'verschiebt' sich mit einer Temperaturänderung. Wenn wir insbesondere das Maximum des Strahlungsspektrums verfolgen, sollte dieses dem T^{-1}-Gesetz gehorchen. Es erwies sich, daß diese Aussage in Übereinstimmung mit dem Experiment ist.

Wien ging nun noch weiter und kombinierte die beiden Gesetze, die wir gerade hergeleitet haben, das Stefan-Boltzmannsche Gesetz und das Gesetz $T \propto \lambda^{-1}$, um Nebenbedingungen für die Form aufzustellen, die das Strahlungsspektrum haben mußte. Im folgenden zeige ich Ihnen meine eigene Version dieses Arguments. Es gibt andere Versionen, die aber viel langatmiger sind.

Zunächst ist zu beachten: Wenn wir ein beliebiges System von Körpern in einen Hohlraum mit ideal reflektierenden Wänden einschließen, werden schließlich alle Körper wegen der von ihnen emittierten und absorbierten Strahlung auf die gleiche Temperatur kommen. Am Ende stellt sich ein Gleichgewicht zwischen der Strahlung und den im Hohlraum befindlichen Körpern ein, die dann pro Zeiteinheit ebensoviel Energie abstrahlen wie aufnehmen. Wenn wir lange genug warten, wird die Strahlung das Spektrum erreichen, das diesem Gleichgewichtszustand entspricht, und dies wird unser Spektrum der schwarzen Strahlung sein. Die Strahlung wird isotrop sein, wenn wir lange genug warten, und daher sind die einzigen Parameter, welche die Strahlung charakterisieren können, die Temperatur des Hohlraums und die Wellenlänge der Strahlung, d.h. T und λ.

Weiter ist festzustellen: Wenn die schwarze Strahlung anfangs in einem Hohlraum mit der Temperatur T_1 diese Temperatur hat und wir dann den Hohlraum adiabatisch expandieren, dann erfolgt die adiabatische Expansion definitionsgemäß unendlich langsam, so daß die Strahlung in allen Stadien der Expansion bis zur Temperatur T_2 ein Gleichgewichtsspektrum annimmt. Der springende Punkt ist, daß bei einer adiabatischen Expansion das Strahlungsspektrum am Anfang und am Ende der Expansion die Form eines Spektrums des schwarzen Körpers hat. Das unbekannte Gesetz für das Strahlungsspektrum muß sich daher entsprechend der Temperatur maßstäblich ändern.

Betrachten wir die Strahlung im Wellenlängenintervall von λ_1 bis $\lambda_1 + d\lambda_1$, und nehmen wir an, ihre Energiedichte sei $\varepsilon = u(\lambda_1)\,d\lambda_1$. Aus der Boltzmannschen Analyse wissen wir, daß dann die mit der Strahlung verbundene Energie jeder einzelnen Wellengruppe proportional zu T^4 abnimmt, und folglich gilt:

$$\frac{u(\lambda_1)\,d\lambda_1}{u(\lambda_2)\,d\lambda_2} = \left(\frac{T_1}{T_2}\right)^4 . \tag{8.40}$$

Es ist aber $\lambda_1 T_1 = \lambda_2 T_2$ und daher $d\lambda_1 = (T_2/T_1)\,d\lambda_2$. Wir erhalten daher

$$\frac{u(\lambda_1)}{T_1^5} = \frac{u(\lambda_2)}{T_2^5}$$

oder

$$\frac{u(\lambda)}{T^5} = \text{const}, \tag{8.41}$$

und wegen $\lambda T = \text{const}$ läßt sich dies auch so schreiben:

$$u(\lambda)\lambda^5 = \text{const.} \tag{8.42}$$

Beachten Sie, daß $u(\lambda)$ die Energiedichte pro Bandbreite (oder Wellenlängen-intervall) Eins im Strahlungsspektrum ist. Nun ist die einzige konstante Kombination aus T und λ das Produkt $T\lambda$, und wir können daher sagen, daß im allgemeinen die Konstante nur aus Funktionen konstruiert werden kann, die $T\lambda$ enthalten. Wir haben ja gezeigt, daß das Gleichgewichtsspektrum nur von λ und T abhängen sollte, und daher muß das Strahlungsgesetz die Form

$$u(\lambda)\lambda^5 = f(\lambda T)$$

oder

$$u(\lambda)\,d\lambda = \lambda^{-5} f(\lambda T)\,d\lambda \tag{8.43}$$

haben. Dies ist das ganze *Wiensche Verschiebungsgesetz*, und man kann erkennen, daß es Zwangsbedingungen für die Form des Strahlungsgesetzes der schwarzen Strahlung festlegt. Diese Gesetze sind Ihnen möglicherweise in Frequenzform besser bekannt als in Wellenlängenform. Wir wollen das Gesetz daher in die Frequenzform umrechnen:

$$u(\lambda)\,d\lambda = u(\nu)\,d\nu$$

$$\lambda = c/\nu, \qquad d\lambda = -\frac{c}{\nu^2}\,d\nu.$$

Daraus folgt

$$u(\nu)\,d\nu = \left(\frac{c}{\nu}\right)^{-5} f\left(\frac{\nu}{T}\right)\left(-\frac{c}{\nu^2}\,d\nu\right)$$

oder

$$u(\nu)\,d\nu = \nu^3 f\left(\frac{\nu}{T}\right)\,d\nu. \tag{8.44}$$

Das ist wirklich sehr geschickt. Beachten Sie, wie weit Wien allein unter Anwendung recht allgemeiner thermodynamischer Schlußfolgerungen gelangen konnte. Wir werden gleich sehen, wie entscheidend diese allgemeine Schlußfolgerung bei der Aufstellung der Strahlungsformel in ihrer korrekten Form war.

Diese Arbeit war völlig neu, als Planck sich 1894 für das Problem der Strahlung des schwarzen Körpers zu interessieren begann. Wir wollen uns nun Plancks gewaltigem Beitrag zum Verständnis dieses Problems zuwenden.

9 1895–1900: Planck und das Spektrum der schwarzen Strahlung

9.1 Plancks frühe Laufbahn

Über Plancks frühe Laufbahn können wir aus seiner kurzen wissenschaftlichen Autobiographie erfahren [9.1]. Er studierte bei Helmholtz und Kirchhoff in Berlin, sagt aber selbst: 'Allerdings muß ich gestehen, daß mir die Vorlesungen [dieser Männer] keinen merklichen Gewinn brachten. Helmholtz hatte sich offenbar nie richtig vorbereitet ... Im Gegensatz dazu trug Kirchhoff ein sorgfältig ausgearbeitetes Kolleghoft vor, in dem jeder Satz wohl erwogen an seiner richtigen Stelle stand ... Aber das Ganze wirkte wie auswendig gelernt, trocken und eintönig.' Für Studenten, die sich abmühen, ihre Physikvorlesungen zu verstehen, ist es eine beruhigende Feststellung, daß selbst unter den größten Physikern schlechte Dozenten zu finden sind. Nach meiner Erfahrung gibt es zwar eine allgemeine Korrelation zwischen den besten Physikern und den besten Dozenten, jedoch mit einer sehr großen Streubreite. Wir alle müssen uns mit den Dozenten abfinden, die zufälligerweise unsere Vorlesungen halten; am Ende können wir uns den Stoff nicht eintrichtern lassen, sondern müssen ihn selbst begreifen, und das ist vielleicht gar nicht so schlecht. In der Tat könnte man argumentieren, daß ein schlechter Dozent den Studenten zwingt, selbst intensiver nachzudenken, und das ist ja wohl eine gute Sache.

Plancks Forschungsinteresse wurde eigentlich durch die Lektüre der Arbeiten von Clausius angeregt, und er begann zu untersuchen, wie der zweite Hauptsatz der Thermodynamik auf alle möglichen physikalischen Probleme angewendet werden konnte, sowie die Grundlehren dieses Fachgebiets so klar wie möglich auszuarbeiten. Er beendete seine Dissertation im Jahre 1879. In seinen Worten: 'Der Eindruck dieser Schrift in der damaligen physikalischen Öffentlichkeit war gleich Null. Von meinen Universitätslehrern hatte, wie ich aus Gesprächen mit ihnen genau weiß, keiner ein Verständnis für ihren Inhalt ... Helmholtz hat diese Schrift wohl überhaupt nicht gelesen, Kirchhoff lehnte ihren Inhalt ausdrücklich ab mit der Bemerkung, daß der Begriff der Entropie ... nicht auf irreversible Prozesse angewendet werden dürfe. An Clausius gelang es mir nicht heranzukommen, auf Briefe antwortete er nicht, und ein Versuch, mich ihm in Bonn persönlich vorzustellen, führte zu keinem Ergebnis, weil ich ihn nicht zu Hause antraf.' [9.2]

Bei diesen Bemerkungen sollten Sie auf zwei Dinge achten. Zunächst hatte Kirchhoff unrecht mit der Feststellung, daß der Entropiebegriff nicht auf irreversible Prozesse angewendet werden kann. Die Entropie ist eine Zustandsfunktion und kann daher für einen beliebigen vorgegebenen Zustand des Systems bestimmt werden, unabhängig davon, ob für das Erreichen des Zustands irreversible Prozesse erforderlich sind oder nicht. Auch die allerbesten Physiker sind fehlbar. Zweitens sollte es nicht sonderlich überraschen, daß Planck bei seinen Versuchen, an die großen Männer heranzukommen, wenig erfolgreich war. Wir sind alle damit vertraut, daß die Leute sehr beschäftigt sind, und selbst ein verständnisvoller rangälterer Wissenschaftler kann oft nur schwer die Zeit aufbringen, um sich Studien zu widmen, die außerhalb seines unmittelbaren Spezialgebiets liegen. Außerdem haben wir es mit lebendigen Menschen und ihren ganz persönlichen angenehmen und weniger angenehmen Charakterzügen zu tun. Man muß lernen, die Dinge zu nehmen, wie sie kommen. Ich machte eine ähnliche Erfahrung, bevor ich meine Forschungslaufbahn begann. Ein hervorragender Physiker hielt eine anregende Vorlesung, und es wurde vorgeschlagen, daß ich mich hinterher mit ihm über zukünftige Forschungsthemen unterhalten solle. Es zeigte sich jedoch, daß er zu sehr mit Sherrytrinken beschäftigt war, um mit irgend jemand meines niederen Standes zu reden. Die Moral ist: trotz der Rückschläge, geben Sie nicht auf und lassen Sie sich nicht entmutigen! Bleiben Sie dran an dem Problem, bis sich herausstellt, ob Sie richtig oder falsch liegen.

Planck setzte seine Arbeit zur Entropie fort und wurde schließlich, nach Kirchhoffs Tod im Jahre 1880, dessen Nachfolger in seiner Stellung an der Universität Berlin. Dies war ein wichtiger Schritt, da er jetzt an einem der aktivsten Physikzentren der Welt zu jener Zeit arbeitete.

Es war 1894, als er sich dem Problem des Spektrums der Wärmestrahlung oder schwarzen Strahlung zuwandte, das seine spätere Arbeit beherrschen sollte und ihn zur Entdeckung des Quants führte. Wahrscheinlich wurde sein Interesse an diesem Problem durch Wiens wichtige Arbeit angeregt, die im gleichen Jahr veröffentlicht wurde. Wiens Analyse, die im letzten Kapitel beschrieben wurde, hatte einen starken thermodynamischen Akzent, was Planck zugesagt haben muß. Dies war Plancks erste Abhandlung, in der er insofern von seinen früheren Arbeiten abwich, als sie eher vom Elektromagnetismus als von der Entropie zu handeln schien. Im Jahre 1895 veröffentlichte er die Ergebnisse dieser Arbeit zur Resonanzstreuung ebener elektromagnetischer Wellen an einem oszillierenden Dipol. In den letzten Worten der Abhandlung stellte Planck jedoch klar, daß er dies als ersten Schritt zur Untersuchung des Problems betrachtete, das wir heute als schwarze Strahlung oder Hohlraumstrahlung bezeichnen. Sein Ziel war, ein System von Oszillatoren in einem geschlossenen Hohlraum anzuordnen, die strahlen und mit der erzeugten Strahlung wechselwirken konnten, so daß das System nach sehr langer Zeit ins Gleichgewicht kommen würde. Er konnte dann die Gesetze der Thermodynamik auf die schwarze Strahlung anwenden, um die Entstehung ihres Spektrums zu verstehen. Schon in dieser Arbeit bemerkte er einen wichtigen Aspekt dieses Problems. Wenn nämlich ein Oszillator durch Strahlung Energie verliert, wird diese nicht in Wärme, sondern in elektromagnetische Wellen umgewandelt. In gewissem Sinne ist der Prozeß konservativ, da die Strahlung, wenn sie in einen Kasten mit ideal reflektierenden Wänden eingeschlossen ist, dann auf den Oszillator zurückwirken kann. Außerdem ist der Prozeß unabhängig von der Art des Oszillators. In Plancks Worten: 'Das Studium der conservativen Dämpfung scheint mir deshalb von hoher Wichtigkeit zu sein, weil sich durch sie ein Ausblick eröffnet auf die Möglichkeit einer allgemeinen Erklärung irreversibler Prozesse durch conservative Wirkungen – ein Problem, welches sich der theoretisch-physikalischen Forschung täglich drängender entgegenstellt.' [9.3].

Nun ist es wichtig, sich daran zu erinnern, daß Planck ein großer Experte in der Thermodynamik und ein Anhänger von Clausius als Verfechter der klassischen Thermodynamik war. Planck betrachtete den zweiten Hauptsatz der Thermodynamik als absolut gültig – Prozesse mit abnehmender Gesamtentropie waren nach seiner Ansicht streng auszuschließen. Dieser Standpunkt unterscheidet sich stark von der Interpretation, die Boltzmann in seiner Denkschrift von 1877 gegeben hatte. Darin ist der zweite Hauptsatz der Thermodynamik dem Wesen nach nur eine statistische Aussage. Wie wir in Kapitel 7 gezeigt haben, ist in der Tat die Wahrscheinlichkeit dafür, daß die Entropie in allen natürlichen Prozessen zunimmt, sehr hoch; es bleibt jedoch eine *extrem* kleine, aber endliche Wahrscheinlichkeit dafür, daß das System in einen Zustand niedrigerer Entropie übergeht. Planck und seine Schüler hatten Arbeiten veröffentlicht, die einige Schritte in Boltzmanns statistischem Verfahren kritisierten.

So glaubte Planck, daß er durch Untersuchung der Wechselwirkung von Oszillatoren mit elektromagnetischer Strahlung zeigen könnte, daß die Entropie für ein System aus Materie und Strahlung absolut zunehmen würde. Er begann an einer Reihe von fünf Abhandlungen zu arbeiten, in denen diese Vorstellung entwickelt wurde. Die Vorstellung war nicht realisierbar, wie von Boltzmann gezeigt wurde. Man kann keine monotone Annäherung an ein Gleichgewicht erhalten, ohne eine statistische Annahme über die Art und Weise zu machen, in der sich das System dem Gleichgewichtszustand nähert. Aus Maxwells einfachen, aber zwingenden Argumenten bezüglich der Reversibilität aller Gesetze der Mechanik, Dynamik und des Elektromagnetismus ist ersichtlich, daß dies so sein muß.

Schließlich räumte Planck ein, daß eine statistische Annahme erforderlich war, und führte den Begriff der 'natürlichen Strahlung' ein, die Boltzmanns Annahme des molekularen Chaos entspricht. Dies muß für Planck recht ärgerlich gewesen sein. Es ist nicht angenehm, wenn einem gezeigt wird, daß man 20 Jahre lang in seinen Forschungen von falschen Annahmen ausgegangen ist. Es sollte jedoch noch viel schlimmer kommen.

Nachdem die Annahme der Existenz dieses Zustands der natürlichen Strahlung gemacht war, konnte Planck sein Programm bis zu einem gewissen Grade abschließen. Zunächst brachte er die Energiedichte der Strahlung in Zusammenhang mit der mittleren Energie der Oszillatoren in einem abgeschlossenen Raum. Dies ist ein sehr wichtiges Ergebnis und kann aus rein klassischen Argumenten abgeleitet werden. Wir wollen die Herleitung nachvollziehen, sie ist ein schönes Beispiel theoretischer Physik.

9.2 Beziehung zwischen der mittleren Energie eines Oszillators und seiner Strahlung im thermischen Gleichgewicht

Zunächst einmal, warum behandeln wir Oszillatoren statt Objekte wie Atome, Moleküle, Steinbrocken usw.? Der Grund dafür ist, daß sich im thermischen Gleichgewicht alles im Gleichgewicht miteinander befindet – Steine sind im Gleichgewicht mit Atomen und Oszillatoren, und daher ist es nicht von Vorteil, komplizierte Objekte zu behandeln. Wir können uns ebensogut mit einem einfachen Oszillator befassen, für den die Strahlungs- und Absorptionsgesetze exakt berechnet werden können. Damit habe ich in der Tat eben das Kirchhoffsche Gesetz in einer etwas zwanglosen Gestalt formuliert.

9.2.1 Die Strahlung eines beschleunigten geladenen Teilchens

Geladene Teilchen emittieren elektromagnetische Strahlung, wenn sie beschleunigt werden. Wir wollen zunächst einmal eine recht schöne kleine Formel für die Emissionsrate der Strahlung eines beschleunigten Teilchens herleiten.

Die normale Herleitung der Formel für die von einer beschleunigten Ladung abgestrahlte Energie geht von den Maxwellschen Gleichungen aus und benutzt retardierte Potentiale für die Feldkomponenten in großer Entfernung. Wir können aus einem bemerkenswerten Argument, das zuerst von J.J. Thomson vorgebracht wurde, eine viel einfachere Herleitung der exakten Ergebnisse dieser Berechnungen angeben. Diese Beweisführung läßt physikalisch sehr klar erkennen, warum eine beschleunigte Ladung elektromagnetische Strahlung emittiert, und weist auch auf die Entstehung des Strahlungsdiagramms und die Polarisationseigenschaften der Strahlung hin.

Wir betrachten eine Ladung q, die zur Zeit $t = 0$ im Ursprung O des Bezugssystems S ruht. Die Ladung erfährt dann innerhalb eines kurzen Zeitintervalls Δt eine kleine Beschleunigung auf die Geschwindigkeit Δv. Thomson veranschaulichte, was mit den Feldern geschieht, durch die mit der beschleunigten Ladung verbundenen Feldlinien. Nach einer Zeit t können wir zwischen der Feldkonfiguration innerhalb und außerhalb einer Kugel vom Radius ct unterscheiden, deren Mittelpunkt im Ursprung von S liegt (Abb. 9.1(a)). Außerhalb dieser Kugel 'wissen' die Feldlinien noch nicht, daß die Ladung sich aus dem Ursprung entfernt hat, da die Information sich nicht schneller als mit Lichtgeschwindigkeit ausbreiten kann, und verlaufen daher radial zum Mittelpunkt O. Innerhalb dieser Kugel verlaufen die Feldlinien radial in dem auf die bewegte Ladung zentrierten Bezugssystem. Zwischen diesen beiden Gebieten liegt eine dünne Schale der Dicke $c\Delta t$, in der wir einander entsprechende Feldlinien miteinander verbinden müssen. Geometrisch ist klar, daß in dieser Kugelschale eine Tangentialkomponente der Feldlinien auftreten muß, d.h. es existiert ein E-Feld in Richtung von i_θ. Dieser elektromagnetische Feld-'Impuls' breitet sich, von der Ladung ausgehend, mit Lichtgeschwindigkeit aus. Somit tritt aufgrund

der Beschleunigung ein Energieverlust auf, der mit diesem sich von der Ladung
nach außen ausbreitenden Impuls verbunden ist.

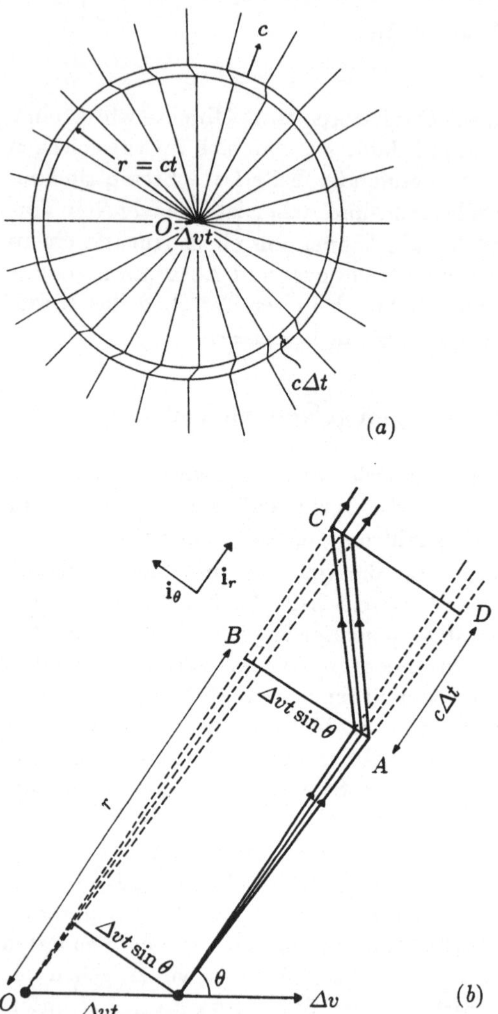

Abb. 9.1. (a) Darstellung der elektrischen Feldlinien zur Zeit t, die von einer Ladung herrühren,
welche von $t = 0$ an innerhalb der Zeit Δt um eine Geschwindigkeit Δv beschleunigt wurde.
(b) Die graphische Darstellung zeigt, wie die Azimutalkomponente des elektrischen Feldes zu
berechnen ist, das durch die Beschleunigung des im Ursprung befindlichen Elektrons entsteht.

Wir wollen die Stärke des elektrischen Feldes in dem Impuls berechnen.
Wir nehmen an, daß der Geschwindigkeitszuwachs Δv sehr klein ist, d.h. es sei
$\Delta v \ll c$, so daß mit Sicherheit vorausgesetzt werden kann, daß die Feldlinien zur
Zeit $t = 0$ wie auch zur Zeit t im Bezugssystem S radial verlaufen. In Wirklichkeit treten geringe Abweichungseffekte in Verbindung mit der Geschwindigkeit

Δv auf, die aber gegenüber den von uns diskutierten Gesamteffekten von zweiter Ordnung sind. Wir können daher jeweils einen kleinen Feldlinienkegel mit dem Öffnungswinkel θ in bezug auf den Beschleunigungsvektor der Ladung bei $t = 0$ und zu einem etwas späteren Zeitpunkt t betrachten, wenn die Ladung sich mit der konstanten Geschwindigkeit Δv bewegt (Abb. 9.1(b)). Nun müssen wir die Feldlinien der beiden Kegel durch die dünne Kugelschale der Dicke $c\Delta t$, wie in der Zeichnung dargestellt, miteinander verbinden. Die Stärke der Feldkomponente E_θ ist gerade durch die Anzahl der Feldlinien in $\boldsymbol{i}_\theta$- Richtung pro Flächeneinheit gegeben. Nach der Geometrie von Abb. 9.1(b) ist diese Anzahl durch das Seitenverhältnis des Rechtecks $ABCD$ gegeben, d.h. es gilt

$$\frac{E_\theta}{E_r} = \frac{\Delta v t \sin \theta}{c\Delta t}. \tag{9.1}$$

Es ist aber

$$E_r = \frac{q}{4\pi\epsilon_0 r^2}; \quad r = ct$$

und folglich

$$E_\theta = \frac{q(\Delta v/\Delta t)\sin\theta}{4\pi\epsilon_0 c^2 r}.$$

Hier ist $\Delta v/\Delta t$ gerade die Beschleunigung $\ddot{r}$ der Ladung, womit wir das Ergebnis wie folgt schreiben können:

$$E_\theta = \frac{q\ddot{r}\sin\theta}{4\pi\epsilon_0 c^2 r}. \tag{9.2}$$

Beachten Sie, daß die Radialkomponente des Feldes entsprechend dem Coulombschen Gesetz mit r^{-2} abnimmt, während das Impulsfeld nur mit r^{-1} abnimmt, da die Feldlinien in der E_θ-Richtung mehr und mehr gestreckt werden (siehe Gl. (9.1)). Wahlweise können wir auch $qr = p$ schreiben, wobei p das Dipolmoment der Ladung in Bezug auf irgendeinen Ursprungspunkt ist, und erhalten damit:

$$E_\theta = \frac{\ddot{p}\sin\theta}{4\pi\epsilon_0 c^2 r}. \tag{9.3}$$

Wir wissen, daß dies ein elektromagnetischer Strahlungsstoß ist und daß folglich der Energiefluß pro Flächeneinheit und Sekunde durch den Poynting-Vektor $|\boldsymbol{E} \times \boldsymbol{H}| = E^2/Z_0$ gegeben ist, wobei $Z_0 = (\mu_0/\epsilon_0)^{\frac{1}{2}}$ die Impedanz des leeren Raumes ist (siehe Abschnitt 8.2.1). Die Energieverlustrate durch den Raumwinkel $d\Omega$ im Abstand r von der Ladung beträgt daher

$$-\left(\frac{dE}{dt}\right)_{\text{Str},d\Omega} = \frac{|\ddot{p}|^2 \sin^2\theta}{16\pi^2 Z_0 \epsilon_0^2 c^4 r^2}\, r^2\, d\Omega$$

$$= \frac{|\ddot{p}|^2 \sin^2\theta}{16\pi^2 \epsilon_0 c^3}\, d\Omega. \tag{9.4}$$

Um die Gesamtstrahlung zu ermitteln, integrieren wir über alle Raumwinkel, d.h. wir integrieren über θ bezüglich der Beschleunigungsrichtung. Wir erinnern daran, daß die Integration über den Raumwinkel eine Integration über $2\pi \sin\theta \, d\theta$ bedeutet.

$$-\left(\frac{dE}{dt}\right)_{\text{Str}} = \int_0^\pi \frac{|\ddot{p}|^2 \sin^2\theta}{16\pi^2\epsilon_0 c^3} 2\pi \sin\theta \, d\theta.$$

Durch Berechnung des Integrals erhalten wir

$$-\left(\frac{dE}{dt}\right)_{\text{Str}} = \frac{|\ddot{p}|^2}{6\pi\epsilon_0 c^3} = \frac{q^2 |\ddot{r}|^2}{6\pi\epsilon_0 c^3}. \tag{9.5}$$

Genau das gleiche Ergebnis kommt bei der vollständigen Theorie heraus. Beachten Sie, daß es für jede Form der Beschleunigung $\ddot{r}$ gültig ist. Diese Formeln stellen die drei wesentlichen Eigenschaften der Strahlung eines beschleunigten Elektrons dar.

(a) Die Gesamtemissionsrate ist durch das Ergebnis (9.5) gegeben.

(b) Das Strahlungsdiagramm, d.h. die Abhängigkeit der Emissionsrate der Strahlung vom Winkel θ, hat die Form einer Dipolstrahlung, d.h. es ist $E_\theta \propto \sin\theta$ oder $(dE/dt) \propto \sin^2\theta$ (Gl. (9.4)). Es erfolgt keine Emission in Richtung des Beschleunigungsvektors, und die Strahlung ist senkrecht dazu maximal.

(c) Die Polarisation der Strahlung, d.h. die Richtung des E_θ-Vektors, ist parallel zur Projektion des Beschleunigungsvektors auf die Kugeloberfläche im Abstand r.

Tatsächlich stellt man fest, daß die meisten Strahlungsprobleme bei beschleunigten geladenen Teilchen im Sinne dieser einfachen Regeln verständlich werden. In meinem Buch *High Energy Astrophysics* [9.4] werden eine Reihe schöner Beispiele angegeben. Obwohl die obige Beweisführung recht hübsch ist, darf sie nicht als Ersatz für die vollständige Theorie angesehen werden, die sich bei der strengen Anwendung der Maxwellschen Gleichungen ergibt.

9.2.2 Strahlungsdämpfung eines Oszillators

Wir wenden nun das Ergebnis (9.5) auf den Fall eines Oszillators an, der harmonische Schwingungen mit der Kreisfrequenz ω_0 und der Amplitude x_0 ausführt: $x = x_0 e^{i\omega_0 t}$. Daraus erhält man $\ddot{x} = -\omega_0^2 x_0 e^{i\omega_0 t}$ und, wenn man den Realteil nimmt, $\ddot{x} = -\omega_0^2 x_0 \cos\omega_0 t$.

Die Energieverlustrate des schwingenden Dipols ist daher

$$-\left(\frac{dE}{dt}\right) = \frac{\omega_0^4 e^2 x_0^2}{6\pi\epsilon_0 c^3} \cos^2\omega_0 t.$$

Der Mittelwert des Terms $\cos^2\omega_0 t$ ist gleich $\frac{1}{2}$, und folglich gilt für die mittlere Energieverlustrate unseres Oszillators in Form elektromagnetischer Wellen:

$$-\left(\frac{dE}{dt}\right)_{\text{Mittelwert}} = \frac{\omega_0^4 x_0^2 e^2}{12\pi\epsilon_0 c^3}.$$

(9.6)

Wir wollen uns nun die Gleichung für die gedämpfte einfache harmonische Bewegung ansehen, da unser Oszillator durch die Emission elektromagnetischer Wellen Energie verliert.Es gilt

$$m\ddot{x} + a\dot{x} + kx = 0,$$

wobei m die Masse, k die Federkonstante und $a\dot{x}$ die Dämpfungskraft ist. Wir können die mit jedem dieser Terme verbundenen Energien ermitteln, indem wir mit $\dot{x}$ multiplizieren und nach der Zeit integrieren:

$$\int_0^t m\ddot{x}\dot{x}\,dt + \int_0^t a\dot{x}^2\,dt + \int_0^t kx\dot{x}\,dt = 0$$

$$\frac{1}{2}m\int d(\dot{x}^2) + \int a\dot{x}^2\,dt + \frac{1}{2}\int k\,d(x^2) = 0.$$

(9.7)

Wir identifizieren diese Terme mit der kinetischen Energie, dem Dämpfungsverlust und der potentiellen Energie des Oszillators. Wir wollen nun für die einfache harmonische Bewegung der Form $x = x_0 \cos\omega_0 t$ jeden einzelnen Term berechnen. Die Mittelwerte der kinetischen und der potentiellen Energie sind:

Mittlere kinetische Energie $= \frac{1}{4}mx_0^2\omega_0^2$

Mittlere potentielle Energie $= \frac{1}{4}kx_0^2$.

Bei sehr kleiner Dämpfung ist die Eigenfrequenz der Oszillatorschwingung gerade gleich $\omega_0^2 = k/m$. Daher sind, wie wir schon wissen, die mittlere kinetische und potentielle Energie des Oszillators gleich, und die Gesamtenergie ist gleich der Summe beider Terme, d.h. gleich

$$E = \frac{1}{2}mx_0^2\omega_0^2.$$

(9.8)

Aus Gl. (9.7) ergibt sich nun die mittlere Energieverlustrate des Oszillators:

$$-\left(\frac{dE}{dt}\right)_{\text{Str}} = \frac{1}{2}ax_0^2\omega_0^2.$$

(9.9)

Durch Division der Gleichungen (9.8) und (9.9) finden wir

$$-\left(\frac{dE}{dt}\right)_{\text{Str}} = \frac{a}{m}E.$$

(9.10)

Wir wollen nun diese Beziehung mit dem Ausdruck für die Verlustrate des Oszillators durch Strahlung vergleichen. Einsetzen von (9.8) in (9.6) ergibt

$$-\frac{dE}{dt} = \gamma E$$

(9.11)

mit $\gamma = \omega_0^2 e^2 / 6\pi\epsilon_0 c^3 m$. Dieser Ausdruck sieht etwas einfacher aus, wenn wir den klassischen Elektronenradius $r_e = e^2 / 4\pi\epsilon_0 m_e c^2$ einführen. Damit wird $\gamma = 2 r_e \omega_0^2 / 3c$. Wir können daher den richtigen Ausdruck für den Amplitudenabfall des Oszillators erhalten, indem wir in Gl. (9.10) γ mit a/m gleichsetzen.

Nun können wir einsehen, warum Planck diese Vorgehensweise für lohnend hielt. Der Strahlungsverlust geht nicht in Wärme, sondern in elektromagnetische Strahlung über, und die Konstante γ ist nur von Grundkonstanten abhängig, wenn wir z.B. annehmen, daß der Oszillator aus einem schwingenden Elektron besteht. Demgegenüber geht, wenn man die gewöhnliche Reibungsdämpfung behandelt, die Energie in Wärme über und die Formel für die Verlustrate enthält Materialkonstanten. Außerdem können im Falle elektromagnetischer Wellen, wenn wir die Oszillatoren und Wellen in einem Hohlraum mit ideal reflektierenden Wänden unterbringen, die Wellen nach ihrer Reflexion an den Wänden auf die Oszillatoren zurückwirken, so daß die Energie nicht aus dem System verlorengeht. Deshalb bezeichnete Planck die Dämpfung als 'konservative Dämpfung'. Der gebräuchlichere Name für diese Erscheinung ist *Strahlungsdämpfung*.

9.3 Das Gleichgewichtsspektrum der Strahlung eines Oszillators der Energie E

Wir haben nun den Ausdruck für die Dynamik unseres Oszillators erhalten, der einer Eigendämpfung unterliegt:

$$m\ddot{x} + m\gamma\dot{x} + kx = 0$$

$$\ddot{x} + \gamma\dot{x} + \omega_0^2 x = 0.$$

Wenn eine elektromagnetische Welle auf den Oszillator auftrifft, kann Energie auf ihn übertragen werden, und wir müssen dann auf der rechten Seite einen Kraftterm addieren:

$$\ddot{x} + \gamma\dot{x} + \omega_0^2 x = F/m. \tag{9.12}$$

Wenn der Oszillator durch das Feld E einer einfallenden Welle beschleunigt wird, gilt $F = eE_0 e^{i\omega t}$. Wir ermitteln die Antwort des Oszillators mit einem Lösungsansatz für x in Form von $x = x_0 e^{i\omega t}$. Dann ist

$$x_0 = \frac{eE_0}{m(\omega_0^2 - \omega^2 + i\gamma\omega)}. \tag{9.13}$$

Sie sehen, daß im Nenner ein komplexer Faktor auftritt, was bedeutet, daß der Oszillator nicht in Phase mit der einfallenden Welle schwingt. Für unsere Berechnung ist das ohne Belang. Wir interessieren uns besonders für den Betrag der Amplitude, wie wir gleich sehen werden.

Nun sind wir auf dem Weg zur Ermittlung des auf den Oszillator übertragenen Energiebetrags schon recht weit vorangekommen, aber das ist nicht unsere

Absicht. Wir wollen vielmehr die Ausstrahlung des Oszillators unter dem Einfluß des einfallenden Strahlungsfeldes berechnen. Wenn wir diese Größe ausrechnen und sie der 'Eigenstrahlung' des Oszillators gleichsetzen, werden wir unsere Forderung nach einem Gleichgewichtsspektrum erfüllt haben. Dies liefert uns ein physikalisches Bild dafür, was wir mit einem Oszillator meinen, der sich im Gleichgewicht mit dem Strahlungsfeld befindet. Um es anders auszudrücken: Die vom einfallenden Strahlungsfeld geleistete Arbeit reicht gerade aus, um den Energieverlust pro Sekunde des Oszillators auszugleichen.

Von jetzt ab ist die Berechnung lediglich harte Arbeit. Es bleibt wirklich nur noch ein komplizierter Schritt. Wir verwenden die obige Form für die Ausstrahlung eines Oszillators,

$$-\left(\frac{dE}{dt}\right) = \frac{\omega^4 e^2 x_0^2}{6\pi\epsilon_0 c^3} \cos^2 \omega t,$$

und benutzen den Wert von x_0, den wir gerade berechnet haben. Sie werden feststellen, daß wir das Betragsquadrat von x_0 benötigen, das wir durch Multiplikation von x_0 mit der komplex konjugierten Zahl erhalten:

$$x_0^2 = \frac{e^2 E_0^2}{m^2[(\omega_0^2 - \omega^2)^2 + \gamma^2\omega^2]}.$$

Für die Ausstrahlung gilt daher

$$-\left(\frac{dE}{dt}\right) = \frac{\omega^4 e^4 E_0^2 \cos^2 \omega t}{6\pi\epsilon_0 c^3 m^2[(\omega_0^2 - \omega^2)^2 + \gamma^2\omega^2]}.$$

Es ist nun zweckmäßig, über die Zeit zu mitteln, d.h. wir bilden

$$\langle \cos^2 \omega t \rangle = \tfrac{1}{2}.$$

Wir bemerken, daß der Term in E^2 in enger Beziehung zur Energie der einfallenden Welle steht. Die pro Flächeneinheit und Sekunde einfallende Energie ist durch den Poynting-Vektor $E \times H$ gegeben. Da in der Welle $B = k \times E/\omega$, $|H| = E/\mu_0 c$ und $|E \times H| = (E_0^2/\mu_0 c) \cos^2 \omega t$ gilt, erhält man für die mittlere pro Flächeneinheit und Sekunde einfallende Energie:

$$\frac{1}{2\mu_0 c} E_0^2 = \frac{1}{2}\epsilon_0 c E_0^2.$$

Wir denken weiter daran, daß bei einer Überlagerung von Wellen mit zufällig verteilter Phase, wie sie bei der Gleichgewichtsstrahlung vorliegt, die gesamte einfallende Energie durch Addition der Energien, d.h. der E^2-Werte, ermittelt wird. Wir können den Einzelwert von E^2 in unserer Formel durch die Summe über alle auf den Oszillator auftreffenden Wellen ersetzen und finden dann für die gesamte wiederabgestrahlte Leistung die Beziehung

$$-\left(\frac{dE}{dt}\right) = \frac{\omega^4 e^4 \frac{1}{2}\sum_i E_{0i}^2}{6\pi\epsilon_0 c^3 m^2[(\omega_0^2 - \omega^2)^2 + \gamma^2\omega^2]}. \tag{9.14}$$

Als nächstes ist festzustellen, daß es sich hier um einen Teil der Intensitätsverteilung eines kontinuierlichen Spektrums handelt und daß wir diese Energiesumme auch als einfallende Intensität[1] im Frequenzband von ω bis $\omega + d\omega$ schreiben können, d.h. in der Form

$$I(\omega)\,d\omega = \tfrac{1}{2}\epsilon_0 c \sum_i E_{0i}^2. \tag{9.15}$$

Die Gesamt-Strahlungsverlustrate ist daher:

$$-\left(\frac{dE}{dt}\right) = \frac{\omega^4 e^4}{6\pi\epsilon_0^2 c^4 m^2}\frac{I(\omega)\,d\omega}{[(\omega_0^2 - \omega^2)^2 + \gamma^2\omega^2]}.$$

Die Gleichung vereinfacht sich, wenn wir wieder den klassischen Elektronenradius $r_e = e^2/4\pi\epsilon_0 m_e c^2$ einführen:

$$-\left(\frac{dE}{dt}\right) = \frac{8\pi\omega^4}{3} r_e^2 \frac{I(\omega)\,d\omega}{[(\omega_0^2 - \omega^2)^2 + \gamma^2\omega^2]}. \tag{9.16}$$

Nun besitzt die Frequenzcharakteristik des Oszillators, wie sie durch den Faktor im Nenner beschrieben wird, ein sehr scharfes Maximum beim Wert ω_0, da die Ausstrahlung im Vergleich zur Gesamtenergie des Oszillators sehr klein ist, d.h. wegen $\gamma \ll 1$ (siehe Abb. 9.2).

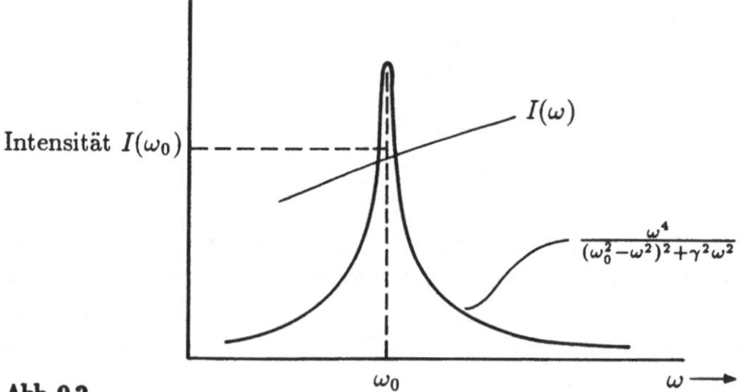

Abb. 9.2.

Wir können daher einige vereinfachende Annahmen machen. Wenn ω allein steht, können wir $\omega \to \omega_0$ und $(\omega_0^2 - \omega^2) = (\omega_0 + \omega)(\omega_0 - \omega) \approx 2\omega_0(\omega_0 - \omega)$ setzen. Es ist daher

$$-\left(\frac{dE}{dt}\right) = \frac{2\pi\omega_0^2 r_e^2}{3}\frac{I(\omega)\,d\omega}{[(\omega - \omega_0)^2 + (\gamma^2/4)]}.$$

---

[1] Beachten Sie, daß diese Intensität die aus einem Raumwinkel von 4π steradian einfallende Gesamtleistung pro Flächeneinheit ist. Die Intensität ist gewöhnlich in $\mathrm{W\,m^{-2}\,Hz^{-1}\,sr^{-1}}$ definiert. Entsprechend steht in (9.18) die Beziehung $I(\omega) = u(\omega)c$ zwischen $I(\omega)$ und $u(\omega)$ anstelle der üblichen Beziehung $I(\omega) = u(\omega)c/4\pi$.

Schließlich erwarten wir, daß $I(\omega)$ im Vergleich zur Schärfe der Frequenzcharakteristik des Oszillators eine langsam veränderliche Funktion ist, und können die Größe daher über den interessierenden Wertebereich von ω als konstant ansetzen.

$$-\left(\frac{dE}{dt}\right) = \frac{2\pi\omega_0^2 r_e^2}{3} I(\omega_0) \int_0^\infty \frac{d\omega}{[(\omega - \omega_0)^2 + (\gamma^2/4)]}.$$

Das verbleibende Integral ist leicht zu berechnen, wenn wir die untere Grenze gleich minus Unendlich setzen, was wir tun können, da in einem größeren Abstand vom Maximum die Funktion keinen Beitrag mehr zum Integral liefert. Mit

$$\int_{-\infty}^\infty \frac{dx}{x^2 + a^2} = \frac{\pi}{a}$$

erhalten wir für das Integral den Wert $2\pi/\gamma$ und damit

$$-\left(\frac{dE}{dt}\right) = \frac{2\pi\omega_0^2 r_e^2}{3}\frac{2\pi}{\gamma} I(\omega_0) = \frac{4\pi^2\omega_0^2 r_e^2}{3\gamma} I(\omega_0).$$

Nun haben wir gesagt, daß dies die Strahlungsmenge ist, die wir mit der spontanen Ausstrahlung des Oszillators gleichsetzen. Es gibt dabei nur eine Komplikation. Wir haben angenommen, daß der Oszillator in gleicher Weise auf alle möglichen Polarisierungen reagieren kann. Wenn wir einen einzelnen Oszillator haben, dann gibt es Einfallsrichtungen, in denen die Strahlung keine Wirkung auf den Oszillator hat, d.h. wenn das elektrische Feld senkrecht zur Dipolachse des Oszillators gerichtet ist. Wir können dieses Problem durch ein geschicktes Argument umgehen, das Feynman in seiner Analyse dieses Problems benutzt. Angenommen, wir haben drei zueinander rechtwinklig angeordnete Oszillatoren. Dann kann dieses System wie ein völlig freier Oszillator reagieren und jedem beliebigen einfallenden elektrischen Feld folgen. Wir erhalten daher die richtige Lösung, wenn wir annehmen, daß es sich hier um die Strahlung handelt, die von drei Oszillatoren emittiert werden würde, deren jeder mit der Frequenz ω_0 schwingt. Nun können wir endlich zu der gesuchten Lösung gelangen. Durch Gleichsetzen der Strahlungsmengen finden wir ein recht spektakuläres Ergebnis:

$$I(\omega_0)\frac{4\pi^2\omega_0^2 r_e^2}{3\gamma} = 3\gamma E$$

$$\gamma = \tfrac{2}{3}(r_e\omega_0^2/c)$$

und folglich

$$I(\omega_0) = \frac{3^2[\tfrac{2}{3}(r_e\omega_0^2/c)]^2}{4\pi^2\omega_0^2 r_e^2} E$$

$$= \frac{\omega_0^2}{\pi^2 c^2} E. \tag{9.17}$$

Wenn wir dies in Form einer spektralen Energiedichte schreiben, erhalten wir

$$u(\omega_0) = \frac{I(\omega_0)}{c} = \frac{\omega_0^2}{\pi^2 c^3}\, E. \qquad (9.18)$$

Wir können jetzt die Indizes 0 bei ω ebensogut fortlassen, da dieses Ergebnis für alle Frequenzen im Gleichgewicht gilt. Wir wollen dieses Ergebnis in die Frequenzform umschreiben:

$$u(\omega)\, d\omega = u(\nu)\, d\nu = \frac{\omega^2}{\pi^2 c^3}\, E\, d\omega$$

oder

$$u(\nu) = \frac{8\pi\nu^2}{c^3}\, E. \qquad (9.19)$$

Dies ist das Ergebnis, das Planck in einer im Juni 1899 veröffentlichten Arbeit herleitete. Sie können erkennen, wie bemerkenswert es ist. Alle Informationen über die Art des Oszillators sind völlig aus dem Problem verschwunden. Seine Ladung oder Masse werden nicht erwähnt. Übrig bleibt lediglich die mittlere Energie des Oszillators. Die hinter der Beziehung verborgene Bedeutung ist offenbar sehr tiefgründig und fundamental im thermodynamischen Sinne. Ich halte dies für eine aufregende Ableitung. Die gesamte Untersuchung erfolgte durch eine Analyse der Elektrodynamik von Oszillatoren, und dennoch enthält das Endergebnis keine Spur der Mittel, durch die wir zur Lösung gelangten. Man kann sich vorstellen, wie erregt Planck gewesen sein muß, als er dieses grundlegende Ergebnis fand.

Es ist nun auch klar, daß wir das Spektrum der schwarzen Strahlung finden werden, sobald wir die mittlere Energie eines Oszillators der Frequenz ν in einem Hohlraum mit der Temperatur T ausrechnen können. Wir müssen daher die Beziehung zwischen E, T und ν finden.

9.4 Wie Planck zum Spektrum der schwarzen Strahlung gelangte

Ein überraschender Aspekt der nachfolgenden Entwicklungen war, was Planck *nicht* als nächstes tat. Wir kennen die Lösung zum obigen Problem aus der klassischen statistischen Mechanik. Nach der klassischen Theorie ordnen wir jedem Freiheitsgrad die Energie $\frac{1}{2}kT$ zu, und folglich dürfte die mittlere Energie eines Oszillators gleich kT sein, da ein harmonischer Oszillator zwei Freiheitsgrade besitzt, die mit den quadratischen Termen $\dot{x}^2$ bzw. x^2 im Ausdruck für die Energie des Oszillators verbunden sind. Wenn wir E gleich kT setzen, finden wir

$$u(\nu) = \frac{8\pi\nu^2}{c^3} kT. \qquad (9.20)$$

Sie wissen wahrscheinlich, daß dies tatsächlich die richtige Lösung für das Strahlungsgesetz bei niedrigen Frequenzen ist, die Rayleigh-Jeanssche Strahlungsformel, die wir gleich in ihrem passenden Zusammenhang beschreiben werden. Warum ging Planck nicht so vor? Vor allem ist der Gleichverteilungssatz von Maxwell und Boltzmann ein Ergebnis der statistischen Thermodynamik, und dies war der Standpunkt, den Planck definitiv abgelehnt hatte. Zumindest war er gewiß nicht so vertraut mit der statistischen Thermodynamik wie mit der klassischen Theorie. Außerdem, wie wir in Kapitel 7 schilderten, war im Jahre 1899 nicht klar, wie gesichert der Gleichverteilungssatz war. Maxwells kinetische Gastheorie lieferte nicht die richtigen Antworten zum Verhältnis der spezifischen Wärmen von Gasen.

Planck hatte sich schon die Finger an Boltzmann verbrannt, als er nicht bemerkte, daß zur Herleitung des Gleichgewichtszustands der schwarzen Strahlung statistische Annahmen notwendig waren. Lassen wir ihn selbst zu Worte kommen:

> So blieb mir nichts übrig, als das Problem einmal von der entgegengesetzten Seite in Angriff zu nehmen: von der Thermodynamik her, auf deren Boden ich mich ohnehin von Hause aus sicherer fühlte. In der Tat kamen mir hier meine früheren Studien über den zweiten Hauptsatz der Wärmetheorie dadurch zugute, daß ich gleich von vorneherein darauf verfiel, nicht die Temperatur, sondern die Entropie des Oszillators mit seiner Energie in Beziehung zu bringen ... Damals hatten sich ... eine ganze Anzahl hervorragender Physiker sowohl von der experimentellen als auch von der theoretischen Seite her dem Problem der Energieverteilung im Normalspektrum zugewandt. Aber sie suchten alle nur in der Richtung, die Strahlungsintensität in ihrer Abhängigkeit von der Temperatur darzustellen, während ich in der Abhängigkeit der Entropie von der Energie den tieferen Zusammenhang vermutete. Da die Bedeutung des Entropiebegriffs damals noch nicht die ihr zukommende Würdigung gefunden hatte, so kümmerte sich niemand um die von mir benützte Methode, und ich konnte in aller Muße und Gründlichkeit meine Berechnungen anstellen, ohne von irgendeiner Seite eine Störung oder Überholung befürchten zu müssen. [9.5]

Planck entwickelte die nachstehende Beziehung für die Entropie eines Systems, das sich nicht im Gleichgewicht befindet – ich werde das nicht ausführlich nachvollziehen, weil die Beziehung am Ende von nebensächlicher Bedeutung sein wird, obwohl sie für Planck beim Auffinden der richtigen Lösung wichtig war.

$$\Delta S = \Delta E \, dE \, \frac{3}{5} \frac{\partial^2 S}{\partial E^2}. \tag{9.21}$$

Diese Gleichung gilt für ein System, dessen Entropie insofern von der maximalen Entropie abweicht, als ein einzelner Resonator um einen Betrag ΔE vom Gleichgewichtswert abweicht. Die Entropieänderung tritt ein, wenn die Energie des Oszillators sich um dE ändert. Wenn daher ΔE und dE entgegengesetzte Vorzeichen haben, d.h. wenn das System zum Gleichgewicht zurückstrebt, muß die Entropieänderung positiv sein, und folglich muß die Funktion $\partial^2 S/\partial E^2$ notwendigerweise einen negativen Wert haben. Es läßt sich prüfen, daß eine Formel dieser Art richtig sein muß. Ein negativer Wert von $\partial^2 S/\partial E^2$ bedeutet, daß ein Entropiemaximum besteht, und daher muß sich das System dem Gleichgewicht nähern, wenn ΔE und dE entgegengesetzte Vorzeichen haben.

Wir müssen uns nochmals den Stand der experimentellen Arbeiten ansehen, um richtig zu würdigen, was Planck als nächstes tat. Wien hatte seine Untersuchungen des Spektrums der Wärmestrahlung weiterverfolgt, indem er versuchte, das Strahlungsgesetz aus der Theorie abzuleiten. Wir brauchen seine Ideen nicht im einzelnen darzulegen, aber er entwickelte eine Form des Strahlungsgesetzes, die mit seinem Verschiebungsgesetz vereinbar war und eine ausgezeichnete Übereinstimmung mit allen Daten lieferte, die 1896 verfügbar waren. Das Verschiebungsgesetz lautet

$$u(\nu) = \nu^3 f(\nu/T),$$

und die nach der Wienschen Theorie vorgeschlagene Beziehung war:

$$u(\nu) = \frac{8\pi\alpha}{c^3}\nu^3 \mathrm{e}^{-\beta\nu/T}. \tag{9.22}$$

Dies ist das berühmte *Wiensche Gesetz*, und ich habe es in einer Form geschrieben, die für die folgende Analyse geeignet ist. Die Formel enthält zwei unbekannte Konstanten α und β; ich habe zweckmäßigerweise die Konstante $8\pi/c^3$ am Anfang der rechten Seite mit aufgenommen. Rayleighs Kommentar zum Wienschen Gesetz war: 'Aus theoretischer Sicht scheint mir das Ergebnis wenig mehr als eine bloße Vermutung zu sein' [9.6]. Die Bedeutung der Formel lag jedoch darin, daß sie eine ausgezeichnete Beschreibung für alle damals verfügbaren experimentellen Daten lieferte und daher für weitere theoretische Untersuchungen benutzt werden konnte. Aus Abb. 9.3 ist erkennbar, daß man eine Kurve anpassen muß, die auf beiden Seiten des Maximums steil ansteigt. Natürlich ist der Bereich des Maximums durch die experimentellen Werte am besten definiert und die Fehler in der Energieverteilung sind an den Flanken viel größer.

Der nächste Schritt in Plancks Arbeit war die Einführung einer Definition für die Entropie des Oszillators:

$$S = -\frac{E}{\beta\nu}\ln\frac{E}{\alpha\nu e}. \tag{9.23}$$

S ist seine Entropie, E seine Energie, und α und β sind Konstanten; e ist die Basis der natürlichen Logarithmen. In der Tat wissen wir aus Plancks Schriften, daß er diese Beziehung aus dem Wienschen Gesetz ableitete. Wir wollen sehen, wie man das machen kann.

Wir setzen das Strahlungsspektrum nach dem Wienschen Gesetz (9.22) in unsere Beziehung (9.19) zwischen $u(\nu)$ und E ein:

$$u(\nu) = \frac{8\pi\nu^2}{c^3}E.$$

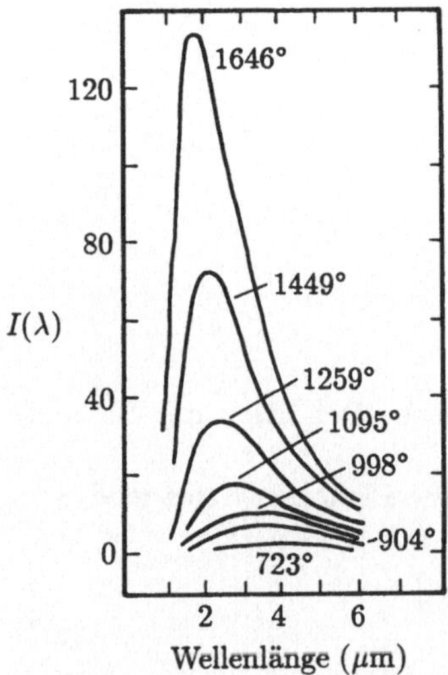

Abb. 9.3. Beispiele für das Intensitätsspektrum der schwarzen Strahlung mit linearer Darstellung der Intensität und der Wellenlänge. Zu beachten ist, daß wegen der niedrigen Intensität an den Flanken die Kurven äußerst schwer experimentell zu bestimmen sind. (Nach H.S. Allen und R.S. Maxwell, *A Textbook of Heat*, Teil II, S. 748, MacMillan and Co. Ltd., 1952)

Daraus ergibt sich

$$E = \alpha \nu e^{-\beta \nu / T}. \tag{9.24}$$

Nehmen wir nun an, wir setzen den Oszillator (oder eine Gruppe von Oszillatoren) in ein festes Volumen V. Nach der thermodynamischen Grundgleichung gilt

$$T\,dS = dU + p\,dV$$

und folglich

$$\left(\frac{\partial S}{\partial U}\right)_V = \frac{1}{T}. \tag{9.25}$$

U und S sind additive Zustandsfunktionen, und daher gilt die obige Beziehung sowohl für einen einzelnen als auch für ein Ensemble von Oszillatoren. Durch Umkehrung von Gl. (9.24) können wir daher eine Beziehung zwischen $(\partial S / \partial E)_V$ und E herstellen:

$$\frac{1}{T} = \left(\frac{\partial S}{\partial E}\right)_V = -\frac{1}{\beta \nu} \ln\left(\frac{E}{\alpha \nu}\right). \tag{9.26}$$

Nun differenzieren wir die Plancksche Definition (9.23) der Entropie des Oszillators nach E:

$$\frac{dS}{dE} = -\frac{1}{\beta\nu}\ln\left(\frac{E}{\alpha\nu e}\right) - \frac{\not\!E}{\beta\nu}\frac{1}{\not\!E}$$

$$= -\frac{1}{\beta\nu}\left[\ln\left(\frac{E}{\alpha\nu e}\right) + 1\right]$$

$$= -\frac{1}{\beta\nu}\left[\ln\left(\frac{E}{\alpha\nu e}\right) + \ln e\right]$$

$$= -\frac{1}{\beta\nu}\ln\left(\frac{E}{\alpha\nu}\right).$$

Wir sehen, daß Gl. (9.26) direkt auf die Plancksche Definition der Entropie gemäß Gl. (9.23) führt.

Nun kommen wir aber zu dem Schritt, der für Planck entscheidend war. Wir bilden die nächste Ableitung von Gl. (9.26) nach der Energie:

$$\frac{\partial^2 S}{\partial E^2} = -\frac{1}{\beta\nu}\frac{1}{E}. \tag{9.27}$$

Beachten Sie, daß β, ν und E alle notwendigerweise positive Größen sind und daß daher $\partial^2 S/\partial E^2$ notwendigerweise negativ ist. Dies bedeutet, daß das Wiensche Gesetz (Gl. (9.22)) in völliger Übereinstimmung mit dem zweiten Hauptsatz der Thermodynamik ist. Beachten Sie auch, wie verblüffend einfach der Ausdruck für die zweite Ableitung der Entropie nach der Energie ist. Sie ist gerade proportional zum Reziproken der Energie. Dies machte einen tiefen Eindruck auf Planck, der in seiner Forschung stets nach grundsätzlichen Einsichten strebte. In seinen Worten: 'Ich habe mich wiederholt bemüht, den Ausdruck für die elektromagnetische Entropie eines Resonators ... so abzuändern bzw. zu verallgemeinern, daß er immer noch allen theoretisch wohlbegründeten elektromagnetischen und thermodynamischen Gesetzen Genüge leistet, aber es ist mir dies nicht gelungen' [9.7]. In seinem Vortrag vor der Preußischen Akademie der Wissenschaften im Mai 1899 sagt er: 'Ich glaube hieraus schließen zu müssen, daß die ... Definition der Strahlungsentropie und damit auch das Wiensche Energieverteilungsgesetz eine notwendige Folge der Anwendung des Prinzips der Vermehrung der Entropie auf die elektromagnetische Strahlungstheorie ist und daß daher die Grenzen der Gültigkeit dieses Gesetzes, falls solche überhaupt existieren, mit denen des zweiten Hauptsatzes der Wärmetheorie zusammenfallen' [9.8]. Das ist ein ziemlich starker Tobak, und wir wissen heute, daß er sich irrte, aber er war auf dem Weg zur richtigen Theorie schon gewaltig vorangekommen.

Ein interessanter Aspekt der obigen Behauptung ist, daß es oft sehr gefährlich sein kann, Argumente wie 'Ich kann mir keine andere Funktion vorstellen, die das leistet' zu benutzen. Tatsächlich hätte jede beliebige negative Energiefunktion Plancks Forderung erfüllt, soweit der zweite Hauptsatz der Thermodynamik betroffen war. Es blieb lediglich das Problem, für Übereinstimmung mit den Messungen des Spektrums der schwarzen Strahlung zu sorgen.

Diese Berechnungen wurden der Preußischen Akademie der Wissenschaften im Juni 1900 vorgetragen. Bis Oktober 1900 trat abermals eine Veränderung ein. Rubens und Kurlbaum wiesen zweifelsfrei nach , daß das Wiensche Gesetz nicht ausreichte, um die Verteilung der schwarzen Strahlung bei niedrigen Frequenzen und hohen Temperaturen zu erklären. Sie werden sich daran erinnern, daß das Strahlungsgesetz nur von ν/T abhängig ist, so daß das Gesetz für kleine Werte dieses Parameters unzulänglich ist. Die Experimente von Rubens und Kurlbaum wurden über einen breiten Temperaturbereich vorgenommen und mit der größten Sorgfalt ausgeführt. Sie zeigten insbesondere, daß die Strahlungsintensität bei niedrigen Frequenzen und hohen Temperaturen proportional zur Temperatur war. Dies steht in klarem Widerspruch zum Wienschen Gesetz, denn mit $u(\nu) \propto \nu^3 e^{-\beta\nu/T}$ ist für $\beta\nu/T \ll 1$ die Funktion $u(\nu) \propto \nu^3$ und damit unabhängig von der Temperatur.

Rubens und Kurlbaum teilten Planck ihre Ergebnisse mit, bevor sie sie im Oktober 1900 präsentierten, und ihm bot sich die Gelegenheit, einige Bemerkungen über deren Folgen zu machen. So entstand seine Arbeit 'Über eine Verbesserung der Wienschen Spektralgleichung' [9.9], in der erstmalig die Plancksche Formel in ihrer primitiven Form erscheint.

Er tat folgendes: Er wußte nun, daß er ein Gesetz finden mußte, das beim Grenzübergang $\nu/T \to 0$ die Beziehung $u \propto T$ ergab. Wir wollen kurz die Beziehungen durchgehen, die er schon hergeleitet hatte, und sehen, wohin das führt. Nach (9.19) ist

$$u(\nu) = \frac{8\pi\nu^2}{c^3}E,$$

und da bei niedrigen Frequenzen $u(\nu) \propto T$ sein muß, gilt

$$E \propto T$$

$$\frac{dS}{dE} = \frac{1}{T}$$

und damit

$$\frac{dS}{dE} \propto \frac{1}{E}$$

$$\frac{d^2S}{dE^2} \propto \frac{1}{E^2}. \tag{9.28}$$

Daher muß die Funktion d^2S/dE^2 ihre funktionelle Abhängigkeit von E zwischen hohen und niedrigen Werten von ν/T ändern. Nach dem Wienschen Gesetz, das für hohe Werte von ν/T gültig bleibt, fordern wir:

$$\frac{d^2S}{dE^2} \propto \frac{1}{E} \tag{9.29}$$

und jetzt für niedrige Werte:

$$\frac{d^2S}{dE^2} \propto \frac{1}{E^2}.$$

Normalerweise verwendet man in so einer Situation den Ansatz

$$\frac{d^2 S}{dE^2} = -\frac{a}{E(b+E)}, \tag{9.30}$$

der genau die geforderten Eigenschaften für große und kleine Werte von E besitzt. Die Analyse ist dann einfach. Integration ergibt

$$\begin{aligned}
\frac{dS}{dE} &= -\int \frac{a}{E(b+E)}\, dE \\
&= -\frac{a}{b}\left[\ln E - \ln(b+E)\right].
\end{aligned} \tag{9.31}$$

Es ist aber

$$\frac{dS}{dE} = \frac{1}{T}$$

und folglich

$$\frac{1}{T} = -\frac{a}{b}\ln\left(\frac{E}{b+E}\right)$$

$$e^{b/aT} = \frac{b+E}{E}$$

$$E = \frac{b}{e^{b/aT} - 1}. \tag{9.32}$$

Jetzt können wir das Strahlungsspektrum finden:

$$u(\nu) = \frac{8\pi\nu^2}{c^3} E = \frac{8\pi\nu^2}{c^3}\frac{b}{e^{b/aT} - 1}. \tag{9.33}$$

Indem wir uns den Grenzwert für hohe Frequenzen und niedrige Temperaturen ansehen, können wir die Konstanten mit denen vergleichen, die in der Wienschen Formel auftreten:

$$u(\nu) = \frac{8\pi\nu^2 b}{c^3 e^{b/aT}} \equiv \frac{8\pi\alpha}{c^3}\frac{\nu^3}{e^{\beta\nu/T}}.$$

Folglich muß b proportional zur Frequenz ν sein. Wir können daher die primitive Form der Planckschen Formel niederschreiben:

$$u(\nu) = \frac{A\nu^3}{\left(e^{\beta\nu/T} - 1\right)}. \tag{9.34}$$

Beachten Sie, daß diese Beziehung in Übereinstimmung mit dem Wienschen Verschiebungsgesetz ist. Ebenso wichtig für den Rest der Geschichte ist die Tatsache, daß Planck auch den Ausdruck für die Entropie seines Oszillators durch Integration von dS/dE finden konnte. Es ergibt sich die Beziehung

$$\frac{dS}{dE} = -\frac{a}{b}[\ln E - \ln(b+E)].$$

Es wird $-\ln b$ zu beiden Logarithmen addiert, da E/b dimensionslos ist:

$$\frac{dS}{dE} = -\frac{a}{b}\left[\ln\frac{E}{b} - \ln\left(1 + \frac{E}{b}\right)\right].$$

Integration liefert

$$\begin{aligned}
S &= -\frac{a}{b}\left\{\left(E\ln\frac{E}{b} - E\right) - \left[E\ln\left(1 + \frac{E}{b}\right) - E + b\ln\left(1 + \frac{E}{b}\right)\right]\right\} \\
&= -\frac{a}{b}\left[E\ln\frac{E}{b} - (E + b)\ln\left(1 + \frac{E}{b}\right)\right] \\
&= -a\left[\frac{E}{b}\ln\frac{E}{b} - \left(1 + \frac{E}{b}\right)\ln\left(1 + \frac{E}{b}\right)\right]
\end{aligned} \tag{9.35}$$

mit $b \propto \nu$.

Plancks neue Formel war ein bemerkenswert elegantes Ergebnis und konnte nun den experimentellen Tatsachen gegenübergestellt werden. Bevor wir dies tun, wollen wir die Entstehung einer weiteren Formel betrachten, die etwa zur gleichen Zeit aufgestellt wurde, der Rayleigh-Jeansschen Strahlungsformel.

9.5 Rayleighs Herleitung der Rayleigh-Jeansschen Strahlungsformel

Lord Rayleigh war der Autor des berühmten Buches *The Theory of Sound* [9.10] und damit ein führender Vertreter der Wellentheorie im allgemeinen. Sein Beitrag zur Theorie der schwarzen Strahlung wurde durch die Unzulänglichkeiten des Wienschen Gesetzes bei der Erklärung des Verhaltens der schwarzen Strahlung in Abhängigkeit von der Temperatur bei niedrigen Frequenzen angeregt. Seine Originalarbeit [9.11] ist eine kurze und elegante Darlegung der Anwendung der Wellentheorie auf die Strahlung des schwarzen Körpers und ist vollständig auf den Seiten 214–215 wiedergegeben. Jeans' Name wurde deshalb in die Bezeichnung des Gesetzes aufgenommen, weil in Rayleighs Analyse ein numerischer Fehler enthalten ist, der von Jeans 1906 in einem Artikel für *Nature* korrigiert wurde. Wir werden Rayleighs Berechnungen weiter unten durchgehen, wollen aber zunächst einen kurzen Blick auf die Arbeit selbst werfen.

Der erste Abschnitt ist eine Darlegung des Wissensstandes von 1900 zur Strahlung des schwarzen Körpers. Im zweiten Abschnitt erkennt Rayleigh den Erfolg der Wienschen Formel bei der Erklärung des Maximums in der schwarzen Strahlung an, äußert aber dann seine Bedenken zum Verhalten der Formel bei langen Wellenlängen. Im dritten und vierten Abschnitt wird sein Vorschlag erläutert, im fünften die von ihm bevorzugte Form des Strahlungsspektrums, und im sechsten Abschnitt bringt er seine Hoffnung zum Ausdruck, daß diese Formel von 'den ausgezeichneten Experimentatoren, die sich mit dem Gegenstand befaßt haben, [am Experiment überprüft wird]'.

Bemerkungen zum Gesetz der schwarzen Strahlung

[*Philosophical Magazine*, XLIX, S. 539–540, 1900]

Mit schwarzer Strahlung meine ich die Strahlung eines ideal schwarzen Körpers, die nach Stewart[1] und Kirchhoff eine eindeutige Funktion der absoluten Temperatur θ und der Wellenlänge λ ist. Von Boltzmann und W. Wien sind Argumente von (nach meiner Ansicht[2]) beträchtlichem Gewicht vorgebracht worden, die zu der Schlußfolgerung führen, daß die Funktion die Form

$$\theta^5 \phi(\theta\lambda)\, d\lambda \tag{1}$$

hat, wodurch die Energie in dem Teil des Spektrums ausgedrückt wird, der zwischen λ und $\lambda + d\lambda$ liegt. Später[3] wurde eine weitere Spezialisierung durch Bestimmung der Form der Funktion ϕ versucht. Wien gelangt zu dem Schluß, daß das Gesetz konkret lautet:

$$c_1 \lambda^{-5} e^{-c_2/\lambda\theta}\, d\lambda \tag{2}$$

mit den Konstanten c_1 und c_2; jedoch scheint mir das Ergebnis theoretisch gesehen wenig mehr als eine Vermutung zu sein. Es wird jedoch von Planck[4] mit allgemeinen thermodynamischen Begründungen gestützt.

Auf der experimentellen Seite hat das Wiensche Gesetz (2) eine wichtige Bestätigung gefunden. Paschen stellt fest, daß seine Beobachtungen gut dargestellt werden, wenn er den Wert

$$c_2 = 14.455$$

nimmt, wobei θ in Grad Celsius und λ in Tausendstel Millimeter (μ) gemessen wird. Trotzdem erscheint das Gesetz schwer akzeptierbar, besonders wegen der Folgerung, daß bei Erhöhung der Temperatur die Strahlung einer gegebenen Wellenlänge gegen einen Grenzwert geht. Es ist richtig, daß für sichtbare Strahlung der Grenzwert nicht erreicht wird. Wenn wir aber $\lambda = 60\,\mu$ nehmen, wie (nach den bemerkenswerten Untersuchungen von Rubens) bei der durch Reflexion an Sylvinflächen selektierten Strahlung, sehen wir, daß bei Temperaturen über 1000° (absolut) die Strahlung nur wenig weiter ansteigen würde.

Die Frage muß durch das Experiment geklärt werden; inzwischen erlaube ich mir aber, eine Modifikation von (2) vorzuschlagen, die ich *a priori* für wahrscheinlicher halte. Die Spekulation über diesen Gegenstand wird durch die Schwierigkeiten behindert, die mit dem Maxwell-Boltzmannschen Satz von der Gleichverteilung der Energie verbunden sind. Nach diesem Satz ist jede Schwingungsart gleich begünstigt; und obwohl der Satz aus irgendeinem noch nicht erklärten Grunde im allgemeinen nicht zutrifft, erscheint es möglich, daß er für die niederfrequenten Schwingungen gilt.

---

[1] Die Arbeit von Stewart scheint auf dem Kontinent zu wenig beachtet zu werden [Siehe *Phil. Mag.* 1. p. 98, 1901, S. 494 ff.]

[2] *Phil. Mag.* Bd. XLV S. 522 (1898)

[3] *Wied. Ann.* Bd. LVIII S. 662 (1896)

[4] *Wied. Ann.* Bd. I S. 74 (1900)

Rayleighs Originalarbeit zum Spektrum der schwarzen Strahlung (Übers.)
(Aus *Scientific papers by John William Strutt* (Baron Rayleigh), Bd. 4, 1892–1901, S. 483–5)

Betrachten wir als Beispiel den Fall einer gespannten, quer schwingenden Saite. Nach dem Satz von Boltzmann-Maxwell ist die Energie zu gleichen Teilen auf alle Schwingungen verteilt, deren Frequenzen sich wie 1, 2, 3, ... verhalten. Wenn daher k der reziproke Wert von λ ist, der die Frequenz darstellt, dann wird die Energie im Intervall von k bis dk (für hinreichend großes k) einfach durch dk dargestellt.

Wenn wir von einer zu drei Dimensionen übergehen und beispielsweise die Schwingungen einer kubischen Luftmasse betrachten, haben wir (*Theory of Sound*, §267) als Gleichung für k^2:

$$k^2 = p^2 + q^2 + r^2 \, ,$$

wobei p, q, r ganze Zahlen sind, welche die Anzahl der Unterteilungen in den drei Richtungen angeben. Betrachten wir p, q, r als Koordinaten von Punkten, die eine kubische Anordnung bilden, dann ist k der Abstand irgendeines Punktes vom Ursprungspunkt. Dementsprechend kann die Zahl der Punkte, für die k zwischen k und $k + dk$ liegt und die proportional zum Volumen der entsprechenden Kugelschale ist, durch $k^2 \, dk$ dargestellt werden, und dadurch wird die Verteilung der Energie nach dem Satz von Boltzmann-Maxwell ausgedrückt, was die Wellenlänge bzw. die Frequenz betrifft. Wenn wir dieses Ergebnis auf die Strahlung anwenden, erhalten wir, da die Energie in jeder Schwingungsart proportional zu θ ist:

$$\theta k^2 \, dk \tag{3}$$

oder, wenn wir diese Form vorziehen,

$$\theta \lambda^{-4} \, d\lambda. \tag{4}$$

Es kann als eine gewisse Bestätigung für die Eignung der Formel (4) angesehen werden, daß sie die vorgeschriebene Form (1) besitzt.

Die Vermutung ist, daß statt der aus (2) resultierenden Form

$$\lambda^{-5} \, d\lambda \tag{5}$$

die Form (4) bei großem $\lambda\theta$ richtig sein könnte*. Wenn wir den Exponentialfaktor einführen. lautet der vollständige Ausdruck:

$$c_1 \theta \lambda^{-4} e^{-c_2/\lambda\theta} \, d\lambda. \tag{6}$$

Wenn wir, was wahrscheinlich vorzuziehen ist, k als unabhängige Variable nehmen, wird aus (6)

$$c_1 \theta k^2 e^{-c_2 k\theta} \, dk. \tag{7}$$

Ob (6) die Beobachtungstatsachen ebenso gut darstellt wie (2), kann ich nicht sagen. Es ist zu hoffen, daß die Frage bald durch die ausgezeichneten Experimentatoren, die sich mit diesem Gegenstand befaßt haben, beantwortet wird.

---

* [1902. Das wollte ich hervorheben. Sehr bald danach wurde die oben zum Ausdruck gebrachte Erwartung durch die wichtigen Untersuchungen von Rubens und Kurlbaum bestätigt (*Drude Ann.* IV, S. 649, 1901), die mit extrem langen Wellen arbeiteten. Die etwa zur gleichen Zeit angegebene Formel von Planck scheint die Beobachtungen am besten wiederzugeben. Nach dieser Modifikation der Wienschen Formel wird $e^{-c_2/\lambda\theta}$ in (2) durch $1 \div (e^{c_2/\lambda\theta} - 1)$ ersetzt. Für große Werte von $\lambda\theta$ wird dies gleich $\lambda\theta/c_2$ und der vollständige Ausdruck reduziert sich auf (4).]

Wir wollen nun den wesentlichen Inhalt der Abschnitte zwei, drei und vier in moderner Schreibweise nachvollziehen und dabei die numerischen Faktoren berichtigen. Wir beginnen mit dem Problem von Wellen in einem Hohlraum. Angenommen, der Hohlraum ist ein Würfel mit der Seitenlänge L. Im Inneren 'wimmeln' alle möglichen Wellen durcheinander. Wir können daher die Wellengleichung für das System niederschreiben:

$$\nabla^2 \psi = \frac{\partial^2 \psi}{\partial x^2} + \frac{\partial^2 \psi}{\partial y^2} + \frac{\partial^2 \psi}{\partial z^2} = \frac{1}{c_s^2} \frac{\partial^2 \psi}{\partial t^2}, \tag{9.36}$$

wobei c_s die Geschwindigkeit der Wellen ist. Die Wände sind fest, und daher fordern wir, daß die Wellen dort die Amplitude Null haben, d.h. daß bei x, y, $z = 0$ und x, y, $z = L$ die Amplitude $\psi = 0$ ist. Sie sollten unterdessen intuitiv erkannt haben, daß die Lösung dieses Problems durch

$$\psi = C e^{i\omega t} \sin \frac{l\pi x}{L} \sin \frac{m\pi y}{L} \sin \frac{n\pi z}{L} \tag{9.37}$$

gegeben ist. Diese Form garantiert, daß die Wellen in den Hohlraum hineinpassen, vorausgesetzt, daß l, m und n ganzzahlig sind. Nun bezeichnet man jede Kombination von l, m und n als eine *Schwingungsart* der Wellen im Hohlraum. Dies bedeutet, daß bei jeder Schwingungsart das gesamte Gas mit einer bestimmten Frequenz in Phase schwingt. Die Schwingungsarten sind alle voneinander unabhängig und stellen daher unabhängige Schwingungsformen des Gases dar. Außerdem bildet die Menge der Schwingungsarten mit $0 \leq l, m, n \leq \infty$ ein *vollständiges System orthogonaler Wellenfunktionen*, so daß *jede beliebige* Druckverteilung als Summe über alle orthogonalen Wellenfunktionen dargestellt werden kann. Bei fehlender Dämpfung oder Kopplung zwischen den Schwingungsarten oszillieren die Wellen unabhängig voneinander und unbegrenzt mit konstanter Amplitude.

Wir setzen nun den Ausdruck (9.37) in die Wellengleichung ein und finden die Beziehung zwischen den Werten von l, m, n und der Kreisfrequenz ω der Welle:

$$\frac{\omega^2}{c^2} = \frac{\pi^2}{L^2} \left(l^2 + m^2 + n^2 \right). \tag{9.38}$$

Mit der Substitution $p^2 = l^2 + m^2 + n^2$ erhalten wir

$$\frac{\omega^2}{c^2} = \frac{\pi^2 p^2}{L^2}. \tag{9.39}$$

So finden wir eine Beziehung zwischen den Schwingungsarten mit den Parametern $p^2 = l^2 + m^2 + n^2$ und ω. Entsprechend dem Gleichverteilungssatz verteilen wir die Energie gleichmäßig auf die einzelnen Schwingungsarten und müssen daher wissen, wieviele Schwingungsarten es im Bereich von p bis $p + dp$ gibt. Wir finden dies nach dem normalen Verfahren, indem wir ein dreidimensionales Gitter im l, m, n-Raum zeichnen und die Zahl der Schwingungsarten im Oktanten einer Kugel bestimmen, wie in Abb. 9.4 dargestellt. Für großes p erhalten wir für die Zahl der Schwingungsarten

$$n(p)\, dp = \tfrac{1}{8} 4\pi p^2\, dp. \tag{9.40}$$

Wenn wir dieses Ergebnis durch ω statt durch p ausdrücken, ergibt sich

$$p = \frac{L\omega}{\pi c} \qquad dp = \frac{L\, d\omega}{\pi c} \tag{9.41}$$

und damit

$$n(p)\, dp = \frac{L^3 \omega^2\, d\omega}{2\pi^2 c^3}. \tag{9.42}$$

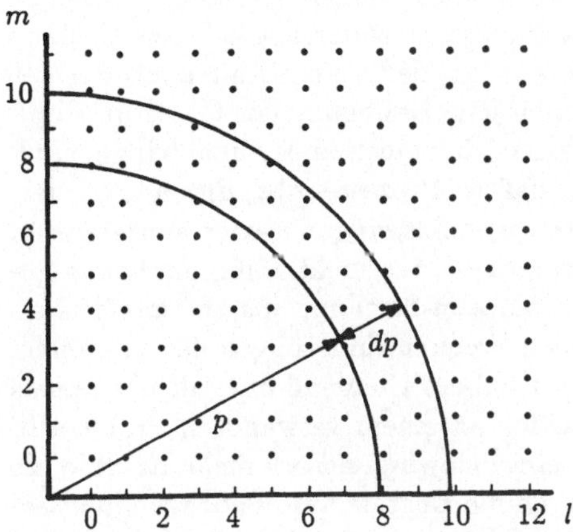

Abb. 9.4. Die Darstellung zeigt, wie die Zahl der Schwingungsarten im Intervall dl, dm, dn durch ein Inkrement $\tfrac{1}{2}\pi p^2\, dp$ im Phasenraumvolumen ersetzt werden kann, mit $p^2 = l^2 + m^2 + n^2$

Wir erinnern uns daran, daß wir es mit elektromagnetischen Wellen zu tun haben und daß es für einen gegebenen Wert des Wellenvektors $\boldsymbol{k}$ nicht nur eine, sondern zwei unabhängige Polarisationen gibt. Wir haben daher doppelt so viele Schwingungsarten wie im obigen Ergebnis angegeben. Nun müssen wir lediglich die 'Maxwell-Boltzmann-Doktrin' von der Gleichverteilung der Energie anwenden und jeder Schwingungsart einen Energiebetrag kT zuordnen, womit wir das folgende Ergebnis für die Energiedichte der Strahlung im Hohlraum erhalten:

$$E\, n(p)\, dp = u(\nu)\, d\nu\, L^3$$
$$= \frac{L^3 \omega^2\, d\omega}{\pi^2 c^3} E \tag{9.43}$$

$$u(\nu) = \frac{8\pi \nu^2}{c^3} E \tag{9.44}$$

oder

$$u(\nu) = \frac{8\pi \nu^2}{c^3} kT. \tag{9.45}$$

Dies ist genau das gleiche Ergebnis, wie es von Planck aus der Elektrodynamik abgeleitet wurde (Gl. (9.19)), aber Rayleigh zögerte nicht, nach dem Maxwell-Boltzmannschen Gleichverteilungssatz $E = kT$ zu setzen. Es ist faszinierend, daß zwei so verschiedene Betrachtungsweisen genau zur gleichen Antwort führen. Einige Bemerkungen hierzu sind angebracht.

(i) Beachten Sie, daß Rayleigh sich in seiner Beweisführung direkt mit den *Wellen selbst* statt mit den Oszillatoren befaßt, die der Planckschen Betrachtungsweise zugrunde liegen und die sich im Gleichgewicht mit den Wellen befinden.

(ii) Ich weiß nicht, ob Sie mit dem Satz von der Gleichverteilung der Energie glücklich sind. Mich hat er immer gestört, und er wird physikalisch erst dann verständlicher, wenn man sich vergegenwärtigt, daß man es mit *unabhängigen* Schwingungsarten zu tun hat. Wir können jede Bewegung des Gases im Hohlraum in ihre Normalschwingungen zerlegen, die voneinander unabhängig sind. Dabei wird einem jedoch nicht gesagt, daß es Prozesse gibt, durch die Energie zwischen diesen sogenannten unabhängigen Schwingungsarten ausgetauscht werden *kann*. In der Tat sind die Schwingungsarten nicht völlig unabhängig – ein Ofen kommt beispielsweise durch Compton-Streuung ins thermodynamische Gleichgewicht, d.h. durch die kleinen Frequenzänderungen der Photonen, da die Teilchen eine endliche Temperatur haben. Niemand hat mir das jemals erzählt, und es wurde mir erst klar, als ich an einem verwandten Problem in der Astrophysik arbeitete. Wenn also eine Schwingungsart mehr Energie als eine andere erhält, gibt es Prozesse, durch die Energie auf die Schwingungsarten umverteilt werden kann. Der Maxwell-Boltzmannsche Lehrsatz besagt, daß Ungleichmäßigkeiten in der Energieverteilung über die Schwingungen durch diese Energieaustauschmechanismen ausgeglichen werden, wenn man ein System lange genug sich selbst überläßt. Bei vielen natürlichen Erscheinungen stellen sich diese Gleichgewichtsverteilungen sehr schnell ein, so daß man sich darüber keine Gedanken zu machen braucht; denken Sie aber daran, daß es sich dabei offensichtlich um eine *Annahme* über die Fähigkeit der Wechselwirkungsprozesse handelt, die Gleichverteilung der Energie herzustellen.

(iii) Sie werden feststellen, daß Rayleigh sich 'der Schwierigkeiten' bewußt ist, 'mit denen der Boltzmann-Maxwellsche Lehrsatz von der Verteilung der Energie verbunden ist'. Dazu gehört die Tatsache, daß Gl. (9.45) bei hohen Frequenzen versagen muß, da das Spektrum der schwarzen Strahlung nicht bis zu unendlich hohen Frequenzen proportional zu ν^2 ist. Er sagt jedoch, daß die Analyse 'für die tieferen Schwingungsarten anwendbar sein kann', d.h. bei großen Wellenlängen und niedrigen Frequenzen.

Dann lesen wir völlig unerwartet im fünften Abschnitt: 'Wenn wir den Exponentialfaktor einführen, lautet der vollständige Ausdruck' in unserer Schreibweise:

$$u(\nu) = \frac{8\pi\nu^2}{c^3} kT \mathrm{e}^{-\beta\nu/T}. \tag{9.46}$$

Offensichtlich kam Rayleigh auf empirischem Wege zur Einbeziehung dieses Faktors, damit das Strahlungsspektrum bei hohen Frequenzen konvergierte und weil der Exponentialfaktor im Wienschen Gesetz eine gute Anpassung an die Daten ergab.

Rayleighs Analyse ist brillant, fand aber, wie wir sehen werden, um 1900 nicht die gebührende Anerkennung. Ein Teil des Problems ist offensichtlich – die Beziehung (9.46) ist nicht mit dem Wienschen Verschiebungsgesetz (8.44) vereinbar.

9.6 Vergleich der Gesetze für die Strahlung des schwarzen Körpers mit dem Experiment

Am 25. Oktober 1900 verglichen Rubens und Kurlbaum ihre neuen genauen Messungen des Spektrums der schwarzen Strahlung mit fünf verschiedenen Voraussagen. Dabei handelte es sich um (i) die Plancksche Formel (9.34), (ii) die Wiensche Beziehung (9.22), (iii) das Ergebnis von Rayleigh (9.46) sowie (iv) und (v) zwei empirische Beziehungen, die von Thiesen und von Lummer und Jahnke vorgeschlagen worden waren. Rubens und Kurlbaum gelangten zu der Schlußfolgerung, daß die Plancksche Formel allen anderen überlegen war und daß sie eine präzise Übereinstimmung mit dem Experiment ergab. Es zeigte sich, daß die von Rayleigh vorgeschlagene Formel die experimentellen Daten schlecht darstellte. Er war berechtigterweise etwas verstimmt über den Ton, in dem sein Ergebnis diskutiert wurde. Als seine wissenschaftlichen Arbeiten zwei Jahre später neu herausgegeben wurden, schrieb er eine Anmerkung zu seiner wichtigen Schlußfolgerung, daß die Strahlungsintensität bei niedrigen Frequenzen proportional zur Temperatur sein sollte. Er schrieb: 'Das wollte ich hervorheben. Kurze Zeit später wurde die oben geäußerte Vorahnung durch die wichtigen Untersuchungen von Rubens und Kurlbaum bestätigt, die mit extrem langen Wellen arbeiteten.' [9.12]

Mit anderen Worten, der wesentliche theoretische Punkt, daß die Rayleighsche Analyse in dem Wellenlängenbereich, auf den sie anwendbar ist, die Strahlung genau beschreibt, war von den Experimentatoren nicht berücksichtigt worden, die einfach die Beziehung (9.46) mit ihren Experimenten verglichen. Dieser Bericht enthält eine Warnung an alle Theoretiker und Experimentalphysiker. Letztere verwenden manchmal die Ergebnisse einer Theorie, ohne sich über den Anwendungsbereich der Theorie voll im klaren zu sein. Außerdem umgeben sich Experimentatoren gern mit einem Haufen Theorien, zwischen denen sie durch das Experiment entscheiden können, wie exotisch sie auch immer sein mögen. So sind im vorliegenden Beispiel die Theorien von Planck und Rayleigh viel tiefgründiger als die anderen drei. Der Experimentator tut jedoch recht daran, eine unvoreingenommene Haltung zwischen Theorien zu bewahren.

Es erscheint undenkbar, daß Planck von Rayleighs Arbeit keine Kenntnis hatte. Rubens hatte Planck von seinen Experimenten erzählt, und dieser muß den Vergleich der verschiedenen Kurven mit den Experimenten gesehen haben. Wir müssen wiederum annehmen, daß es die statistische Basis des Gleichverteilungssatzes war, die Planck abstieß, sowie die Tatsachen, daß Rayleighs allgemeines Gesetz die experimentellen Daten nicht erklärte und nicht mit dem Wienschen Verschiebungsgesetz übereinstimmte. Dennoch hätten ihn die Leichtigkeit, mit der Rayleigh die richtige Beziehung für niedrige Frequenzen und hohe Temperaturen fand, sowie die Methode, mit der er genau die Plancksche Beziehung zwischen der Energiedichte der Strahlung und der mittleren Energie jeder Schwingungsart erhielt (Gl. (9.44)), beeindrucken sollen, obwohl Rayleighs Arbeit diesen Punkt nicht genau erklärt.

Planck hatte jedoch überhaupt nichts erklärt. Er hatte lediglich eine Formel ohne feste theoretische Grundlage. Er nahm dieses Problem sofort in Angriff. Die neue Formel entstand bis zum 19. Oktober 1900, und am 4. Dezember 1900 hielt er einen weiteren Vortrag vor der Preußischen Physikalischen Gesellschaft: 'Zur Theorie des Gesetzes der Energieverteilung im Normalspektrum' [9.13]. In seinen Memoiren schreibt er: '...bis sich nach einigen Wochen der angespanntesten Arbeit meines Lebens das Dunkel lichtete und eine neue ungeahnte Fernsicht aufzudämmern begann.' [9.14]

10 Plancks Theorie
der Strahlung des schwarzen Körpers

10.1 Einführung

'Aber selbst wenn die Strahlungsformel sich als absolut genau bewähren sollte, so würde sie, lediglich in der Bedeutung einer glücklich erratenen Interpolationsformel, doch nur einen recht beschränkten Wert besitzen. Daher war ich von dem Tage ihrer Aufstellung an mit der Aufgabe beschäftigt, ihr einen wirklichen physikalischen Sinn zu verschaffen, und diese Frage führte mich von selbst zu der Betrachtung des Zusammenhangs zwischen Entropie und Wahrscheinlichkeit, also auf *Boltzmannsche* Ideengänge ....' [10.1]

Planck erkannte, daß er nur vorankommen konnte, indem er sich den Standpunkt zu eigen machte, den er im wesentlichen in seiner gesamten früheren Arbeit zurückgewiesen hatte.

Wir haben die von Boltzmann hergeleitete Grundbeziehung zwischen Entropie und Wahrscheinlichkeit, $S \propto \ln W$, schon niedergeschrieben. Die Proportionalitätskonstante war zu der Zeit nicht bekannt, und wir werden sie vorerst C nennen, d.h. wir schreiben $S = C \ln W$. Planck muß in bemerkenswertem Tempo gearbeitet haben, da er sich nicht auf statistische Physik spezialisiert hatte. Wir werden zeigen, daß er nicht alles unternahm, was er nach der klassischen statistischen Mechanik hätte tun sollen, und dennoch fand er die richtige Lösung. In seiner Beweisführung, die wir gleich untersuchen werden, finden sich elementare Mängel. Zunächst wollen wir demonstrieren, wie er nach der klassischen statistischen Mechanik hätte vorgehen sollen.

10.2 Boltzmanns Vorgehen in der statistischen Mechanik

Wir interessieren uns dafür, die mittlere Energie E eines Oszillators auszurechnen. Wir nehmen an, daß r Oszillatoren in einem Hohlraumstrahler enthalten sind und daher die Gesamtenergie der Oszillatoren durch $E_{\text{tot}} = rE$ gegeben ist. Die Entropie ist ebenfalls eine additive Funktion, und wenn S die mittlere Entropie eines Oszillators ist, dann ist die Entropie des Gesamtsystems gleich $S_{\text{tot}} = rS$.

Einer der Tricks der klassischen statistischen Mechanik besteht darin, daß man zunächst die Moleküle so behandelt, als ob sie diskrete Energiezustände 0,

$\varepsilon, 2\varepsilon, 3\varepsilon, \ldots$ hätten. Dies tut man, um exakte Wahrscheinlichkeiten mit endlichen Zahlen zu berechnen, statt eine kontinuierliche und unendliche Verteilung zu verwenden. Im passenden Schritt der Beweisführung lassen wir den Wert von ε unendlich klein werden, während die Gesamtenergie des Systems endlich bleibt, so daß die Energieverteilung kontinuierlich wird.

Schauen wir uns zunächst an, wie Planck vorgeht. Er sagt: angenommen, es existiere eine Energieeinheit ε und wir haben einen festen Energiebetrag unter den Oszillatoren E_N zu verteilen. Dann können wir dies zustande bringen, indem wir den einzelnen Oszillatoren verschiedene Energiemengen zuteilen. In seiner Arbeit von 1900 [10.2] gibt Planck beispielsweise die folgende Verteilung an: Angenommen, wir haben $r = 10$ Oszillatoren und müssen 100ε unter ihnen verteilen, dann können wir dies auf die folgende Weise tun:

Nummer des Oszillators i:	1	2	3	4	5	6	7	8	9	10
Energie in ε-Einheiten E_i:	7	38	11	0	9	2	20	4	4	$5 = 100$

Nun gibt es außer dieser Verteilung offenbar viele Arten, die Energie unter den Oszillatoren zu verteilen. Hätte Planck die Boltzmannsche Vorschrift befolgt, dann wäre er folgendermaßen vorgegangen:

Boltzmann stellte fest, daß jede derartige Energieverteilung durch einen Satz von Zahlen $w_0 w_1 w_2 w_3 \ldots$ dargestellt werden kann, welche die Zahlen von Molekülen bzw. Oszillatoren mit Energien $0, 1, 2, 3, \ldots$ in ε-Einheiten beschreiben. Wir berechnen jetzt, auf wieviele Arten die Energieelemente auf die Oszillatoren so verteilt werden können, daß sich die gleiche Verteilung der Energien E_i ergibt.

Wir wollen einige Grundelemente der Permutationstheorie wiederholen. Die Zahl der möglichen verschiedenen Anordnungen n verschiedener Ojekte ist gleich $n!$. Wenn m davon identisch sind, verringert sich die Zahl der verschiedenen Anordnungen, da wir diese m Objekte miteinander vertauschen können, ohne daß sich die Verteilung ändert. Da die m Objekte auf $m!$ verschiedene Arten angeordnet werden können, verringert sich die Zahl verschiedener Anordnungen auf $n!/m!$. Wenn weitere l Objekte identisch sind, verringert sich die Zahl verschiedener Anordnungen auf $n!/m!\,l!$ und so weiter.

Nun fragen wir, auf wieviele verschiedene Arten wir x Objekte aus n Objekten auswählen können. In diesem Falle können wir die Menge von n Objekten in zwei Gruppen identischer Objekte unterteilen, die x Objekte, welche die ausgewählte Menge bilden, und die $n - x$ Objekte, die nicht ausgewählt werden. Nach dem letzten Abschnitt wissen wir, daß diese Auswahl auf $n!/(n - x)!\,x!$ verschiedene Arten getroffen werden kann. Dies schreibt man oft in der Form $\binom{n}{x}$, und man erkennt darin die Koeffizienten der Binomialentwicklung $(1 + t)^n$ wieder, d.h. von

$$(1 + t)^n = 1 + nt + \frac{n(n - 1)}{2!}\, t^2 + \ldots + \frac{n!}{(n - x)!\, x!}\, t^x + \ldots + t^n$$

$$= \sum_{x=0}^{n} \binom{n}{x} t^x.$$

$$(10.1)$$

Wir wollen nun die N Elemente nach w_0, w_1, w_2, w_3, $\ldots w_r$ verteilen. Zunächst wählen wir w_0 aus N Elementen aus, was auf $\binom{N}{w_0}$ Arten möglich ist. Dabei bleiben $N - w_0$ Elemente übrig, aus denen wir w_1 Elemente auf $\binom{N-w_0}{w_1}$ Arten auswählen können. Aus den verbleibenden $(n - w_0 - w_1)$ Elementen wählen wir dann w_2 Elemente auf $\binom{N-w_0-w_1}{w_2}$ Arten aus und so weiter, bis alle Elemente verbraucht sind. Die Anzahl der Möglichkeiten zur Auswahl der Verteilung w_0, w_1, w_2, w_3, $\ldots w_r$ ist daher gleich dem Produkt aller dieser Auswahlmöglichkeiten:

$$
\begin{aligned}
p_i(w_0, w_1, w_2 \ldots w_r) &= \binom{N}{w_0}\binom{N-w_0}{w_1}\binom{N-w_0-w_1}{w_2}\ldots \\
&\qquad \times \binom{N-w_0-w_1-\ldots-w_{r-1}}{w_r} \\
&= \frac{N!}{w_0!\,w_1!\,w_2!\ldots w_r!}.
\end{aligned}
\tag{10.2}
$$

Beachten Sie, daß wir hier die Beziehung $N = \sum_{i=0}^{r} w_i$ benutzt haben. Aus unserer früheren Diskussion wissen wir, daß $p_i(w_0, w_1, \ldots)$ gerade gleich der Zahl der Auswahlmöglichkeiten von w_0, w_1, w_2, $\ldots$ identischen Objekten aus N Objekten ist.

Wenn jeder Zustand gleich wahrscheinlich ist (Prinzip gleicher *a-priori*-Wahrscheinlichkeiten), dann ist die Wahrscheinlichkeit für einen bestimmten Zustand gleich

$$
W_i = \frac{p_i(w_0, w_1, w_2 \ldots w_r)}{\sum_i p_i(w_0, w_1, w_2 \ldots w_r)}.
\tag{10.3}
$$

Nach Boltzmann ist der Gleichgewichtszustand derjenige mit dem größten Wert von W_i. Dies ist offenbar äquivalent mit der Maximierung der Entropie, wenn wir die Definition

$$
S = C \ln W_i
$$

einführen, d.h. der Zustand mit maximalem W_i entspricht auch dem Zustand maximaler Entropie (siehe Abschnitt 7.5). Wenn wir daher die Logarithmen im Ausdruck (10.2) bilden, ergibt sich

$$
\ln W_i = \ln N! - \sum_j \ln w_j!.
\tag{10.4}
$$

Anwendung der Stirlingschen Formel

$$
n! \approx (2\pi n)^{\frac{1}{2}} \left(\frac{n}{e}\right)^n ; \quad \ln n! \approx n \ln n - n
\tag{10.5}
$$

und Einsetzen in (10.4) liefert

$$\ln W_i = N \ln N - N - \sum_j w_j \ln w_j + \sum_j w_j + 0(\ln N)$$

$$= N \ln N - \sum_j w_j \ln w_j \tag{10.6}$$

(wegen $\sum w_j = N$). Beachten Sie, daß wir bei dieser Analyse die Beziehung $N = \sum_j w_j$ und die Tatsache benutzt haben, daß $\ln N$ im Vergleich zu $N \ln N$ vernachlässigbar ist, da N sehr groß ist, typischerweise $\sim 10^{23}$.

Um den Zustand maximaler Wahrscheinlichkeit zu finden, müssen wir das Maximum von $\ln W_i$ unter den folgenden Nebenbedingungen bestimmen:

$$\left. \begin{array}{ll} \text{Anzahl der Oszillatoren:} & N = \sum_j w_j = \text{const} \\[2ex] \text{Gesamtenergie der Oszillatoren:} & E = \sum_j \varepsilon_j w_j = \text{const.} \end{array} \right\} \tag{10.7}$$

Dies ist ein klassisches Beispiel für die Anwendung der Methode der Lagrangeschen Multiplikatoren, d.h. wir bestimmen den Extrempunkt der Funktion

$$-\sum_j w_j \ln w_j - A \sum_j w_j - B \sum_j \varepsilon_j w_j, \tag{10.8}$$

wobei A und B aus den Randbedingungen zu bestimmende Konstanten sind. Zur Bestimmung des Maximums von $S(w_j)$ setzen wir

$$\delta(S(w_j)) = -\delta \sum_j w_j \ln w_j - A \delta \sum_j w_j - B \delta \sum_j \varepsilon_j w_j$$

$$= -\sum_j [(\ln w_j \, \delta w_j + \delta w_j) + A \, \delta w_j + B \varepsilon_j \, \delta w_j] = 0 \tag{10.9}$$

$$= -\sum_j \delta w_j [\ln w_j + \alpha + \beta \varepsilon_j] = 0.$$

Dies muß für alle j gelten, und daher ist

$$w_j = e^{-\alpha - \beta \varepsilon_j}. \tag{10.10}$$

Das ist die primitive Form der Boltzmann-Verteilung. Das α ist eine Konstante vor der Exponentialfunktion, also ist $w_j \propto e^{-\beta \varepsilon_j}$. In dieser Analyse gibt es nichts, woraus wir auf den Wert der Konstanten β schließen können. Zu ihrer Bestimmung müssen wir ein Phänomen wie z.B. die Maxwellsche Energieverteilung zu Hilfe nehmen (siehe Abschnitt 7.3). Aus diesem Beispiel ist ersichtlich, daß $\beta \propto T^{-1}$ ist, und tatsächlich erhält man in moderner Schreibweise:

$$w_j = A_j e^{-\varepsilon_j / kT}, \tag{10.11}$$

wobei k die Boltzmann-Konstante ist. Beachten Sie, daß bei dieser Analyse Boltzmann die Energieelemente ε gegen Null gehen lassen muß, so daß er schließlich eine kontinuierliche Verteilung erhält.

10.3 Plancks Analyse

Die Plancksche Analyse beginnt wie ein klassisches Beispiel der statistischen Mechanik. Er macht die Annahme, daß jede einzelne Anordnung der Werte von w_r zulässig ist. Wir haben eine feste Gesamtenergie E_N, die auf die Oszillatoren zu verteilen ist, und führen wieder die Energieelemente ε ein. Daher wissen wir genau, wieviele Elemente über die Oszillatoren zu verteilen sind. Wir werden diese Zahl P nennen und erhalten damit $E_N = P\varepsilon$. Planck berechnete nun einfach die Gesamtzahl der Verteilungsmöglichkeiten der P Elemente auf die N Oszillatoren. Wir wollen dies unter Anwendung der im letzten Abschnitt skizzierten Permutationstheorie ausrechnen.

Wir können das Problem durch die in Abb. 10.1 (a) und (b) gezeigten Schemata darstellen. Planck besaß zwei feste Größen – die Gesamtzahl P der Energieelemente und die Anzahl N der Fächer, auf die er die Elemente verteilen wollte. In Abb. 10.1 (a) zeigen wir eine Möglichkeit zur Verteilung von 20 Elementen auf 10 Fächer. Nun werden Sie feststellen, daß das ganze Problem einfach darin besteht, die Gesamtzahl der möglichen Umordnungen der Elemente und der Wände zwischen den Endanschlägen zu bestimmen. Ein weiteres Beispiel ist in Abb. 10.1 (b) dargestellt. Es ist erkennbar, daß wir danach fragen, auf wieviele Arten wir P Elemente und $N - 1$ Wände umverteilen können, wobei wir berücksichtigen, daß die P Elemente und die $N - 1$ Wände jeweils identisch sind. Im letzten Abschnitt haben wir die Antwort hergeleitet:

$$\frac{(N + P - 1)!}{P!\,(N - 1)!}\,. \tag{10.12}$$

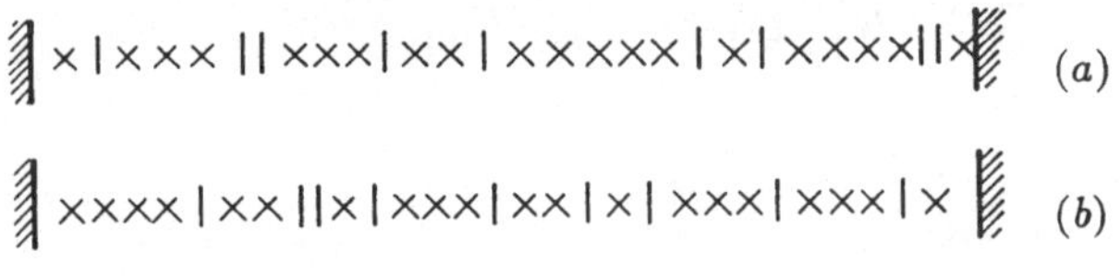

| × | × × × | | × × × | × × | × × × × × | × | × × × × | | ×   (a)

| × × × × | × × | | × | × × × | × × | × | × × × | × × × | ×   (b)

Abb. 10.1.

Diese elegante Beweisführung wurde zuerst von Ehrenfest im Jahre 1911 angegeben. In unserer heutigen Schreibweise stellt der Ausdruck (10.12) die Gesamtzahl der Verteilungsmöglichkeiten einer Energie E_N auf N Oszillatoren dar, wobei E_N sich aus P Energieelementen ε zusammensetzt. Der nächste Schritt in der Beweisführung ist nun schwierig. Planck *definiert* dies als die Wahrscheinlichkeit, die in der Beziehung

$$S = C \ln W$$

zu verwenden ist. Das führt zu folgendem Ergebnis. N und P sind sehr groß, so daß wir die Stirlingsche Näherungsformel anwenden können:

$$n! \sim (2\pi n)^{\frac{1}{2}} \left(\frac{n}{e}\right)^n \left(1 + \frac{1}{12n} + \dots\right). \tag{10.13}$$

In guter Näherung ist $n! \approx n^n$. Daher gilt

$$W = \frac{(N+P-1)!}{P!\,(N-1)!} \approx \frac{(N+P)!}{P!\,N!}$$
$$\approx \frac{(N+P)^{N+P}}{P^P N^N}. \tag{10.14}$$

Wir können diese Näherungen gefahrlos vornehmen, da wir im Begriff stehen, Logarithmen von sehr großen Zahlen zu bilden. Es gilt

$$S_N = C[(N+P)\ln(N+P) - P\ln P - N\ln N]$$
$$P = \frac{E_N}{\varepsilon} = \frac{NE}{\varepsilon}, \tag{10.15}$$

wobei E die mittlere Energie der Oszillatoren ist. Dies ergibt

$$S_N = C\left[N\left(1 + \frac{E}{\varepsilon}\right)\ln N\left(1 + \frac{E}{\varepsilon}\right) - \frac{NE}{\varepsilon}\ln\frac{NE}{\varepsilon} - N\ln N\right] \tag{10.16}$$

und damit

$$S = \frac{S_N}{N} = C\left[\left(1 + \frac{E}{\varepsilon}\right)\ln\left(1 + \frac{E}{\varepsilon}\right) - \frac{E}{\varepsilon}\ln\frac{E}{\varepsilon}\right]. \tag{10.17}$$

Das kommt uns aber bekannt vor. Es ist genau der Ausdruck, den Planck zur Erklärung des Spektrums der schwarzen Strahlung eingeführt hatte. Der Ausdruck (9.35) lautete:

$$S = a\left[\left(1 + \frac{E}{b}\right)\ln\left(1 + \frac{E}{b}\right) - \frac{E}{b}\ln\frac{E}{b}\right],$$

mit der Bedingung $b \propto \nu$.

Also müssen die Energieelemente ε proportional zur Frequenz sein, und Planck schrieb dieses Ergebnis in der Form nieder, die sich bis heute erhalten hat:

$$\varepsilon = h\nu. \tag{10.18}$$

Daraus entstand der Begriff der Quanten. Nach der klassischen statistischen Mechanik müßten wir eigentlich $\varepsilon \to 0$ gehen lassen, aber offensichtlich können wir keine Übereinstimmung mit dem Ausdruck für die Entropie des Oszillators erzielen, außer wenn die Energieelemente nicht verschwinden und die endliche Größe $\varepsilon = h\nu$ haben. Außerdem haben wir jetzt den Wert von a durch die universelle Konstante C bestimmt. Wir können also den vollständigen Ausdruck für die Plancksche Verteilung niederschreiben:

$$u(\nu) = \frac{8\pi h\nu^3}{c^3}\frac{1}{e^{h\nu/CT} - 1}. \tag{10.19}$$

Schließlich – was können wir über C sagen? Planck wies darauf hin, daß C eine universelle Konstante ist, welche die Beziehung zwischen der Entropie und der Wahrscheinlichkeit für diesen Zustand des Systems herstellt, und Boltzmann hatte implizite ausgerechnet, welchen Wert die Konstante für ein ideales Gas besitzen mußte. Da C eine universelle Konstante ist, wird C durch ein einziges Gesetz wie z.B. die ideale Gasgleichung, die seinen Wert festlegt, für alle Prozesse definiert. In der Tat handelt es sich um den Quotienten $k = R/N_0$, wobei R die Gaskonstante und N_0 die Avogadrosche Zahl ist, die Anzahl der Moleküle pro Kilomol, $k = 1,38 \times 10^{-23}\, J\, K^{-1}$, d.h. es ist $C = k$ (siehe Abschnitt 7.5). Wir wollen daher die Plancksche Verteilung ein für allemal in ihrer endgültigen Form aufschreiben:

$$u(\nu) = \frac{8\pi h\nu^3}{c^3}\,\frac{1}{e^{h\nu/kT}-1}. \tag{10.20}$$

Was ist mit dieser Schlußfolgerung anzufangen? Es gibt zwei grundsätzliche Kritiken:

(1) Planck folgt nicht dem Boltzmannschen Verfahren zur Ermittlung der Gleichgewichtsverteilung. Tatsächlich ist das, was er als Wahrscheinlichkeit definiert, nicht wirklich die Wahrscheinlichkeit für etwas, das aus einer Grundgesamtheit entnommen ist. Planck machte sich darüber keine Illusionen. In seinen eigenen Worten: 'Diese Festsetzung kommt nach meiner Meinung im Grunde auf eine Definition der ... Wahrscheinlichkeit W hinaus; denn wir besitzen in den Voraussetzungen, welche der elektromagnetischen Theorie der Strahlung zu Grunde liegen, gar keinen Anhaltspunkt, um von einer solchen Wahrscheinlichkeit in einem bestimmten Sinne zu reden.' [10.3] Einstein wies wiederholt auf den schwachen Punkt in Plancks Beweisführung hin – 'An der Art und Weise, wie Herr Planck Boltzmanns Gleichung anwendet, ist für mich befremdend, daß eine Zustandswahrscheinlichkeit W eingeführt wird, ohne daß diese Größe physikalisch definiert wird. Geht man so vor, so hat Boltzmanns Gleichung zunächst gar keinen physikalischen Inhalt ...' [10.4]

(2) Das zweite Hauptproblem betrifft einen logischen Widerspruch in der Planckschen Analyse. Einerseits können die Oszillatoren nur die Energien $E = r\varepsilon$ annehmen, andererseits ist dennoch ein klassisches Ergebnis zur Berechnung der Oszillatorstrahlung verwendet worden (Abschnitt 9.2.1). In dieser Analyse ist implizite die Annahme enthalten, daß die Energien der Oszillatoren sich kontinuierlich ändern können und nicht nur diskrete Werte annehmen.

Dies sind schwerwiegende Stolpersteine in der Theorie, und ehrlicherweise muß gesagt werden, daß niemand recht verstand, was Planck eigentlich getan hatte, und daß die Theorie keineswegs sofort anerkannt wurde. Wir sollten jedoch die folgenden entscheidenden Punkte beachten. Vor allem, ob uns das gefällt oder nicht, ist durch die Energieelemente, ohne die sich die Plancksche Funktion nicht nachbilden läßt, der Quantenbegriff eingeführt worden. Das war einige Zeit bevor Planck die Bedeutung seiner Arbeit voll erkannte. Im Jahre 1906 zeigte Einstein, daß Planck die gleiche Lösung erhalten und doch den wesentlichen Begriff der Energiequanten beibehalten hätte, wenn er streng nach dem Boltzmannschen Verfahren vorgegangen wäre. Wir werden Einsteins Untersuchung im nächsten Kapitel wiederholen.

Der zweite Punkt betrifft den Gegensatz zwischen den quantenphysikalischen und den klassischen Teilen der Herleitung des Planckschen Spektrums. Einstein machte sich bei weitem nicht so viel Gedanken über die Verwendung klassischer Formeln bei der Beschreibung von Quantenerscheinungen. Er betrachtete Gleichungen wie etwa die Maxwellschen Gleichungen für das elektromagnetische Feld als Aussagen, die sich nur auf den Mittelwert der gemessenen Größen bezogen. In der gleichen Weise kann der Ausdruck, der $u(\nu)$ in Zusammenhang mit E bringt, eine weitere derartige Beziehung sein, deren Bedeutung von der elektrodynamischen Theorie unabhängig ist, obwohl sie mit Hilfe dieser Theorie hergeleitet werden kann. Was noch wichtiger ist, die Beziehung könnte zwar im mikroskopischen Maßstab nicht präzise gültig sein, kann aber noch eine gute Darstellung für das *mittlere Verhalten* des Systems geben, das normalerweise in Laborexperimenten gemessen wird. Dies war für die damalige Zeit ein sehr fortschrittlicher Standpunkt, und es dachte noch niemand anderer in dieser Richtung. Wir werden jedoch gleich sehen, daß dies zu Einsteins wichtigsten Beiträgen zur Quantentheorie führte.

Warum nahm Planck seine Herleitung so ernst? Der Grund dafür mag zum Teil gewesen sein, daß Planck erkannte, daß die beiden grundlegenden Konstanten in der Theorie, k und h, eine weit über das Strahlungsspektrum hinausreichende Bedeutung haben könnten. Er war es, der zeigte, daß die richtige Konstante vor der Boltzmannschen Beziehung $S = C \ln W$ tatsächlich gleich dem Verhältnis der Gaskonstanten zur Avogadroschen Zahl war – wir haben es k genannt. Also konnte k direkt aus dem Strahlungsspektrum abgeleitet werden und ergab, zusammen mit der Kenntnis von R, bei weitem den besten damals bekannten Schätzwert von B_0. Planck stellte auch fest, daß k und h in Verbindung mit der Gravitationskonstanten und der Lichtgeschwindigkeit die Definition eines Systems 'natürlicher' Maßeinheiten in Form von Grundkonstanten ermöglichten. Außerdem war aus der Theorie der Elektrolyse die elektrische Ladung eines Grammäquivalents einwertiger Ionen bekannt – die als Faradaysche Konstante bezeichnet wird. Wenn N_0 genau bekannt ist, kann man daraus die Elementarladung herleiten. Wiederum war derPlancksche Wert bei weitem der beste damals verfügbare.

Was h betrifft, gelang es Planck nicht, über ihr Auftreten in der Strahlungsformel hinaus irgendeine physikalische Bedeutung für diese Größe zu finden. Planck verwendete viele Jahre auf den Versuch, seine Theorie mit der klassischen Physik in Einklang zu bringen. In seinen Worten:

Meine vergeblichen Versuche, das Wirkungsquantum irgendwie der klassischen Theorie einzugliedern, erstreckten sich auf eine Reihe von Jahren und kosteten mich viel Arbeit. Manche Fachgenossen haben darin eine Art Tragik erblickt. Ich bin darüber anderer Meinung. Denn für mich war der Gewinn, den ich durch solch gründliche Aufklärung davontrug, um so wertvoller. Nun wußte ich ja genau, daß das Wirkungsquantum in der Physik eine viel bedeutendere Rolle spielt, als ich anfangs geneigt war anzunehmen, und gewann dadurch ein volles Verständnis für die Notwendigkeit der Einführung ganz neuer Betrachtungs- und Rechnungsmethoden bei der Behandlung atomistischer Probleme. [10.5]

Tatsächlich erkannte Planck erst 1911 voll den absolut grundlegenden Charakter der Quantisierung, die in der klassischen Physik kein Gegenstück hat. Seine ursprüngliche Ansicht war, daß die Einführung von Energieelementen 'eine rein formale Annahme [war], und ich dachte mir eigentlich nicht viel dabei, sondern eben nur das, daß ich unter allen Umständen, koste es, was es wolle, ein positives Resultat herbeiführen müßte'. In der Tat stammt dieses Zitat aus einem Brief von Planck an R.W. Wood, der 1931 geschrieben wurde, 30 Jahre nach den Ereignissen, die wir in diesem Kapitel beschreiben. Ich halte ihn für einen sehr bewegenden Brief, der einer vollständigen Wiedergabe wert ist.

7. Oktober 1931
Verehrter Herr College!
Sie äußerten neulich, nach unserem schönen Dinner in Trinity Hall, den Wunsch, ich möchte Ihnen einmal mehr von der psychologischen Seite die Überlegungen schildern, die mich seinerzeit zu der Aufstellung der Hypothese der Energiequanten geleitet haben. Ich will im Folgenden Ihrem Wunsche nachzukommen suchen.

Kurz zusammengefaßt kann ich die ganze Tat als einen Akt der Verzweiflung bezeichnen. Denn von Natur bin ich friedlich und bedenklichen Abenteuern abgeneigt. Aber ich hatte mich nun schon seit 6 Jahren (von 1894 an) mit dem Problem des Gleichgewichts zwischen Strahlung und Materie herumgeschlagen, ohne einen Erfolg zu erzielen, ich wußte, daß dies Problem von fundamentaler Bedeutung für die Physik ist, ich kannte die Formel, welche die Energieverteilung im normalen Spektrum wiedergibt; eine theoretische Deutung *mußte* daher um jeden Preis gefunden werden, und wäre er noch so hoch. Die klassische Physik reichte nicht aus, das war mir klar. Denn nach ihr mußte die Energie im Lauf der Zeit aus der Materie vollständig in die Strahlung übergehen. Damit sie das nicht tut, braucht man eine neue Constante, welche dafür sorgt, daß die Energie nicht auseinanderfällt. Aber wie das zu machen ist, kann man nur erkennen, wenn man von einer bestimmten Anschauung ausgeht. Diese Anschauung wurde mir geliefert durch das Festhalten an den beiden Hauptsätzen der Wärmetheorie. Diese beiden Sätze erschienen mir als das einzige, was unter allen Umständen festgehalten werden muß. Im Übrigen war ich zu jedem Opfer an meinen bisherigen physikalischen Überzeugungen bereit. Nun hatte Boltzmann das Zustandekommen des thermodynamischen Gleichgewichts erklärt durch das statistische Gleichgewicht, und wenn man diese Betrachtung anwendet auf das Gleichgewicht zwischen Materie und Strahlung, so findet man, daß das Abwandern der Energie in die Strahlung durch die Annahmen verhindert werden kann, daß die Energie von vorneherein gezwungen ist, in gewissen Quanten beieinander zu bleiben. Das war eine rein formale Annahme, und ich dachte mir eigentlich nicht viel dabei, sondern eben nur das, daß ich unter allen Umständen, koste es, was es wolle, ein positives Resultat herbeiführen müßte.

Hoffentlich habe ich mit meinen Ausführungen Ihrem Wunsche einigermaßen entsprochen. Zur weiteren Ergänzung sende ich Ihnen gleichzeitig als Drucksache die englische Ausgabe meines Nobel-Vortrags über das gleiche Thema. Ich denke noch gern an die genußreichen Tage in Cambridge und das Zusammensein mit den Collegen zurück.

Mit bestem Gruß Ihr aufrichtig ergebener M. Planck [10.6]

Es ist faszinierend festzustellen, daß Planck bereit war, die ganze Physik aufzugeben, *mit Ausnahme der beiden Hauptsätze der Thermodynamik*, um das Strahlungsspektrum zu verstehen.

Man kann nicht umhin, über Plancks Errungenschaften einen Anflug von Traurigkeit zu empfinden. Sie sind sehr groß, und man kann das titanische geistige Ringen spüren, das mit dem Erreichen dieser völlig neuen Verständnisebene verbunden war. Dennoch sind sie in gewissem Sinne unvollständig. Der offensichtlich damit verbundene Kampf steht im Gegensatz zu der Eleganz der nächsten riesenhaften Schritte, die von Einstein unternommen wurden. Bevor wir zu dieser neuen Entwicklungsphase übergehen, wollen wir die Geschichte der Planckschen statistischen Mechanik abschließen.

10.4 Warum Planck die richtige Lösung fand

Warum fand Planck das richtige Ergebnis für das Strahlungsspektrum, obwohl er eine im wesentlichen unsinnige Statistik verwendet hatte? Darauf gibt es zwei Antworten, eine methodologische und eine physikalische. Die erste Antwort ist, daß Planck sehr wahrscheinlich rückwärts arbeitete. Von Rosenfeld und Klein ist die Ansicht geäußert worden, daß er mit seiner Antwort für die Entropie eines Oszillators (9.35) begann und in umgekehrter Richtung vorging, um W aus $\exp(S/k)$ zu ermitteln. Dies führt zu den Permutationsformeln (10.12), die er dann als Definition betrachtet. Die zweite Antwort ist, daß er zufällig auf die richtige Methode zur Zählung ununterscheidbarer Teilchen stieß, welche die gleichen Eigenschaften wie Lichtteilchen haben – die wir heute *Photonen* nennen. Dies wurde zuerst von dem indischen Physiker Bose in einem Manuskript gezeigt, das er 1924 an Einstein sandte. Einstein erkannte sofort seine Bedeutung und sorgte dafür, daß es übersetzt und in deutscher Sprache veröffentlicht wurde.

Wir wollen zeigen, wie das richtige Ergebnis hergeleitet wird. Wir müssen das Modell gegenüber dem von Planck verwendeten leicht verändern. Wir betrachten einen bestimmten Zustand k mit dem Entartungsgrad g_k, d.h. bis zu g_k Teilchen können den gleichen Zustand mit der Energie ε_k annehmen. Nehmen wir nun an, wir haben n_k Teilchen, die wir über diese g_k Zustände verteilen möchten, und daß diese Teilchen ununterscheidbar sind. Dann liefert Plancks Ergebnis eine Aussage über die Zahl verschiedener, unterscheidbarer Verteilungsmöglichkeiten der n_k Teilchen auf diese Zustände, d.h. die Zahl

$$\frac{(n_k + g_k - 1)!}{n_k!\,(g_k - 1)!}. \tag{10.21}$$

Achten Sie jetzt darauf, wie sich dieses Herangehen von Boltzmanns Verfahren unterscheidet. Boltzmann fordert, daß wir alle Möglichkeiten zur Bildung einer gegebenen Verteilung berechnen, wodurch W bestimmt wird. Wenn die Teilchen jedoch identisch und ununterscheidbar sind, hat eine gegebene Verteilung nach der Vorschrift von Bose-Einstein nur das Gewicht Eins.

Das Ergebnis (10.21) bezieht sich nur auf einen einzigen Energiezustand. Angenommen, wir haben nun eine große Zahl von Zuständen. Dann ist die Gesamtzahl der möglichen Zustände aller Teilchen gleich dem Produkt aller dieser Wahrscheinlichkeiten (oder der Gesamtzahl möglicher Anordnungen), d.h. es gilt

$$P = \prod_k \frac{(n_k + g_k - 1)!}{n_k!\,(g_k - 1)!}. \tag{10.22}$$

Nun haben wir nichts darüber ausgesagt, wie die Zahlen n_k über die k Zustände verteilt sind. Wir können daher fragen: 'Welche Verteilung der n_k über die Zustände führt zum maximalen Wert von P'? Damit halten wir uns jetzt genau an das empfohlene Boltzmannsche Verfahren. Wir maximieren P unter den Nebenbedingungen $\sum n_k = N$; $\sum n_k \varepsilon_k = E$. Wir wissen, wie das gemacht wird. Wie zuvor gilt

$$\ln P = \ln \prod_k \frac{(n_k + g_k - 1)!}{n_k!\,(g_k - 1)!} \approx \sum \ln \frac{(n_k + g_k)^{n_k + g_k}}{(n_k)^{n_k}(g_k)^{g_k}}. \tag{10.23}$$

Nun wenden wir die Methode der Lagrangeschen Multiplikatoren auf das Problem an.

$$\delta(\ln P) = 0 = \sum_k dn_k \left\{ [\ln(g_k + n_k) - \ln n_k] - \alpha - \beta \varepsilon_k \right\}$$

$$\ln\left[(g_k + n_k)/n_k \right] = \alpha + \beta \varepsilon_k$$

$$n_k = \frac{g_k}{e^{\alpha + \beta \varepsilon_k} - 1}. \tag{10.24}$$

Dies ist die sogenannte *Bose-Einstein-Verteilung* und die richtige Statistik für ununterscheidbare Teilchen oder *Bosonen*. Bosonen erweisen sich in der Quantenmechanik als Teilchen mit ganzzahligem Spin. Zum Beispiel sind Photonen Teilchen mit dem Spin 1, Gravitonen sind Teilchen mit dem Spin 2 usw.

Im Falle der Strahlung des schwarzen Körpers brauchen wir nun die Zahl der vorhandenen Photonen nicht anzugeben. Wir können dies daraus erkennen, daß die gesamte Verteilung durch nur einen Parameter bestimmt wird – die Gesamtenergie oder die Temperatur des Systems. Wenn wir daher die Methode der Lagrangeschen Multiplikatoren anwenden, können wir die Einschränkung für die Gesamtzahl der Teilchen fallenlassen. Sie stellt sich selbst auf die vorhandene Gesamtenergie ein, d.h. auf $\alpha = 0$. Daher gilt

$$n_k = \frac{g_k}{e^{\beta \varepsilon_k} - 1}. \tag{10.25}$$

Durch Prüfung des Verhaltens des Planckschen Spektrums können wir zeigen, daß wie im klassischen Fall $\beta = 1/kT$ ist. Schließlich haben wir in unserer Diskussion von Rayleighs Betrachtungsweise der Entstehung des Spektrums der schwarzen Strahlung den Entartungsgrad des Zustands k schon ausgerechnet (Abschnitt 9.5):

$$dN = \frac{8\pi \nu^2}{c^3}\, d\nu \tag{10.26}$$

$$\varepsilon_k = h\nu.$$

Daraus folgt

$$u(\nu)\, d\nu = \frac{8\pi h \nu^3}{c^3} \frac{1}{e^{h\nu/kT} - 1}\, d\nu. \tag{10.27}$$

Dies ist der Plancksche Ausdruck für die Strahlung des schwarzen Körpers, der in korrekter Weise unter Verwendung der Bose-Einstein-Statistik für ununterscheidbare Teilchen hergeleitet wurde. Die Statistik ist nicht nur auf Photonen anwendbar, sondern auch auf alle anderen Teilchenarten mit ganzzahligem Spin.

Wir sind nun unserer Erzählung weit vorausgeeilt. Nichts davon war 1900 bekannt, und es geschah erst in den folgenden Jahren, daß Einstein seine revolutionären Beiträge zur modernen Physik leistete.

11 Einstein und die Quantisierung des Lichts

11.1 Einstein im Jahre 1905

Bis 1905 hatte Plancks Arbeit wenig Eindruck gemacht, und er war im Verständnis der tiefgründigen Folgerungen aus dem, was er vollbracht hatte, nicht weiter vorangekommen. Wie wir sagten, vergeudete er viel Mühe mit dem Versuch, eine klassische Deutung für das 'Wirkungsquantum' zu finden, worauf sich, wie er zutreffend annahm, die Grundkonstante h bezog. Die nächsten großen Schritte sind Einstein zu verdanken, und ich glaube nicht, daß es übertrieben ist zu behaupten, daß es Einstein war, der als erster die volle Bedeutung der Quanten erkannte und zeigte, daß sie nicht bloß ein 'formaler Kunstgriff' zur Erklärung der Planckschen Verteilung, sondern ein wesentlicher Teil aller physikalischen Erscheinungen sein mußten. Von 1905 an wich er nie mehr von seinem Glauben an die Quanten ab – das war lange bevor irgendeiner der Großen jener Zeit anerkannte, daß Einstein recht hatte. Er gelangte zu dieser Schlußfolgerung in einer Reihe brillanter Arbeiten von verblüffender wissenschaftlicher Virtuosität.

Einstein beendete, was wir heute sein Studium nennen würden, im August 1900. Zwischen 1902 und 1904 schrieb er drei Arbeiten über die Grundlagen der Boltzmannschen statistischen Mechanik. Wiederum werden Sie feststellen, wie sehr solide Vorkenntnisse in der Thermodynamik sich als entscheidender Ausgangspunkt bei der Untersuchung grundsätzlicher Probleme der theoretischen Physik erweisen. Sie werden verstehen, warum dies so ist, wenn Sie sich vergegenwärtigen, daß die Thermodynamik sich nicht mit speziellen physikalischen Prozessen befaßt, deren Gesetze möglicherweise noch unverstanden sind. Sie befaßt sich mit den Gesamteigenschaften physikalischer Systeme und liefert uns allgemeine Regeln über ihr voraussichtliches Verhalten. Wenn man vor einem völlig neuen Problem steht, liefert die thermodynamische Betrachtungsweise oft wichtige Hinweise, wie das physikalische Problem im Detail in Angriff zu nehmen ist.

1905 war Einstein 26 Jahre alt und als 'technischer Experte dritter Klasse' beim Schweizerischen Patentamt in Bern angestellt. In diesem Jahr veröffentlichte er drei Arbeiten, die zu den größten Klassikern der gesamten Physik gehören. Jede einzelne von ihnen hätte seinen Namen auf Dauer in die Wissenschaftsgeschichte eingehen lassen. Diese Arbeiten sind:

(1) 'Über die von der molekular-kinetischen Theorie der Wärme geforderte Bewegung von in ruhenden Flüssigkeiten suspendierten Teilchen' [11.1]
(2) 'Zur Elektrodynamik bewegter Körper' [11.2]

(3) 'Über einen die Erzeugung und Verwandlung des Lichts betreffenden heuristischen Gesichtspunkt' [11.3]

In der ersten Arbeit erklärte er die Erscheinung der *Brownschen Bewegung*, d.h. der ungeordneten Bewegungen sehr feiner Staubteilchen in Flüssigkeiten, durch Stoßeffekte zwischen Molekülen und den Teilchen. Obgleich jeder einzelne Stoß sehr schwach ist, ist das Endergebnis einer großen Zahl von Stößen, die das Teilchen regellos treffen, der 'Weg eines Betrunkenen'. Einstein quantifizierte dieses Problem, indem er die Diffusion der Teilchen in Beziehung zu den Eigenschaften der Moleküle brachte, welche die Stöße verursachen. Mit anderen Worten, er konnte die molekulare Gastheorie in Zusammenhang mit der beobachteten Diffusion von Teilchen bringen. Perrin wies nach, daß Einsteins Voraussagen exakt zutrafen. Da die Zitterbewegung der Teilchen nichts anderes als Wärme ist, müssen die Teilchen den Gesetzen der chaotischen Teilchenbewegungen gehorchen. Das heißt, die makroskopischen Teilchen verhielten sich genau, wie Moleküle dies in einem viel kleineren Maßstab tun mußten. Diese Arbeit überzeugte jedermann, einschließlich der Skeptiker, von der Realität der molekularen oder atomaren Natur der Materie. Beachten Sie, daß Einstein in seiner Untersuchung einen Wert für die Avogadrosche Zahl benötigte, und er entnahm diesen Wert der Arbeit von Planck. Mit anderen Worten, es steht außer Frage, daß er Plancks Arbeit über das Strahlungsspektrum schon kannte.

Die zweite Veröffentlichung ist die berühmte Arbeit über die *spezielle Relativitätstheorie*, die wir in Kapitel 13 untersuchen werden.

Die dritte Veröffentlichung wird oft als Einsteins Arbeit über den lichtelektrischen Effekt bezeichnet. Dies ist eine grobe Fehldarstellung einer außerordentlich tiefgründigen Arbeit. Nach Einsteins eigenen Worten ist die Arbeit 'sehr revolutionär'. Nun, mit allem Respekt gesagt, ich glaube nicht, daß der lichtelektrische Effekt diesen Status beanspruchen kann. Worauf Einstein Bezug nimmt, ist der theoretische Inhalt der Arbeit. Er ist wirklich revolutionär. Wir wollen diese Veröffentlichung ausführlich besprechen.

11.2 'Über einen die Erzeugung und Verwandlung des Lichts betreffenden heuristischen Gesichtspunkt'

Wir wollen die ersten Abschnitte der Arbeit wörtlich wiedergeben. Ich finde sie revolutionär und verblüffend. Sie erfordert Aufmerksamkeit wie die Einleitung einer großen Symphonie:

> Zwischen den theoretischen Vorstellungen, welche sich die Physiker über die Gase und andere ponderable Körper gebildet haben, und der Maxwellschen Theorie der elektromagnetischen Prozesse im sogenannten leeren Raume besteht ein tiefgreifender formaler Unterschied. Während wir uns nämlich den Zustand eines Körpers durch die Lagen und Geschwindigkeiten einer zwar sehr großen, jedoch endlichen Zahl von Atomen

und Elektronen für vollkommen bestimmt ansehen, bedienen wir uns
zur Bestimmung des elektromagnetischen Zustandes eines Raumes kontinuierlicher räumlicher Funktionen, so daß also eine endliche Anzahl von
Größen nicht als genügend anzusehen ist zur vollständigen Festlegung
des elektromagnetischen Zustandes eines Raumes ...

Die mit kontinuierlichen Raumfunktionen operierende Undulations-
theorie des Lichtes hat sich zur Darstellung der rein optischen Phänomene vortrefflich bewährt und wird wohl nie durch eine andere Theorie
ersetzt werden. Es ist jedoch im Auge zu behalten, daß sich die optischen
Beobachtungen auf zeitliche Mittelwerte, nicht aber auf Momentanwerte
beziehen, und es ist trotz der vollständigen Bestätigung der Theorie der
Beugung, Reflexion, Brechung, Dispersion etc. durch das Experiment
wohl denkbar, daß die mit kontinuierlichen Raumfunktionen operierende
Theorie des Lichtes zu Widersprüchen mit der Erfahrung führt, wenn
man sie auf die Erscheinungen der Lichterzeugung und Lichtverwand-
lung anwendet. [11.4]

Mit anderen Worten, es kann durchaus Umstände geben, unter denen die
klassische Theorie von Maxwell nicht alle elektromagnetischen Erscheinungen
erklären kann, und dazu gehören Probleme wie etwa das Spektrum des schwarzen Körpers, der lichtelektrische Effekt und die Fluoreszenz. Einstein meint,
daß für bestimmte Zwecke die Annahme geeigneter ist, daß Licht aus Teilchen – oder Lichtquanten – besteht. In seinen eigenen Worten: '[der Vorschlag]
könnte sich für einige Forscher bei ihren Untersuchungen als nützlich erweisen'.

Das ist nun reiner Zündstoff. Die vollständigen Folgerungen aus der Maxwellschen Theorie wurden immer noch ausgearbeitet, und Einstein schlug vor,
alles miteinander durch Lichtteilchen zu ersetzen. Für alle Physiker muß dies
wie eine Neuauflage der Kontroverse zwischen dem Huygensschen Wellenbild
und dem Teilchen- oder Korpuskelbild von Newton ausgesehen haben, und jedermann wußte, welche Theorie sich durchgesetzt hatte. Der Zeitpunkt muß als
besonders ungeeignet für die Wiederaufnahme dieses Streitpunkts erschienen
sein, nachdem Maxwells Entdeckung der elektromagnetischen Natur des Lichts
erst 15 Jahre zuvor so vollständig durch Hertz bestätigt worden war.

Achten Sie nun sorgfältig darauf, was Einstein im Vergleich zum Planckschen Verfahren vorschlägt. Planck hatte festgestellt, daß er nichtverschwindende 'Energieelemente' $\varepsilon = h\nu$ benötigte, aber diese sind mit den *Oszillatoren*
verbunden. Planck konnte absolut nichts über die von den Oszillatoren emittierte Strahlung aussagen, und in der Tat glaubte er fest daran, daß die von
ihnen emittierten Wellen einfach die klassischen elektromagnetischen Wellen
nach Maxwell wären. Einstein schlägt vor, daß *wir auch das Strahlungsfeld
quantisieren sollten.*

Wie andere Arbeiten von Einstein ist der Artikel wunderbar geschrieben
und sehr klar. Es sieht alles so sehr einfach und einleuchtend aus, daß man
vergißt, wie revolutionär sein Inhalt eigentlich ist. Wir werden statt Einsteins
Schreibweise die gleiche Schreibweise wie bisher verwenden.

Nach der Einführung leitet Einstein die schon oft gesehene Formel her,
welche die mittlere Energie eines Oszillators in Beziehung zur Energiedichte der

schwarzen Strahlung im thermodynamischen Gleichgewicht bringt. Er schreibt jedoch das klassische Ergebnis in der provokativen Form

$$u(\nu) = \frac{8\pi\nu^2}{c^3}kT$$

$$\text{Gesamtenergie} = \int_0^\infty u(\nu)\,d\nu = \frac{8\pi kT}{c^3}\int_0^\infty \nu^2\,d\nu = \infty. \tag{11.1}$$

Dies ist genau das gleiche Problem, auf das Rayleigh im Jahre 1900 indirekt hingewiesen hatte. Das Phänomen wurde später von Ehrenfest wegen der Divergenz der Formel bei kurzen Wellenlängen als 'Ultraviolettkatastrophe' bezeichnet.

Als nächstes zeigte Einstein, daß die Grundkonstante k, die Planck aus seiner Theorie der schwarzen Strahlung herleitete, tatsächlich von den Details der Planckschen Theorie unabhängig ist. Die obigen Argumente nämlich, die auf das Rayleigh-Jeanssche Gesetz führen, sind bekanntlich für niedrige Frequenzen und hohe Temperaturen gültig, und folglich läßt sich der Wert von k direkt bestimmen, wenn die Temperatur des schwarzen Körpers und sein Spektrum in diesem Bereich bekannt sind. Einstein zeigte, daß dieser Wert genau mit dem von Planck gefundenen Wert übereinstimmte. Nun kommen wir zum Kern der Arbeit. Einstein betrachtet nur die beobachteten Tatsachen der Strahlung des schwarzen Körpers. Sie werden sich daran erinnern, daß wir die zentrale Rolle hervorgehoben haben, welche die Entropie in der Thermodynamik der Strahlung spielt. Einstein geht daran, eine geeignete Form für die Entropie der Strahlung herzuleiten, wobei er nur die Thermodynamik und die beobachtete Form des Strahlungsspektrums verwendet.

Wir denken daran, daß Entropien additiv sind, und da wir die Strahlung unterschiedlicher Wellenlängen im thermischen Gleichgewicht als unabhängig betrachten können, läßt sich die Entropie der im Volumen V eingeschlossenen Strahlung in der folgenden Form schreiben:

$$S = V\int_0^\infty \phi(u(\nu),\,\nu)\,d\nu. \tag{11.2}$$

Die Funktion ϕ ist die Entropie der Strahlung pro Einheit des Frequenzbereichs und pro Volumeneinheit. Ziel der Berechnung ist nun die Bestimmung der Funktion ϕ, ausgedrückt durch die spektrale Energiedichte $u(\nu)$ und die Frequenz. Offenbar gibt es außer der Temperatur T keine anderen Größen, die zur Beschreibung des Gleichgewichtsspektrums dienen können. Dieses Problem war schon von Wien gelöst worden, aber Einstein gab den folgenden eleganten Beweis für das Ergebnis.

Wir wissen, daß die Funktion ϕ die Eigenschaft hat, daß im thermischen Gleichgewicht die Entropie bei festem Wert der Gesamtenergie ein Maximum annimmt, d.h. wir können dies als ein Problem der Variationsrechnung,

$$\delta S = \delta \int_0^\infty \phi(u(\nu),\,\nu)\,d\nu = 0 \tag{11.3}$$

mit der Nebenbedingung

$$\delta E = \delta \int_0^\infty u(\nu)\, d\nu = 0$$

formulieren, wobei E die Gesamtenergie ist. Durch Anwendung Lagrangescher Multiplikatoren erhalten wir

$$\int_0^\infty \left(\frac{\partial \phi}{\partial u}\, du\, d\nu - \alpha\, du\, d\nu \right) = 0,$$

wobei die Konstante α von der Frequenz unabhängig ist. Damit das Integral Null wird, muß der Integrand gleich Null sein. Daher wird

$$\frac{\partial \phi}{\partial u} = \alpha.$$

Angenommen, wir ändern nun die Temperatur der Volumeneinheit der schwarzen Strahlung um dT. Die Zunahme der Entropie ist dann

$$dS = \int_{\nu=0}^{\nu=\infty} \frac{\partial \phi}{\partial u}\, du\, d\nu.$$

Es ist aber $\partial \phi / \partial u$ unabhängig von der Frequenz, und daher gilt

$$dS = \frac{\partial \phi}{\partial u} dE \qquad\qquad (11.4)$$

wegen

$$dE = \int_{\nu=0}^{\nu=\infty} du\, d\nu.$$

dE ist aber gerade der Energiezuwachs, und außerdem gilt bekanntlich

$$\frac{dS}{dE} = \frac{1}{T}. \qquad\qquad (11.5)$$

Daraus folgt

$$\frac{\partial \phi}{\partial u} = \frac{1}{T}. \qquad\qquad (11.6)$$

Dies ist die gesuchte Gleichung. Sie werden die angenehme Symmetrie zwischen den folgenden Beziehungen feststellen:

$$\left. \begin{aligned} S &= \int_0^\infty \phi\, d\nu \qquad E = \int_0^\infty u(\nu)\, d\nu \\ \frac{dS}{dE} &= \frac{1}{T} \qquad\qquad \frac{\partial \phi}{\partial u} = \frac{1}{T}. \end{aligned} \right\} \qquad (11.7)$$

Einstein verwendet dann diese Beziehung für das Spektrum der schwarzen Strahlung. Nun benutzt Einstein nicht die Plancksche Formel. Er benutzt aus folgendem Grunde die Wiensche Formel: Er erkennt, daß sie nicht exakt ist, aber sie ist das richtige Gesetz in dem Bereich, wo die klassische Theorie versagt, und liefert wahrscheinlich die beste Aufklärung darüber, in welcher Weise die Theorie unzulänglich ist.

Zunächst schreibt Einstein das aus dem Experiment abgeleitete Spektrum auf, in unserer Schreibweise:

$$u(\nu) = \frac{8\pi\alpha}{c^3}\frac{\nu^3}{e^{\beta\nu/T}}.$$ (11.8)

Daraus können wir sofort einen Ausdruck für $1/T$ finden:

$$\frac{1}{T} = \frac{1}{\beta\nu}\ln\frac{8\pi\alpha\nu^3}{c^3 u(\nu)} = \frac{\partial\phi}{\partial u}.$$ (11.9)

Dann erhalten wir durch Integration einen Ausdruck für ϕ:

$$\frac{\partial\phi}{\partial u} = -\frac{1}{\beta\nu}\left(\ln u + \ln\frac{c^3}{8\pi\alpha\nu^3}\right)$$

$$\phi = -\frac{u}{\beta\nu}\left(\ln u - 1 + \ln\frac{c^3}{8\pi\alpha\nu^3}\right)$$

$$= -\frac{u}{\beta\nu}\left(\ln\frac{uc^3}{8\pi\alpha\nu^3} - 1\right).$$ (11.10)

Nun kommen wir zu dem raffinierten Schritt. Wir betrachten die Gesamtstrahlung im Spektralbereich von ν bis $\nu + \Delta\nu$ und nehmen an, sie habe die Energie $\varepsilon = Vu\Delta\nu$, wobei V das Volumen ist. Dann ist die Entropie dieser Strahlungsmenge gleich

$$S = V\phi\,\Delta\nu = -\frac{\varepsilon}{\beta\nu}\left(\ln\frac{\varepsilon c^3}{8\pi\alpha\nu^3 V\,\Delta\nu} - 1\right).$$ (11.11)

Angenommen, wir ändern nun das Volumen, z.B. von V_0 auf V, wobei wir die Gesamtenergie konstant halten. Die Entropieänderung ist dann

$$S - S_0 = \frac{\varepsilon}{\beta\nu}\ln(V/V_0).$$ (11.12)

Nun zeigt Einstein, daß diese Entropieänderung genau die gleiche ist, wie man sie erhalten würde, wenn man es mit einem aus Teilchen bestehenden idealen Gas zu tun hätte. Wir wollen die Analyse wiederholen, die wir in Abschnitt 7.5 dargestellt haben. Zur Berechnung der Entropiedifferenz $S - S_0$ zwischen den Zuständen kann die Boltzmannsche Beziehung verwendet werden: $S - S_0 = k\ln W/W_0$. In diesem Anfangszustand hat das System das Volumen V_0 und die Teilchen bewegen sich ungeordnet durch das gesamte Volumen. Wir fragen dann nach der Wahrscheinlichkeit dafür, daß alle Teilchen ein kleineres Volumen V einnehmen, d.h. wie groß die Wahrscheinlichkeit ist, daß alle Teilchen zufällig im Volumen V landen. Die Wahrscheinlichkeit für ein Teilchen beträgt V/V_0, und folglich ist die Wahrscheinlichkeit, daß alle N Teilchen im Volumen V landen, gleich $(V/V_0)^N$. Für das Gas können wir daher schreiben:

$$S - S_0 = kN \ln(V/V_0). \tag{11.13}$$

Nun stellt Einstein fest, daß die Ausdrücke (11.12) und (11.13) der Form nach identisch sind. Daher muß der Ausdruck für die Entropieänderung der Strahlung gleichermaßen der Wahrscheinlichkeit dafür entsprechen, daß die gesamte Strahlung sich in einem Teilvolumen V befindet, und folglich muß

$$S - S_0 = kN' \ln(V/V_0)$$

gelten, wobei der Exponent N' gerade gleich $\varepsilon/k\beta\nu$ ist. Daraus zieht Einstein den Schluß: 'Monochromatische Strahlung geringer Dichte (innerhalb des Gültigkeitsbereiches der Wienschen Strahlungsformel) verhält sich in wärmetheoretischer Beziehung so, als ob sie aus voneinander unabhängigen Energiequanten der Größe $k\beta\nu$ bestünde'. In die Plancksche Schreibweise übertragen, bedeutet dies wegen $\beta = h/k$, daß $\varepsilon = h\nu$ ist. Schließlich berechnet Einstein die mittlere Energie dieser Quanten in Form der Energie, die, wie wir wissen, in der Wienschen Verteilung auftritt. Die Energie im Frequenzintervall von ν bis $\nu + d\nu$ ist gleich ε, und folglich ist die Zahl der Quanten gleich $\varepsilon/k\beta\nu$. Die mittlere Energie beträgt daher:

$$\overline{E} = \frac{\displaystyle\int_0^\infty (8\pi\alpha/c^3)\nu^3 e^{-\beta\nu/T}\, d\nu}{\displaystyle\int_0^\infty (8\pi\alpha/c^3)(\nu^3/k\beta\nu)e^{-\beta\nu/T}\, d\nu} = k\beta\, \frac{\displaystyle\int_0^\infty \nu^3 e^{-\beta\nu/T}\, d\nu}{\displaystyle\int_0^\infty \nu^2 e^{-\beta\nu/T}\, d\nu}.$$

Partielle Integration des Nenners ergibt

$$\int_0^\infty \nu^2 e^{-\beta\nu/T}\, d\nu = \underbrace{\left[\frac{\nu^3}{3} e^{-\beta\nu/T}\right]_0^\infty}_{=\,0} + \frac{\beta}{3T} \int_0^\infty \nu^3 e^{-\beta\nu/T}\, d\nu$$

$$\overline{E} = k\beta \times \frac{3T}{\beta} = 3kT. \tag{11.14}$$

Die mittlere Quantenenergie steht somit in enger Beziehung zur mittleren kinetischen Energie pro Teilchen im Hohlraum des schwarzen Körpers, die gleich $\frac{3}{2}kT$ ist. Dies ist ein sehr suggestives Ergebnis.

Bisher hatte Einstein nur gesagt, daß die Strahlung 'sich verhielte, als ob' sie aus einer Anzahl unabhängiger Teilchen bestünde. Ist das ernst gemeint oder ist es bloß eine Analogie? Der letzte Satz im Abschnitt 6 seiner Arbeit lautet: '...so liegt es nahe, zu untersuchen, ob auch die Gesetze der Erzeugung und Verwandlung des Lichts so beschaffen sind, wie wenn das Licht aus derartigen Energiequanten bestünde'. Mit anderen Worten: 'Ja, wir wollen annehmen, daß sie reale Teilchen *sind*, und nachschauen, ob wir weitere Phänomene verstehen können oder nicht'.

Er betrachtet dann drei Phänomene, die durch die klassische elektromagnetische Theorie nicht erklärt werden können: (i) die Stokessche Fluoreszenzregel, (ii) den lichtelektrischen Effekt und (iii) die Ionisation von Gasen durch ultraviolettes Licht.

Die *Stokessche Regel* sagt aus, daß die Frequenz der Photolumineszenzemission niedriger ist als die Frequenz des einfallenden Lichts. Dies wird als Folge der Erhaltung der Energie erklärt. Die einfallenden Quanten besitzen die Energie $h\nu_1$, und folglich kann das emittierte Quant höchstens diese Energie haben. Wenn ein Teil der Energie des Quants vom Material absorbiert wird, besitzt das emittierte Quant eine geringere Energie. Wir wissen nun, wie dieses Ergebnis im Sinne der Atomphysik richtig zu interpretieren ist: $h\nu_1 \geq h\nu_2$.

Der lichtelektrische Effekt. Dies ist wahrscheinlich das berühmteste Ergebnis der Arbeit, da Einstein eine eindeutige quantitative Aussage über die Grundlage seiner Theorie macht. Der lichtelektrische Effekt wurde ironischerweise von Hertz in den gleichen Experimenten entdeckt, welche die Gültigkeit der Maxwellschen Gleichungen demonstrierten. Die vielleicht auffallendste Tatsache im Zusammenhang mit dem Prozeß war Lénards Entdeckung, daß die Energien der von der Metalloberfläche emittierten Elektronen von der Intensität der einfallenden Strahlung unabhängig sind.

Einsteins Vorschlag gab eine unmittelbare Antwort zu diesem Problem. Strahlung einer gegebenen Frequenz besteht aus Quanten der gleichen Energie. Wenn eins davon durch ein Atom absorbiert wird, erhält das Elektron ausreichend Energie, um gegen die Kräfte, die es an das Material binden, aus der Materialoberfläche auszutreten. Wird die Intensität des Lichts erhöht, dann werden mehr Elektronen ausgestoßen, aber ihre Energien bleiben unverändert. Einstein schrieb dieses Ergebnis in der folgenden Form. Die maximale Energie E_k, die das abgelöste Elektron haben kann, ist

$$E_k = h\nu - W,$$

wobei W die zur Ablösung des Elektrons aus der Materialoberfläche notwendige Arbeit ist – wir würden diese Größe heute als *Ablösearbeit* des Materials bezeichnen. Experimente zur Demonstration dieses Sachverhalts erfordern, daß die Apparatur in ein Gegenpotential gesetzt wird, so daß, wenn das Potential einen bestimmten Wert V erreicht, die Elektronen nicht mehr die Auffangelektrode erreichen können, d.h. der photoelektrische Strom gesperrt wird. Dies entspricht dem Potential, bei dem $E_k = eV$ ist. Wir können daher für diesen Versuchsaufbau schreiben:

$$V = \frac{h}{e}\nu - \frac{W}{e}. \tag{11.15}$$

In Einsteins Worten: 'Ist die abgeleitete Formel richtig, so muß $[V]$, als Funktion der Frequenz des erregenden Lichts in kartesischen Koordinaten dargestellt, eine Gerade sein, deren Neigung von der Natur der untersuchten Substanz unabhängig ist', d.h. man kann die Größe h/e, das Verhältnis der Planckschen Konstanten zur Elektronenladung, direkt bestimmen. Dies waren verblüffende Voraussagen, da zu jener Zeit überhaupt nichts über die Abhängigkeit des lichtelektrischen Effekts von der Frequenz bekannt war. Tatsächlich wurde nach zehnjähriger sehr schwieriger experimenteller Arbeit die Einsteinsche Gleichung in allen Aspekten experimentell voll bestätigt. Im Jahre 1916 konnte Millikan die Ergebnisse seiner sehr umfassenden Experimente zusammenfassen: 'Einsteins lichtelektrische Gleichung wurde sehr gründlichen Prüfungen unterworfen, und es zeigt sich, daß sie in jedem Fall die Beobachtungsergebnisse exakt voraussagt'. [11.5]

Photoinonisation von Gasen. Das dritte Beweisstück in Einsteins Arbeit bestand darin, daß die Energie jedes einzelnen Photons größer sein muß als das Ionisationspotential des Gases, wenn eine Ionisation erreicht werden soll. Er zeigte, daß die kleinsten Energiequanten für die Ionisation von Luft annähernd gleich dem Ionisationspotential waren, das von Stark unabhängig davon bestimmt wurde. Abermals ergibt die Quantenhypothese Übereinstimmung mit dem Experiment.

An dieser Stelle endet die Arbeit. Sie ist eine der großen Veröffentlichungen in der Physik, und tatsächlich war es diese Arbeit, die in der Laudatio zu Einsteins Nobelpreis beschrieben wurde. Ich hoffe, Sie werden sich den Originalartikel ansehen. [11.3]

Nun ist es wesentlich zu erkennen, daß zu diesem Zeitpunkt Planck und Einstein sehr verschiedene Ansichten darüber hatten, was vor sich ging. Planck hatte die *Oszillatoren* quantisiert, und wir finden dies in Einsteins Arbeit absolut nirgendwo erwähnt. Tatsächlich scheint es, daß sich Einstein in diesem Stadium nicht darüber im klaren war, daß beide eigentlich von der gleichen Sache sprachen. Im Jahre 1906 veröffentlichte er jedoch seine zweite grundlegende Arbeit über Quanten [11.6], in der er zeigte, daß die beiden Betrachtungsweisen in der Tat auf dasselbe hinausliefen. In einer Arbeit, die im November 1906 bei *Annalen der Physik* eingereicht und 1907 veröffentlicht wurde [11.7], ging er daran, die Idee der Quantisierung auf Festkörper zu erweitern.

11.3 Die Quantentheorie der Festkörper

In der ersten von diesen Arbeiten behauptet Einstein, daß er und Planck tatsächlich die gleiche Erscheinung der Quantisierung beschreiben.

Damals [als Einstein die Arbeit von 1905 schrieb] schien es mir, als ob die Plancksche Theorie der Strahlung in gewisser Beziehung ein Gegenstück bildete zu meiner Arbeit. Neue Überlegungen, welche im §1 dieser Arbeit mitgeteilt sind, zeigten mir aber, daß die theoretische Grundlage, auf welcher die Strahlungstheorie von Hrn. Planck ruht, sich von der Grundlage, die sich aus der Maxwellschen Theorie und Elektronentheorie ergeben würde, unterscheidet, und zwar gerade dadurch, daß die Plancksche Theorie implizite von der eben erwähnten Lichtquantenhypothese Gebrauch macht. [11.6]

Diese Argumente werden in der Arbeit von 1907 [11.7] weiter ausgeführt. Einstein zeigt, daß Planck, hätte er das Boltzmannsche Verfahren befolgt, unter Beibehaltung der Annahme, daß der Oszillator nur bestimmte Energien $0, \varepsilon, 2\varepsilon, 3\varepsilon, \ldots$ annehmen kann, die richtige Formel erhalten hätte. Wir wollen Einsteins Beweisführung nochmals darstellen.

Wenn Planck die klassische Analyse nach Boltzmann ausgeführt hätte, wäre er schließlich zum Boltzmannschen Ausdruck für die Belegungswahrscheinlichkeit eines Zustands der Energie $E = r\varepsilon$ gelangt, obwohl er nicht zum Grenzwert $\varepsilon \to 0$ übergeht (siehe Abschnitt 10.2):

$$p(E) \propto e^{-E/kT}.$$

Wir nehmen wiederum an, daß die Energie des Oszillators in ε-Einheiten vorliegt. Wenn im Grundzustand N_0 Oszillatoren vorhanden sind, dann ist somit die Zahl der Oszillatoren im Zustand $r = 1$ gleich $N_0 e^{-\varepsilon/kT}$, im Zustand $r = 2$ gleich $N_0 e^{-2\varepsilon/kT}$ und so weiter. Die mittlere Energie des Oszillators ist daher durch den gewöhnlichen Ausdruck für einen Mittelwert gegeben:

$$\overline{E} = \frac{N_0 \cdot 0 + \varepsilon N_0 e^{-\varepsilon/kT} + 2\varepsilon N_0 e^{-2\varepsilon/kT} + \ldots}{N_0 + N_0 e^{-\varepsilon/kT} + N_0 e^{-2\varepsilon/kT} + \ldots}$$

$$= \frac{N_0 \varepsilon e^{-\varepsilon/kT} \left[1 + 2\left(e^{-\varepsilon/kT}\right) + 3\left(e^{-\varepsilon/kT}\right)^2 + \ldots \right]}{N_0 \left[1 + e^{-\varepsilon/kT} + \left(e^{-\varepsilon/kT}\right)^2 + \ldots \right]}. \tag{11.16}$$

Wir erinnern uns an die folgenden Reihen:

$$\frac{1}{(1-x)} = 1 + x + x^2 + x^3 + \ldots$$
$$\frac{1}{(1-x)^2} = 1 + 2x + 3x^2 + \ldots \, , \tag{11.17}$$

und daraus folgt für die mittlere Energie des Oszillators :

$$\overline{E} = \frac{\varepsilon e^{-\varepsilon/kT}}{1 - e^{-\varepsilon/kT}} = \frac{\varepsilon}{e^{-\varepsilon/kT} - 1}. \tag{11.18}$$

Wenn man also das richtige Boltzmannsche Verfahren anwendet, kann man wieder die Plancksche Beziehung für die mittlere Energie des Oszillators erhalten, was aber nur dann möglich ist, wenn die Größe der Energieelemente ε nicht verschwindet. Einsteins Betrachtungsweise hat den Vorteil, daß klar zu erkennen ist, wo die Abweichung von den klassischen Ergebnissen auftritt. Das Ergebnis der klassischen statistischen Mechanik,

$$\overline{E} = kT \, ,$$

beruht auf der Annahme, daß gleichen Volumina im Phasenraum bei der Mittelung gleiche Gewichte zuzuordnen sind. Dies führt zum Gleichverteilungssatz. Einstein zeigt, daß die Plancksche Formel es erfordert, daß die obige Annahme falsch ist und nur die Bereiche des Phasenraumes, die Energien von $0, \varepsilon, 2\varepsilon, 3\varepsilon, \ldots$ entsprechen, nichtverschwindende Gewichte haben sollten, die dann alle gleich groß sein sollten.

Einstein bringt dies dann in direkten Zusammenhang mit seiner eigenen früheren Arbeit, die nur Lichtquanten betraf: '... sind wir nun genötigt, für schwingungsfähige Ionen bestimmter Frequenz, die einen Energieaustausch zwischen Materie und Strahlung vermitteln können, die Annahme zu machen, daß die Mannigfaltigkeit der Zustände, welche sie anzunehmen vermögen, eine geringere sei als bei den Körpern unserer Erfahrung. Wir mußten ja annehmen, daß der Mechanismus der Energieübertragung ein solcher sei, daß die Energie des Elementargebildes ausschließlich die Werte 0, $(R/N)\beta\nu$, $2(R/N)\beta\nu$ [in unserer Schreibweise: 0, ε, 2ε ...] annehmen könne.' [11.8]

Aber dies ist nur der Anfang der Arbeit. Es soll noch viel mehr folgen – Einstein formuliert es wunderbar:

> Ich glaube nun, daß wir uns mit diesem Resultat nicht zufrieden geben dürfen. Es drängt sich nämlich die Frage auf: Wenn sich die in der Theorie des Energieaustausches zwischen Strahlung und Materie anzunehmenden Elementargebilde nicht im Sinne der gegenwärtigen molekular-kinetischen Theorie auffassen lassen, müssen wir dann nicht auch die Theorie modifizieren für die anderen periodisch schwingenden Gebilde, welche die molekulare Theorie der Wärme heranzieht? Die Antwort ist nach meiner Meinung nicht zweifelhaft. Wenn die Plancksche Theorie der Strahlung den Kern der Sache trifft, so müssen wir erwarten, auch auf anderen Gebieten der Wärmetheorie Widersprüche zwischen der gegenwärtigen molekular-kinetischen Theorie und der Erfahrung zu finden, die sich auf dem eingeschlagenen Wege heben lassen. Nach meiner Meinung trifft dies tatsächlich zu, wie ich im folgenden zu zeigen versuche. [11.9]

Dies ist die Arbeit, die häufig als Anwendung der Quantentheorie auf Festkörper beschrieben wird; Sie können aber erkennen, daß diese Arbeiten wie die 'Arbeit über den Photoeffekt' sehr tiefgründig sind und direkt zu den Grundlagen der Quantennatur von Materie und Strahlung vordringen.

Das von Einstein diskutierte Problem ist das der spezifischen Wärme von Festkörpern. Nach dem *Dulong-Petitschen Gesetz* beträgt die Wärmekapazität pro Mol eines Festkörpers annähernd $3R$, und dieses Gesetz kann in einfacher Weise aus dem Gleichverteilungssatz abgeleitet werden. Wir konstruieren ein Modell des Festkörpers, das aus N_0 Atomen pro Mol besteht, und nehmen an, daß alle Atome in drei voneinander unabhängigen Richtungen schwingen. Nach dem Gleichverteilungssatz sollte die gesamte innere Energie des Festkörpers daher gleich $3N_0kT$ sein, da jedem unabhängigen Schwingungstyp die Energie kT zugeteilt wird. Die Wärmekapazität ergibt sich unmittelbar durch Differentiation: $C = \partial U/\partial T = 3N_0k = 3R$. Nun war bekannt, daß bestimmte Materialien das Dulong-Petitsche Gesetz insofern nicht befolgen, als sie viel kleinere Wärmekapazitäten als $3R$ besitzen. Dies galt insbesondere für die leichtesten Elemente wie Beryllium, Bor und Kohlenstoff. Außerdem war um 1900 bekannt, daß die spezifischen Wärmen einiger Elemente sehr stark mit der Temperatur variieren und den Dulong-Petitschen Wert nur bei hohen Temperaturen annehmen. Das Problem läßt sich leicht lösen, wenn wir Einsteins Standpunkt annehmen, wonach wir für Oszillatoren nicht die klassische Formel für die mittlere Energie kT des Oszillators, sondern die Quantenformel

$$\overline{E} = \frac{h\nu}{e^{h\nu/kT} - 1}$$

verwenden müssen. Nun wissen wir, daß Atome komplizierte Dinger sind. Wir wollen jedoch der Einfachheit halber annehmen, daß alle Atomschwingungen mit der gleichen Frequenz erfolgen und daß sie voneinander unabhängig sind. Die Schwingungsfrequenz ist als Einstein-Frequenz ω_E bekannt (die wir in der Form ν_E verwenden werden). Wenn wir dann jedem Atom drei Freiheitsgrade zuordnen, erhalten wir als innere Energie

$$U = 3N_0 \frac{h\nu_E}{e^{h\nu_E/kT} - 1} \tag{11.19}$$

und als spezifische Wärme

$$\frac{dU}{dT} = 3N_0 h\nu_E \left(e^{h\nu_E/kT} - 1\right)^{-2} e^{h\nu_E/kT} \frac{h\nu_E}{kT}$$

$$= 3R \left(\frac{h\nu_E}{kT}\right)^2 \frac{e^{h\nu_E/kT}}{\left(e^{h\nu_E/kT} - 1\right)^2}. \tag{11.20}$$

Dies erweist sich als eine bemerkenswert gute Anpassung an die tatsächliche Änderung der spezifischen Wärme mit der Temperatur. Diese Änderung ist schematisch in Abb. (11.1) dargestellt.

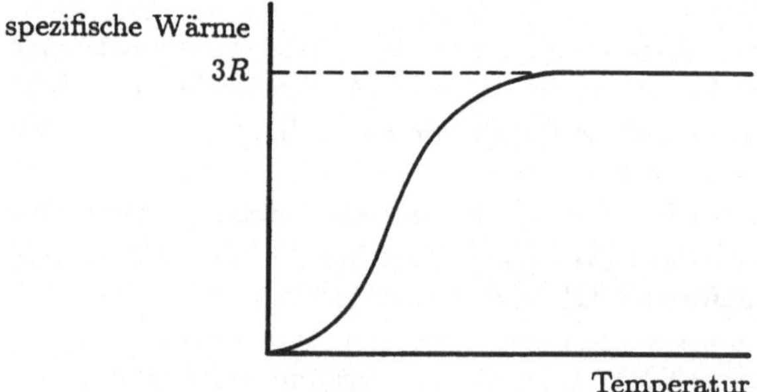

Abb. 11.1. Änderung der spezifischen Wärme von Festkörpern mit der Temperatur nach der Einsteinschen Quantentheorie

Wir können jetzt erklären, warum die leichten Elemente kleinere spezifische Wärmen als die schwereren Elemente besitzen. Sie haben vermutlich höhere Schwingungsfrequenzen, und folglich ist bei gegebener Temperatur ν_E/T größer und die spezifische Wärme kleiner. Um die experimentellen Daten zu erklären, muß tatsächlich die Frequenz ν_E für Kupfer im infraroten Wellenbereich von $\sim 5 \times 10^{12}$ Hz liegen. Wir sehen also, daß alle Schwingungen bei höheren Frequenzen nur einen verschwindend kleinen Beitrag zur spezifischen Wärme leisten können. In der Tat tritt erwartungsgemäß eine starke Infrarotabsorption auf, die den Frequenzen $\nu \approx \nu_E$ entspricht.

Die vielleicht bemerkenswerteste Voraussage dieser Theorie ist, daß alle spezifischen Wärmen, wie im Diagramm angedeutet, bei niedrigen Temperaturen auf Null abnehmen sollten. Im Hinblick auf die Unterstützung der Anerkennung der Einsteinschen Ideen war dies eine sehr wichtige Prognose, da etwa zu dieser Zeit Nernst mit einer Versuchsreihe zur Messung der spezifischen Wärmen von Festkörpern bei niedrigen Temperaturen begann. Nernsts Motivation für die Durchführung dieser Experimente war die Prüfung seines 'Wärmesatzes' oder dritten Hauptsatzes der Thermodynamik, den er theoretisch entwickelt hatte, um die Natur chemischer Gleichgewichte zu verstehen. Der Wärmesatz ermöglichte die präzise Berechnung chemischer Gleichgewichte und führte ebenfalls zu der Voraussage, daß die Wärmekapazitäten aller Stoffe bei niedrigen Temperaturen gegen Null gehen sollten.

11.4 Weiteres zu den spezifischen Wärmen der Gase

Einsteins Quantentheorie liefert auch die vollständige Lösung der Probleme bei der Erklärung der spezifischen Wärmen der Gase im Sinne der Maxwellschen kinetischen Gastheorie (siehe Abschnitt 7.3). Nach Einstein müssen alle mit Atomen und Molekülen verbundenen Energien quantisiert werden, und dann sind die anregungsfähigen Energiezustände von der Temperatur des Gases abhängig. Einstein hat zum Beispiel gezeigt, daß die mittlere Energie eines Oszillators der Frequenz ν bei der Temperatur T durch

$$\overline{E} = \frac{h\nu}{e^{h\nu/kT} - 1}$$

gegeben ist. Wenn $kT \gg h\nu$ ist, dann ist offensichtlich die mittlere Energie gleich kT, wie nach der kinetischen Gastheorie zu erwarten ist. Gilt jedoch $kT \ll h\nu$, dann geht die mittlere Energie gegen den Wert $h\nu e^{-h\nu/kT}$, der für $T \ll h\nu/k$ sehr klein wird.

Wir wollen daher nochmals die verschiedenen Schwingungsarten betrachten, in denen Energie in den Gasmolekülen gespeichert werden kann. Nach der Maxwellschen Theorie wird den *Translationsgeschwindigkeiten* der Moleküle eine mittlere Energie $\frac{3}{2}kT$ zugeordnet. Es kann auch Energie in der Rotationsbewegung des gesamten Moleküls gespeichert werden. Die Energie, die in der Rotationsbewegung gespeichert werden kann, läßt sich aus dem grundlegenden Ergebnis der Quantenmechanik ableiten, daß der Drehimpuls J so quantisiert wird, daß nur diskrete Werte entsprechend der Beziehung

$$J = \sqrt{j(j+1)} \cdot \hbar$$

auftreten, mit $j = 0, 1, 2, 3, 4, \ldots$ und $\hbar = h/2\pi$. Wir erinnern uns daran, daß bei Teilchen mit einem Eigendrehimpuls oder Spin die Größe j halbzahlige Werte annehmen kann. Die Rotationsenergie des Moleküls ist durch das Analogon zur klassischen Beziehung zwischen Energie und Drehimpuls gegeben:

$$E = \tfrac{1}{2} J^2 / I,$$

wobei I das Trägheitsmoment des Moleküls bezüglich der Rotationsachse ist. Daher gilt

$$E = \frac{1}{2I} \, [j(j+1)] \hbar^2.$$

Wenn wir die Rotationsenergie des Moleküls in der Form $E = \tfrac{1}{2} I \omega^2$ schreiben, finden wir die Kreisfrequenz ω der Rotation:

$$\omega = [j(j+1)]^{\frac{1}{2}} \hbar / I.$$

Die Bedingung dafür, daß die Rotationsbewegung bei der Temperatur T zur Energiespeicherung beiträgt, lautet daher:

$$kT \gtrsim E,$$

was mit $kT \gtrsim \hbar\omega$ gleichwertig ist.

Wir wollen den Wert von E für molekularen Sauerstoff ausrechnen. Die Masse jedes einzelnen Atoms ist $m = 16$ atomare Masseeinheiten und der Abstand zwischen den Atommittelpunkten ist $r_0 = 1{,}207$ Å. Daher ist das Trägheitsmoment gleich $I = mr_0^2/2$, und die Rotationsenergie beträgt

$$E = 1{,}794 \, j(j+1) \times 10^{-4} \, \text{eV}.$$

Für den niedrigsten angeregten Zustand $j = 1$ ist somit die Energie gleich $3{,}6 \times 10^{-4}$ eV. Dies ist mit kT z. B. für Raumtemperatur, $T = 300$ K, zu vergleichen. In diesem Falle ist $kT = 2{,}6 \times 10^{-2}$ eV und daher $kT \gg E$, und die Rotationsarten des Moleküls werden angeregt. Nun brauchen wir nur zu fragen, wieviele Rotationsarten pro Molekül angeregt werden. Wenn wir die drei in Abb. 11.2 dargestellten, zueinander senkrechten Achsen betrachten, gibt es offenbar zwei orthogonale Rotationsarten, die der oben berechneten Rotationsbewegung des Moleküls entsprechen. Das Trägheitsmoment um die dritte Achse, parallel zur Molekülachse, ist sehr klein und entspricht eher der Quantisierung der Elektronenbahnen innerhalb des Moleküls als der Rotationsbewegung des Moleküls im ganzen. Tatsächlich erfordert die Anregung dieser letzten Energiespeicherungsart Temperaturen, bei denen das Molekül dissoziiert wäre. Es gibt daher nur zwei Rotationsarten, die angeregt werden können, und indem wir nach dem Maxwellschen Äquipartitionsprinzip jeder die Energie $\tfrac{1}{2} kT$ zuordnen, erhalten wir die Beziehung

$$U = \underset{\text{Translation}}{\underset{\uparrow}{\tfrac{3}{2} kT}} + \underset{\text{Rotation}}{\underset{\uparrow}{kT}} = \frac{5}{2} kT.$$

Hier ist zu beachten, daß das obige Ergebnis für lineare Moleküle gilt. Wenn die Moleküle komplexer aufgebaut sind und keine lineare Achse besitzen, können sie signifikante Trägheitsmomente bezüglich aller drei Achsen aufweisen, und es kann dann Rotationsenergie in allen drei unabhängigen Rotationsarten gespeichert werden. In diesem Falle gilt

$$U = \tfrac{3}{2}kT + \tfrac{3}{2}kT = 3kT.$$

Translation   Rotation

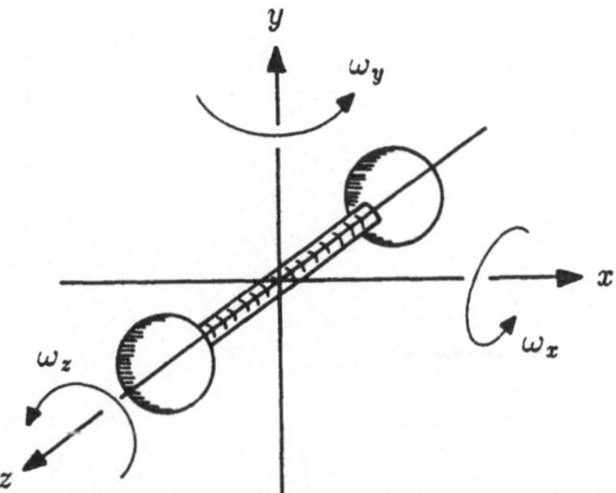

Abb. 11.2. Die Darstellung zeigt die Rotationsarten, in denen ein Drehimpuls bei einem linearen zweiatomigen Molekül gespeichert werden kann

Dies ist exakt die Lösung, die Maxwell für die gesamte innere Energie eines Gases aus annähernd kugelförmigen Teilchen fand. Es ist der Wert, der für mehratomige nichtlineare Moleküle geeignet ist.

Der nächste Energiespeicherungsmechanismus betrifft die Schwingungsarten des Moleküls. Wie oben werden diese Schwingungsarten angeregt, wenn $kT > E = h\nu_0$ ist, wobei ν_0 die Schwingungsfrequenz des Moleküls ist. Für Sauerstoff ist $E \approx 0,2\,\text{eV}$; bei $T = 300\text{K}$ ist aber $kT \approx 2,6 \times 10^{-2}$ und daher $kT \ll E$, so daß diese Schwingungsarten bei Raumtemperatur nicht angeregt werden können. Bei hohen Temperaturen können jedoch die Schwingungen angeregt werden und einen weiteren Energiebetrag kT speichern, d.h. es gilt dann

$$U = \tfrac{3}{2}kT + kT + kT = \frac{7}{2}kT.$$

Translation   Rotation   Schwingung

Die spezifischen Wärmen bei konstantem Volumen, die diesen unterschiedlichen Fällen entsprechen, sind:

Translation und Rotation (lineares Molekül): $C_V = \tfrac{5}{2}R$
Translation, Rotation und Schwingung: $C_V = \tfrac{7}{2}R$.

Die entsprechenden Werte für das Verhältnis der spezifischen Wärmen, $\gamma = (C_V + R)/C_V$ sind:

Translation und Rotation: $\gamma = \tfrac{7}{5} = 1,4$
Translation, Rotation und Schwingung: $\gamma = \tfrac{9}{7} = 1,286$ bei hohen Temperaturen.

Die Änderung der inneren Energie eines molekularen Gases in Abhängigkeit von der Temperatur ist schematisch in Abb. 11.3 dargestellt.

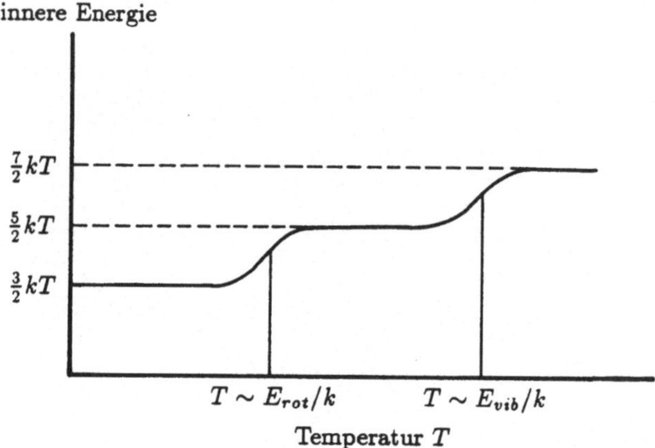

Abb. 11.3. Änderung der inneren Energie eines zweiatomigen Moleküls mit der Temperatur

So kann Einsteins Quantentheorie die Eigenschaften realer Gase erklären und die Probleme verständlich machen, die Maxwell und Boltzmann bedrängt hatten.

11.5 Ein Wort zur Vorsicht

Einsteins revolutionäre Idee der Quantisierung entstand etwa 20 Jahre vor der Entdeckung der Wellen- und Quantenmechanik durch Schrödinger und Heisenberg in den zwanziger Jahren. Infolgedessen erscheinen dem Physiker von heute Einsteins Beweisführungen eher schematisch als formal präzise im Sinne einer Herleitung aus der vollständigen Quantentheorie. Offensichtlich stand ihm nicht die Schrödingersche Wellengleichung zur Verfügung, die für die korrekte Beschreibung quantenmechanischer Systeme notwendig ist.

Zum Beispiel ist Einsteins Theorie der spezifischen Wärmen in Wirklichkeit eine sehr primitive Form der Quantisierung, und die eigentliche Quantentheorie, die Debyesche Theorie der Festkörper, die aus der Schrödingerschen Wellengleichung abgeleitet ist, liefert viel genauere Ergebnisse. Ebenso benötigen wir eine richtige Quantentheorie des Drehimpulses und der Schwingung zur richtigen Behandlung der kinetischen Gastheorie.

Trotz dieser technischen Probleme erwiesen sich Einsteins Einsichten als absolut richtig und eröffneten ein völlig neues Reich der Physik – alle physikalischen Prozesse sind ihrer Natur nach grundsätzlich Quantenprozesse, auch wenn die klassische Physik so vieles erfolgreich erklärt.

12 Schluß der Geschichte –
eine weitere klassische Arbeit von Einstein

12.1 Die Situation im Jahre 1912

Diese aufsehenerregenden neuen Quantenideen von Planck und Einstein wurden keineswegs sofort von der wissenschaftlichen Gemeinschaft in ihrer Gesamtheit anerkannt. In der Tat lehnten die meisten führenden Physiker die Vorstellung ab, daß Licht als aus diskreten Quanten bestehend angesehen werden konnte. In einem Brief an Einstein schrieb Planck 1907:

> Ich suche die Bedeutung des elementaren Wirkungsquantums (Lichtquants) nicht im Vakuum, sondern an den Stellen der Absorption und Emission, und nehme an, daß die Vorgänge im Vakuum durch die Maxwellschen Gleichungen *genau* dargestellt werden. Wenigstens sehe ich noch keinen zwingenden Grund, von dieser Annahme, die mir einstweilen die einfachste scheint ... abzugehen. [12.1]

Planck lehnte noch 1913 die Quantenhypothese ab. Im Jahre 1909 schreibt Lorentz:

> Ich zweifle jetzt gar nicht mehr daran, daß man nur mit Plancks Hypothese der Energieelemente ... zu der richtigen Strahlungsformel gelangt. Daß aber diese Energieelemente auch als Lichtquanten aufzufassen seien, die bei der Fortpflanzung ihre Individualität bewahren, kommt mir höchst unwahrscheinlich vor. [12.2]

Nichtsdestoweniger fuhr Einstein fort, weitere Wege auszuarbeiten, auf denen die Beobachtungstatsachen der Strahlung des schwarzen Körpers unvermeidlich zu der Schlußfolgerung führten, daß Licht aus Quanten besteht. Eine der schönsten Arbeiten wurde 1909 geschrieben [12.3] und zeigt, wie Intensitätsschwankungen der schwarzen Strahlung weitere Beweise für die Quantennatur des Lichts liefern. Ich halte dies für eine Arbeit von höchster Güte der Inspiration. Nach meinen Erfahrungen bereitet der Begriff der Schwankungen den Studenten Schwierigkeiten, und wir wollen daher einige elementare Vorstellungen über statistische Schwankungen von Teilchen und Wellen wiederholen, bevor wir uns Einsteins Arbeit ansehen.

12.2 Schwankungen von Teilchen und Wellen

12.2.1 Teilchen in einem Behälter

Wir wollen uns zunächst mit dem Problem von Teilchen in einem Behälter befassen. Wir können uns vorstellen, daß wir den Behälter in eine große Zahl N von Zellen unterteilen und dann die Teilchenzahlen in jeder Zelle auszählen. Wenn die Zahl der Teilchen sehr groß ist, ist die mittlere Anzahl in jeder Zelle annähernd gleich, aber wegen statistischer Schwankungen tritt eine endliche reale Streuung um diesen Mittelwert auf.

Es lohnt, sich ins Gedächtnis zurückzurufen, wie wir zu dem exakten Ausdruck für diese Schwankungen gelangen. Im einfachsten Fall beginnen wir mit dem Beispiel des Münzenwerfens[1] und fragen nach der Wahrscheinlichkeit dafür, daß man bei n Würfen x-mal Kopf wirft (oder gewinnt). Bei jedem Wurf ist die Erfolgswahrscheinlichkeit $p = \frac{1}{2}$, und die Verlustwahrscheinlichkeit ist $q = \frac{1}{2}$, so daß $p + q = 1$ ist. Wenn wir zwei Münzen werfen, kennen wir die möglichen Ergebnisse des Experiments:

KK, KZ, ZK, ZZ.

Werfen wir drei Münzen, dann sind die möglichen Ergebnisse:

KKK, KKZ, KZK, ZKK, KZZ, ZKZ, ZZK, ZZZ.

Da die Reihenfolge nicht von Belang ist, entsprechen diese Ergebnisse den Häufigkeiten:

$$
\begin{array}{cccc}
\text{KK} & \begin{array}{c}\text{K}\\\text{Z}\end{array} & \text{ZZ} \\[1ex]
1 & 2 & 1
\end{array}
$$

oder den Wahrscheinlichkeiten $\frac{1}{4}$, $\frac{1}{2}$, $\frac{1}{4}$ für zwei Münzen. Ähnlich erhalten wir für drei Münzen

$$
\begin{array}{cccc}
\text{KKK} & \begin{array}{c}\text{KK}\\\text{Z}\end{array} & \begin{array}{c}\text{K}\\\text{ZZ}\end{array} & \text{ZZZ} \\[1ex]
1 & 3 & 3 & 1
\end{array}
$$

oder die Wahrscheinlichkeiten $\frac{1}{8}$, $\frac{3}{8}$, $\frac{3}{8}$, $\frac{1}{8}$. Bekanntlich entsprechen diese Wahrscheinlichkeiten den Termen in t der Binomialentwicklungen von $(p+qt)^2$, $(p+qt)^3$, ...

Dieses Problem läßt sich auch auf andere Weise betrachten. Angenommen, wir fragen: 'Wie groß ist die Wahrscheinlichkeit dafür, daß man einmal Kopf und dann zweimal Zahl wirft?' Die Antwort ist einfach $pq^2 = \frac{1}{8}$ für diese besondere Reihenfolge. Wenn jedoch die Reihenfolge keine Rolle spielt, brauchen

---

[1] Kopf = K oder Zahl = Z

wir nicht zu wissen, auf wieviele Arten wir einen richtigen und zwei Fehlwürfe erhalten hätten. Dies ist genau das gleiche Problem, das wir im Zusammenhang mit der Herleitung der Boltzmann-Verteilung diskutierten (Abschnitt 10.2). Die Zahl verschiedener Möglichkeiten zur Auswahl von x und y identischen Objekten aus n ist $n!/x!\,y!$. Im vorliegenden Fall ist $y = n - x$, und die Lösung ist daher $n!/x!\,(n - x)!$. Also ist in diesem Fall die Zahl der Möglichkeiten gleich $3!/1!\,2! = 3$, d.h. die Gesamtwahrscheinlichkeit beträgt $\frac{3}{8}$, in Übereinstimmung mit dem obigen Wert.

Daraus folgt unmittelbar, daß im allgemeinen die Wahrscheinlichkeit für x Erfolge von n Ereignissen gleich $(n!/x!\,(n - x)!\,p^x q^{n-x}$ ist. Man erkennt leicht, daß dies gerade gleich dem Koeffizienten des t^x-Terms in der Entwicklung von

$$(q + pt)^n \tag{12.1}$$

ist. Für die Wahrscheinlichkeit $P_n(x)$ für x Erfolge von n Versuchen gilt

$$P_n(x) = \frac{n!}{(n - x)!\,x!}\,p^x q^{n-x}, \tag{12.2}$$

und es ist

$$(q + pt)^n = P_n(0) + P_n(1)t + P_n(2)t^2 + \ldots + P_n(x)t^x + \ldots \\ + P_n(n)t^n \tag{12.3}$$

Indem wir $t = 1$ setzen, erhalten wir

$$1 = P_n(0) + P_n(1) + P_n(2) + \ldots + P_n(x) + \ldots + P_n(n), \tag{12.4}$$

was zeigt, das die Gesamtwahrscheinlichkeit gleich 1 ist, wie sie sein sollte.

Nun wollen wir die Ableitungen nach t bilden. Differentiation von (12.3) nach t ergibt

$$pn(q + pt)^{n-1} = P_n(1) + 2P_n(2)t + \ldots + xP_n(x)t^{x-1} + \ldots \\ + nP_n(n)t^{n-1}. \tag{12.5}$$

Wenn wir nun $t = 1$ setzen, folgt

$$pn - \sum_{x=0}^{n} xP_n(x). \tag{12.6}$$

Die Größe auf der rechten Seite ist aber gerade der Mittelwert von x, d.h. der Mittelwert von x ist $\bar{x} = pn$, was völlig plausibel ist.

Wir wollen das gleiche Verfahren anwenden, um die Streuung der Verteilung zu finden. Wenn wir die nächste Ableitung nach t bilden, erhalten wir

$$p^2 n(n - 1)(q + pt)^{n-2} = 2P_n(2) + \ldots + x(x - 1)P_n(x)t^{x-2} + \ldots \\ + n(n - 1)P_n(n)t^{n-2}. \tag{12.7}$$

Indem wir wieder $t = 1$ setzen, finden wir

$$p^2 n(n-1) = \sum_{x=0}^{n} x(x-1) P_n(x)$$

$$= \sum_{x=0}^{n} x^2 P_n(x) - \sum_{x=0}^{n} x P_n(x) \qquad (12.8)$$

$$= \sum_{x=0}^{n} x^2 P_n(x) - np$$

oder

$$\sum_{x=0}^{n} x^2 P_n(x) = np + p^2 n(n-1). \qquad (12.9)$$

Wir bemerken nun, daß $\sum_{x=0}^{n} x^2 P_n(x)$ ein Maß für die Varianz der Verteilung von x ist, aber bezüglich des Ursprungspunkts statt des Mittelwerts gemessen wird. Glücklicherweise gibt es eine Regel, die uns sagt, wie die Varianz bezüglich des Mittelwerts zu messen ist:

$$\sigma^2 = \sum_{x=0}^{n} x^2 P_n(x) - \bar{x}^2, \qquad (12.10)$$

d.h. es gilt

$$\begin{aligned}
\sigma^2 &= \sum_{x=0}^{n} x^2 P_n(x) - (pn)^2 \\
&= np + p^2 n(n-1) - (pn)^2 \qquad (12.11) \\
&= np(1-p) \\
&= npq.
\end{aligned}$$

Schließlich können wir von einer diskreten zu einer kontinuierlichen Verteilung übergehen. Dieses Verfahren, das in allen Standardlehrbüchern durchgeführt wird, führt zu der Antwort, daß die kontinuierliche Wahrscheinlichkeitsverteilung die *Normalverteilung* $Y(X)\,dX$ ist, die sich wie folgt schreiben läßt:

$$Y(X)\,dX = \frac{1}{(2\pi)^{\frac{1}{2}}\sigma} \exp\left(-\frac{X^2}{2\sigma^2}\right)\,dX. \qquad (12.12)$$

Dabei ist σ^2 die Varianz, die wiederum den Wert npq hat; X wird bezüglich des Mittelwerts np ausgedrückt.

Dies ist die von uns gesuchte Lösung. Wenn wir unseren Behälter in N Teilbehälter aufteilen, ist die Wahrscheinlichkeit dafür, daß ein Teilchen sich bei einem Experiment in einem einzelnen Teilbehälter befindet, $p = 1/N$, $q = (1 - 1/N)$. Die Gesamtzahl der Teilchen ist gleich n. Daher ist die mittlere Teilchenzahl pro Teilbehälter gleich n/N, und die Varianz um diesen Wert, d.h. die statistische Schwankung um den Mittelwert, beträgt

$$\sigma^2 = \frac{n}{N}\left(1 - \frac{1}{N}\right). \tag{12.13}$$

Für großes N ist $\sigma^2 = n/N$, also die mittlere Teilchenzahl in jedem Teilbehälter, d.h. es ist $\sigma = (n/N)^{\frac{1}{2}}$. Beachten Sie, daß für große Werte von N der Mittelwert gleich der Varianz ist.

Dies ist der Ursprung der Näherungsregel, daß die relative Schwankung um den Mittelwert gleich $1/N^{\frac{1}{2}}$ ist, wobei N die Zahl der ausgezählten diskreten Objekte ist. Dies würden wir als Verhalten von Teilchen in einem Behälter erwarten.

12.2.2 Zufällige Überlagerung von Wellen

Bei Wellen liegt der Fall etwas anders. Nehmen wir an, das elektrische Feld E an irgendeinem Punkt sei die Überlagerung des elektrischen Feldes von N Quellen, wobei N sehr groß ist. Der Einfachheit halber nehmen wir an, die Amplitude jeder Welle sei ξ. Dann ist die Größe $E^*E = |E|^2$ proportional zur Energiedichte der Strahlung, wobei E^* der komplex konjugierte Wert zu E ist. Entwicklung nach den zufallsverteilten Phasen ϕ_i der Wellen ergibt:

$$E^*E = \xi^2 \left(\sum_k e^{i\phi_k}\right)^* \left(\sum_j e^{i\phi_j}\right) = \xi^2 \left(\sum_k e^{-i\phi_k}\right)\left(\sum_j e^{i\phi_j}\right) \tag{12.14}$$

$$= \xi^2 \left(N + \sum_{jk}{}' e^{i(\phi_j - \phi_k)}\right)$$

$$= \xi^2 \left[N + 2\sum_{j>k} \cos(\phi_j - \phi_k)\right]. \tag{12.15}$$

Der Strich bedeutet, daß die Terme mit $j = k$ weggelassen werden. Der Mittelwert über den Term in $\cos(\phi_j - \phi_k)$ ist gleich Null, da die Phasen zufallsverteilt sind, und daher gilt

$$\langle E^*E\rangle = N\xi^2. \tag{12.16}$$

Dies ist ein Ergebnis, das uns geläufig ist. Für inkohärente Strahlung, d.h. für Wellen mit zufallsverteilten Phasen, bilden wir die Summe der Energien der einzelnen Wellen, um die gesamte Energiedichte zu bestimmen.

Wir wollen die Schwankungen der mittleren Energiedichte der Wellen betrachten. Wir müssen die Größe $\langle (E^*E)^2\rangle$ bezüglich des Mittelwerts bestimmen. Wie oben (Beziehung (12.10)) erinnern wir uns daran, daß $\langle \Delta^2\rangle = \langle n^2\rangle - \langle \bar{n}\rangle^2$ ist, und folglich gilt

$$\langle \Delta E^2\rangle = \langle (E^*E)^2\rangle - \langle E^*E\rangle^2. \tag{12.17}$$

Nun ist

$$(E^*E)^2 = \xi^4 \left(N + \sideset{}{'}\sum_{jk} e^{i(\phi_j - \phi_k)} \right)^2$$

$$= \xi^4 \left(N^2 + 2N \sideset{}{'}\sum_{jk} e^{i(\phi_j - \phi_k)} + \sideset{}{'}\sum_{lm} e^{i(\phi_l - \phi_m)} \sideset{}{'}\sum_{jk} e^{i(\phi_j - \phi_k)} \right). \tag{12.18}$$

Wieder ergibt der mittlere Teil von (12.18), $\sum_{jk}' e^{i(\phi_j - \phi_k)}$, den Mittelwert Null, da die Phasen zufallsverteilt sind. Im letzten Teil haben wegen der zufallsverteilten Phasen die meisten, aber nicht alle Terme den Mittelwert Null. Die Terme mit $l = k$ und $m = j$ verschwinden nicht. Wenn wir daran denken, daß $l = m$ von der Summation ausgeschlossen ist, erhalten wir die folgende Matrix der nichtverschwindenden Kombinationen von l und m:

$$
\begin{array}{c|cccccc}
& l \rightarrow & & & & & \\
\hline
m & - & 2,1 & 3,1 & 4,1 & \dots & N,1 \\
\downarrow & 1,2 & - & 3,2 & 4,2 & \dots & N,2 \\
& 1,3 & 2,3 & - & 4,3 & \dots & N,3 \\
& 1,4 & 2,4 & 3,4 & - & \dots & \vdots \\
& \vdots & \vdots & \vdots & \vdots & \ddots & \vdots \\
& 1,N & 2,N & 3,N & 4,N & \dots & -
\end{array}
$$

Es gibt offensichtlich $N^2 - N$ Terme, und daher erhalten wir

$$
\begin{aligned}
(E^*E)^2 &= \xi^4 \left[N^2 + N(N-1) \right] \\
&\approx 2N^2 \xi^4.
\end{aligned}
\tag{12.19}
$$

Daher ist

$$\langle \Delta E^2 \rangle = 2N^2 \xi^4 - N^2 \xi^4 = N^2 \xi^4$$

oder

$$\langle \Delta E^2 \rangle = \langle E^*E \rangle^2, \tag{12.20}$$

d.h. *die Schwankungen im Feld sind von der gleichen Größenordnung wie die Energiedichte der Strahlung selbst.* Dies ist eine bemerkenswerte Eigenschaft der elektromagnetischen Strahlung, und sie ist der Grund dafür, daß Erscheinungen wie Interferenz und Beugung auftreten, wenn man es mit einer Überlagerung von Wellen mit zufallsverteilter Phase zu tun hat. Die physikalische Bedeutung dieser Rechnung ist klar. Die Matrix der nichtverschwindenden Beiträge zu $(E^*E)^2$ ist nichts anderes als die Summe aller separat addierten Wellenpaare.

Jedes Wellenpaar der Frequenz ω interferiert und erzeugt Intensitätsschwankungen $\Delta E \approx E$ der Strahlung, d.h. es gilt

$$\xi^2 \sin(kx - \omega t) \sin(kx - \omega t + \phi) = \frac{\xi^2}{2}\{\cos\phi - \cos[2(kx - \omega t) + \phi]\}.$$

Beachten Sie, daß diese Analyse für Wellen mit zufallsverteilter Phase und einer bestimmten Kreisfrequenz ω gilt, d.h. was wir als Wellen bezeichnen würden, die einer bestimmten Schwingungsart entsprechen. Wir wollen uns nun die Einsteinsche Analyse der Schwankungen in der Strahlung des schwarzen Körpers ansehen.

12.3 Schwankungen in der Strahlung des schwarzen Körpers

Einstein begann mit der Umkehrung der Boltzmannschen Beziehung zwischen Entropie und Wahrscheinlichkeit:

$$W = e^{S/k}. \tag{12.21}$$

Nehmen wir nun an, wir betrachten nur die Strahlung im Intervall von ν bis $\nu + d\nu$. Wie zuvor schreiben wir $\varepsilon = Vu(\nu)\,d\nu$. Nun unterteilen wir das Volumen in eine große Zahl von Zellen und nehmen an, daß $\Delta\varepsilon_i$ die Schwankung in der i-ten Zelle ist. Dann ist die Entropie dieser Zelle :

$$S_i = S_i(0) + \left(\frac{\partial S}{\partial U}\right)\Delta\varepsilon_i + \frac{1}{2}\left(\frac{\partial^2 S}{\partial U^2}\right)(\Delta\varepsilon_i)^2 + \ldots \tag{12.22}$$

Wir wissen aber, daß die Schwankung, über alle Zellen genommen, gleich Null ist, $\sum \Delta\varepsilon_i = 0$, und daher gilt

$$S = \sum S_i = S(0) + \frac{1}{2}\left(\frac{\partial^2 S}{\partial U^2}\right)\sum(\Delta\varepsilon_i)^2 \ . \tag{12.23}$$

Daher ist die Wahrscheinlichkeitsverteilung für die Schwankungen durch

$$W = (\text{const})\exp\left[\frac{1}{2}\left(\frac{\partial^2 S}{\partial U^2}\right)\frac{\sum(\Delta\varepsilon_i)^2}{k}\right] \tag{12.24}$$

gegeben. Wir erkennen, daß dies einfach das Produkt einer Menge von Normalverteilungen ist, die für jede einzelne Zelle aufgeschrieben werden können:

$$W_i = (\text{const})\exp\left[-\tfrac{1}{2}(\Delta\varepsilon_i)^2/\sigma^2\right] \tag{12.25}$$

mit

$$\sigma^2 = \frac{k}{(-\partial^2 S/\partial U^2)}.$$

Beachten Sie, daß wir jetzt eine physikalische Deutung für die zweite Ableitung der Entropie nach der Energie haben, die Planck in seiner ursprünglichen Analyse verwendet hatte. Wir wollen nun σ^2 für ein Spektrum des schwarzen Körpers herleiten:

$$u(\nu) = \frac{8\pi h\nu^3}{c^3}\frac{1}{e^{h\nu/kT} - 1}.$$

Durch Umkehrung erhalten wir:

$$\frac{1}{T} = \frac{k}{h\nu}\ln\left(\frac{8\pi h\nu^3}{c^3 u} + 1\right). \tag{12.26}$$

Nun drücken wir dieses Ergebnis durch die Gesamtenergie $\varepsilon = Vu\,d\nu$ im Hohlraum (vom Volumen V) im Frequenzintervall von ν bis $\nu + d\nu$ aus. Wie früher gilt $dS/dU = 1/T$, wir können ε mit U identifizieren, und S ist die Entropie der Strahlung. Daher gilt

$$\frac{\partial S}{\partial \varepsilon} = \frac{k}{h\nu}\ln\left(\frac{8\pi h\nu^3}{c^3 u} + 1\right) = \frac{k}{h\nu}\ln\left(\frac{8\pi h\nu^3 V\,d\nu}{c^3 \varepsilon} + 1\right)$$

$$\frac{\partial^2 S}{\partial \varepsilon^2} = -\frac{k}{h\nu}\frac{1}{\left(\dfrac{8\pi h\nu^3 V\,d\nu}{c^3 \varepsilon} + 1\right)}\frac{8\pi h\nu^3 V\,d\nu}{c^3 \varepsilon^2}$$

$$\frac{k}{(\partial^2 S/\partial U^2)} = -\left(h\nu\varepsilon + \frac{c^3}{8\pi\nu^2 V\,d\nu}\varepsilon^2\right) = -\sigma^2. \tag{12.27}$$

Wenn wir das durch die relativen Schwankungen ausdrücken, erhalten wir

$$\frac{\sigma^2}{\varepsilon^2} = \left(\frac{h\nu}{\varepsilon} + \frac{c^3}{8\pi\nu^2 V\,d\nu}\right). \tag{12.28}$$

Einstein bemerkte, daß die beiden Terme auf der rechten Seite eine ganz spezifische Bedeutung haben. Der erste rührt vom Wienschen Teil des Spektrums her, und wenn wir annehmen, daß die Strahlung aus Photonen jeweils mit der Energie $h\nu$ besteht, erkennen wir, daß der Term der Aussage entspricht, daß die relative Schwankung der Intensität gerade gleich $1/N^{\frac{1}{2}}$ ist, wobei N die Photonenzahl ist, d.h. es gilt

$$\Delta N/N = 1/N^{\frac{1}{2}}. \tag{12.29}$$

Wie wir in Abschnitt 12.2.1 gezeigt haben, ist dies genau das erwartete Ergebnis, wenn wir annehmen, daß Licht aus diskreten Teilchen besteht.

Betrachten wir nun den zweiten Term genauer. Er rührt vom Rayleigh-Jeansschen Teil des Spektrums her. Wir müssen fragen: 'Wieviele separate Schwingungsarten enthält der Hohlraum im Frequenzbereich von ν bis $\nu + d\nu$?' Wir haben schon in Abschnitt 9.5 gezeigt, daß dort $8\pi\nu^2 V\,d\nu/c^3$ Schwingungsarten vorhanden sind. In Abschnitt 12.2.2 zeigten wir, daß die mit jeder Schwingungsart verbundenen Schwankungen $\Delta\varepsilon^2 = \varepsilon^2$ sind. Wenn wir über alle unabhängigen Schwingungsarten im Bereich von ν bis $\nu + d\nu$ summieren, addieren sich ihre Varianzen, und wir erhalten:

$$\frac{\langle \Delta E^2 \rangle}{E^2} = \frac{1}{N_{\mathrm{mode}}} = \frac{c^3}{8\pi\nu^2 V\, d\nu}.$$

Das ist genau gleich dem zweiten Term auf der rechten Seite der Beziehung (12.28).

Folglich entsprechen die beiden Anteile des Schwankungsspektrums der Teilchen- und der Wellenstatistik; der erstere entspricht dem Wienschen Teil des Spektrums, der letztere dem Rayleigh-Jeansschen Teil. Der andere verblüffende Aspekt der obigen Formel für die Schwankungen ist, daß wir bekanntlich die von unabhängigen Ursachen herrührenden Varianzen zu addieren haben, und offenbar besagt die Gleichung

$$\frac{\sigma^2}{\varepsilon^2} = \left(\frac{h\nu}{\varepsilon} + \frac{c^3}{8\pi\nu^2 V\, d\nu} \right),$$

daß die 'Wellen'- und 'Teilchen'-Anteile des Strahlungsfeldes unabhängig zu addieren sind, um den Gesamtwert der Schwankung zu bestimmen. Ich halte dies für eines der wunderbarsten Stücke der theoretischen Physik.

12.4 Schluß der Geschichte

Einstein ließ diese Ergebnisse 1909 veröffentlichen, erhielt aber immer noch wenig Unterstützung für seine Idee der Lichtquanten. Zu denen, die sich von der möglichen Bedeutung dieser Idee überzeugen ließen, gehörte jedoch Nernst, der zu jener Zeit Messungen der Wärmekapazitäten verschiedener Materialien bei niedrigen Temperaturen durchführte. Im März 1910 besuchte Nernst Einstein in Zürich, und sie verglichen Einsteins Theorie mit Nernsts neuesten Experimenten. Diese Experimente zeigten, daß Einsteins Voraussagen über die Temperaturabhängigkeit der spezifischen Wärme bei niedrigen Temperaturen (Gl. (11.20)) in der Tat eine gute Beschreibung der experimentellen Ergebnisse lieferten. Nach einigem Zögern war Nernst um 1911 von der Richtigkeit nicht nur der Einsteinschen Ergebnisse, sondern auch der zugrundeliegenden Theorie überzeugt. Dies war sehr wichtig, weil bis dahin Einsteins Ideen unter seinen Kollegen sehr wenig Unterstützung gefunden hatten. Nernst war mit dem wohlhabenden belgischen Industriellen Solvay befreundet, und er überredete Solvay, eine Tagung einer ausgewählten Gruppe von Physikern einzuberufen, um die Fragen von Quanten und Strahlung zu diskutieren. Dies war die erste und vielleicht bedeutendste aus der berühmten Reihe der Solvay-Konferenzen.

Die achtzehn offiziellen Teilnehmer trafen sich am 29. Oktober 1911 im Hotel Metropole in Brüssel, und die Tagung fand vom 30. dieses Monats bis zum 3. November statt (Abb. 12.1). Es muß ehrlicherweise gesagt werden, daß in den Jahren vor der Tagung sehr wenige Physiker die Quantenideen ernst nahmen. Nach Plancks Worten nahmen 1910 nur er selbst, Einstein, Stark, Larmor und J.J. Thomson die Quantenhypothese ernst. Bis 1911 hatte sich die Lage schon ein wenig verändert, so daß die Konferenzteilnehmer im großen und ganzen

Befürworter der Quantenhypothese waren. Sie nahmen die folgenden Positionen ein: Zwei von ihnen lehnten die Quanten entschieden ab – Jeans und Poincaré. Rayleigh war eingeladen, kam aber nicht – seine Ansichten waren weitgehend die gleichen wie die von Jeans. Fünf waren anfangs neutral – Rutherford, Brilluoin, Marie Curie, Perrin, Knudsen. Die elf anderen waren im Grunde für die Quanten – Lorentz (Vorsitzender), Nernst, Planck, Rubens, Sommerfeld, Wien, Warburg, Langevin, Einstein, Hasenöhrl, Onnes. Die Schriftführer waren Goldschmidt, de Broglie und Lindemann. Solvay, der die Rechnung bezahlte, war zusammen mit seinen Mitarbeitern Herzen und Hostelet anwesend. Rayleigh und van der Waals konnten nicht kommen.

Abb. 12.1. Die Teilnehmer der ersten Solvay-Konferenz über Physik, Brüssel, 1911. (Aus *La Théorie du rayonnement et les quanta*, Hrsg. P. Langevin & M. De Broglie, Gautier-Villars, Paris, 1912)

Als Ergebnis der Tagung wurde Poincaré zur Idee der Quanten bekehrt, und die Physiker, die eine neutrale Haltung einnahmen, taten dies, weil sie mit den Argumenten nicht vertraut waren. Die Konferenz hatte insofern eine große Wirkung, als sie ein Forum bot, wo alle Argumente vorgetragen wurden. Außerdem arbeiteten die Teilnehmer ihre Vorträge vorher schriftlich aus, und diese wurden dann im Detail diskutiert. Diese Diskussionen wurden schriftlich festgehalten, und die gesamten Tagungsberichte wurden innerhalb eines Jahres nach dem Ereignis veröffentlicht. So waren alle wichtigen Punkte in einem Band zugänglich. Das Endergebnis war, daß die nächste Studentengeneration dazu erzogen wurde, sich wenigstens mit den Argumenten vertraut zu machen. Die Studenten vieler Konferenzteilnehmer machten sich sofort an die Arbeit, um das Quantenproblem in Angriff zu nehmen. Außerdem wurden diese Probleme allmählich über die mitteleuropäische deutschsprachige wissenschaftliche Gemeinschaft hinaus erkannt, und beispielsweise in Großbritannien, wo atomare Studien erfolgreich betrieben wurden, begann man die Konzepte auf die atomare Struktur anzuwenden. Insbesondere war die britische phänomenologisch-empirische Tradition ein fruchtbarer Boden für die Entwicklung dieser Ideen.

Es wäre jedoch falsch zu glauben, daß plötzlich jedermann von der Existenz der Quanten überzeugt war. Dies war gewiß nicht der Fall. Lesen wir, was Millikan über seine große Versuchsreihe zu sagen hatte, in der er die Abhängigkeit des lichtelektrischen Effekts von der Frequenz nachwies, die von Einstein 1905 vorausgesagt worden war. Im Jahre 1916 schrieb er: 'Wir sind jedoch mit der befremdlichen Situation konfrontiert, daß diese Tatsachen vor neun Jahren durch eine Form der Quantentheorie richtig und exakt vorausgesagt wurden, die heute allgemein verworfen worden ist'. [12.4] Millikan erwähnt Einsteins 'kühne, um nicht zu sagen verwegene, Hypothese einer elektromagnetischen Lichtkorpuskel der Energie $h\nu$, die den sorgfältig nachgewiesenen Tatsachen der Interferenz ins Gesicht springt' [12.4].

Wir müssen bedenken, daß es noch andere Erklärungen zu diesen Phänomenen gab, die schwer mit der klassischen Physik in Einklang zu bringen waren, und daß die Quanteninterpretation nur eine davon war. Das wirklich große Problem bestand darin, die augenscheinlichen Wellen- und Teilcheneigenschaften des Lichts miteinander in Einklang zu bringen. Man geht oft davon aus, daß dies kein Problem für die Physiker der 1980er Jahre ist, aber gewiß war es eine gewaltige Hürde für viele Physiker jener Zeit. Obwohl Einsteins Argumente für uns von hervorragender Klarheit sind und den Eindruck der Richtigkeit vermitteln, konnten viele Physiker ihnen einfach nicht folgen. Die Schlußfolgerungen der statistischen Mechanik mögen uns heute sehr unkompliziert erscheinen, aber damals wurden sie von wenigen Physikern begriffen. Tatsächlich war Einsteins Name außerhalb Deutschlands mehr oder weniger unbekannt, bis die Relativitätstheorie nach dem ersten Weltkrieg die Phantasie der Öffentlichkeit beschäftigte.

Es war wohl erst nach Comptons wunderbaren Experimenten, die zeigten, daß Photonen Stößen unterliegen, in denen sie sich wie Teilchen verhalten (Compton-Effekt oder Compton-Streuung), daß die Gemeinschaft der Physiker sich insgesamt überzeugen ließ. Im Juni 1929 schrieb Heisenberg in einem rückschauenden Artikel unter dem Titel 'Die Entwicklung der Quantentheorie 1918–1928':

Zu dieser Zeit [1923] kam das Experiment der Theorie zu Hilfe mit einer Entdeckung, die später von großer Bedeutung für die Entwicklung der Theorie werden sollte. Compton fand, daß bei der Streuung von Röntgenstrahlen an freien Elektronen das Streulicht um einen meßbaren Betrag langwelliger war als das einfallende Licht. Dieser Effekt konnte nach Compton und Debye auf Grund der Einsteinschen Lichtquantenhypothese zwanglos gedeutet werden; die Wellentheorie des Lichts versagte diesem Experiment gegenüber. Damit wurden die Probleme der Strahlungstheorie aufgerollt, die seit den Einsteinschen Arbeiten aus den Jahren 1906, 1909 und 1917 kaum gefördert worden waren. [12.5]

12.5 Nachbetrachtung

Die Geschichte, die in den letzten fünf Kapiteln erzählt wurde, beschreibt eine der erregendsten geistigen Entwicklungen in der theoretischen Physik und tatsächlich in der gesamten Wissenschaft. Sie führte direkt zur Quantenmechanik von Schrödinger und Heisenberg in den zwanziger Jahren, mit der sich jetzt alle professionellen Physiker ihre Brötchen verdienen. Und doch geschah das alles vor so kurzer Zeit.

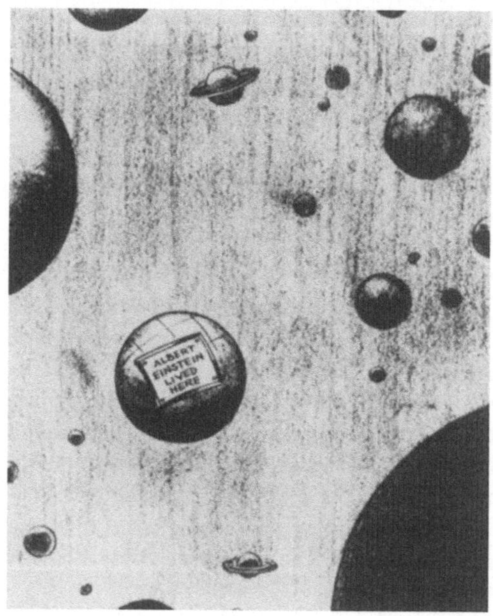

Abb. 12.2. Cartoon von Herblock. (Aus *Herblock's Here and Now*, Simon and Schuster, 1955)

Um diese neue Verständnisebene zu erreichen, leisteten viele sehr große Physiker entscheidende Beiträge. Für mich steht jedoch Einsteins Beitrag über allen anderen. Was Einsicht und Inspiration anbelangt, muß er zu den größten in der Geschichte der Wissenschaft gezählt werden. Ich bin von Nichtwissenschaftlern gefragt worden, ob Einstein seinen Ruf als die herausragende Gestalt der modernen Wissenschaft verdient, als die er in der populären Presse dargestellt wird (Abb. 12.2). Die Fallstudie der letzten fünf Kapitel sowie die folgenden über spezielle und allgemeine Relativitätstheorie dürften den Leser nicht im Zweifel darüber lassen, daß Einsteins Beiträge tatsächlich die aller anderen Physiker übertreffen und daß die einzigen Physiker, die ernsthaft im gleichen Atemzug genannt werden können, Newton und wahrscheinlich Maxwell sind.

Ich erinnere mich an eine Gelegenheit vor einigen Jahren, als ich in Moskau mit dem Akademiemitglied V.L. Ginsburg beim Essen saß. Er erzählte mir, wie Landau, der größte russische theoretische Physiker dieses Jahrhunderts, die Physiker in Ligen einteilte, wobei bestimmte Physiker zur ersten Liga gehörten, andere zur zweiten Liga und so weiter. Die erste Liga enthielt Namen wie Newton und Maxwell, und offensichtlich war es höchst amüsant zu hören, wie er andere Physiker einstufte. Seinen eigenen Beitrag bewertete er recht bescheiden. Aber es gab eine Sonderklasse, die nullte Liga, zu der nur ein Physiker gehörte – das war Einstein. Dies ist eine Einschätzung, der nach meiner Ansicht eigentlich alle Physiker zustimmen würden.

Anhang zu Kapitel 12
Thermisches Rauschen und
Nachweis schwacher Signale
bei vorhandenem Rauschen

Wir können nun die in den letzten beiden Kapiteln entwickelten Werkzeuge benutzen, um das Problem des Nachweises schwacher Signale bei vorhandenem Rauschen zu untersuchen. In vielen Fällen will man in der Tat sehr schwache Signale nachweisen, und das Rauschen kann aus einer Reihe verschiedener Quellen herrühren. Zum Beispiel ist das Signal selbst von endlicher Größe und daher nur bis auf eine gewisse statistische Genauigkeit bestimmt; das Signal muß unter Umständen in Gegenwart von thermischem Rauschen im Detektor nachgewiesen werden, und es kann auch eine unerwünschte Untergrundstrahlung auf den Detektor auftreffen. Ein sehr brauchbares Ergebnis, bevor wir das allgemeine Problem untersuchen, ist der Ausdruck für das elektrische Rauschen in einem Widerstand infolge thermischer Schwankungen. Dieses allgemeine Ergebnis wird als Nyquist-Formel bezeichnet.

A12.1 Nyquist-Formel und thermisches Rauschen

Die Nyquist-Formel ist eine schöne Anwendung des Einsteinschen Ausdrucks für die mittlere Energie pro Schwingungsart auf den Fall spontaner Energieschwankungen in einem Widerstand der Temperatur T. Dies ist ein sehr wichtiges Ergebnis für die Konstruktion elektronischer Verstärker und elektrischer Schaltungen, die in Verbindung mit rauscharmen Empfängern verwendet werden.

Wir wollen den Ausdruck für die erzeugte Rauschleistung in einer Übertragungsleitung herleiten, die an beiden Enden durch angepaßte Widerstände R abgeschlossen ist, d.h. der Wellenwiderstand Z_0 der Übertragungsleitung für die Ausbreitung elektromagnetischer Wellen ist gleich R (Abb. A12.1). Wir nehmen an, daß sich die gesamte Schaltung bei der Temperatur T im thermodynamischen Gleichgewicht befindet. Wir wissen, daß in diesem Zustand die Energie gleichmäßig über alle im System vorhandenen Schwingungstypen verteilt ist und daß nach der Einsteinschen Vorschrift die mittlere Energie pro Schwingungstyp durch

$$\bar{E} = \frac{h\nu}{e^{h\nu/kT} - 1} \qquad\qquad (A12.1)$$

gegeben ist, wobei ν die Frequenz des Schwingungstyps ist (Gl. (11.8)). Daher müssen wir wissen, wieviele Schwingungsarten im thermodynamischen Gleichgewicht mit der Übertragungsleitung verbunden sind, und nach Einsteins Version des Maxwell-Boltzmannschen Gleichverteilungssatzes jeder Schwingungsart die Energie $\bar{E}$ zuordnen.

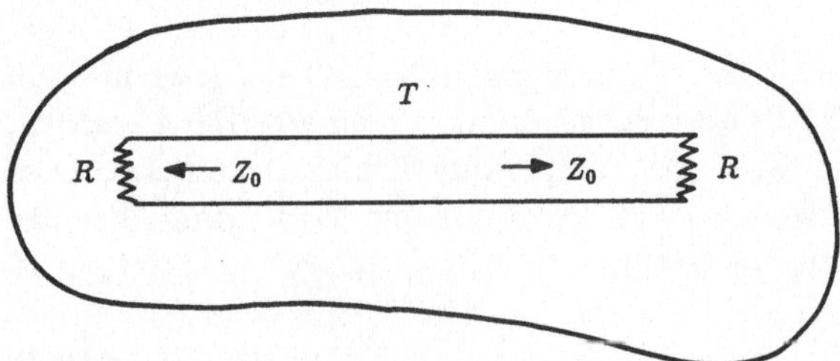

Abb. A12.1. Übertragungsleitung mit dem Wellenwiderstand Z_0, die an beiden Enden durch angepaßte Widerstände R abgeschlossen ist, im thermodynamischen Gleichgewicht in einem Behälter mit der Temperatur T

Wir führen praktisch die gleiche Rechnung aus wie Rayleigh bei der Berechnung der Normalschwingungen von Wellen in einem Hohlraum, haben es aber jetzt mit einem eindimensionalen Problem statt eines dreidimensionalen zu tun. Der eindimensionale Fall einer Leitung der Länge L läßt sich leicht aus der Beziehung (9.38) herleiten:

$$\frac{\omega}{c} = \frac{n\pi}{L}, \qquad\qquad (A12.2)$$

wobei n nur ganzzahlige Werte $n = 1, 2, 3 \rightarrow, \ldots$ annimmt und c die Lichtgeschwindigkeit ist. Die Standardanalyse der Natur dieser Schwingungsarten, die von den Maxwellschen Gleichungen ausgeht, zeigt, daß zu jedem Wert von n nur eine Polarisierung gehört. Im thermodynamischen Gleichgewicht wird jeder Schwingungsart die Energie $\bar{E}$ zugeordnet, und folglich brauchen wir zur Berechnung der Energie pro Frequenzbereich Eins nur die Zahl der Schwingungsarten im Frequenzbereich $d\nu$ zu kennen. Die Zahl wird durch Differenzieren von (A12.2) ermittelt,

$$dn = \frac{L}{\pi c} d\omega = \frac{2L}{c} d\nu, \qquad\qquad (A12.3)$$

und folglich ist die Energie pro Einheit des Frequenzbereichs gleich $2L\bar{E}/c$. Nun ist es eine der Grundeigenschaften stehender Wellen, wie sie durch (A12.2) dargestellt werden, daß sie genau der Überlagerung von Wellen gleicher Amplitude entsprechen, die sich mit der Geschwindigkeit c in entgegengesetzten Richtungen entlang der Leitung ausbreiten. Diese fortschreitenden Wellen entsprechen den zwei einzigen möglichen Lösungen der Maxwellschen Gleichungen für die

Ausbreitung entlang der Übertragungsleitung. Daher wird an beiden Leitungsenden eine bestimmte Leistung an die angepaßten Widerstände R abgegeben, und da sie an die Leitung angepaßt sind, wird die gesamte Wellenenergie von ihnen absorbiert. In beiden Richtungen breiten sich gleiche Energiemengen $L\bar{E}/c$ aus und wandern innerhalb einer Laufzeit $t = L/c$ die Leitung entlang in die Widerstände. Daher beträgt die an jeden Widerstand abgegebene Leistung:

$$P = \frac{L\bar{E}/c}{L/c} = \bar{E},$$

ausgedrückt in Watt pro Hertz. Im thermodynamischen Gleichgewicht muß jedoch die gleiche Leistung der Übertragungsleitung wieder zugeführt werden, da sich sonst der Widerstand über die Temperatur T hinaus aufheizt. Dies beweist das grundsätzliche Ergebnis, daß die von einem Widerstand bei der Temperatur T abgegebene Rauschleistung

$$P = \frac{h\nu}{e^{h\nu/kT} - 1} \tag{A12.4}$$

ist. Wenn wir niedrige Frequenzen $h\nu \ll kT$ betrachten, was bei Radio- und Mikrowellenempfängern normalerweise der Fall ist, reduziert sich der Ausdruck (A12.4) auf

$$P = kT. \tag{A12.5}$$

Dies ist die *Nyquist-Formel*, angewendet auf das thermische Rauschen eines Widerstands bei niedrigen Frequenzen. Die im Frequenzbereich von ν bis $\nu + d\nu$ verfügbare Leistung ist $P\, d\nu = kT\, d\nu$. Zum anderen Grenzwert hin, $h\nu \gg kT$, nimmt die Rauschleistung exponentiell ab: $P = h\nu \exp(-h\nu/kT)$.

Das Ergebnis (A12.5) wurde experimentell 1928 von J.B. Johnson gemessen. Für eine Reihe von Widerständen fand er genau die durch den Ausdruck (A12.5) vorausgesagte Beziehung und leitete einen Schätzwert von k mit einer Abweichung von 8% des korrekten Wertes ab.

Der Ausdruck (A12.5) bietet eine bequeme Möglichkeit zur Beschreibung der Güte eines Funkempfängers, der eine bestimmte Rauschleistung P_n abgibt. Wir können durch die Beziehung

$$T_n = P_n/k \tag{A12.6}$$

eine *äquivalente Rauschtemperatur* T_n für die Güte des Empfängers bei der Frequenz ν definieren. Im Falle niedriger Frequenzen stellen wir ein anderes Schlüsselmerkmal des Ergebnisses (A12.5) fest. Wir sehen, daß pro Frequenzintervall Eins und Sekunde die elektrische Rauschleistung gleich kT ist, was genau der Energie einer einzelnen Schwingungsart im thermodynamischen Gleichgewicht entspricht. Da diese Energie in Form elektrischer Signale vorliegt, entsprechen die Schwankungen dieser Schwingungsart dem Wert

$$\Delta E/E = 1, \tag{A12.7}$$

wie wir in Abschnitt 12.2.2 zeigten. Daher erwarten wir, daß die Amplitude der Rauschschwankungen pro Frequenzintervall Eins gleich kT ist. Wir werden dieses Ergebnis in Abschnitt A12.3 benutzen.

A12.2 Nachweis von Photonen bei vorhandenem Untergrundrauschen

Wir wollen zunächst den Fall $h\nu \gg kT$ betrachten. Die Ergebnisse der Abschnitte 11.2, 12.3 und A12.1 zeigen, daß wir in diesem Falle annehmen können, daß Licht aus unabhängigen Teilchen oder Photonen besteht. Die statistischen Eigenschaften werden dann durch die in Abschnitt 12.2.1 entwickelten Beziehungen beschrieben. Bei fehlender Untergrundstrahlung ist die Meßgenauigkeit des Signals durch

$$\frac{\Delta I}{I} = \frac{1}{N^{\frac{1}{2}}}$$

gegeben, wobei N die Zahl der nachgewiesenen, von der Quelle ausgesandten Photonen ist.

Oft werden schwache Strahlungsquellen in Gegenwart eines viel stärkeren Untergrundsignals beobachtet. Wenn für die Zahl der Untergrundphotonen $N_b \gg N$ gilt, wird die Unsicherheit der Messungen weitgehend durch die Unsicherheit bestimmt, mit welcher die Untergrundstrahlung ermittelt werden kann:

$$\frac{\Delta I}{I} = \frac{1}{(N + N_b)^{\frac{1}{2}}} \approx \frac{1}{N_b^{\frac{1}{2}}}.$$

Um in diesem Falle die Intensität der Quelle zu messen, messen wir zunächst die Quelle plus Untergrund:

$$(N + N_b) \pm (N + N_b)^{\frac{1}{2}} \approx N + N_b \pm N_b^{\frac{1}{2}}.$$

Dann messen wir den Untergrund allein:

$$N_b \pm N_b^{\frac{1}{2}}.$$

Diese Messungen subtrahieren wir voneinander, um einen Schätzwert von N zu erhalten, wobei wir aber bei der Subtraktion die Varianzen der Fehlerabschätzungen addieren müssen, d.h. der beste Schätzwert ist

$$N \pm (N + 2N_b)^{\frac{1}{2}} \approx N \pm (2N_b)^{\frac{1}{2}}.$$

A12.3 Nachweis elektromagnetischer Wellen
bei vorhandenem Rauschen

Im Falle $h\nu \ll kT$ haben wir gezeigt, daß die schwarze Strahlung sich wie die klassische elektromagnetische Strahlung verhält. Das Signal wird gemessen, und ein Strom oder eine Spannung wird im Detektor induziert, den wir durch den in Abschnitt A12.1 betrachteten Widerstand nachbilden können. Angenommen, wir messen das empfangene Signal innerhalb eines Wellenbereichs von ν bis $\nu + d\nu$. Das resultierende Signal ist die Vektorsumme aus allen elektrischen Feldern der Welle gemäß der Darstellung im Argand-Diagramm (Abb.A12.2). Dieses gesamte Diagramm rotiert mit einer Drehzahl von ν Hz. Wenn alle Wellen genau die gleiche Frequenz hätten, würde das ganze Bild in dieser Konfiguration eine lange Zeit weiter rotieren. Da die Frequenzen jedoch eine Streuung aufweisen, ändern sich die Phasenbeziehungen der Vektoren, so daß nach einer Zeit $T \sim 1/\Delta\nu$ die Vektorsumme der Wellen sich geändert hat. Die Zeit T wird als *Kohärenzzeit* der Wellen bezeichnet, d.h. sie ist annähernd die Zeit, in welcher die Vektorsumme der Wellen das gleiche Ergebnis liefert. Nach dieser Zeit können wir eine unabhängige Abschätzung der Amplitude vornehmen und so fort nach jedem Zeitintervall $1/\Delta\nu$.

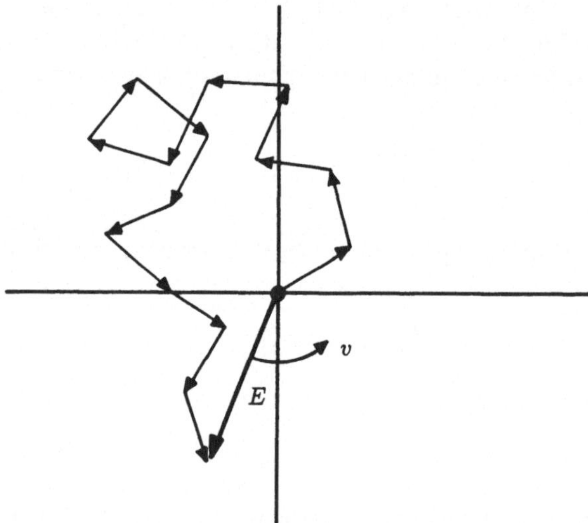

Abb. A12.2. Darstellung der zufälligen Überlagerung elektromagnetischer Wellen im Frequenzbereich ν bis $\nu + d\nu$ in einem Argand-Diagramm

Während wir also für Photonen bei jedem Eintreffen eines Photons eine unabhängige Information erhalten, gewinnen wir im Fall von Wellen nur einmal pro Kohärenzzeit $1/\Delta\nu$ einen unabhängigen Schätzwert. Wenn wir daher eine Quelle über die Zeit t beobachten, erhalten wir $t/T = t\Delta\nu$ unabhängige

Schätzwerte für die Intensität der Quelle. Diese Ergebnisse sagen uns, wie oft wir ein Signal abtasten müssen.

Häufig interessiert man sich für die Messung sehr schwacher Signale in Gegenwart eines viel stärkeren, im Empfänger vorhandenen Rauschens. Nach unserer Analyse in Abschnitt A12.1 schwankt diese Rauschleistung selbst mit der Amplitude $\Delta E/E = 1$ pro Schwingungsart und Sekunde. Wir können daher die Amplitude der Schwankungen verringern, indem wir über lange Zeiträume integrieren und die Bandbreite des Empfängers vergrößern. In beiden Fällen erhöhen wir die Zahl unabhängiger Schätzwerte für die Stärke des Signals um $\Delta \nu\, t$, und folglich wird die Amplitude der Leistungsschwankungen nach der Zeit t um

$$\Delta P = \frac{kT}{(\Delta \nu t)^{\frac{1}{2}}}$$

reduziert. Wenn wir also bereit sind, über einen hinreichend langen Zeitraum zu integrieren und genügend große Bandbreiten zu verwenden, können sehr schwache Quellen beobachtet werden.

Fallstudie 6

Spezielle Relativitätstheorie

Albert Einstein (1879–1955)
(Aus *Introduction to Concepts and Theories in Physical Science*, G. Holton & S.G. Brush, S. 439, Addison-Wesley, 1973)

13 Spezielle Relativitätstheorie
– Eine Studie zur Invarianz

13.1 Einführung

Die Relativitätstheorie ist ein Gebiet, das insofern 'schwierig' ist, als die Ergebnisse keineswegs aus unserer täglichen Erfahrung heraus unmittelbar einleuchtend sind. Bei der Erläuterung der Grundprinzipien ist große Sorgfalt erforderlich. Es gibt eine riesige Zahl von Büchern über dieses Gebiet, und alle tragen irgend etwas zum Verständnis bei. Vor allen anderen möchte ich jedoch Einsteins Originalarbeit von 1905 'Zur Elektrodynamik bewegter Körper' [13.1] ganz besonders empfehlen. Sie erläutert die Grundlage der Theorie wahrscheinlich ebenso klar wie nur irgendeine der späteren Arbeiten. Ich betrachte es als eines der Wunder der theoretischen Physik, daß Einstein in dieser einen Veröffentlichung eine so vollständige und elegante Darlegung mit so tiefgründigen Folgerungen für unser physikalisches Verständnis des Universums gab. Es hat eine gewisse Auseinandersetzung darüber gegeben, wie weit die spezielle Relativitätstheorie Einstein zuzuschreiben war und wie weit anderen Physikern wie Lorentz und Poincaré. Wenn auch in den früheren Arbeiten deutlich auf die Bedeutung der Transformationen zwischen Bezugssystemen hingewiesen wurde, steht meiner Ansicht nach außer Frage, daß Einsteins Veröffentlichung weit über die Arbeiten anderer hinausging, indem sie das ganze Thema auf eine geeignete formale Grundlage stellte und darüber hinaus Voraussagen machte, von denen man sich in anderen Untersuchungen nicht einmal eine Vorstellung machen konnte.

Ich möchte hier eine Behandlung wählen, die sich von der historischen Darstellung der letzten Fallstudie zur Entdeckung der Quanten etwas unterscheidet. Statt dessen möchte ich die spezielle Relativitätstheorie vom Standpunkt der *Invarianz* aus betrachten. Ich möchte nicht auf viele Formalitäten eingehen, sondern mich vielmehr darauf konzentrieren, die Formeln der speziellen Relativitätstheorie mit einer minimalen Zahl von Annahmen herzuleiten und klar zu zeigen, wo wir uns vom Experiment leiten lassen müssen. Die Betrachtungsweise ist ähnlich der von Rindler in seinem ausgezeichneten Lehrbuch *Essential Relativity* [13.2]. Ich persönlich halte Rindlers Darstellung für eines der befriedigendsten Bücher über Relativitätstheorie.

13.2 Geometrie und die Lorentz-Transformation

Wir beginnen wie gewöhnlich mit zwei Cartesischen Bezugssystemen, die sich relativ zueinander mit der Geschwindigkeit V bewegen. Wir werden S das Laborbezugssystem oder das lokale Ruhesystem und S' das bewegte System nennen, das die Geschwindigkeit V in positiver x-Richtung von S besitzt. Wir können beide Systeme so wählen, daß sie rechtwinklig und ihre Achsen parallel zueinander sind. Wir werden die Bezugssysteme in dieser Orientierung als 'Standardkonfiguration' bezeichnen (Abb. 13.1). Wir verabreden, Bezugssysteme, die sich mit konstanter Geschwindigkeit bewegen, als Inertialsysteme zu bezeichnen. Wir werden nicht im einzelnen zeigen, daß man eine solche Standardkonfiguration tatsächlich aufstellen kann – dies wird von Rindler gezeigt, aber wir wollen annehmen, daß es sich beweisen läßt.

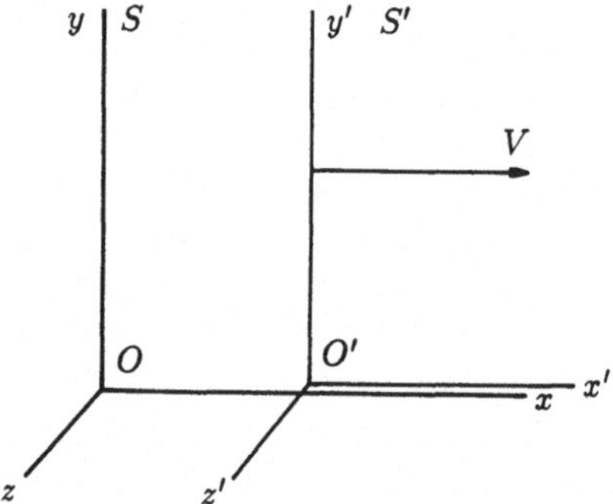

Abb. 13.1. Inertialsysteme S und S' in Standardkonfiguration

Nun enthält die spezielle Relativitätstheorie, wie sie von Einstein in seiner großen Arbeit von 1905 formuliert wurde, zwei grundlegende Postulate. Wir wollen Einsteins eigene Worte zitieren:

> ...daß ...für alle Koordinatensysteme, für welche die mechanischen Gleichungen gelten, auch die gleichen elektrodynamischen und optischen Gesetze gelten ... Wir wollen diese Vermutung (deren Inhalt im folgenden 'Prinzip der Relativität' genannt wird) zur Voraussetzung erheben und außerdem die mit ihr nur scheinbar unverträgliche Voraussetzung einführen, daß sich das Licht im leeren Raume stets mit einer bestimmten, vom Bewegungszustande des emittierenden Körpers unabhängigen Geschwindigkeit V [c] fortpflanze. [13.3]

Wenn wir Einsteins Postulate neu formulieren, besagt das erste, daß die Gesetze der Physik in allen Inertialsystemen die gleichen sind, und das zweite, daß die Lichtgeschwindigkeit in allen Inertialsystemen den gleichen Wert c hat. Es ist das zweite Postulat, das entscheidend zur speziellen Relativitätstheorie führt.

Wir wollen zu unseren Inertialsystemen S und S' zurückkehren und annehmen, daß ihre Ursprungspunkte bei $t = 0$ in S und $t' = 0$ in S' zusammenfallen.

Man kann das durch entsprechendes Nachstellen der Uhren in S und S' immer in irgendeinem Punkt im Raum erreichen. Nun wollen wir vom Ursprungspunkt bei $t = 0$, $t' = 0$ eine elektromagnetische Welle aussenden. Wir können nun wegen des zweiten Postulats von Einstein die Bewegung der Wellenfront in beiden Bezugssystemen unmittelbar niederschreiben:

$$\left.\begin{array}{ll} \text{In } S \text{ gilt:} & x^2 + y^2 + z^2 - c^2t^2 = 0 \\ \text{In } S' \text{ gilt:} & x'^2 + y'^2 + z'^2 - c^2t'^2 = 0 \end{array}\right\}, \tag{13.1}$$

wobei gewährleistet ist, daß in beiden Systemen die Lichtgeschwindigkeit gleich c ist. Nun sind die Vektoren $[x, y, z, t]$ und $[x', y', z', t']$ einfach Koordinaten in S bzw. S', und daher benötigen wir eine Gruppe von Transformationen, welche den Ausdruck für die Wellenfront *forminvariant* läßt.

Wir erkennen unmittelbar, daß zwischen den Gleichungen (13.1) und dem Verhalten der Komponenten eines Dreiervektors bei Rotation eine formale Analogie besteht. Wenn wir daher zwei Bezugssysteme mit dem gleichen Ursprungspunkt haben, eines davon aber bezüglich des anderen drehen, ist die *Norm* (oder das Betragsquadrat) des Dreiervektors in beiden Systemen gleich, d.h. es gilt

$$R^2 = x^2 + y^2 + z^2 = x'^2 + y'^2 + z'^2.$$

Wir wollen das Problem der Transformationsgleichung (13.1) in der gleichen Weise betrachten. Der Einfachheit halber wollen wir annehmen, daß die Welle sich entlang der x-Achse so ausbreitet, daß die notwendige, von uns gesuchte Transformation $x^2 - c^2t^2 = 0$, $x'^2 - c^2t'^2 = 0$ ergeben muß. Wir wandeln die Gleichung zunächst in einen Ausdruck um, dessen Transformation wir kennen, indem wir $\tau = it$, $\tau' = it'$ setzen. Dann ist

$$x^2 + c^2\tau^2 = x'^2 + c^2\tau'^2. \tag{13.2}$$

Dies ist gerade die einfache Drehungsformel für Zweiervektoren:

$$\left.\begin{array}{l} x' = x\cos\theta + c\tau\sin\theta \\ c\tau' = -x\sin\theta + c\tau\cos\theta. \end{array}\right\} \tag{13.3}$$

Nun ist τ imaginär, und daher muß der Winkel θ ebenfalls imaginär sein. Wir umgehen dies, indem wir $\theta = i\phi$ setzen, wobei ϕ reell ist. Wegen

$$\left.\begin{array}{l} \cos(i\phi) = \cosh\phi \\ \sin(i\phi) = i\sinh\phi \end{array}\right\}$$

können wir schreiben:

$$\left.\begin{array}{l} x' = x\cosh\phi - ct\sinh\phi \\ ct' = -x\sinh\phi + ct\cosh\phi. \end{array}\right\} \tag{13.4}$$

Somit bleibt nur noch eine Konstante ϕ zu bestimmen. Wir erhalten diese Konstante, indem wir bedenken, daß zur Zeit t in S der Ursprung von S' bei

$x' = 0$ sich in S bei $x = Vt$ befindet. Einsetzen in die erste Beziehung von (13.4) ergibt

$$0 = x \cosh \phi - ct \sinh \phi$$
$$\tanh \phi = x/ct = V/c. \tag{13.5}$$

Wegen $\cosh \phi = (1 - V^2/c^2)^{-\frac{1}{2}}$ und $\sinh \phi = (V/c)(1 - V^2/c^2)^{-\frac{1}{2}}$ erhalten wir dann aus (13.4):

$$\left. \begin{array}{l} x' = \gamma(x - Vt) \\ t' = \gamma(t - Vx/c^2) \end{array} \right\}$$

mit $\gamma = (1 - V^2/c^2)^{-\frac{1}{2}}$. Bei dieser Darstellung stellen wir auch fest, daß $y' = y$, $z = z'$ ist. Der Term γ wird *Lorentz-Faktor* genannt und tritt in praktisch allen Rechnungen in der speziellen Relativitätstheorie auf. Wir haben somit die vollständige Gruppe der Lorentz-Transformationen hergeleitet, indem wir einfach die Idee der *Forminvarianz* und das zweite Einsteinsche Postulat verwendet haben, das selbst eine Aussage über die *Invarianz* der Lichtgeschwindigkeit gegenüber Transformationen zwischen Inertialsystemen ist. Wir wollen die Lorentz-Transformation wieder in der Standardform schreiben, die wir in der gesamten Darstellung verwenden werden.

$$\left. \begin{array}{l} x' = \gamma(x - Vt) \\ y' = y \\ z' = z \\ t' = \gamma(t - Vx/c^2) \end{array} \right\} \quad \gamma = (1 - V^2/c^2)^{-\frac{1}{2}}. \tag{13.6}$$

In der üblichen Darlegung der speziellen Relativitätstheorie fährt man nun fort, die bemerkenswerten Konsequenzen dieser Transformationsgruppe sowie die sogenannten Paradoxa zu untersuchen, die angeblich daraus entstehen. Ich möchte gleich feststellen, daß es *keine* Paradoxa gibt – lediglich einige nicht besonders anschauliche Merkmale der Raum-Zeit, die sich aus den Lorentz-Transformationen ergeben.

Der Schlüssel zum Verständnis der Entstehung dieser Phänomene ist das, was Rindler die *Relativität der Gleichzeitigkeit* nennt. Ich halte dies für einen sehr hilfreichen Begriff, der den Ursprung einiger Schwierigkeiten aufhellt, die Studenten beim Verständnis der Relativität haben. Wir haben schon darauf hingewiesen, daß wir an irgendeinem Punkt im Raum die Uhren so nachstellen können, daß sie *an diesem Punkt* die gleiche Zeit anzeigen. Im obigen Beispiel setzen wir $x' = 0$, $x = 0$; $t' = 0$, $t = 0$. Mit anderen Worten, an diesem Punkt können wir das Ereignis als gleichzeitig in beiden Bezugssystemen betrachten. Jedoch sind Ereignisse *an allen anderen Punkten im Raum* nicht gleichzeitig. Aus der letzten Gleichung von (13.6) erkennen wir, daß bei $x = 0$ aus $t = 0$ auch $t' = 0$ folgt, d.h. Gleichzeitigkeit. An allen anderen Punkten im Raum sind sich Beobachter jedoch nicht über die Zeit t einig, zu der Ereignisse bei allen anderen Werten von x eintreten, d.h. es gilt

$$t' = \gamma(t - Vx/c^2), \tag{13.7}$$

und folglich ist $t' \neq t$ für $x \neq 0$. Mit anderen Worten, wenn Beobachter in S und S' übereinstimmende Aussagen zur Gleichzeitigkeit an einem Punkt in der Raum-Zeit machen können, werden ihre Aussagen dazu in allen anderen Punkten nicht übereinstimmen. Dies ist der Ursprung der Erscheinungen der Zeitdilatation, Längenkontraktion, der Zwillingsparadoxa usw. Es handelt sich um den grundlegenden Unterschied zwischen dem Galileischen und dem Einsteinschen Relativitätsprinzip. Nach dem Galileischen Relativitätsprinzip machen Beobachter in S und S' immer und überall die gleichen Aussagen zur Gleichzeitigkeit. Das geht klar aus dem Newtonschen Grenzwert der Beziehung (13.7) hervor. Für $V/c \to 0$ geht $\gamma \to 1$, und es gilt überall $t' = t$.

13.3 Dreiervektoren und Vierervektoren

Sie werden sich daran erinnern, daß *Dreiervektoren* sehr nützliche Eigenschaften besitzen – zum Beispiel bleiben die Vektorbeziehungen gültig, wie auch immer wir die Achsen drehen oder verschieben. Hier sind einige Beispiele:

(i) Die Vektoraddition bleibt erhalten:

$$\boldsymbol{a} + \boldsymbol{b} = \boldsymbol{c} \equiv \boldsymbol{a}' + \boldsymbol{b}' = \boldsymbol{c}'.$$

(ii) Ebenso gilt

$$\boldsymbol{a} \cdot (\boldsymbol{b} + \boldsymbol{c}) \equiv \boldsymbol{a}' \cdot (\boldsymbol{b}' + \boldsymbol{c}').$$

(iii) Die *Norm* oder *der Betrag* des Dreiervektors ist invariant bezüglich Drehungen und Verschiebungen:

$$a^2 = a_1^2 + a_2^2 + a_3^2 = a_1'^2 + a_2'^2 + a_3'^2.$$

(iv) Skalarprodukte bleiben invariant:

$$\boldsymbol{a} \cdot \boldsymbol{b} = a_1 b_1 + a_2 b_2 + a_3 b_3 = a_1' b_1' + a_2' b_2' + a_3' b_3'.$$

Mit anderen Worten, diese Vektorbeziehungen bringen Sachverhalte zum Ausdruck, die von dem Bezugssystem, in dem wir unsere Rechnungen ausführen, unabhängig sind.

Nun wird es offenbar von großem Wert bei unserer Entwicklung der Relativitätstheorie sein, wenn wir entsprechende Größen finden, die *forminvariant* gegenüber *Lorentz-Transformationen* bleiben. Das Ziel besteht darin, geeignete Formen für *Vierervektoren* zu finden, die Objekte ähnlich den Größen $[x, y, z, t]$ sind, die in Beziehung zu im Labor meßbaren Größen gebracht werden können. Wir werden feststellen, daß nur in den einfachsten Fällen die Vierervektoren den physikalischen Größen ähneln, die sie darstellen.

Es bleibt die heikle Frage, welche Schreibweise zu verwenden ist. Ich ziehe es vor, die normalen Lorentz-Transformationen in Form der Beziehungen (13.6) zu verwenden und die Komponenten meiner Vierervektoren als die Größen zu definieren, die zu x, y, z und t äquivalent sind. Ich schreibe die Komponenten der Vierervektoren in eckigen Klammern, $[x, y, z, t]$. Einige andere Autoren verwenden ct für die Zeitkomponente, andere ict, um das mit der Zeitkomponente verbundene Minuszeichen loszuwerden. Ich ziehe es vor, t so zu belassen, wie es ist, wobei t die reale physikalische Zeit bedeutet. Ich muß daran erinnern, daß ich zur Berechnung der Norm eines beliebigen Vierervektors schreiben muß:

$$R^2 = c^2 t^2 - x^2 - y^2 - z^2, \tag{13.8}$$

d.h. ich muß t^2 mit c^2 multiplizieren und an das Minuszeichen vor x^2, y^2 und z^2 denken. Dies ist exakt äquivalent mit $R^2 = x^2 + y^2 + z^2$ für Dreiervektoren.

In diesem Abschnitt werden wir uns nur mit *kinematischen* Größen befassen, d.h. mit Größen, welche die Bewegung *beschreiben*, statt zu erklären, warum sie erfolgt. Wir haben schon unseren primitiven Vierervektor $[x, y, z, t]$ eingeführt. Wir wollen zum nächsten Vierervektor, dem *Vierer-Verschiebungsvektor*, übergehen.

Vierer-Verschiebungsvektor. Der Vierervektor $[x, y, z, t]$ transformiert sich nach der Lorentz-Transformation und ebenso der Vierervektor $[x + \Delta x, y + \Delta y, z + \Delta z, t + \Delta t]$. Aus der Linearität der Lorentz-Transformation folgt offensichtlich, daß sich $[\Delta x, \Delta y, \Delta z, \Delta t]$ gleichfalls wie $[x, y, z, t]$ transformiert. Wir definieren daher die Größe

$$\Delta R = [\Delta x, \Delta y, \Delta z, \Delta t] \tag{13.9}$$

als *Vierer-Verschiebungsvektor.* Um es anders auszudrücken, die Größe muß als Differenz zweier Vierervektoren wieder ein Vierervektor sein.

Die *Eigenzeit* Δt_0 zwischen zwei Ereignissen ist das Zeitintervall zwischen Ereignissen, die in einem bestimmten Bezugssystem an den gleichen räumlichen Koordinaten stattfinden, d.h. mit $\Delta x = \Delta y = \Delta z = 0$. Wir können leicht zeigen, daß sie die kürzeste in einem beliebigen Bezugssystem gemessene Zeit ist. Wenn man die Normen der Vierervektoren in zwei beliebigen Bezugssystemen betrachtet, gilt

$$c^2 \Delta t^2 - \Delta x^2 - \Delta y^2 - \Delta z^2 = c^2 \Delta t'^2 - \Delta x'^2 - \Delta y'^2 - \Delta z'^2.$$

Im Bezugssystem mit $\Delta x = \Delta y = \Delta z = 0$ ist $\Delta t = \Delta t_0$. Daher ist

$$c^2 \Delta t_0^2 = c^2 \Delta t'^2 - \Delta x'^2 - \Delta y'^2 - \Delta z'^2 = \text{const}, \tag{13.10}$$

da es sich um die Norm eines Vierervektors handelt. Da $\Delta x'^2$, $\Delta y'^2$, $\Delta z'^2$ notwendigerweise positiv sind, muß Δt_0 die Minimalzeit sein. Der andere wichtige Aspekt der Eigenzeit Δt_0 ist, daß sie im allgemeinen das einzige invariante Zeitintervall ist, auf das sich alle Beobachter von Ereignissen einigen können, die durch $(\Delta x, \Delta y, \Delta z, \Delta t)$ getrennt sind. Jeder Beobachter in verschiedenen Inertialsystemen kann $(\Delta x, \Delta y, \Delta z, \Delta t)$ messen, und obwohl sie alle verschiedene Δt-Werte für das Zeitintervall zwischen den beiden gleichen Ereignissen messen, stimmen sie alle über den Wert von Δt_0 überein, wenn sie Δx, Δy und Δz ebenfalls messen.

Die Beziehung (13.10) liefert auch die Erklärung für die Beobachtung von Myonen auf Meeresspiegelhöhe. Die Myonen entstehen an der Atmosphärengrenze bei Stößen zwischen kosmischen Strahlen und Molekülen der Atmosphäre. Ihre Halbwertszeiten sind so kurz, daß sie spontan zerfallen müßten, wenn sie erst ein Zwanzigstel der Entfernung zur Erdoberfläche durchquert haben. Die Lösung dieses scheinbaren Paradoxons ist, daß die Teilchen, die wir auf Meeresspiegelhöhe beobachten, Lorentz-Faktoren von $\gamma \geq 20$ haben. Daher zerfallen sie in ihrem eigenen Ruhesystem innerhalb ihrer Halbwertszeit, die in Einheiten ihrer Eigenzeit im System der bewegten Teilchen gemessen wird. Diese ist jedoch das kürzeste Zeitintervall, das von irgendeinem Beobachter zugeordnet wird. Der externe Beobachter mißt Δt und nicht Δt_0, und mit $\gamma = 20$ ist diese Zeit 20mal länger als Δt_0.

Der Vierervektor der Geschwindigkeit. Wir suchen etwas, das Lorentz-invariant ist und wie eine Geschwindigkeit aussieht. Wir gehen so vor, daß wir nach einer Größe suchen, die sich wie $\Delta \boldsymbol{R}$ transformiert. Wir wollen daher mit $\Delta \boldsymbol{R}$ beginnen. Die einzige Zeit, die wir uns als Lorentz-invariant vorstellen können, ist die Eigenzeit Δt_0, das heißt, wie wir oben erörtert haben, jeder Beobachter kann, gleichgültig in welchem Bezugssystem er sich befindet, die Größen Δt, Δx, Δy, Δz messen und für diese $\Delta t_0^2 = \Delta t^2 - \Delta x^2 - \Delta y^2 - \Delta z^2$ berechnen. Er weiß, daß jeder andere Beobachter in jedem anderen Bezugssystem genau den gleichen Wert von Δt_0^2 erhalten würde. Wir wollen daher durch

$$\boldsymbol{U} = \Delta \boldsymbol{R}/\Delta t_0 \qquad (13.11)$$

eine Vierergeschwindigkeit *definieren*. Wir werden nun diese Größe in einer solchen Form schreiben, daß sie mit Beobachtungen in einem beliebigen Bezugssystem verbunden werden kann. Schreiben wir den Ausdruck für die Eigenzeit für das Zeitintervall nieder, das mit der Bewegung eines Teilchens über eine Entfernung $\Delta r = (\Delta x, \Delta y, \Delta z)$ in der Zeit Δt verbunden ist. Die Eigenzeit ist dann

$$\begin{aligned} c^2 \Delta t_0^2 &= c^2 \Delta t^2 - \Delta x^2 - \Delta y^2 - \Delta z^2 \\ &= c^2 \Delta t^2 - \Delta r^2 . \end{aligned} \qquad (13.12)$$

Die Geschwindigkeit V des Teilchens ist aber gerade gleich $\Delta r/\Delta t$, und folglich ist

$$\Delta t_0^2 = \Delta t^2 \left(1 - \frac{V^2}{c^2} \right)$$

oder

$$\Delta t_0 = \frac{\Delta t}{\gamma} . \qquad (13.13)$$

Das ist wieder genau die Formel, die wir verwendeten, um die Beobachtbarkeit von Myonen auf Meeresspiegelhöhe zu verstehen. Nun können wir U in der folgenden Form schreiben:

$$U = \frac{\Delta \boldsymbol{R}}{\Delta t_0} = \gamma \left[\frac{\Delta x}{\Delta t}, \frac{\Delta y}{\Delta t}, \frac{\Delta z}{\Delta t}, \frac{\Delta t}{\Delta t} \right]$$
$$= [\gamma u_x, \gamma u_y, \gamma u_z, \gamma] \qquad (13.14)$$
$$= [\gamma \boldsymbol{u}, \gamma].$$

In dieser Beziehung ist $\boldsymbol{u}$ die Dreiergeschwindigkeit des Teilchens im System S und γ der entsprechende Lorentz-Faktor; u_x, u_y, u_z sind die Komponenten von $\boldsymbol{u}$. Wir haben damit eine geeignete Form für die *Vierergeschwindigkeit* hergeleitet. Beachten Sie, welches Verfahren wir anwenden müssen: In irgendeinem Bezugssystem messen wir die Dreiergeschwindigkeit $\boldsymbol{u}$ und damit γ. Wir bilden dann die Größen γu_x, γu_y, γu_z und γ und wissen, daß sie sich genau wie x, y, z und t transformieren. Wir wollen uns selbst beweisen, daß wir dieses Verfahren anwenden können, um auszurechnen, wie sich zwei Geschwindigkeiten relativistisch addieren. Die Relativgeschwindigkeit der beiden Bezugssysteme ist V in der Standardkonfiguration, und $\boldsymbol{u}$ ist die Geschwindigkeit des Teilchens im System S. Was ist seine Geschwindigkeit im System S'? Wir werden den mit der Relativbewegung von S und S' verbundenen Lorentz-Faktor mit γ_v bezeichnen. Zunächst schreiben wir die Vierergeschwindigkeiten für das Teilchen in S und S' auf:

$$\text{In } S \text{ gilt: } \quad [\gamma \boldsymbol{u}, \gamma] \equiv [\gamma u_x, \gamma u_y, \gamma u_z, \gamma], \quad \gamma = (1 - u^2/c^2)^{-\frac{1}{2}}$$
$$\text{In } S' \text{ gilt: } \quad [\gamma' \boldsymbol{u}', \gamma'] \equiv [\gamma' u_{x'}, \gamma' u_{y'}, \gamma' u_{z'}, \gamma'], \quad \gamma' = (1 - u'^2/c^2)^{-\frac{1}{2}}.$$

Unsere Analyse der Vierergeschwindigkeit zeigt, daß wir diese Komponenten wie folgt in Beziehung zu x, y, z, t und x', y', z', t' setzen können:

$$\begin{aligned}
x' &\to \gamma' u_{x'} & x &\to \gamma u_x \\
y' &\to \gamma' u_{y'} & y &\to \gamma u_y \\
z' &\to \gamma' u_{z'} & z &\to \gamma u_z \\
t' &\to \gamma' & t &\to \gamma.
\end{aligned}$$

Daraus erhalten wir durch Anwendung der Lorentz-Transformation:

$$\left.\begin{aligned}
\gamma' u_{x'} &= \gamma_v(\gamma u_x - V\gamma) \\
\gamma' u_{y'} &= \gamma u_y \\
\gamma' u_{z'} &= \gamma u_z \\
\gamma' &= \gamma_v(\gamma - V\gamma u_x/c^2).
\end{aligned}\right\} \qquad (13.15)$$

Die letzte Beziehung ergibt

$$\gamma \gamma_v / \gamma' = (1 - V u_x/c^2)^{-1},$$

und damit erhalten wir aus (13.15)

$$\left.\begin{aligned}
u_{x'} &= \frac{u_x - V}{(1 - Vu_x/c^2)} \\
u_{y'} &= \frac{u_y}{\gamma_v(1 - Vu_x/c^2)} \\
u_{z'} &= \frac{u_z}{\gamma_v(1 - Vu_x/c^2)}\,.
\end{aligned}\right\} \tag{13.16}$$

Sie werden in diesen Beziehungen die Standardausdrücke für die relativistische Addition von Geschwindigkeiten wiedererkennen. Sie haben viele erfreuliche Eigenschaften. Wenn beispielsweise eine der Komponenten u_x, u_y oder u_z gleich c ist, so ist in S' die totale Geschwindigkeit $v' = (u_x'^2 + u_y'^2 + u_z'^2)^{1/2}$ ebenfalls gleich c, wie es das zweite Einsteinsche Postulat fordert.

Wir sollten auch die Norm der Vierergeschwindigkeit bilden,

$$|U^2| = c^2\gamma^2 - \gamma^2 u_x^2 - \gamma^2 u_y^2 - \gamma^2 u_z^2 = \gamma^2 c^2(1 - u^2/c^2) = c^2, \tag{13.17}$$

die erwartungsgemäß eine Invariante ist.

Der Vierervektor der Beschleunigung. Wir wissen nun genau, wie man zur Bildung einer Viererbeschleunigung vorgehen muß. Zunächst bilden wir den Zuwachs der Vierergeschwindigkeit, $\Delta U \equiv [\Delta(\gamma u), \Delta\gamma]$, der selbst ein Vierervektor sein muß. Dann definieren wir die einzige invariante beschleunigungsähnliche Größe, die wir bilden können, indem wir durch das Eigenzeitintervall dt_0 dividieren:

$$A = \frac{dU}{dt_0} = \left[\gamma\frac{d}{dt}(\gamma u), \gamma\frac{d\gamma}{dt}\right]. \tag{13.18}$$

Dies ist die *Viererbeschleunigung.* Wir wollen diesen Ausdruck in eine Form bringen, die sich besser zu Berechnungszwecken verwenden läßt. Zunächst stellen wir fest, wie $(1 - u^2/c^2)^{-\frac{1}{2}}$ zu differenzieren ist:

$$\begin{aligned}
\frac{d\gamma}{dt} &= \frac{d}{dt}(1 - u^2/c^2)^{-\frac{1}{2}} = \frac{d}{dt}(1 - u \cdot u/c^2)^{-\frac{1}{2}} \\
&= (u \cdot a/c^2)(1 - u^2/c^2)^{-\frac{3}{2}} = \gamma^3(u \cdot a/c^2).
\end{aligned} \tag{13.19}$$

Dann gilt

$$\frac{d}{dt}(\gamma u) = \gamma a + u\gamma^3(u \cdot a/c^2)$$

$$A = \frac{dU}{dt_0} = \left[\gamma^4\left(u \cdot a/c^2\right)u + \gamma^2 a, \gamma^4\left(u \cdot a/c^2\right)\right]. \tag{13.20}$$

Beachten Sie, was das bedeutet. Wir sitzen in irgendeinem Bezugssystem, sagen wir S, und messen in einem bestimmten Augenblick die Geschwindigkeit u und die Beschleunigung a eines Teilchens. Aus diesen Größen können wir den Dreiervektor $\gamma^4(u \cdot a/c^2)u + \gamma^2 a$ und den Skalar $\gamma^4(u \cdot a/c^2)$ bilden, und wir wissen, daß sich diese Größen zwischen Inertialsystemen genau wie r bzw. t transformieren.

In relativistischen Berechnungen ist es oft sehr nützlich, eine Transformation in das Bezugssystem durchzuführen, in dem das Teilchen momentan ruht. Das Teilchen wird beschleunigt, aber das spielt keine Rolle. Beachten Sie, daß die Lorentz-Transformation keine Abhängigkeit von der Beschleunigung aufweist. Offenbar ist in dem genannten Bezugssystem $u = 0$, und die Viererbeschleunigung in dem System ist daher gleich

$$A = [a, 0] \equiv [a_0, 0]. \tag{13.21}$$

Andererseits ist die Vierergeschwindigkeit des Teilchens im gleichen Bezugssystem gleich

$$U = [\gamma u, \gamma] = [0, 1].$$

Daher ist $A \cdot U = 0$. Da Beziehungen zwischen Vierervektoren in jedem Bezugssystem gültig sind, bedeutet dies, daß unabhängig von dem Bezugssystem, in dem wir arbeiten möchten, das Skalarprodukt aus den Vierervektoren der Geschwindigkeit und der Beschleunigung stets gleich Null ist, d.h. die Vierergeschwindigkeit und die Viererbeschleunigung sind orthogonal zueinander. Wenn Sie mißtrauisch sind, dann gehen Sie den steinigen Weg und bilden das Skalarprodukt der Ausdrücke für A und U, d.h. der Vierervektoren (13.14) und (13.20). Der Term a_0 wird *Eigenbeschleunigung* genannt.

13.4 Relativistische Dynamik
– die Vierervektoren des Impulses und der Kraft

Bisher haben wir uns mit der *Kinematik* befaßt, d.h. der Beschreibung der Bewegung, jetzt aber müssen wir das Problem der Dynamik in Angriff nehmen, was bedeutet, daß wir die Begriffe des Impulses, der Kraft usw. einführen müssen.

Der Viererimpuls. Wir wollen zunächst als rein formale Übung geeignete Vierervektoren für Impuls und Kraft definieren und dann danach fragen, ob sie physikalisch sinnvoll sind. Beachten Sie, daß wir *a priori* keine Anhaltspunkte dafür haben, welche geeigneten Formen wir auswählen sollten. Wir wollen daher das Einfachste tun, was wir können. Wir führen die Größe

$$P = m_0 U \tag{13.22}$$

ein, wobei U die Vierergeschwindigkeit und m_0 die sogenannte *Ruhemasse* des Teilchens ist, die als skalare Invariante angenommen wird. Wir erkennen dann sofort die folgenden Konsequenzen:

(i) $m_0 U$ ist mit Sicherheit ein Vierervektor, wenn m_0 eine Konstante ist;

(ii) seine räumlichen Komponenten reduzieren sich richtig auf die Newtonsche Formel, wenn $u \ll c$ ist, d.h. mit $u \to 0$ geht $m_0 \gamma u \to m_0 u$.

Wenn dies mit dem Experiment übereinstimmt, haben wir damit eine geeignete Form für den *Viererimpuls* gefunden.

$$P = m_0 U = [\gamma m_0 u, \gamma m_0]. \tag{13.23}$$

Außerdem ist zu beachten, daß wir durch die räumlichen Komponenten des Vierervektors einen *relativistischen Dreierimpuls* definieren können, d.h. $p = \gamma m_0 u$ ist der relativistische Dreierimpuls; $m = \gamma m_0$ ist als die *relativistische träge Masse* definiert. Beachten Sie, daß wir dies noch nicht bewiesen haben. Wir werden das erst herausfinden, wenn wir einen geeigneten Satz dynamischer Größen konstruiert haben.

Wir wollen eine Beziehung zwischen dem relativistischen Impuls und der relativistischen Masse des Teilchens finden. Wir bilden die Normen der Viererimpulse im Laborsystem und im Ruhesystem des Teilchens. Diese Normen müssen gleich sein, und daher gilt

$$m_0^2 c^2 = \gamma^2 m_0^2 c^2 - \gamma^2 m_0^2 u^2$$
$$= m^2 c^2 - p^2$$

oder

$$p^2 = m^2 c^2 - m_0^2 c^2. \tag{13.24}$$

Schließlich benötigen wir zur Vervollständigung unserer dynamischer Größen die Viererkraft.

Die Viererkraft. In Analogie zum obigen Verfahren können wir die Verallgemeinerung des zweiten Newtonschen Bewegungsgesetzes auf Vierervektoren wie folgt definieren:

$$F = \frac{dP}{dt_0}, \tag{13.25}$$

wobei t_0 die Eigenzeit ist. Zur Vervollständigung unseres Satzes von Definitionen müssen wir die Kraft, die wir im Labor messen, in Beziehung zur Viererkraft setzen. Dies erreichen wir am besten über die Größe, die wir als relativistischen Dreierimpuls bezeichnet haben. Warum haben wir sie so genannt? Angenommen, wir schreiben die Beziehung für den Stoß zweier Teilchen auf, die anfänglich die Viererimpulse P_1 bzw. P_2 haben. Nach dem Stoß haben diese Viererimpulse die Werte P_3 bzw. P_4. Dann beschreibt offenbar der Lorentz-invariante Ausdruck

$$P_1 + P_2 = P_3 + P_4 \tag{13.26}$$

die Erhaltung der Viererimpulse. In Komponentenform folgt daraus:

$$\begin{aligned} p_1 + p_2 &= p_3 + p_4 \\ m_1 + m_2 &= m_3 + m_4, \end{aligned} \tag{13.27}$$

d.h. in diesem Formalismus ist implizite die Bedingung enthalten, daß der (von uns so genannte) relativistische Dreierimpuls erhalten bleibt. Also spielt für relativistische Teilchen $\gamma m_0 \boldsymbol{u}$ die Rolle des Impulses. Die entsprechende Kraftgleichung wird durch das zweite Newtonsche Gesetz nahegelegt,

$$f = \frac{d\boldsymbol{p}}{dt} = \frac{d}{dt}(\gamma m_0 \boldsymbol{u}), \tag{13.28}$$

wobei f die Dreierkraft ist.

Ist nun die Definition gut genug in der Relativitätstheorie? Wir müssen ein wenig vorsichtig sein. Einerseits könnte man einfach sagen: 'Prüfen wir am Experiment, ob sie funktioniert', und in vieler Hinsicht ist das mehr oder weniger alles, worauf die Beweisführung hinausläuft. Wir können jedoch darüber hinaus feststellen, daß bei Punktstößen von Teilchen die relativistische Verallgemeinerung des dritten Newtonschen Gesetzes gelten sollte, d.h. $f = -f$. Beachten Sie, daß wir nur Punktstöße verwenden können, da wir sonst mit der Fernwirkung in der Relativitätstheorie in fürchterliche Schwierigkeiten geraten – Sie werden sich an die Probleme erinnern, die wir mit der Relativität der Gleichzeitigkeit in verschiedenen Bezugssystemen festgestellt haben. Für einen Punktstoß gilt $f = -f$, wenn wir die oben gegebene Definition von f übernehmen, da wir schon gezeigt haben, daß der relativistische Dreierimpuls erhalten bleibt, d.h. es gilt

$$\Delta p_1 = -\Delta p_2 : \quad \Delta p_1/\Delta t = -\Delta p_2/\Delta t; \quad f_1 = -f_2.$$

Wir sollten hier jedoch vorsichtig sein. Wir *können ohne Heranziehen des Experiments nicht völlig sicher sein, ob wir die richtige Wahl getroffen haben*. Wir sehen uns vor das gleiche logische Problem gestellt wie bei unserem Versuch, die Bedeutung der Newtonschen Bewegungsgesetze herauszufinden (Abschnitt 5.2). Sie werden sich daran erinnern, daß sie schließlich als Definitionen erklärt wurden, die zu Ergebnissen führten, welche mit unserer Erfahrung übereinstimmen. In ähnlicher Weise kann die relativistische Dynamik nicht aus dem reinen Denken hervorgehen, aber sie kann in eine logisch widerspruchsfreie Struktur gebracht werden, die auch mit dem Experiment vereinbar ist.

Wir werden daher die Definition von f als Dreierkraft im gleichen Sinne wie in der Newtonschen Mechanik einführen, aber jetzt kann sich das Teilchen relativistisch bewegen, und für p ist der relativistische Dreierimpuls zu verwenden.

Aus diesem System können wir eine Reihe sehr schöner Ergebnisse herleiten.

(i) $\boldsymbol{F} = m_0 \boldsymbol{A}$

Dies folgt direkt aus der obigen Definition von $\boldsymbol{F}$, d.h. es ist

$$\boldsymbol{F} = \frac{d\boldsymbol{P}}{dt_0} = m_0 \frac{d\boldsymbol{U}}{dt_0} = m_0 \boldsymbol{A}. \tag{13.29}$$

Außerdem gilt wegen $\boldsymbol{A} \cdot \boldsymbol{U} = 0$

$$\boldsymbol{F} \cdot \boldsymbol{U} = 0,$$

d.h. die Vierervektoren der Kraft und der Geschwindigkeit sind orthogonal zueinander.

(ii) Die relativistische Verallgemeinerung von $f = dp/dt$

Wir wollen mit der Viererkraft beginnen:

$$F = [\gamma f, \gamma f_4] = m_0 A. \tag{13.30}$$

Gleichsetzen der räumlichen Komponenten und Anwendung des Ausdrucks (13.20) ergibt

$$f = m_0\gamma^3(u \cdot a/c^2)u + m_0\gamma a. \tag{13.31}$$

Dies ist die relativistische Verallgemeinerung von $f = m_0 a$ und ist völlig äquivalent mit $f = dp/dt$.

Betrachten wir nun die vierte Komponente der Viererkraft, d.h. von

$$\frac{dP}{dt_0} = \left[\gamma\frac{d}{dt}(\gamma m_0 u), \gamma\frac{d(\gamma m_0)}{dt}\right].$$

Aus (13.19) folgt

$$\gamma\frac{dm}{dt} = \gamma\frac{d(\gamma m_0)}{dt} = m_0\gamma^4\left(\frac{u \cdot a}{c^2}\right)$$

oder

$$\frac{dm}{dt} = \gamma^3 m_0\left(\frac{u \cdot a}{c^2}\right). \tag{13.32}$$

Untersuchen wir die Größe $(f \cdot u)/c^2$:

$$\begin{aligned}
\frac{f \cdot u}{c^2} &= m_0\gamma^3\left(\frac{u \cdot a}{c^2}\right)\frac{u^2}{c^2} + m_0\gamma\left(\frac{a \cdot u}{c^2}\right) \\
&= m_0\gamma^3\left(\frac{u \cdot a}{c^2}\right)\left(\frac{u^2}{c^2} + \frac{1}{\gamma^2}\right) \\
&= m_0\gamma^3\left(\frac{u \cdot a}{c^2}\right).
\end{aligned} \tag{13.33}$$

Damit wird aus Gl. (13.32)

$$\frac{dm}{dt} = \frac{f \cdot u}{c^2}$$

oder

$$\frac{d(mc^2)}{dt} = f \cdot u. \tag{13.34}$$

Dies ist eines der verblüffenden Ergebnisse der Einsteinschen Arbeit von 1905. Die Größe $f \cdot u$ ist gerade die pro Zeiteinheit am Teilchen geleistete Arbeit, d.h. die Geschwindigkeit der Energiezunahme des Teilchens. Daher wird mc^2

mit der Gesamtenergie des Teilchens identifiziert. Dies ist der formale Beweis der jedermann bekannten Gleichung

$$E = mc^2. \tag{13.35}$$

Beachten Sie die tiefgründige Folgerung aus Gl. (13.34). Mit der durch Arbeitsleistung erzeugten Energie ist eine bestimmte träge Masse verbunden. Dabei ist gleichgültig, welche Form die Energie hat – elektrostatische, magnetische, kinetische, elastische Energie usw. Alle Energien sind das gleiche wie träge Masse. Ebenso ist, wenn man die Gleichung rückwärts liest, träge Masse gleich Energie. Kernkraftwerke und Kernexplosionen sind unübersehbare Demonstrationen der Identität von träger Masse und Energie.

(iii) Ein weitverbreiteter Mißbrauch des Kraftgesetzes

Manchmal findet man in Lehrbüchern Hinweise auf *longitudinale* und *transversale* Massen. Diese rühren von einem Mißbrauch der relativistischen Form des zweiten Newtonschen Bewegungsgesetzes her. Wenn $u \parallel a$ ist, reduziert sich das Kraftgesetz auf

$$f = m_0\gamma^3 \left(\frac{u^2 a}{c^2} \right) + \gamma a m_0 = m_0\gamma^3 \left(\frac{u^2}{c^2} + \frac{1}{\gamma^2} \right) a$$
$$= \gamma^3 m_0 a.$$

Die Größe $\gamma^3 m_0$ wird als *longitudinale* Masse bezeichnet. Wenn andererseits $u \perp a$ ist, erhalten wir

$$f = m_0\gamma a,$$

und $m_0\gamma$ wird als *transversale* Masse bezeichnet. Ich halte dies für scheußliche Begriffe, die nur von Leuten verwendet werden, die glauben, daß $f = m_0 a$ das zweite Newtonsche Gesetz ist. Das ist es ganz gewiß *nicht*. Die korrekte Form ist $f = dp/dt$, und sobald die richtige Form für p einbezogen wird, besteht keine Notwendigkeit zur Einführung dieser irrelevanten Begriffe.

(iv) Relativistische Teilchendynamik in einem Magnetfeld

Als letztes Beispiel für die Anwendung der Kraftgleichung wollen wir die Teilchendynamik in einem Magnetfeld betrachten. Aus

$$f = e(E + u \times B)$$

folgt für $E = 0$

$$f = e(u \times B).$$

Daher ist

$$e(u \times B) = m_0\gamma^3(u \cdot a/c^2)u + \gamma m_0 a. \tag{13.36}$$

Wegen $u \perp u \times B$ sind die linke Seite dieses Ausdrucks und der erste Term auf der rechten Seite zueinander senkrechte Vektoren, und daher fordern wir gleichzeitig

$$e(u \times B) = \gamma m_0 a \left.\vphantom{\begin{array}{c}1\\1\\1\end{array}}\right\}$$

und

$$u \cdot a = 0, \qquad\qquad\qquad (13.37)$$

d.h. die durch das Magnetfeld eingeprägte Beschleunigung ist senkrecht sowohl zu B als auch zur Geschwindigkeit u. Dadurch entsteht die kreisförmige oder Spiralbewegung geladener Teilchen in Magnetfeldern.

13.5 Der Viererwellenvektor

Schließlich wollen wir sehen, wie der Viererwellenvektor aus der Skalarprodukt-Regel hergeleitet wird: wenn A ein Vierervektor ist und $A \cdot B$ eine Invariante, dann muß B ein Vierervektor sein. Der einfachste Weg ist, die Phase einer Welle zu betrachten. Wenn wir die Welle in der Form $\exp[i(k \cdot r - \omega t)]$ schreiben, ist die Größe $(k \cdot r - \omega t)$ die Phase der Welle, d.h. sie gibt an, wie weit die Periode der Welle von 0 bis 360° gerade durchlaufen ist. Nun ist dies eine invariante Größe, gleichgültig in welchem Bezugssystem man sich gerade befindet. Daher ist

$$(k \cdot r - \omega t) = \text{const}$$

eine Invariante. Aber $[r, t]$ ist ein Vierervektor, und daher muß die Größe

$$K = [k, \omega/c^2] \qquad\qquad\qquad (13.38)$$

ebenfalls ein Vierervektor sein, den wir als *Viererwellenvektor* bezeichnen.

Wir können diesen Vierervektor auch herleiten, indem wir Photonen betrachten und den Viererimpuls benutzen. So erhalten wir

$$P \equiv [\gamma m_0 u, \gamma m_0] \equiv \left[\frac{h\nu}{c} i k, \frac{h\nu}{c^2}\right],$$

wobei $h\nu/c$ der Impuls des Photons und $h\nu$ seine Energie ist. Es gilt

$$\frac{h\nu}{c^2} = \frac{\hbar\omega}{c^2}; \quad \frac{h\nu}{c} = \frac{\hbar\omega}{c} = \hbar|k|$$

und daher für ein Photon

$$P \equiv \hbar[k, \omega/c^2]$$

oder

$$P = \hbar K. \qquad\qquad\qquad (13.39)$$

13.6 Nachbetrachtung

Ich werde diese Fallstudie hier beenden. Ich hoffe, Sie haben bemerkt, wie weit man kommen kann, wenn man erst einmal die geeignete mathematische Struktur für die Theorie hat. Ich hätte die ganze Sache als eine mathematische Übung durchführen können, und es wäre kaum ersichtlich geworden, wo ich einen Blick auf die reale Welt hätte werfen müssen. Tatsächlich sind ebenso wie in der Newtonschen Theorie Annahmen gemacht worden, auf die wir hingewiesen haben. So hat es sich ergeben, daß die mathematische Struktur in der Tat sehr elegant ist. Es hätte auch anders ausgehen können.

Vom rein praktischen Standpunkt aus ergibt sich durch die Verwendung von Vierervektoren eine starke Vereinfachung aller Rechnungen in der Relativitätstheorie. Man braucht sich nur eine einzige Transformationsgruppe zu merken und dann daran zu denken, wie die Vierervektoren abzuleiten sind. Es ist sehr vorteilhaft, eine Vorschrift zu besitzen, auf die man sich bei der Ausführung relativistischer Berechnungen verlassen kann. Ich bin sehr mißtrauisch gegenüber Beweisführungen, die versuchen, eine einfache Betrachtungsweise relativistischer Probleme zu vermitteln. Dinge wie Längenkontraktion und Zeitdilatation sind mit Vorsicht zu genießen, und die einfachste Art, nicht in schreckliche Verwirrung zu geraten, besteht darin, die mit den betrachteten Ereignissen verbundenen Vierervektoren niederzuschreiben und dann die Koordinaten mit Hilfe der Lorentz-Transformationen in Beziehung zueinander zu bringen.

Fallstudie 7

Allgemeine Relativitätstheorie und Kosmologie

Albert Einstein (1879–1955)
(Aus *Einstein: A Centenary Volume*, Hrsg. A.P. French,
S. 26, Heinemann, 1979)

Es ist oft eine Streitfrage, ob die Gebiete der allgemeinen Relativitätstheorie und der Kosmologie überhaupt in Lehrplänen für Studenten erscheinen sollten. Ich bin der festen Ansicht, daß sie aus zwei wesentlichen Gründen ganz gewiß gelehrt werden sollten.

Vor allem schließt sich die allgemeine Relativitätstheorie sehr natürlich an die spezielle Relativitätstheorie an und führt zu noch tiefergehenden Änderungen unserer Begriffe von Raum und Zeit als denen, die aus der speziellen Relativitätstheorie folgen. Die Vorstellung, daß die Geometrie der Raum-Zeit durch die Verteilung der Materie beeinflußt wird, die sich ihrerseits auf Bahnen in einer krummlinigen Raum-Zeit bewegt, ist ein Grundkonzept der modernen Physik. Meiner Ansicht nach ist es nicht mehr als recht und billig, daß frühzeitig in einer Vorlesungsreihe über Physik ein gewisser Vorgeschmack von den Ursprüngen und Folgen dieser bemerkenswerten Entdeckungen von Einstein vermittelt wird, sobald die Ideen der speziellen Relativitätstheorie eingeführt worden sind. Leider ist das Gebiet technisch kompliziert in dem Sinne, daß die erforderliche Mathematik darüber hinausgeht, was normalerweise auf Studentenniveau eingeführt wird, und es wäre falsch, diese technischen Schwierigkeiten zu unterschätzen. Trotzdem ist vieles ohne die Anwendung fortgeschrittener Techniken verständlich, vorausgesetzt, daß Sie bereit sind, gewisse Ergebnisse, die ich anführen werde, zu akzeptieren. Dies ist wohl ein geringer Preis dafür, daß man ein wirkliches Gefühl für die enge Wechselwirkung zwischen der Raum-Zeit-Geometrie und der Gravitation sowie für einige bemerkenswertere Phänomene gewinnt, deren Auftreten in starken Gravitationsfeldern zu erwarten ist.

Man könnte es für noch abwegiger halten, das Gebiet der Kosmologie in diesen Text aufzunehmen. Meine Argumente sind, daß die großräumige Struktur und Geometrie des Universums für mich ebensosehr ein integrierender Bestandteil der Physik sind wie die Struktur des Universums im mikroskopischen Maßstab, d.h. die Struktur der Atome und ihrer Kerne. Die astrophysikalischen und kosmologischen Wissenschaften sind ebenso ein Teil der Physik wie Festkörperphysik, statistische Mechanik usw. Ich finde sie deshalb attraktiv für die Lehre auf Studentenniveau, weil sie die grundlegende Beziehung zwischen Geometrie und Schwerkraft im größten Maßstab zum Bewußtsein bringen, tatsächlich in einem der wenigen Maßstäbe, in denen die Effekte der Raum-Zeit-Krümmung stark und nicht nur geringfügige Korrekturen zur Newtonschen Schwerkraft sind. Die Kosmologie ist auch ein Gebiet, das sich in den letzten 25 Jahren voll entfaltet hat und in dem jetzt viel mehr reale Fakten über das Universum bekannt sind. Dieses neue Verständnis hat zu einer gängigen Ansicht über die Entstehung des gesamten Universums geführt, die für Physiker und Astronomen viele grundsätzliche Fragen aufwirft. Außerdem handelt es sich um ein Gebiet, das immer Gelegenheit zum Disput bietet, und man kann aus einigen Aspekten der jüngeren Geschichte einige wichtige Lehren über den Fortschritt der beobachtenden Wissenschaften ziehen.

Indem wir abschließend die Kosmologie behandeln, kommen wir mit unseren Studien, wie wirkliche theoretische Physik betrieben wird, auf den neuesten Stand. Viele Fragen, die wir diskutieren werden, sind noch ungelöst. Dies führt auch insofern zu einer schönen Symmetrie für diese Vorlesungsreihe, als wir mit den Gravitationsgesetzen beginnen und enden.

14 Einführung in die allgemeine Relativitätstheorie

14.1 Einführung

Nach der Entwicklung der speziellen Relativitätstheorie im Jahre 1905 nahm Einstein das viel schwierigere Problem einer relativistischen Theorie der Gravitation in Angriff. Wie er dies tat, ist eine der großartigsten Geschichten der theoretischen Physik und erforderte tiefe physikalische Einsicht, Vorstellungskraft und Intuition. Während andere der Entdeckung der speziellen Relativitätstheorie nahegekommen waren, ging Einstein mit seiner Entdeckung der allgemeinen Theorie weit über seine Zeitgenossen hinaus und fand die relativistische Theorie der Gravitation, die mit allen bisher durchgeführten Tests der Theorie Übereinstimmung ergeben hat. Sie führte außerdem in der Folgezeit zur Entstehung von Begriffen, die bis dahin selbst für ein Genie wie Einstein kaum vorstellbar waren – das Phänomen der schwarzen Löcher und die Möglichkeit, Theorien der Gravitation im Grenzfall starker Felder durch die Beobachtung relativistischer Sterne zu prüfen.

Diese einfache Einführung verfolgt eine sehr bescheidene Absicht. Wir beabsichtigen, die in der allgemeinen Relativitätstheorie verkörperten Grundideen über Raum, Zeit und Gravitation verständlich zu machen. Wir betrachten dann eine spezielle Lösung der Einsteinschen Theorie, die Schwarzschildsche Lösung, und stellen fest, wie sich die Einsteinsche relativistische Gravitation von der Newtonschen Gravitation unterscheidet. Unsere Darlegung stützt sich weitgehend auf die von Rindler in *Essential Relativity* [14.1] und auf Berrys Einführung *Principles of Cosmology and Gravitation* [14.2]. Für die technischen Aspekte der Theorie kann ich die maßgebliche Arbeit von Weinberg, *Gravitation and Cosmology* [14.3], sowie das umfangreiche Werk *Gravitation* [14.4] von Misner, Thorne und Wheeler sehr empfehlen.

14.2 Grundmerkmale der Gravitationstheorie

Das Newtonsche Gravitationsgesetz

$$F = -G\frac{m_1 m_2}{r^3} r \tag{14.1}$$

hat einige bemerkenswerte Eigenschaften, besonders wenn man es in Verbindung mit dem zweiten Newtonschen Bewegungsgesetz

$$F = \frac{d}{dt}(m\boldsymbol{v}) = m\ddot{\boldsymbol{r}} \qquad (14.2)$$

schreibt, wenn wir es mit Punktmassen zu tun haben. Es gibt im Prinzip drei verschiedene Typen der Masse m, die in diesen beiden Formeln auftreten. Einer davon unterscheidet sich ziemlich stark von den anderen beiden, nämlich die Masse m in Gl. (14.2). Diese Masse wird als *träge Masse* m_t des Körpers bezeichnet, womit wir die Konstante meinen, die in der Beziehung zwischen Kraft und Beschleunigung auftritt. Sie beschreibt einfach den Widerstand (oder die Trägheit) des Körpers gegen die Änderung seines Bewegungszustandes, völlig unabhängig von der Natur der eingeprägten Kraft F.

Angenommen, wir fragen: 'Wie groß ist die Gravitationskraft auf die Masse m_2 aufgrund der Gegenwart der Masse m_1 im Abstand r ?' Die Antwort wird von (14.1) gegeben, aber wir sollten beachten, daß die Aussage sich aus zwei Teilen zusammensetzt. Zunächst besteht wegen der Masse m_1 ein Gravitationsfeld bei $\boldsymbol{r}$, das durch

$$\boldsymbol{g} = -\frac{Gm_1}{r^3}\boldsymbol{r}$$

gegeben ist. Diese Gleichung besagt, daß das Feld mit der Masse m_1 verbunden ist, und da das Feld von m_1 herrührt, bezeichnen wir diese Masse als *aktive Gravitationsmasse*. Wenn wir m_2 bei $\boldsymbol{r}$ anordnen, erfährt der Körper die Kraft $m_2\boldsymbol{g}$. Diese beschreibt die Reaktion des Körpers auf das vorher existierende Feld, und wir nennen m_2 die *passive Gravitationsmasse*.

Das Bemerkenswerte an der Gravitation ist nun, daß diese drei Massen mit hoher Präzision proportional zueinander sein müssen. Die Proportionalität zwischen aktiver und passiver Gravitationsmasse ergibt sich direkt aus dem dritten Newtonschen Bewegungsgesetz:

$$\boldsymbol{F}_1 = -\boldsymbol{F}_2$$

oder

$$Gm_{1\mathrm{a}}m_{2\mathrm{p}} = Gm_{2\mathrm{a}}m_{1\mathrm{p}}$$

$$\frac{m_{1\mathrm{a}}}{m_{2\mathrm{a}}} = \frac{m_{1\mathrm{p}}}{m_{2\mathrm{p}}},$$

wobei sich die Indizes a und p auf die aktive bzw. passive Gravitationsmasse beziehen. Da die Verhältnisse gleich sind, können m_{a} und m_{p} durch geeignete Wahl der Einheiten identisch gemacht werden.

Die Gleichheit der trägen Masse und der Gravitationsmasse (oder schweren Masse) ist viel subtiler. Wir könnten uns im Prinzip vorstellen, daß die Eigenschaft der schweren Masse von der trägen Masse völlig getrennt ist. Die schwere Masse ähnelt der elektrischen Ladung in der Elektrostatik, und wir wissen, daß zwischen der elektrischen Ladung eines Teilchens und seiner trägen Masse ein klarer Unterschied besteht. Bemerkenswert ist, daß die im Newtonschen Gravitationsgesetz enthaltene 'Gravitationsladung' mit der trägen Masse identisch ist.

Diese Besonderheit des Newtonschen Gravitationsgesetzes war schon implizit in seiner Analyse enthalten, die zeigte, daß sich die Planeten auf elliptischen Bahnen um die Sonne bewegen. Die in dem Ausdruck für die Zentrifugalkraft enthaltene träge Masse wird mit der schweren Masse im quadratischen Gravitationsgesetz gleichgesetzt. Die genaue Gleichheit dieser beiden Massen wurde mit immer höherer Genauigkeit in den 1880er Jahren von Eötvös, 1964 von Dicke und 1971 von Braginski gemessen. Die gegenwärtige Linearitätsgrenze für das Verhältnis zwischen schwerer und träger Masse liegt etwa bei Eins zu 10^{12}. Dies ist hinreichend genau, um ziemlich raffinierte Tests der Identität der beiden Massen zu ermöglichen. Zum Beispiel muß sich die träge Masse $m = E/c^2$, die mit der kinetischen Energie von Elektronen verbunden ist, welche sich mit relativistischen Geschwindigkeiten in Atomen bewegen, genauso verhalten wie eine schwere Masse der gleichen Größe.

Die Folgerungen aus diesen verblüffenden Eigenschaften der Gravitation ließen Einstein zu der Ansicht gelangen, daß eine sehr enge Beziehung zwischen Gravitationserscheinungen einerseits und den im zweiten Newtonschen Gesetz dargestellten dynamischen Erscheinungen andererseits besteht, d.h. zwischen beschleunigter Bewegung und Gravitationsfeldern. Die Äquivalenz dieser Erscheinungen wurde in den Status eines physikalischen Grundprinzips erhoben, genannt *Äquivalenzprinzip*, das wir in Einsteins eigenen Worten angeben wollen:

Alle lokalen, frei fallenden, nichtrotierenden Laboratorien sind für die Durchführung aller physikalischen Experimente völlig gleichwertig. [14.5]

In dieser Formulierung erscheint das Prinzip als eine natürliche Erweiterung der Postulate, welche die Grundlage der speziellen Relativitätstheorie bilden. Im besonderen ist zu sehen, daß die Postulate mit dem Äquivalenzprinzip völlig vereinbar sind, da zwei relativ gegeneinander bewegte Inertialsysteme 'frei fallende' Systeme mit der Gravitation Null sind. Die Aussage bedeutet außerdem, daß lokal der Abstand zwischen Ereignissen in der normalen *Metrik* der speziellen Relativitätstheorie angegeben werden muß, die oft als Minkowskische Metrik bezeichnet wird:

$$ds^2 = dt^2 - \frac{1}{c^2}(d\boldsymbol{r}^2). \tag{14.3}$$

Die Aussage des Äquivalenzprinzips geht jedoch weit darüber hinaus. Mit einem 'frei fallenden Laboratorium' meinen wir ein Labor, das durch das lokale Gravitationsfeld ohne Einwirkung irgendwelcher Zwangskräfte beschleunigt wird. Mit anderen Worten, innerhalb dieses Labors ist überhaupt kein Gravitationsfeld spürbar. Durch Transformation in ein frei fallendes Bezugssystem ersetzen wir die Schwerkraft vollständig durch beschleunigte Bezugssysteme. Das Äquivalenzprinzip behauptet, daß die Gesetze der Physik in allen derartigen beschleunigten Bezugssystemen identisch sind. Einsteins fundamentale Einsicht bestand also darin, die Gravitation insgesamt 'abzuschaffen' und durch geeignete Transformationen zwischen beschleunigten Bezugssystemen zu ersetzen.

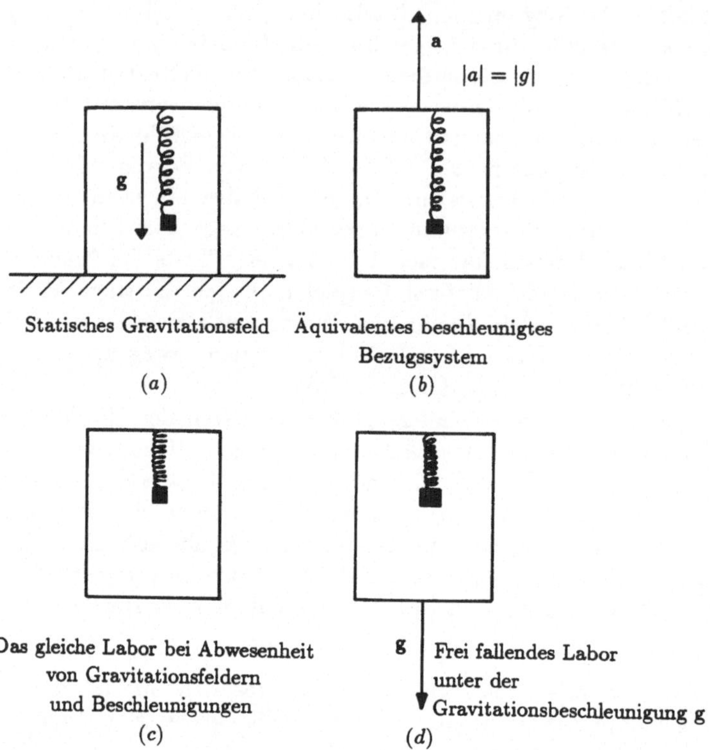

Abb. 14.1. Darstellung der Äquivalenz zwischen Gravitationsfeldern und beschleunigten Bezugssystemen. In jeder Zeichnung ist an der Labordecke eine Feder mit einem daran befestigten Gewicht aufgehängt. In (a) und (b) sind die Federn gedehnt. In (c) und (d) zeigt die Feder keine Dehnung.

Um die Vorstellung der Äquivalenz von Gravitation und lokalen Beschleunigungen zu untermauern, wollen wir einige klassische Darstellungen von Laboratorien im freien Fall, in Gravitationsfeldern, und von Labors, die zur Nachahmung der Gravitationseffekte beschleunigt werden, betrachten. In Abb. 14.1(a) und (b) zeigen wir die Äquivalenz zwischen einem statischen Gravitationsfeld und einem beschleunigten Laboratorium mittels einer Federwaage. Wir zeigen zum Vergleich ein Labor im Bereich eines Null-Gravitationsfeldes (Abb. 14.1(c)) und ein Labor im freien Fall in einem Gravitationsfeld der Stärke g (Abb. 14.1(d)). In Abb. 14.2 zeigen wir das zu einer Punktmasse M hin beschleunigte Laboratorium. Während wir das Gravitationsfeld im Mittelpunkt des Labors durch die Beschleunigung g ersetzen können, ergibt dies für Punkte an den Rändern des Labors nicht die richtige Lösung. Dies unterstreicht den Punkt in der Einsteinschen Formulierung des Prinzips, daß es *lokal* anwendbar ist. An einem beliebigen Punkt können wir g durch ein beschleunigtes Bezugssystem ersetzen, aber im allgemeinen benötigen wir an verschiedenen Punkten im Raum unterschiedliche Bezugssysteme.

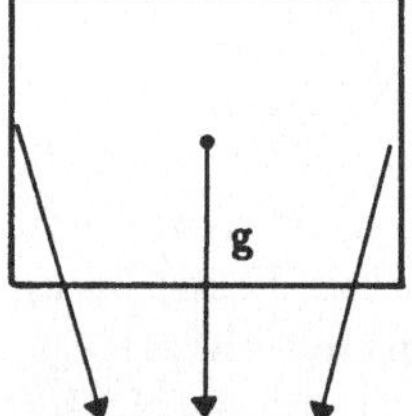

Abb. 14.2. Die Darstellung zeigt, weshalb beschleunigte Bezugssysteme und Gravitationsfelder nur lokal austauschbar sind. Das von der Masse M herrührende Gravitationsfeld kann im Mittelpunkt des Kastens wegtransformiert werden, aber die gleiche Transformation beseitigt nicht die Felder am Rande des Kastens.

Damit wird das Ziel der allgemeinen Relativitätstheorie klar. Wir müssen Transformationen zwischen beschleunigten Bezugssystemen finden, die den Einfluß der Verteilung gravitierender Materie im Universum berücksichtigen.

14.3 Nichtlinearität, Raumkrümmung und Zeitdilatation

Wir wollen einige notwendige Merkmale einer relativistischen Gravitationstheorie feststellen.

14.3.1 Nichtlinearität der relativistischen Gravitation

Daß eine relativistische Gravitationstheorie nichtlinear sein muß, folgt aus der Beziehung $E = mc^2$ in der speziellen Relativitätstheorie. Im einfachen Falle des durch eine bestimmte Massenverteilung erzeugten Gravitationsfeldes besitzt das Gravitationsfeld selbst eine bestimmte Energiedichte, die wegen $E = mc^2$ einer bestimmten Dichte der trägen Masse entspricht. Diese träge Massendichte ist ihrerseits eine Quelle des Gravitationsfeldes. Diese Eigenschaft steht in scharfem Gegensatz zu der eines elektrostatischen Feldes, das eine bestimmte elektromagnetische Feldenergie erzeugt, die aber keine zusätzliche elektrostatische Ladung bildet. Somit ist die relativistische Gravitationstheorie an sich eine nichtlineare Theorie, was ihre Kompliziertheit weitgehend erklärt.

14.3.2 Krümmung des Raums

Wir wollen die Ausbreitung des Lichts in einem Gravitationsfeld g und in einem äquivalenten beschleunigten Labor entsprechend der Darstellung in Abb. 14.3 (a), (b) und (c) untersuchen. Wenn wir das beschleunigte Labor von einem Inertialsystem aus betrachten, ist ersichtlich, daß nach Feststellung des beschleunigten Beobachters das Lichtsignal einer gekrümmten Bahn folgt. Wenn wir die Newtonsche Mechanik verwenden, erkennen wir, daß das Lichtsignal beim Durchqueren des Labors um die Distanz $\frac{1}{2}gt^2$ 'herabfällt', wobei $t = d/c$ ist. Nach der geometrischen Darstellung in Abb. 14.3(d) können wir den Krümmungsradius R der Lichtbahn berechnen: $R\phi = d$. Der Winkel $\phi/2$ ist auch der Winkel zwischen Tangente und Sehne, und folglich ist $\phi \approx gd/c^2$. Daher ist $R = c^2/g$. Beachten Sie, daß der Krümmungsradius der Bahn des Lichtstrahls nur von der Gravitationsbeschleunigung g abhängt.

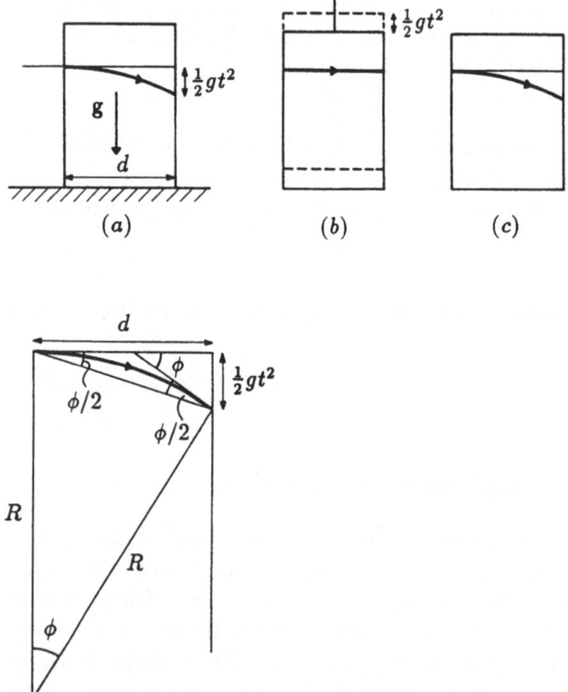

Abb. 14.3. Darstellung der Lichtablenkung durch Gravitation nach dem Äquivalenzprinzip. (a) Bahn eines Lichtstrahls in einem Gravitationsfeld g. (b) Dynamik des Lichtstrahls im äquivalenten beschleunigten Bezugssystem, von einem stationären äußeren Beobachter aus gesehen. Die gestrichelte Linie zeigt die Position des Labors nach der Zeit t. (c) Bahn des Lichtstrahls, beobachtet im beschleunigten Bezugssystem. (d) Geometrie der Lichtablenkung in einem beschleunigten Bezugssystem.

Diese einfache Beweisführung zeigt, daß nach dem Äquivalenzprinzip die Geometrie, in der sich Lichtstrahlen in einem beschleunigten Labor ausbreiten, im allgemeinen kein flacher, sondern ein gekrümmter Raum ist, wobei die Raumkrümmung vom lokalen Wert der Gravitationsbeschleunigung g abhängt. Beachten Sie, daß dieses Argument nur plausibel macht, daß die Raumabschnitte innerhalb der Raum-Zeit gekrümmt sein dürften. Mit anderen Worten, die geeignete Geometrie für 'dr^2' in der Metrik (14.3) wird sich im allgemeinen auf den gekrümmten Raum beziehen. In der vollständigen Theorie wird sich jedoch die gesamte Metrik auf eine krummlinige Geometrie beziehen, d.h. die vierdimensionale Raum-Zeit sollte durch eine krummlinige vierdimensionale Geometrie beschrieben werden.

So gelangen wir zwangsläufig zur Betrachtung vierdimensionaler krummliniger Räume, die sich lokal auf eine Metrik der Form (14.3) reduzieren. Die geeignete Metrik ist im allgemeinen eine *Riemannsche Metrik*, die sich wie folgt schreiben läßt:

$$ds^2 = \sum_{\mu,\nu} g_{\mu\nu} \, dx^\mu \, dx^\nu = g_{\mu\nu} \, dx^\mu \, dx^\nu, \tag{14.4}$$

d.h. x^μ und x^ν sind Koordinaten, die Punkte im vierdimensionalen Raum definieren, und ds^2 ist durch eine homogene quadratische Differentialform in diesen Koordinaten gegeben. Bei der Identität in Gl. (14.4) wird die Verabredung verwendet, daß über gleiche Indizes zu summieren ist (Einsteinsche Summenkonvention). Die Indizes μ und ν bei dx werden aus einem technischen Grunde als obere Indizes geschrieben, weil nämlich in der ausführlichen Theorie vierdimensionaler Räume zwischen kovarianten und kontravarianten Größen unterschieden werden muß. Wir werden diese Unterscheidung in unserer Analyse nicht benötigen. Diese Räume haben die Eigenschaft, daß sie *lokal* in die Euklidische Form gebracht werden können, wodurch unsere Forderung erfüllt wird, daß sich die Metrik lokal auf die Minkowskische Metrik (14.3) reduziert. In diesem Falle gilt

$$g_{\mu\nu} = \begin{bmatrix} 1 & 0 & 0 & 0 \\ 0 & -\dfrac{1}{c^2} & 0 & 0 \\ 0 & 0 & -\dfrac{1}{c^2} & 0 \\ 0 & 0 & 0 & -\dfrac{1}{c^2} \end{bmatrix} \tag{14.5}$$

mit $[x^0, x^1, x^2, x^3] = [t, x, y, z]$. Die *Signatur* der Metrik ist $[+, -, -, -]$, und diese Eigenschaft bleibt unter allgemeinen Riemannschen Transformationen erhalten.

Ein wichtiger begrifflicher Punkt ist, daß die Koordinaten eher als 'Markierungen' für die Punkte im Raum denn als 'Abstände', wie in der euklidischen Geometrie herkömmlich, zu betrachten sind. So sind x, y und z reale Abstände im euklidischen Raum, und dies ist eine sehr zweckmäßige Markierung. Im allgemeinen müssen jedoch die Koordinaten nicht die gleiche intuitiv einleuchtende Bedeutung haben.

14.3.3 Zeitdilatation im Gravitationsfeld

Durch eine weitere einfache Schlußfolgerung, die auf den Ursprung der Rotverschiebung im Gravitationsfeld hindeutet, können wir demonstrieren, weshalb die Zeitkomponente der Metrik nichteuklidisch sein dürfte. Angenommen, ein Lichtstrahl breitet sich von der Decke unseres Labors zum Fußboden hin aus. Dann können wir nach dem Äquivalenzprinzip das Labor durch ein in der zu g entgegengesetzten Richtung beschleunigtes Bezugssystem ersetzen (Abb. 14.4). Die Zeit, welche die Photonen benötigen, um von der Decke bis zum Fußboden zu gelangen, ist $t = h/c$, und in dieser Zeit erreicht das Labor die Geschwindigkeit $v = gt$, d.h. $v = gh/c$. Im Grenzwert kleiner Geschwindigkeiten $v \ll c$ führt dies zu einer Doppler-Verschiebung der Frequenz der Lichtwellen zu höheren Frequenzen:

$$\frac{\Delta\nu}{\nu} = \frac{v}{c} = \frac{gh}{c^2} \tag{14.6}$$

oder wenn wir die Frequenzen durch die Frequenz ν_0 an der Decke des Labors und die Frequenz ν_1 beim Erreichen des Fußbodens ausdrücken:

$$\frac{\nu_1}{\nu_0} = 1 + \frac{\Delta\nu}{\nu} = 1 + \frac{gh}{c^2}. \tag{14.7}$$

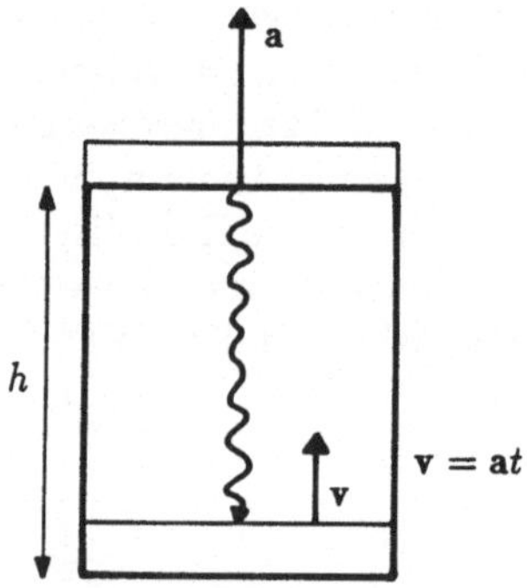

Abb. 14.4. Darstellung der Rotverschiebung im Gravitationsfeld. Das Labor wird innerhalb der Zeit t auf die Geschwindigkeit at beschleunigt.

Dies ist der Ausdruck für die *Rotverschiebung im Gravitationsfeld*. Die Rotverschiebung z ist definiert durch

$$z = \frac{\lambda_{\text{beob}} - \lambda_{\text{em}}}{\lambda_{\text{em}}}, \tag{14.8}$$

wobei λ_{obs} die beobachtete Wellenlänge und λ_{em} die emittierte Wellenlänge ist. Wenn wir die Welle betrachten, die sich vom Fußboden zur Decke ausbreitet, gilt $\lambda_{\text{obs}} = c/\nu_0$, $\lambda_{\text{em}} = c/\nu_1$, und folglich ist

$$z = \frac{\lambda_{\text{beob}}}{\lambda_{\text{em}}} - 1 = \frac{\nu_1}{\nu_0} - 1$$
$$z = \frac{gh}{c^2}. \tag{14.9}$$

Es ist vielleicht aufschlußreicher, das Ergebnis durch das Gravitationspotential ϕ auszudrücken, das durch $\boldsymbol{g} = -\text{grad}\phi$ definiert ist, also:

$$\boldsymbol{g} \cdot \boldsymbol{dl} = -d\phi. \tag{14.10}$$

Beim Übergang zu stärkeren Gravitationsfeldern wird ϕ stärker negativ. Wenn wir den Abstand von der Decke messen, können wir $gh = -d\phi$ schreiben und erhalten damit

$$z = \frac{d\nu}{\nu} = -\frac{d\phi}{c^2}. \tag{14.11}$$

Schließlich erhalten wir durch Integration von (14.11)

$$\int \frac{d\nu}{\nu} = -\int \frac{d\phi}{c^2}$$

oder

$$\nu = \nu_0 \exp\left(-\frac{\Delta\phi}{c^2}\right), \tag{14.12}$$

wobei $\Delta\phi$ die Differenz des Gravitationspotentials zwischen dem Emissions- und dem Absorptionspunkt der Strahlung ist.

Bis jetzt haben wir nur mit Doppler-Verschiebungen gearbeitet, die von beschleunigten Bezugssystemen aus beobachtet werden, aber nach dem Äquivalenzprinzip genau dasselbe sind wie die Rotverschiebung, die bei der Lichtausbreitung durch Bereiche mit unterschiedlichem Gravitationspotential zu erwarten ist. Wir stellen fest, daß wir dies auch als *Zeitdehnung* anstelle von Frequenzverschiebungen auffassen können. Wenn Δt_1 und Δt_0 die den Frequenzen ν_1 bzw. ν_0 entsprechenden Perioden der Wellen sind, dann gilt bekanntlich

$$\Delta t_1 = \nu_1^{-1} \quad \text{und} \quad \Delta t_0 = \nu_0^{-1}$$

und damit

$$\frac{\Delta t_0}{\Delta t_1} = \exp\left(-\frac{\Delta\phi}{c^2}\right). \tag{14.13}$$

Dies bedeutet, daß identische Uhren in verschiedenen Gravitationspotentialen verschieden schnell gehen. Achten Sie auf die Richtung der Änderung. Mit zunehmender Stärke des Gravitationsfeldes wird ϕ stärker negativ und damit $\Delta t_0 > \Delta t_1$.

Nun ist es wichtig zu erkennen , daß in der obigen Untersuchung die Zeiten Δt_0 und Δt_1 *Eigenzeiten* sind. Wenn wir daher annehmen, daß sich der Beobachter 0 im Potential Null befindet, dann ist das von ihm gemessene Δt_0 die Eigenzeit seiner Uhr an einem festen Punkt im Raum, d.h. das Intervall ds^2 ist ein reines Zeitintervall und damit eine Eigenzeit. In genau der gleichen Weise mißt der Beobachter unserer Quelle bei 1 die Eigenzeit Δt_1. Wegen $\Delta t_0 \neq \Delta t_1$ sehen wir daher, daß es im allgemeinen ein großes Synchronisationsproblem für unsere Uhren gibt – die Schnelligkeit, mit der die Eigenzeit abläuft, ist vom Gravitationspotential abhängig. Ein weiterer interessanter Punkt ist, daß wir jetzt über ein 'allgemein-relativistisches' Zwillingsparadoxon gestolpert sind. Wenn ich meinen Zwilling in ein stärkeres Gravitationspotential und zurück reisen lasse, dann ist für ihn die verstrichene Eigenzeit kürzer als für mich. Das ist nichts anderes als eine Zeitdilatation im Gravitationsfeld.

Das Uhrensynchronisationsproblem kann auf einfache Weise gelöst werden, wenn wir festlegen, statt der Eigenzeit eine geeignete Koordinatenzeit zu verwenden, die an allen Punkten im Raum den gleichen Wert hat. Wir wollen alle Zeiten auf die im Potential Null gemessene Koordinatenzeit beziehen und den Zuwachs dieser Zeit mit dt bezeichnen. Wir werden die Eigenzeit an anderen Punkten im Raum mit $d\tau$ bezeichnen, und wir haben gezeigt, daß in dieser Schreibweise

$$dt = dt \, \exp\left(\frac{\Delta\phi}{c^2}\right) \tag{14.14}$$

gilt. Nun kann man eine einfache Minkowskische Metrik wie folgt schreiben:

$$\begin{aligned} ds^2 &= d\tau^2 - \frac{1}{c^2}\, dl^2 \\ &= \left[\exp\left(\frac{\Delta\phi}{c^2}\right)\right]^2 dt^2 - \frac{1}{c^2}\, dl^2. \end{aligned} \tag{14.15}$$

Jedesmal wenn wir das Eigenzeitintervall ermitteln möchten, brauchen wir nur daran zu denken, daß für $dl^2 = 0$ die Beziehung $ds^2 = d\tau^2$ gilt, und $d\tau$ ist durch das obige Ergebnis (14.14) gegeben.

Wir wollen einen Schritt weitergehen und den Fall des Gravitationspotentials einer Punktmasse M betrachten. Nach dem Newtonschen Gravitationsgesetz ist $\Delta\phi = -GM/r$, und daraus erhalten wir durch Entwicklung für kleine Werte von GM/rc^2 für die quasi-Minkowskische Metrik:

$$ds^2 = \left(1 - \frac{2GM}{rc^2}\right) dt^2 - \frac{1}{c^2}\, dl^2. \tag{14.16}$$

In dieser *Näherungsbehandlung* haben wir eine Form hergeleitet, die wir wieder antreffen werden. Ich muß betonen, daß die obige Metrik zwar vielversprechend aussieht, in den Schlußfolgerungen aber viele unbefriedigende Schritte enthalten sind. Was ist zum Beispiel die genaue Bedeutung von r in der obigen Metrik, was genau ist dl, wenn uns bekannt ist, daß wir krummlinige Koordinaten verwenden sollten? Tatsächlich sind wir bei einer scheußlichen Mischung aus Newtonschen Ideen und Vorstellungen der speziellen bzw. allgemeinen Relativitätstheorie gelandet. Das Ziel dieses Abschnitts war jedoch nicht Genauigkeit. Wir bauen die *physikalischen* Komponenten der Theorie auf, so daß wir bei der Betrachtung einer Metrik, die aus der allgemeinen Relativitätstheorie

hergeleitet ist, nicht durch euklidische oder gar speziell-relativistische Begriffe
von Raum und Zeit verwirrt werden.

Eine abschließende Bemerkung zur Rotverschiebung im Gravitationsfeld ist
der Mühe wert. Beachten Sie, daß es sich hier um nichts anderes als einen
Ausdruck für die Erhaltung der Energie in einem Gravitationsfeld handelt.
In unserer endgültigen Form der Metrik (14.16) wurde diese Aussage in eine
Eigenschaft der metrischen Koeffizienten transformiert. So werden allmählich
Elemente der realen Physik erkennbar, die in die Raum-Zeit-Metrik eingebaut
sind.

14.4 Isotrope krummlinige Räume

Es ist aufschlußreich, isotrope krummlinige Räume ein wenig genauer zu betrachten, da sie einige Interpretationsprobleme erhellen, auf die man bei der
Untersuchung der Schwarzschildschen Metrik stößt. Im flachen Raum schreiben wir den Abstand zwischen zwei durch dx, dy, dz getrennten Punkten in
der Form

$$dl^2 = dx^2 + dy^2 + dz^2.$$

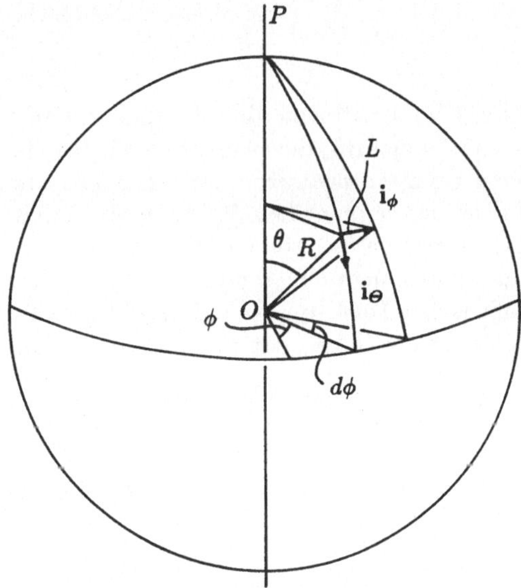

Abb. 14.5. Die Oberfläche einer Kugel als Beispiel eines zweidimensionalen isotropen gekrümmten Raums

Wenn wir setzen:

$$dl^2 = g_{\mu\nu}\, dx^\mu\, dx^\nu,$$

dann ist

$$g_{\mu\nu} = \begin{bmatrix} 1 & 0 & 0 \\ 0 & 1 & 0 \\ 0 & 0 & 1 \end{bmatrix}.$$

Betrachten wir nun einen einfachen *zweidimensionalen* isotropen gekrümmten Raum, die Oberfläche einer Kugel. Dieser 'Zweierraum' ist isotrop, da der Radius R der Kugel konstant ist. Wir können an jedem Punkt auf der Kugeloberfläche lokal ein orthogonales Bezugssystem anordnen. Zur Positionsbeschreibung auf der Kugeloberfläche werden wir Kugelkoordinaten benutzen, wie in Abb. 14.5 dargestellt. In diesem Falle sind die orthogonalen Koordinaten die Winkelkoordinaten θ und ϕ, also ist

$$dx^1 = d\theta$$
$$dx^2 = d\phi.$$

Aus der Geometrie der Kugel ist ersichtlich, daß

$$dl^2 = R^2 \, d\theta^2 + R^2 \sin^2 \theta \, d\phi^2 \tag{14.17}$$

gilt. Daher sind die Elemente des metrischen Tensors durch

$$g_{\mu\nu} = \begin{bmatrix} R^2 & 0 \\ 0 & R^2 \sin^2 \theta \end{bmatrix} \tag{14.18}$$

gegeben.

Nun enthält der metrische Tensor $g_{\mu\nu}$ Informationen über die Eigengeometrie des Zweierraums. Wir benötigen eine Vorschrift, die es uns ermöglicht, die Eigengeometrie der Oberfläche aus den Komponenten des metrischen Tensors zu bestimmen. In diesem einfachen Fall ist das kaum notwendig, aber wir hätten schließlich auch irgendein sonderbares Koordinatensystem wählen können, in dem die Eigengeometrie des Raums durchaus nicht offensichtlich wäre.

Für den Fall zweidimensionaler metrischer Tensoren, die sich auf Diagonalform mit $g_{12} = g_{21} = 0$ reduzieren lassen, zeigte Gauss, daß die Krümmung der Oberfläche durch die Formel

$$K = \frac{1}{2g_{11}g_{22}} \left\{ -\frac{\partial^2 g_{11}}{\partial (x^2)^2} - \frac{\partial^2 g_{22}}{\partial (x^1)^2} + \frac{1}{2g_{11}} \left[\frac{\partial g_{11}}{\partial x^1} \frac{\partial g_{22}}{\partial x^2} + \left(\frac{\partial g_{11}}{\partial x^2} \right)^2 \right] \right.$$
$$\left. + \frac{1}{2g_{22}} \left[\frac{\partial g_{11}}{\partial x^2} \frac{\partial g_{22}}{\partial x^2} + \left(\frac{\partial g_{22}}{\partial x^1} \right)^2 \right] \right\} \tag{14.19}$$

gegeben ist. Ein Beweis dieses Satzes ist in Berrys Buch [14.6] skizziert, und der allgemeine Fall für zweidimensionale Räume wird in dem Buch von Weinberg [14.7] angeführt. Mit $g_{11} = R^2$, $g_{22} = R^2 \sin^2 \theta$ und $x^1 = \theta$, $x^2 = \phi$ läßt sich auf einfache Weise zeigen, daß $K = 1/R^2$ ist, d. h. daß der Raum eine konstante (von θ und ϕ unabhängige) Krümmung besitzt. Tatsächlich kann man zeigen, daß die einzigen isotropen zweidimensionalen Räume den Fällen einer positiven, negativen oder verschwindenden Konstante K entsprechen. Dies wird im Anhang zu diesem Kapitel nachgewiesen. Der Wert $K = 0$ entspricht dem *flachen euklidischen Raum*, negatives K entspricht *hyperbolischen Räumen*, in denen die Krümmungsradien in allen Punkten entgegengesetzte Richtung haben. Dies ist in Abb. 14.6 skizziert. In diesem Falle werden die trigonometrischen Funktionen wie z.B. $\sin\theta$ durch ihre hyperbolischen Gegenstücke, z.B. $\sinh\theta$, ersetzt.

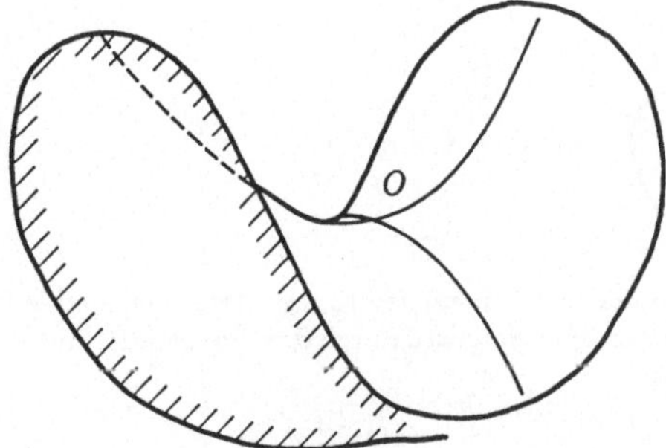

Abb. 14.6. Skizze eines hyperbolischen zweidimensionalen isotropen krummlinigen Raums

Beachten Sie, daß in isotropen krummlinigen Räumen K überall konstant ist, im Fall eines allgemeinen zweidimensionalen Raums aber die Krümmung eine Funktion der räumlichen Koordinaten ist.

Die Erweiterung auf isotrope dreidimensionale Räume ist im Prinzip einfach, aber wir können uns den Dreierraum nicht mehr geometrisch vorstellen, da wir ihn in einen vierdimensionalen Raum einbetten müßten. Wir können jedoch auf einfache Weise vorgehen, wenn wir uns klarmachen, daß ein zweidimensionaler Schnitt durch unseren Dreierraum selbst ein isotroper Zweierraum sein muß, für den wir schon den metrischen Tensor berechnet haben. Angenommen, wir fragen nach der Größe L eines Stabes, der im Polarwinkel θ einem Winkel $d\phi$ gegenüberliegt, wie in Abb. 14.5 dargestellt. In der in dieser Abbildung benutzten Schreibweise gilt

$$L = R\sin\theta\, d\theta. \tag{14.20}$$

Wenn wir die zu θ gehörige Bogenlänge von P bis L, d.h. die 'geodätische Entfernung' auf der Kugeloberfläche, mit r bezeichnen, ist $\theta = r/R$, und es gilt

$$L = R\sin(r/R)\, d\phi. \tag{14.21}$$

In diesem Zusammenhang meinen wir mit der geodätischen Entfernung die kürzeste Entfernung zwischen zwei Punkten im Zweierraum. In diesem Fall ist dies offensichtlich der Großkreis, der P und L miteinander verbindet.

Wenn wir den Inhalt einer Kreisfläche senkrecht zur 'Sichtlinie' von P berechnen wollen, legen wir einfach einen weiteren senkrechten Schnitt durch den gekrümmten Raum, wie schematisch in Abb. 14.7 dargestellt. Wegen der Isotropie des Raums ist der Wert von L in senkrechter Richtung der gleiche, und folglich ist der Flächeninhalt des Kreises mit dem Durchmesser L

$$A = \frac{\pi L^2}{4} = \frac{\pi R^2}{4} \sin^2(r/R) \, d\phi^2 . \tag{14.22}$$

Beachten Sie, daß sich dieser Ausdruck für $R \gg r$ auf $\pi r^2 \, d\phi^2/4$ reduziert, das normale euklidische Ergebnis.

Abb. 14.7. Die Darstellung zeigt, wie Flächeninhalte in einem isotropen dreidimensionalen Raum gemessen werden können, indem man senkrechte Schnitte durch den Raum legt, deren jeder ein isotroper zweidimensionaler Raum ist.

Aus diesem Beispiel können wir das Problem bei nichteuklidischen Geometrien erkennen. Wenn wir r als geodätische Entfernung ansehen, erfordert die Formel für den Flächeninhalt etwas Komplizierteres als die euklidische Formel. Wir können uns jedoch entscheiden, die Formel für Flächeninhalte der euklidischen Beziehung, d.h. dem Ausdruck $\pi x^2 \, d\phi^2/4$, ähnlich zu machen und die Definition der Abstandskoordinate entsprechend zu ändern. Im obigen Beispiel müßte wir schreiben:

$$x = R \sin(r/R). \tag{14.23}$$

Nun lautet die Formel für den räumlichen Abstand in unserem gekrümmten Raum:

$$dl^2 = dr^2 + R^2 \sin^2(r/R) \, d\phi^2 . \tag{14.24}$$

Wir wollen in diesem Ausdruck r durch x ersetzen. Durch Differenzieren von (14.23) erhalten wir

$$dx = \cos(r/R) \, dr$$
$$dx^2 = \cos^2(r/R) \, dr^2 = [1 - \sin^2(r/R)] \, dr^2$$
$$= \left(1 - \frac{x^2}{R^2}\right) dr^2$$

oder

$$dr^2 = \frac{dx^2}{(1 - Kx^2)}, \tag{14.25}$$

wobei $K = 1/R^2$ die Krümmung des Zweierraums ist. Der räumliche Abstand in der Metrik läßt sich daher wie folgt schreiben:

$$dl^2 = \frac{dx^2}{(1 - K x^2)} + x^2 \, d\phi^2. \tag{14.26}$$

Die Formeln (14.24) und (14.26) sind genau äquivalent, aber beachten Sie die verschiedenen Bedeutungen von r und x: r ist die *geodätische Entfernung* im Dreierraum, während x eine Abstandskoordinate ist, welche für Abstände senkrecht zum geodätischen Abstand nach der Beziehung

$$L = x \, d\phi$$

die richtige Lösung liefert. Beachten Sie, wie zweckmäßig sich die Metrik der Form (14.26) auf sphärische, flache und hyperbolische Räume einstellt, je nach dem Wert von K.

14.5 Der Weg zur allgemeinen Relativitätstheorie

Diese Betrachtungen machen klar, warum die allgemeine Relativitätstheorie technisch sehr kompliziert ist. Die Raum-Zeit muß durch einen allgemeinen metrischen Tensor $g_{\mu\nu}$ eines gekrümmten Raums definiert werden, der eine Funktion von Raum-Zeit-Koordinaten ist. Aus den in den vorstehenden Abschnitten durchgeführten Rechnungen ist ersichtlich, daß die $g_{\mu\nu}$ Gravitationspotentialen analog sind. Ihre Veränderung von Punkt zu Punkt in der Raum-Zeit definiert die lokale Krümmung des Raums. Vom rein geometrischen Standpunkt aus müssen wir dem Äquivalenzprinzip mathematische Substanz verleihen, d.h. Transformationen im Riemannschen Raum ersinnen, welche die Werte von $g_{\mu\nu}$ an verschiedenen Punkten in der Raum-Zeit miteinander verbinden können. Vom dynamischen Standpunkt aus müssen wir in der Lage sein, die $g_{\mu\nu}$ mit der Verteilung der Materie im Universum in Verbindung zu bringen.

Die geometrische Analyse geht vom allgemeinsten Tensor aus, der die Geometrie der Raum-Zeit beschreibt, dem Riemann-Christoffelschen Krümmungstensor vierter Ordnung $R_{\mu\nu\lambda\kappa}$. Die Einsteinsche Analyse zeigte, daß der Tensor zweiter Ordnung, der in direkte Verbindung mit der Materieverteilung gebracht werden kann, der Ricci-Tensor $R_{\mu\nu}$ ist, technisch eine kontrahierte Version des Krümmungstensors. Der Tensor, der den Masse-Energie-Gehalt des Universums beschreibt, ist der Impuls-Energie-Tensor (oder vierdimensionale Spannungstensor) $T_{\mu\nu}$. Einstein vermutete, daß diese Tensoren einfach durch die Gleichung

$$R_{\mu\nu} - \frac{1}{2} g_{\mu\nu} R = -\frac{8\pi G}{c^2} T_{\mu\nu} \tag{14.27}$$

miteinander verknüpft sind. Dies sieht ziemlich abschreckend aus (besonders wenn wir nicht erklärt haben, was die Symbole genau bedeuten), aber wir wollen andeuten, wie einige Teile davon zu verstehen sind. Betrachten wir die einfachste Art gravitierender Materie – was die Relativisten 'Staub' nennen. Dies bedeutet nichts als ein Gas aus Teilchen irgendeiner Art mit dem Druck Null. Wenn dann der Staub in seinem Ruhesystem die Dichte ρ_0 besitzt, ist die Dichte in einem Bezugssystem, das sich mit der Relativgeschwindigkeit v gegenüber dem ersteren bewegt, gleich $\rho = \gamma^2 \rho_0$, wobei das eine γ daraus resultiert, daß die Masse des Staubs aufgrund seiner Bewegung zunimmt, während das andere von der Längenkontraktion in Bewegungsrichtung herrührt. Die einfachste Tensorgröße, die wir zur Bildung eines geeigneten Impuls-Energie-Tensors für den Staub einführen können, ist

$$T_{\mu\nu} = \rho_0 U_\mu U_\nu, \tag{14.28}$$

wobei U_μ und U_ν Vierergeschwindigkeiten sind. Wir stellen fest, daß die T_{00}-Komponente des Tensors gleich $\gamma^2 \rho_0$ ist. In der Tat hat der Tensor $T_{\mu\nu}$ einige bemerkenswerte Eigenschaften, die von Rindler [14.1] elegant beschrieben werden. Zum Beispiel umfaßt die einzige Gleichung

$$\frac{\partial T_{\mu\nu}}{\partial x_\nu} = 0$$

die Erhaltungssätze für Masse, Energie und Impuls des Staubes. Wir wollen zeigen, warum eine Verknüpfung zwischen $T_{\mu\nu}$ und $g_{\mu\nu}$ plausibel ist.

Aus der Metrik (14.16) erkennen wir, daß die Zeitkomponente durch

$$g_{00} = \left(1 + \frac{2\phi}{c^2}\right) \tag{14.29}$$

gegeben ist. Nun kann man die Poisson-Gleichung für die Gravitation wie folgt schreiben:

$$\nabla^2 \phi = 4\pi G \rho,$$

und daraus erhalten wir mit (14.28) und (14.29):

$$\frac{c^2}{2} \nabla^2 g_{00} = 4\pi G T_{00}$$

oder

$$\nabla^2 g_{00} = \frac{8\pi G}{c^2} T_{00}. \tag{14.30}$$

Die Analyse zeigt, warum man vernünftigerweise eine enge Beziehung zwischen Ableitungen von $g_{\mu\nu}$ und dem Impuls-Energie-Tensor $T_{\mu\nu}$ erwarten kann. Beachten Sie, daß die Konstante vor T_{00} die gleiche wie in der vollständigen Theorie ist. Natürlich können wir keine exakte Übereinstimmung zwischen (14.30) und (14.27) erwarten, da die erstere Beziehung aus einer Analyse im flachen Raum resultiert.

Schließlich führt die allgemeine Relativitätstheorie auf ein System von Lösungen für $g_{\mu\nu}$ und damit auf eine Metrik der Form

$$ds^2 = g_{\mu\nu}\, dx^\mu\, dx^\nu.$$

Wir benötigen noch eine Regel, die uns sagt, wie wir aus dieser Metrik die Bahn eines Teilchens in der Raum-Zeit bestimmen können. Im dreidimensionalen euklidischen Raum ist die Antwort darauf, daß wir eine Bahn suchen, welche den Abstand ds zwischen den Punkten A und B zu einem Minimum macht. Wir müssen das entsprechende Ergebnis für die Raum-Zeit finden. Wenn wir die Punkte A und B durch eine große Zahl möglicher Wege durch die Raum-Zeit verbinden, muß offenbar die Bahn, die dem freien Fall zwischen A und B entspricht, die kürzeste sein. Nach der Betrachtung zum Zwillingsparadoxon in der allgemeinen Relativitätstheorie muß der freie Fall zwischen A und B auch der maximalen Eigenzeit zwischen A und B entsprechen, d.h. wir fordern, daß $\int_A^B$ für die kürzeste Bahn ein *Maximum* ist. In der Ausdrucksweise der Variationsrechnung können wir diese Forderung wie folgt formulieren:

$$\delta \int_A^B ds = 0. \tag{14.31}$$

Es ist interessant zu zeigen, daß für unsere naive Metrik (14.16) diese Bedingung dem *Hamiltonschen Prinzip* in der Mechanik und Dynamik genau äquivalent ist. Wegen $dl/dt = v$ gilt

$$\int_A^B ds = \int_{t_1}^{t_2} \frac{ds}{dt}\, dt$$
$$= \int_{t_1}^{t_2} \left[\left(1 + \frac{2\phi}{c^2} \right) - \frac{v^2}{c^2} \right]^{\frac{1}{2}} dt\,.$$

Für schwache Felder mit $(2\phi/c^2) - (v^2/c^2) \ll 1$ reduziert sich dies auf

$$\int_{t_1}^{t_2} (U - T)\, dt, \tag{14.32}$$

wobei U die potentielle Energie des Teilchens und T seine kinetische Energie ist. Ich halte es für bemerkenswert, daß die Zwangsbedingung, daß ds ein Maximum sein muß, genau zum Hamiltonschen Prinzip in der Dynamik führt (siehe Abschnitt 5.4).

14.6 Die Schwarzschildsche Metrik

Die Lösung der Einsteinschen Gleichungen für den Fall einer Punktmasse wurde 1915 von Schwarzschild gefunden, nur wenige Monate nach der Erstveröffentlichung der Einsteinschen Theorie in ihrer endgültigen Form. Die *Schwarzschildsche Metrik* für eine Punktmasse M hat die Form

$$ds^2 = \left(1 - \frac{2GM}{rc^2} \right) dt^2 - \frac{1}{c^2} \left[\frac{dr^2}{\left(1 - \dfrac{2GM}{rc^2} \right)} + r^2 \left(d\theta^2 + \sin^2\theta\, d\phi^2 \right) \right] \tag{14.33}$$

Nach unseren Untersuchungen in den vorstehenden Abschnitten können wir nun die Bedeutung der verschiedenen Terme in dieser Metrik verstehen.

(a) Die *Zeitkoordinate* ist genau in der Form geschrieben worden, die wir fordern, damit alle Uhren überall synchronisiert sind, d.h. das Eigenzeitintervall ist $d\tau = (1 - 2GM/rc^2)^{\frac{1}{2}}\, dt$. Beachten Sie jedoch, daß der Faktor $(1 - 2GM/rc^2)$ in der Metrik (14.16) zwar nur durch Näherung entstanden war, nämlich durch Reihenentwicklung von $e^{\Delta\phi/c^2}$, in der allgemeinen Relativitätstheorie aber das vorliegende Ergebnis für alle Werte des Parameters $2GM/rc^2$ *exakt* ist.

(b) Die Winkelkoordinaten sind in Form von Kugelkoordinaten bezüglich der Punktmasse als Mittelpunkt geschrieben worden. Die Radialkoordinate r ist so angelegt, daß metrische Abstände senkrecht zur Radialkomponente durch $r(d\theta^2 + \sin^2\theta d\phi^2)^{\frac{1}{2}}$ korrekt wiedergegeben werden; r wird oft als 'Winkelabstand' (oder scheinbarer Abstand) bezeichnet und unterscheidet sich vom geodätischen Abstand von der Punktmasse zu dem durch r markierten Punkt. Die Eigenentfernung von 0 nach r ist durch

$$\int_0^r \frac{dr}{\left(1 - \dfrac{2GM}{rc^2}\right)^{\frac{1}{2}}} \tag{14.34}$$

gegeben.

(c) Aus diesem Formalismus läßt sich erkennen, wie die Masse die Raumkrümmung beeinflußt. Wir erinnern uns daran, daß wir die räumliche Komponente der Metrik in isotropen gekrümmten Räumen angeben können:

$$\frac{dr^2}{(1 - Kr^2)} + r^2(d\theta^2 + \sin^2\theta\, d\phi^2). \tag{14.35}$$

Offenbar erhält man durch Gleichsetzen von Kr^2 und $2GM/rc^2$ ein Maß für die lokale Raumkrümmung:

$$K = \frac{2GM}{c^2 r^3}. \tag{14.36}$$

Dies liefert uns ein Maß für die von einer Punktmasse M im Abstand r erzeugte Raumkrümmung. Beachten Sie, daß diese Formel die attraktive Eigenschaft hat, daß für r gegen Unendlich K gegen Null geht sowie daß K proportional zu M ist. Wenn wir die Krümmung K durch $1/R^2$ ersetzen, erhalten wir

$$\frac{r^2}{R^2} = \frac{2GM}{rc^2}.$$

Dies ist ein Maß für die Raumkrümmung in Abhängigkeit vom Abstand von einem Masseobjekt. Beachten Sie, daß $2GM/rc^2$ auch der in den Zeit- und Radialkomponenten der Metrik enthaltene 'relativistische' Faktor ist. Wir wollen uns einige typische Werte dieses Parameters ansehen:

An der Sonnenoberfläche: $2GM_\odot/rc^2 \approx 4 \times 10^{-6}$

An der Erdoberfläche: $2GM_{\mathrm{E}}/rc^2 \approx 1,4 \times 10^{-8}$,

d.h. innerhalb des Sonnensystems sind die Effekte der Raumkrümmung sehr klein und erfordern Messungen von höchster Präzision, um überhaupt nachgewiesen zu werden. Das zweite Beispiel zeigt den Faktor an, um den die Winkelsumme eines Dreiecks bei Messungen an der Erdoberfläche von 180° abweicht. In der Tat wird erzählt, daß Gauss in den 1820er Jahren im Harz ein Experiment durchführte, um diesen Faktor exakt festzustellen. Mit einem Theodoliten fand er, daß die Winkelsumme eines von drei hohen Bergen gebildeten Dreiecks 180° betrug; wir verstehen aber heute, wie klein die zu erwartenden Effekte der Raumkrümmung sind. Bemerkenswert ist, daß Gauss den Scharfblick hatte, zu begreifen, daß das fünfte Postulat des Euklid, das grundsätzlich behauptet, daß sich Parallelen nur im Unendlichen treffen oder die Winkelsumme eines Dreiecks gleich 180° ist, nicht unbedingt richtig zu sein braucht, wenn wir hinreichend große Entfernungen betrachten. An der Oberfläche von Neutronensternen sind jedoch die Effekte der allgemeinen Relativitätstheorie bedeutsam. Für diese Sterne gilt $r \approx 10$ km, $M_{\mathrm{NS}} \approx 1 M_\odot \approx 2 \times 10^{30}$ kg und $2GM_{\mathrm{NS}}/rc^2 \approx 0,3$.

(d) Schließlich stellen wir fest, daß bei der Radialkoordinate $2GM/rc^2 = 1$ irgend etwas 'Sonderbares' passieren muß. Der durch diese Beziehung definierte Radius $r_{\mathrm{g}} = 2GM/c^2$ ist als *Schwarzschild-Radius* bekannt und spielt eine besonders wichtige Rolle bei der Untersuchung schwarzer Löcher, zu der wir gleich kommen werden.

14.7 Bahnen um eine zentrale Punktmasse

Durch die Untersuchung von Teilchenbahnen um eine zentrale Punktmasse können wir eine Menge über die Unterschiede zwischen der Newtonschen Gravitation und der allgemeinen Relativitätstheorie lernen. Wir werden Bahnen in einer Ebene betrachten, so daß sich die Schwarzschildsche Metrik wie folgt schreiben läßt:

$$ds^2 = \alpha \, dt^2 - \frac{1}{c^2}(\alpha^{-1} \, dr^2 + r^2 \, d\phi^2). \tag{14.37}$$

In dieser Schreibweise ist ϕ der Winkel in der Äquatorialebene und $\alpha = (1 - 2GM/rc^2)$. Wir müssen jetzt die Bahnen finden, die ds zu einem Maximum machen. Wir wollen eine Längenvariable l einführen, deren Natur wir nicht genau definieren werden und bezüglich derer wir $\int ds$ variieren. Unser Ziel ist, l so bald wie möglich aus den Formeln zu eliminieren. Es gilt dann

$$ds^2 = \left[\alpha \left(\frac{dt}{dl}\right)^2 - \frac{1}{c^2}\alpha^{-1} \left(\frac{dr}{dl}\right)^2 - \frac{r^2}{c^2} \left(\frac{d\phi}{dl}\right)^2 \right]^{\frac{1}{2}} dl. \tag{14.38}$$

Die Formel sieht gefälliger aus, wenn wir die folgenden Bezeichnungen verwenden:

$$\left(\frac{dt}{dl}\right) = t', \quad \left(\frac{dr}{dl}\right) = r', \quad \left(\frac{d\phi}{dl}\right) = \phi'.$$

Zur Maximierung von $\int ds$ müssen wir nun die Variationsrechnung anwenden:

$$\delta \int_a^b ds = \delta \int_a^b \left(\alpha t'^2 - \alpha^{-1}\frac{r'^2}{c^2} - \frac{r^2}{c^2}\phi'^2\right)^{\frac{1}{2}} dl = 0. \tag{14.39}$$

Für jedes unabhängige Variablenpaar benötigen wir die Eulersche Gleichung, d.h. in der üblichen Schreibweise, wenn wir $\int F(y, y', x)\, dx$ als die zu maximierende Funktion betrachten, müssen wir die Differentialgleichung

$$\frac{\partial F}{\partial y} - \frac{d}{dx}\left(\frac{\partial F}{\partial y'}\right) = 0 \tag{14.40}$$

lösen (siehe Abschnitt 5.4). Wir wollen uns zunächst die Koordinaten t und ϕ vornehmen. Für die t-Koordinate gilt

$$\begin{aligned}
F(y, y', x) &= F(t, t', l)\\
&= \left(\alpha t'^2 - \alpha^{-1}\frac{r'^2}{c^2} - \frac{r^2}{c^2}\phi'^2\right)^{\frac{1}{2}} = \frac{ds}{dl}.
\end{aligned} \tag{14.41}$$

Durch Substitution in (14.40) finden wir nach einigen Umformungen:

$$\frac{d}{dl}\left[\frac{\alpha t'}{(ds/dl)}\right] = 0$$

oder

$$\frac{\alpha t'}{(ds/dl)} = \mathrm{const} = A. \tag{14.42}$$

Beachten Sie, daß wir bei dieser Maximierung die Eigenschaft der Metrik bestimmen, die bezüglich der Zeitvariablen invariant ist. Nach der Analyse von Abschnitt 5.6 ist diese Beziehung das allgemein-relativistische Äquivalent zur *Energieerhaltungsgleichung.*

Wir wollen die gleiche Untersuchung für die Winkelkoordinate ϕ durchführen. Wir vermuten sofort, daß wir dadurch zum Äquivalent des *Drehimpulserhaltungssatzes* gelangen. In diesem Falle ist $F(y, y', x) = F(\phi, \phi', l)$, und wir erhalten die zu (14.41) analoge Beziehung. Substitution in (14.40) liefert wieder

$$\frac{d}{dl}\left[\frac{r^2\phi'}{(ds/dl)}\right] = 0$$

oder

$$\frac{r^2\phi'}{(ds/dl)} = \mathrm{const} = h. \tag{14.43}$$

Der Zusammenhang mit der Erhaltung des Drehimpulses wird klar, wenn wir uns die Dimensionen von $\phi'/(ds/dl)$ ansehen,

$$[\phi'/(ds/dl)] = [(d\phi/dl)/(ds/dl)] = [d\phi/d\tau],$$

wobei τ die Eigenzeit ist, d.h. es besteht ein klarer Zusammenhang zwischen $\phi'/(ds/dl)$ und einer Größe, die der Dimension nach eine Winkelgeschwindigkeit ist. Statt nun das Problem nach dem gleichen Verfahren für r zu lösen, wollen wir die Ergebnisse (14.42) und (14.43) wieder in die Metrik in der Form (14.41) einsetzen.:

$$\left(\frac{ds}{dl}\right)^2 = \frac{A^2}{\alpha}\left(\frac{ds}{dl}\right)^2 - \frac{1}{\alpha c^2}\left(\frac{dr}{dl}\right)^2 - \frac{h^2}{c^2 r^2}\left(\frac{ds}{dl}\right)^2. \tag{14.44}$$

Division durch $(ds/dl)^2$ ergibt

$$\left(\frac{dr}{ds}\right)^2 + \frac{\alpha h^2}{r^2} = c^2(A^2 - \alpha). \tag{14.45}$$

Dies beginnt einigermaßen bekannt auszusehen. Wir wollen dr/ds als $\dot{r}$ definieren, d.h. als eine Größe, die wie eine zeitliche Ableitung aussieht, in Wirklichkeit aber eine Ableitung nach s ist:

$$\dot{r}^2 + \frac{\alpha h^2}{r^2} = c^2(A^2 - \alpha). \tag{14.46}$$

Das Newtonsche Äquivalent zu diesem Ausdruck ist die Formel für die Erhaltung der Energie im Gravitationsfeld, nämlich

$$\text{Newton:} \quad \frac{\dot{r}^2}{c^2} + \frac{h^2}{r^2 c^2} - \frac{2GM}{rc^2} = \frac{\dot{r}_\infty^2}{c^2}. \tag{14.47}$$

In dieser Gleichung steht $\dot{r}$ für dr/dt, h ist der spezifische Drehimpuls, d.h. $h = r^2\, d\phi/dt$, und $\dot{r}_\infty$ ist die Radialkomponente der Geschwindigkeit im Unendlichen, die konstant ist. Zum Vergleich läßt sich (14.46) in der folgenden Form schreiben:

$$\text{AR:} \quad \frac{\dot{r}^2}{c^2} + \frac{h^2}{r^2 c^2} - \frac{2GM}{rc^2} - \frac{2GMh^2}{r^3 c^4} = (A^2 - 1). \tag{14.48}$$

Obwohl dies der Formel (14.47) sehr ähnlich sieht, müssen wir bedenken, daß sich die Definitionen aller Variablen in (14.48) von denen in (14.47) unterscheiden. Nur im Grenzfall schwacher Felder sind die Definitionen gleich. Wir sehen, daß neben den verschiedenen Bedeutungen der Koordinaten der Hauptunterschied im Auftreten des Terms $2GMh^2/r^3 c^4$ auf der linken Seite von Gl. (14.48) liegt. Wir wollen nun den Einfluß dieses Terms auf die Teilchendynamik untersuchen.

In der Newtonschen Dynamik können wir die Radialkomponente der Geschwindigkeit des Teilchens auf seiner Bahn um die Punktmasse durch die Änderung der verschiedenen Terme in Gl. (14.47) mit dem Radius darstellen. Wir substituieren in der Gleichung $r_{\mathrm{g}} = 2GM/c^2$ und einen dimensionslosen spezifischen Drehimpuls $\eta = h^2/r_{\mathrm{g}}^2 c^2$. Dann gilt

$$\text{Newton:} \quad \frac{\dot{r}^2}{c^2} = - \left[\frac{\eta}{(r/r_g)^2} - \frac{1}{(r/r_g)} \right] + \frac{\dot{r}_\infty^2}{c^2}. \tag{14.49}$$

Der Term in eckigen Klammern auf der rechten Seite wirkt wie ein Potential Φ:

$$\Phi = \frac{\eta}{(r/r_g)^2} - \frac{1}{(r/r_g)}, \tag{14.50}$$

wobei der erste Term wie ein 'Zentrifugal'-Potential, der zweite wie das Gravitationspotential wirkt. In Abb. 14.8(a) ist $-\Phi$ über r/r_g aufgetragen. Wenn ein Teilchen aus dem Unendlichen mit der Radialgeschwindigkeit Null startet, d.h. von A', kann die Radialkomponente seiner Geschwindigkeit aus der Kurve bestimmt werden. Wenn das Teilchen den mit A bezeichneten Radius erreicht, ist offenbar die Radialkomponente seiner Geschwindigkeit gleich Null, und für kleinere Werte von r existieren keine Lösungen, da dann $\dot{r}$ imaginär wäre. Physikalisch ausgedrückt, ist folgendes geschehen: wegen der Erhaltung der Energie und des Drehimpulses steckt die gesamte kinetische Energie in der ϕ-Komponente der Teilchenbahn. A ist der Abstand der größten Annäherung des Teilchens auf einer parabolischen Bahn.

Bahnen gebundener Teilchen findet man, indem man $\dot{r}_\infty^2$ als negativ annimmt. Dann bewegt sich das Teilchen auf einer elliptischen Bahn zwischen den Radien B und B'. Hyperbolische Bahnen ungebundener Teilchen entsprechen positiven Werten von $\dot{r}_\infty^2$ und werden durch geometrische Örter wie z.B. CC' dargestellt. C ist der Abstand der größten Annäherung und die Lösung von (14.49) mit $\dot{r} = 0$. Beachten Sie, daß das Teilchen nur bei $\eta = 0$ den Ort $r = 0$ erreichen kann. Mit anderen Worten, selbst ein sehr kleiner Drehimpuls reicht immer noch aus, um zu verhindern, daß Teilchen den Ursprungspunkt erreichen.

Wir können die Analyse für den Fall der allgemeinen Relativitätstheorie wiederholen. Wieder definieren wir $r_g = 2GM/c^2$ und $\eta = h^2/r_g^2 c^2$, wobei wir beachten, daß h eine andere Bedeutung als im Newtonschen Fall hat. Dann wird aus Gl. (14.48):

$$\text{AR:} \quad \frac{\dot{r}^2}{c^2} = - \left[\frac{\eta}{(r/r_g)^2} - \frac{1}{(r/r_g)} - \frac{\eta}{(r/r_g)^3} \right] + (A^2 - 1). \tag{14.51}$$

Wir können die gleichen Kurven wie in Abb. 14.4(a) zeichnen, müssen aber jetzt den für die allgemeine Relativitätstheorie spezifischen Term $\eta/(r/r_g)^3$ einbeziehen, der wie ein negatives Potential wirkt und dem Betrag nach mit $r \to 0$ noch schneller zunimmt als das Zentrifugalpotential. Wir zeigen den Wert von $\dot{r}^2/c^2$ in Abb. 14.8 (b) für verschiedene Werte von η. Die Gegenwart des Terms in $(r/r_g)^3$ bewirkt die Einführung eines starken Anziehungspotentials, das dominant wird, wenn die Teilchen bis auf kleine Werte von r/r_g vordringen können. Das Verhalten der Teilchen ist von der Größe von η abhängig. Angenommen, wir betrachten ein Teilchen mit $A^2 - 1 = 0$, d.h. äquivalent zu dem Fall eines Teilchens mit der Radialgeschwindigkeit Null im Unendlichen. Bei großem η verhält sich das Teilchen wie zuvor und erreicht im

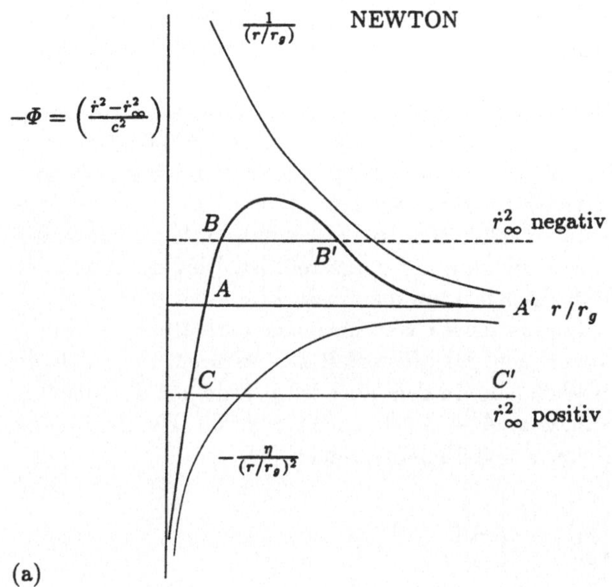

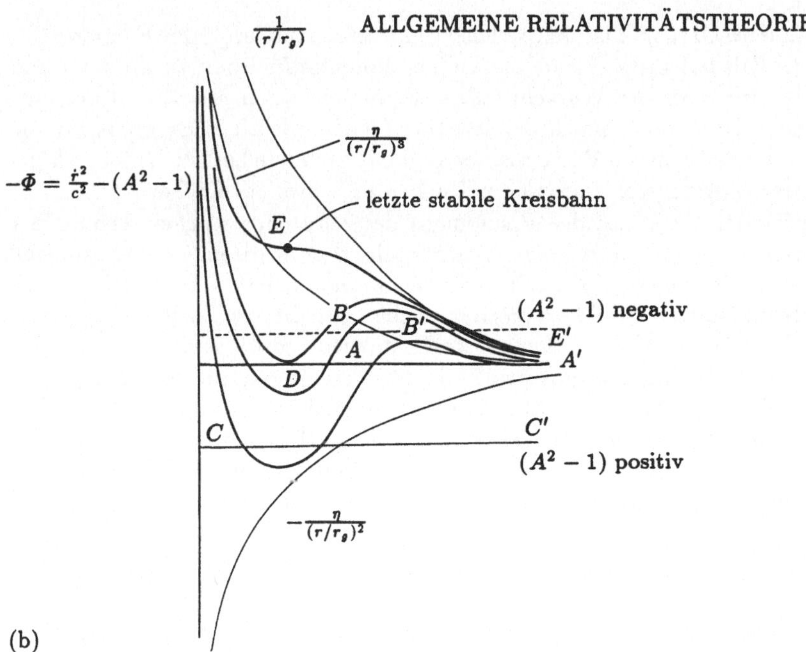

Abb. 14.8. Vergleich des Gravitationspotentials Φ in (a) der Newtonschen Theorie und (b) der allgemeinen Relativitätstheorie. Bei der Newtonschen Gravitation gibt es zwei Beiträge zum Potential, während in der allgemeinen Relativitätstheorie ein zusätzliches Anziehungspotential auftritt, das in der Nähe des Ursprungspunkts dominiert.

Punkt A die Radialgeschwindigkeit Null. Wenn η jedoch kleiner wird, findet man das durch DA veranschaulichte Verhalten. Im Punkt D reicht der negative allgemein-relativistische Potentialterm aus, um das normale Zentrifugalpotential auszugleichen, und das Teilchen kann nach $r = 0$ fallen. Ist $A^2 - 1$ negativ, dann sind gebundene Bahnen wie etwa BB' möglich, aber schließlich werden selbst diese unmöglich. Solange die Sehne BB' von endlicher Länge ist, sind eine Reihe elliptischer und kreisförmiger gebundener Bahnen möglich, bei weiter abnehmendem η gibt es aber schließlich einen bestimmten Wert von η, bei dem B und B' zusammenfallen, wie durch E dargestellt ist. Dies entspricht der letzten stabilen Kreisbahn für Teilchen um die Masse M.

Wir können die relevanten, zu diesen verschiedenen Verhaltenstypen passenden η-Bereiche leicht berechnen. Der Grenzfall D entspricht dem Fall, in dem gebundene Bahnen möglich sind, in dem aber jedes Teilchen, das sich aus dem Unendlichen nähert, d.h. von $(A^2 - 1) \geq 0$, nach $r = 0$ fällt. Die Bedingung dafür ist, daß die Wurzeln von $\Phi = 0$ übereinstimmen.

$$\frac{1}{(r/r_\mathrm{g})^3} \left[\eta \left(\frac{r}{r_\mathrm{g}} \right) - \left(\frac{r}{r_\mathrm{g}} \right)^2 - \eta \right] = 0.$$

Eine Wurzel ist offensichtlich $r = \infty$. Die anderen liegen bei dem Wert $\eta = 4$, $r/r_\mathrm{g} = 2$.

Der andere Grenzfall ist der, welcher der letzten stabilen Bahn E entspricht. In diesem Fall fallen die Wendepunkte der Potentialfunktion zusammen, und es ist $d^2\Phi/dr^2 = 0$. Die Wurzeln fallen zusammen, wenn $\eta = 3$ und der entsprechende Wert von r gleich $3r_\mathrm{g}$ ist. Dies ist ein wichtiges Ergebnis für die Dynamik der Bahnen um Punktmassen und insbesondere bei der Untersuchung von Materie-Einfangsscheiben in der Umgebung schwarzer Löcher.

Dies ist der Ursprung des Phänomens der *schwarzen Löcher*. Der in der Newtonschen Theorie durch das Zentrifugalpotential erzeugte Potentialwall wird in der allgemeinen Relativitätstheorie so modifiziert, daß Teilchen nach $r = 0$ fallen können, obwohl sie einen endlichen Drehimpuls besitzen. Wir werden gleich noch andere bemerkenswerte Phänomene entdecken.

Wir konnten diese Ergebnisse aus Gl. (14.48) herleiten, die ein Energieintegral darstellt. Als letzten Schritt müssen wir noch diese Gleichung integrieren, um die Bahngleichung des Teilchens zu erhalten. Normalerweise nimmt man die Substitution $u = 1/r$ vor und beachtet dann, daß wegen $r^2\, d\phi/ds = h$ Ableitungen nach s wie folgt substituiert werden können:

$$\frac{d}{ds} = \frac{h}{r^2} \frac{d}{d\phi}.$$

Damit erhalten wir auf einfache Weise

$$\frac{dr}{ds} = -h\frac{du}{d\phi}.$$

Aus Gl. (14.48) wird dann

$$\left(\frac{du}{d\phi}\right)^2 + u^2 = \frac{c^2}{h^2}(A^2 - 1) + \frac{c^2 r_g}{h^2}\, u + r_g u^3. \tag{14.52}$$

Nochmalige Differentiation nach ϕ und Division durch $2du/d\phi$ ergibt

$$\text{AR:} \quad \frac{d^2 u}{d\phi^2} + u = \frac{GM}{h^2} + \frac{3GM}{c^2}\, u^2. \tag{14.53}$$

Die entsprechende Newtonsche Gleichung kann aus der Newtonschen Version des Problems, Gl. (14.47), hergeleitet werden und lautet:

$$\text{Newton:} \quad \frac{d^2 u}{d\phi^2} + u = \frac{GM}{h^2}. \tag{14.54}$$

Der für die allgemeine Relativitätstheorie spezifische Term in Gl. (14.53) ist $(3GM/c^2)u^2$. Normalerweise ist das nur ein sehr kleiner Korrekturterm, wenn wir es nicht mit Abständen in der Größenordnung von r_g zu tun haben.

Das klassische Beispiel für die Anwendung dieser Bewegungsgleichung findet sich in der Untersuchung der Präzession von Planetenbahnen. Der Ort der größten Annäherung eines Planeten an die Sonne auf einer elliptischen Bahn ist als *Perihel* der Planetenbahn bekannt. Die meisten Planetenbahnen sind mehr oder weniger kreisförmig, aber die Merkurbahn besitzt die Exzentrizität $e = 0.2$, und daher ist seine Bahnpräzession mit hoher Genauigkeit meßbar. Der Einfachheit halber werden wir nur die Präzession von Kreisbahnen betrachten, indem wir untersuchen, wie die Phase der Planetenposition auf seiner Bahn durch den allgemein-relativistischen Term in Gl. (14.53) beeinflußt wird.

Für eine Kreisbahn gilt in der Newtonschen Theorie $d^2u/d\phi^2 = 0$ und damit

$$u = \frac{GM}{h^2}. \tag{14.55}$$

Wir wollen daher Störungen dieser Beziehung betrachten, die auf den 'Korrekturterm' in (14.53) zurückzuführen sind. Wir schreiben

$$u = \frac{GM}{h^2} + g(\phi) \tag{14.56}$$

und setzen dies in (14.53) ein, wobei wir Terme bis zur ersten Ordnung in $g(\phi)$ berücksichtigen. Wir erhalten

$$\frac{d^2 g}{d\phi^2} + g\left[1 - \left(\frac{3GM}{c^2}\right)\left(\frac{2GM}{h^2}\right)\right] = \frac{3GM}{c^2}\left(\frac{GM}{h^2}\right)^2. \tag{14.57}$$

Es ist erkennbar, daß dies eine harmonische Gleichung für g als Funktion von ϕ ist. Ohne den Term $(3GM/c^2)u^2$ in (14.53) würde die Gleichung lauten:

$$\frac{d^2 g}{d\phi^2} + \omega^2 g = 0,$$

d.h. g ist harmonisch mit der Periode 2π. Wegen des Störungsterms weicht jedoch die Phase des Teilchens auf seiner Bahn leicht von 2π pro Umlauf ab. Wenn wir schreiben:

$$\frac{d^2 g}{d\phi^2} + \omega^2 g = \text{const}$$

$$\omega^2 = \left[1 - \left(\frac{3GM}{c^2}\right)\left(\frac{2GM}{h^2}\right)\right], \tag{14.58}$$

oder die Umlaufzeit $T = 2\pi/\omega$ ist

$$T = \frac{2\pi}{\left[1 - \left(\dfrac{3GM}{c^2}\right)\left(\dfrac{2GM}{h^2}\right)\right]^{\frac{1}{2}}} \tag{14.59}$$
$$= 2\pi\left(1 + \frac{3G^2 M^2}{c^2 h^2}\right),$$

d.h. die Bahn schließt sich bei jedem Umlauf etwas später. Die relative Phasenänderung pro Umlauf ist

$$\frac{d\phi}{2\pi} = \frac{3G^2 M^2}{c^2 h^2} = \frac{3}{4}\left(\frac{2GM}{hc}\right)^2. \tag{14.60}$$

Für Kreisbahnen ist $h = rv$ und folglich

$$\frac{d\phi}{2\pi} = \frac{3}{4}\left(\frac{c}{v}\right)^2 \left(\frac{r_g}{r}\right)^2. \tag{14.61}$$

Für Ellipsenbahnen ist das exakte Ergebnis:

$$\frac{d\phi}{2\pi} = \frac{3}{4}\left(\frac{c}{v}\right)^2 \left(\frac{r_g}{r}\right)^2 \frac{1}{(1 - e^2)}. \tag{14.62}$$

Für den Planeten Merkur ist $r = 5{,}8 \times 10^{12}$ cm, $T = 88$ Tage, r_g (Sonne) $= 3$ km und $e = 0{,}2$. Es ist einer der großen Triumphe der allgemeinen Relativitätstheorie, daß wir beim Einsetzen dieser Werte in die obigen Beziehungen die Voraussage einer Präzession von etwa 43 Bogensekunden pro Jahrhundert erhalten, in exakter Übereinstimmung mit der Restpräzession in der Bahnbewegung des Merkurs.

14.8 Lichtstrahlen in der Schwarzschildschen Raum-Zeit

Das grundlegende Postulat der Relativitätstheorie ist, daß das Licht sich längs der Nullgeodätischen ausbreitet, d.h. daß $ds = 0$ ist. Die von uns gefundenen dynamischen Lösungen (14.42) und (14.43) lauten:

$$\frac{\alpha(dt/dl)}{ds/dl} = A \quad \text{und} \quad \frac{r^2(d\phi/dl)}{ds/dl} = h.$$

Wegen $ds = 0$ müssen für Lichtstrahlen sowohl A als auch h unendlich sein, obwohl ihr Verhältnis A/h einen endlichen Wert hat. Wir erhalten daher die

Ausbreitungsgleichungen für Photonen um eine Punktmasse herum aus Gl. (14.53) mit $h = \infty$, d.h.

$$\frac{d^2 u}{d\phi^2} + u = \frac{3GM}{c^2}\, u^2. \tag{14.63}$$

Der Term auf der rechten Seite beschreibt den Einfluß der Krümmung der Raum-Zeit auf die Ausbreitung des Lichts. Um den Betrag der Lichtablenkung abzuschätzen, wollen wir die Ablenkung eines Lichtstrahls berechnen, der den Sonnenrand passiert. Ohne den Term $(3GM/c^2)u^2$ lautet die Ausbreitungsgleichung

$$\frac{d^2 u}{d\phi^2} + u = 0.$$

Eine geeignete Lösung dieser Gleichung ist $u_0 = \sin\phi/R$, die in Abb. 14.9 angedeutet ist. Sie entspricht einer Geraden, die eine Tangente an eine Kugel vom Radius R bildet. Um die Lösung für den Weg des Lichtstrahls in der nächsten Näherung zu finden, wollen wir Lösungen der Gleichung (14.63) mit $u = u_0 + u_1$ suchen. Dann ist

$$\frac{d^2 u_1}{d\phi^2} + u_1 = \frac{3GM}{c^2 R^2}\sin^2\phi. \tag{14.64}$$

Bei näherer Prüfung finden wir, daß $u_1 = A + B\cos 2\phi$ ein geeigneter Lösungsansatz für u_1 ist. Differenzieren und Gleichsetzen der Koeffizienten ergibt die folgende Lösung für u:

$$u = u_0 + u_1 = \frac{\sin\phi}{R} + \frac{3}{2}\frac{GM}{c^2 R^2}\left(1 + \tfrac{1}{3}\cos 2\phi\right). \tag{14.65}$$

Wir brauchen nur die asymptotischen Lösungen bei großen Werten von r zu untersuchen, so daß wir $\sin\phi \approx \phi$ und $\cos 2\phi \approx 1$ setzen können. Im Grenzfall für $r \to \infty$, $u \to 0$ erhalten wir

$$u = \frac{\phi_\infty}{R} + \frac{3}{2}\frac{GM}{c^2 R^2}\left(1 + \tfrac{1}{3}\right) = 0$$

oder

$$\phi_\infty = -\frac{2GM}{Rc^2}. \tag{14.66}$$

Aus der Geometrie von Abb. 14.9 ist klar ersichtlich, daß die Gesamtablenkung gleich dem Zweifachen dieses Wertes von ϕ_∞ ist, d.h.

$$\Delta\phi = \frac{4GM}{Rc^2}. \tag{14.67}$$

Diese Berechnung stimmt genau mit Beobachtungen der Ablenkung von Licht- und Radiowellen überein, die den Sonnenrand gerade streifen, wobei der theoretisch vorausgesagte Wert 1,75 Bogensekunden beträgt. Eine Newtonsche

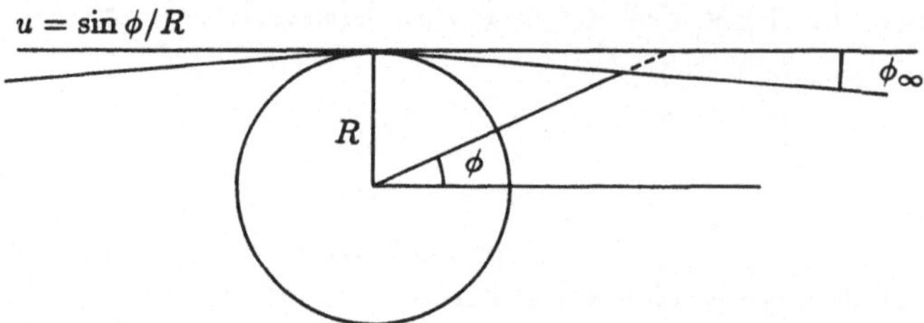

Abb. 14.9. Koordinatensystem für die Berechnung der Ablenkung von Lichtwellen durch die Sonne

Berechnung der Ablenkung kann nach den in Anschnitt 14.3.2 skizzierten Verfahren durchgeführt werden und ergibt eine Ablenkung, die halb so groß ist wie der von der allgemeinen Relativitätstheorie vorausgesagte Wert. Wir können das recht elegant zeigen, indem wir die Formel für die Rutherfordsche Streuung verwenden, die wir im Anhang zu Kapitel 2, Abschnitt A2.3 entwickelt haben. Zum Übergang von elektrostatischen Kräften auf Gravitationskräfte ersetzen wir in Gl. (A2.22) den Term $(Zze^2/4\pi\epsilon_0)$ durch $-(GmM)$, wobei M die Masse der Sonne und m die Masse des umlaufenden Teilchens ist. Das 'klassische' Ergebnis für die Ablenkung von Photonen durch die Sonne findet man, indem man als Stoßparameter p_0 den Sonnenradius R und für die Teilchengeschwindigkeit v_0 die Lichtgeschwindigkeit ansetzt. Angenehmerweise hebt sich m heraus, und im Grenzfall sehr kleiner Streuwinkel erhalten wir

$$\Delta\phi = \frac{2GM}{Rc^2}.$$

14.9 Teilchen und Lichtstrahlen in der Nähe schwarzer Löcher

Wir wollen zunächst ein Teilchen betrachten, das in radialer Richtung nach $r = 0$ hin fällt. In diesem Falle setzen wir $h = 0$ in (14.48) ein und erhalten

$$\left(\frac{dr}{ds}\right)^2 - \frac{2GM}{r} = (A^2 - 1)c^2. \tag{14.68}$$

Wenn das Teilchen aus der Ruhelage im Abstand R zu fallen beginnt, läßt sich die Konstante auf der rechten Seite in der Form $-2GM/R$ schreiben, und daraus folgt

$$\left(\frac{dr}{ds}\right)^2 = 2GM\left(\frac{1}{r} - \frac{1}{R}\right). \tag{14.69}$$

Für diese Gleichung können wir eine einfache parametrische Lösung finden:

$$\left.\begin{aligned}\int_0^\tau ds &= R\left(\frac{R}{2GM}\right)^{\frac{1}{2}}\left(\eta - \frac{\sin 2\eta}{2}\right) \\ \frac{r}{R} &= \sin^2\eta.\end{aligned}\right\} \qquad (14.70)$$

Wahrscheinlich ist es aufschlußreicher, die einfachste Form des Falls zum Zentrum aus der Ruhelage im Unendlichen zu betrachten, d.h. für $R \to \infty$, da diese Lösung alle wesentlichen Merkmale enthält, die wir in dieser Analyse hervorheben möchten:

$$\left(\frac{dr}{ds}\right)^2 = \frac{2GM}{r}. \qquad (14.71)$$

Nun ist ds gerade ein Eigenzeitintervall, und daher können wir die Eigenzeit berechnen, die ein Teilchen für den Fall von einem beliebigen Punkt auf seiner Bahn nach $r = 0$ benötigt:

$$\int_0^{r_1} r^{\frac{1}{2}}\, dr = \int_{\tau_1}^{\tau_2} (2GM)^{\frac{1}{2}}\, ds$$

$$(\tau_2 - \tau_1) = \left(\frac{2}{9GM}\right)^{\frac{1}{2}} r_1^{\frac{3}{2}}. \qquad (14.72)$$

Also fallen Teilchen innerhalb einer *endlichen Eigenzeit* nach $r = 0$. Beachten Sie, daß bei r_g nichts Sonderbares passiert. Wir wollen jetzt die Berechnung für die von einem Beobachter im Unendlichen gemessene Zeit wiederholen, d.h. für jemanden, der dt statt der Eigenzeit am Teilchen mißt. Die Metrik reduziert sich auf

$$dt^2 = \alpha^{-1}\, ds^2 + \frac{1}{c^2}\alpha^{-2}\, dr^2,$$

und durch Einsetzen dieser Größe für ds finden wir unter Verwendung von Gl. (14.71):

$$dt^2 = \alpha^{-1}\, dr^2\left(\frac{r}{2GM} + \frac{1}{c^2}\alpha^{-1}\right).$$

Nach einigen einfachen Umrechnungen erhalten wir daraus

$$dt = \frac{dr}{c\left(\dfrac{2GM}{rc^2}\right)^{\frac{1}{2}}\left(1 - \dfrac{2GM}{rc^2}\right)}. \qquad (14.73)$$

Die gleiche Integration für den zentralen Fall von r_1 nach r_2 ergibt

$$\int_{t_1}^{t_2} dt = -\int_{r_1}^{r_2} \frac{r^{\frac{3}{2}}\, dr}{c\left(r - \dfrac{2GM}{c^2}\right)\left(\dfrac{2GM}{c^2}\right)^{\frac{1}{2}}} \qquad (14.74)$$

$$= -\frac{1}{cr_g^{\frac{1}{2}}}\int_{r_1}^{r_2} \frac{r^{\frac{3}{2}}\, dr}{(r - r_g)}.$$

Wir sehen jetzt, daß die von einem entfernten Beobachter gemessene Koordinatenzeit t divergiert, wenn r_2 gegen r_g geht. Obwohl der zentrale Fall zum Punkt $r = 0$ also innerhalb einer endlichen Eigenzeit erfolgt, vergeht für den externen Beobachter eine unendliche Zeit, bis der Abstand r_g vom Ursprungspunkt, der Schwarzschild-Radius, erreicht wird. Dieses Verhalten ist schematisch in Abb. 14.10 dargestellt.

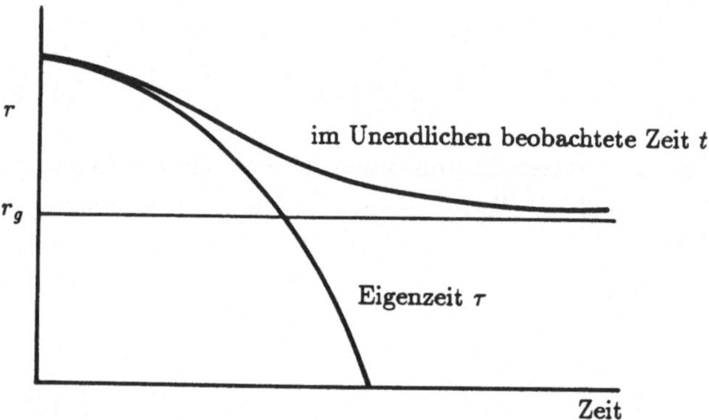

Abb. 14.10. Vergleich der Eigenzeit τ mit der im Unendlichen beobachteten Zeit für den zentralen Fall eines Objekts in den Ursprungspunkt bei $r = 0$

Im Verlauf des Prozesses erfahren jedoch die vom Beobachter im Unendlichen gesehenen Lichtsignale eine zunehmende Rotverschiebung mit $r \to r_g$. Die Beziehung zwischen Eigenzeit und Koordinatenzeit ist durch

$$ds = d\tau = \left(1 - \frac{2GM}{rc^2}\right)^{\frac{1}{2}} dt \qquad (14.75)$$

gegeben, und in der Frequenzschreibweise erhält man daraus

$$\nu_0 = \left(1 - \frac{r_g}{r}\right)^{\frac{1}{2}} \nu_1\,, \qquad (14.76)$$

wobei ν_1 die emittierte Frequenz und ν_0 die im Unendlichen gemessene Frequenz ist. Ausgedrückt durch die Rotverschiebung z, lautet die Beziehung

$$z = \left(1 - \frac{r_g}{r}\right)^{-\frac{1}{2}} - 1\,, \qquad (14.77)$$

d.h. mit $r \to r_g$ geht $z \to \infty$. Eine weitere Folgerung aus dieser Analyse ist, daß wir keinerlei Lichtsignale beobachten können, die von kleineren Radien als r_g ausgehen. Mit anderen Worten, Lichtsignale können sich mit Gewißheit nach $r = 0$ hin ausbreiten, aber diejenigen, die sich innerhalb von r_g befinden, können nicht über r_g hinausdringen. Wir können dieses Phänomen so auffassen, daß die Gravitation so stark ist, daß die Lichtstrahlen in sich selbst zurückgebogen werden und die 'Oberfläche' bei r_g nicht durchdringen können.

Wir haben damit die meisten grundlegenden Eigenschaften *schwarzer Löcher* dargelegt. Sie sind im Falle der Schwarzschild-Metrik nur durch ihre *Masse* definiert und besitzen einen effektiven Radius $r_g = 2GM/c^2$. Teilchen und Lichtstrahlen, die in den Bereich innerhalb r_g eindringen, stürzen zwangsläufig zur Singularität bei $r = 0$ hin. Aus dem schwarzen Loch innerhalb von r_g kann nach unserer klassischen Analyse nichts herauskommen. Um das schwarze Loch herum gibt es stabile Bahnen, aber die nächstgelegene stabile Bahn ist kreisförmig und hat einen Radius von $r = 3r_g$.

Das Wesen der Singularität bei $r = r_g$ war Gegenstand vieler Untersuchungen, und es ist jetzt klar, daß es keine wirkliche Singularität ist, sondern eine, die mit unserer besonderen Wahl der Koordinaten verbunden ist. Wir haben schon gesehen, daß die Teilchen innerhalb einer endlichen Eigenzeit in den Ursprungspunkt hineinstürzen können, und diese Teilchen werden sich kaum des Durchgangs durch $r = r_g$ bewußt. Es können andere Koordinatensysteme verwendet werden, zum Beispiel Kruskalsche Koordinaten, in denen diese Koordinatensingularität eliminiert ist. Weitere Einzelheiten zu diesem Phänomen werden in Kapitel 8 des Buches von Rindler [14.8] angegeben. So hat es den Anschein, daß für $r < r_g$ die Raum- und Zeitkomponenten in der Metrik (14.37) vertauscht sind, aber es läßt sich zeigen, daß dies aus dem besonderen Koordinatensatz resultiert, in dem diese Metrik formuliert wird. Andererseits scheint die Singularität bei $r = 0$ eine *reale physikalische Singularität* zu sein und war Gegenstand intensiver Untersuchungen. Die weitere Diskussion dieses Grundproblems geht über den Rahmen dessen hinaus, was ich in diesem Kapitel behandeln möchte.

Zwei weitere vor kurzem erreichte Fortschritte sind erwähnenswert. Erstens fand Kerr Anfang der sechziger Jahre eine Lösung der Einsteinschen Gleichungen, die einem *rotierenden schwarzen Loch* entspricht. Es zeigt sich, daß schwarze Löcher außer der Masse auch einen Drehimpuls besitzen können. Dies führt zu einigen bemerkenswerten Eigenschaften, zu denen die Mitführung von Inertialsystemen in der Nähe des schwarzen Lochs gehört. Rotierende schwarze Löcher sind durch ihre Masse M und ihren Drehimpuls J definiert. Sie besitzen ähnliche Eigenschaften wie kugelsymmetrische schwarze Löcher, aber jetzt sind nicht nur ein, sondern zwei wichtige Radien zu berücksichtigen. Das Äquivalent des Schwarzschildschen Radius ist der Radius

$$r_g = \frac{GM}{c^2} + \left[\left(\frac{GM}{c^2} \right)^2 - \left(\frac{J}{Mc} \right)^2 \right]^{\frac{1}{2}}.$$

Bei $J > GM^2/c$ kann sich kein schwarzes Loch bilden. Es gibt jedoch noch einen weiteren Radius

$$r_{\text{stat}} = \frac{GM}{c^2} + \left[\left(\frac{GM}{c^2} \right)^2 - \left(\frac{J}{Mc} \right)^2 \cos^2\theta \right]^{\frac{1}{2}},$$

wobei θ der Polarwinkel bezüglich der Rotationsachse des schwarzen Loches ist. Dieser Radius liegt außerhalb von r_g, und das Gebiet zwischen r_g und r_{stat} wird als *Ergosphäre* des schwarzen Loches bezeichnet. Innerhalb der Ergosphäre kann kein Teilchen ortsfest bleiben, und es existieren darin gebundene Bahnen. So kann die letzte stabile Bahn im Falle des rotierenden schwarzen Loches viel dichter an $r = 0$ liegen als im Falle der Schwarzschild-Metrik.

Der zweite Punkt und eine der bemerkenswertesten Entdeckungen der letzten Jahre ist der Nachweis von Hawking [14.9], daß, wenn wir Quantenphänomene in der Nähe des schwarzen Loches betrachten, eine endliche Wahrscheinlichkeit dafür besteht, daß Teilchen oder Photonen aus dem Gebiet innerhalb von r_g entweichen können. Wir können einem schwarzen Loch von bestimmter Masse eine Temperatur zuordnen, und das schwarze Loch verhält sich so, als ob es ein schwarzer Körper mit dieser Temperatur wäre. Hawking zeigte, daß die Temperatur des schwarzen Loches durch

$$T = \frac{hc^3}{16\pi^2 GMk} \approx \frac{10^{-8}}{(M/M_\odot)} K$$

gegeben ist, wobei $M_\odot = 2 \times 10^{30}$ kg die Masse der Sonne ist. Wenn wir also lange genug warten, werden schwarze Löcher sich schließlich durch Hawkingsche Strahlung verflüchtigen.

Diese letzten beiden Abschnitte veranschaulichen sehr deutlich, wie aufregend die Forschung in der heutigen Relativitätstheorie ist. Der begeisterte Student muß sich jedoch warnen lassen, daß dieses Gebiet technisch außerordentlich kompliziert ist und daß man sich darauf nicht ohne gründliche Vorkenntnisse in theoretischer Physik und allgemeiner Relativitätstheorie einlassen sollte.

Anhang zu Kapitel 14
Isotrope gekrümmte Räume

Wir können einen einfachen Beweis für das Ergebnis angeben, daß die einzigen isotropen zweidimensionalen Räume diejenigen mit konstanter Krümmung K sind, wobei K positiv, negativ oder Null sein kann. Dieser Beweis wurde mir vor langer Zeit von Dr. Peter Scheuer gezeigt. Angenommen, wir zeichnen in einem beliebigen Zweierraum die Wege von benachbarten Lichtstrahlen, die von einem Ursprungspunkt O ausgehen (Abb. A14.1). Um die Raumkrümmung zu messen, führen wir die zur Messung der Winkel eines Dreiecks äquivalente Operation durch. Im Falle eines beliebigen gekrümmten Raums berechnen wir die Summe der von unserer Figur eingeschlossenen Winkel, indem wir einen kleinen Vektor durch *Parallelverschiebung* um eine geschlossene Fläche herumführen. Damit meinen wir, daß der Vektor sich im Zweierraum so um die Figur herum bewegt, daß er in jedem Punkt der Kurve den gleichen Winkel mit dem Lichtstrahl bildet. Dieses Verfahren ist sehr wichtig in der allgemeinen Relativitätstheorie, und seine Einrichtung für allgemeine Viererräume erfordert einen beträchtlichen mathematischen Apparat. Im Falle isotroper Zweierräume ist die Analyse jedoch einfach und unkompliziert. Aus unserer Darstellung in Abb. A14.1 ist ersichtlich, daß die nichteuklidischen Aspekte des Zweierraums wesentlich werden, wenn der Vektor um die Ecke biegen muß.

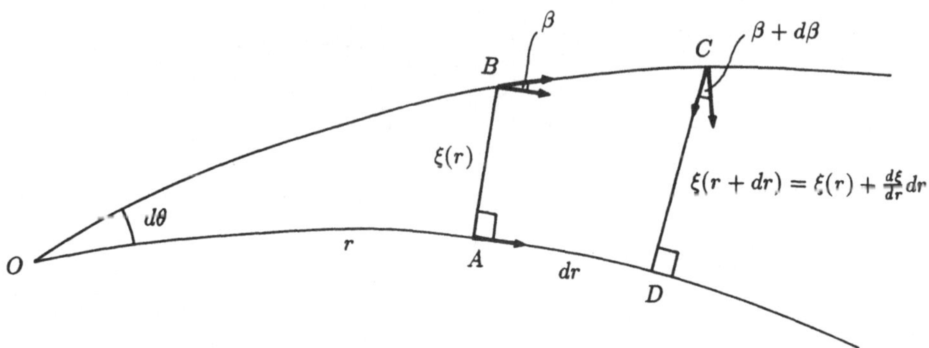

Abb. A14.1.

Wir definieren die kleine Fläche $ABCD$ durch zwei Lichtstrahlen AB und CD, die so gewählt werden, daß sie senkrecht zum Lichtstrahl OAD stehen. Wir wollen annehmen, daß unser Vektor parallel zu AD bei A startet und entlang AB parallel nach B verschoben wird. Im allgemeinen wird der Vektor bei B nicht parallel zu BC sein, und wir müssen ihn durch eine Drehung um einen kleinen Winkel β in die Parallellage bringen. Der Vektor wird dann um den Winkel $\pi/2$ (Bogenmaß) gedreht und entlang BC nach C verschoben. Bei C muß er um einen Winkel $\beta + d\beta$ gedreht werden, um ihn parallel zu CD auszurichten. Beachten Sie, daß diese Drehung entgegengesetzt zu der Drehung bei B erfolgt. Der Vektor wird dann um den Winkel $\pi/2$ gedreht und parallel nach D verschoben. Jetzt ist er parallel zu DA. Daher wird der Vektor um $\pi/2$ gedreht und zurück nach A verschoben, wo er eine letzte Drehung um $\pi/2$ ausführt und schließlich in die gleiche Richtung wie zu Anfang zeigt. Damit hat sich der Vektor beim Umfahren der geschlossenen Kurve um einen Winkel von $2\pi + d\beta$ gedreht, da die Drehungen bei B und C, die den Vektor in Parallellage zum Lichtstrahl bringen, einander entgegengesetzt sind. Beachten Sie, daß nur in flachen euklidischen Räumen $d\beta = 0$ ist. Nun muß die Drehung $d\beta$ des Vektors von der durch die Kurve eingeschlossenen Fläche abhängen. Wenn wir die Fläche $ABCD$ in mehrere geschlossene Teilkurven unterteilen, dann müssen sich die getrennten kleinen Drehungen für jede Teilkurve linear zur Gesamtdrehung $d\beta$ addieren (Abb. A14.2). Dies legt den Schluß nahe, daß der Wert von $d\beta$ zur Fläche der geschlossenen Kurve proportional sein dürfte. Weiterhin müßten wir wegen der Isotropie des Raums stets die gleiche Drehung $d\beta$ erhalten, gleichgültig wo wir unsere geschlossene Kurve innerhalb des Zweierraums anordnen. Wir schließen daraus, daß in isotropen Zweierräumen die Proportionalitätskonstante für die Beziehung zwischen $d\beta$ und der geschlossenen Kurve überall im Raum den gleichen Wert haben muß. Wir wollen nun sehen, was dies mathematisch bedeutet.

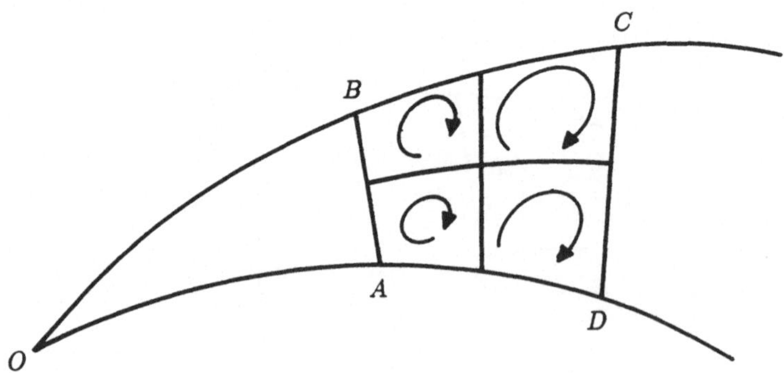

Abb. A14.2.

Der Abstand AB sei gleich $\xi(r)$ und der Abstand DC sei gleich $\xi(r+dr) = \xi(r) + (d\xi/dr)\,dr$. Aus Abb. A14.1 erkennen wir, daß der Winkel β durch

$$\beta = \frac{d\xi}{dr} \qquad\qquad (A14.1)$$

gegeben ist. Daher gilt

$$\beta + d\beta = \frac{d\xi}{dr} + \frac{d}{dr}\left(\frac{d\xi}{dr}\right) dr.$$

Durch Subtraktion erhalten wir

$$d\beta = \frac{d^2\xi}{dr^2}\,dr. \qquad\qquad (A14.2)$$

Dies muß proportional zur Fläche $A = \xi(r)\,dr$ der geschlossenen Kurve sein. Wir setzen die Proportionalitätskonstante gleich $-K$, wobei K eine beliebige Konstante ist. Damit erhalten wir

$$\frac{d^2\xi}{dr^2} = -K\,\xi. \qquad\qquad (A14.3)$$

Dies ist aber gerade eine Gleichung der einfachen harmonischen Bewegung, mit der Lösung

$$\xi = \xi_0 \sin K^{\frac{1}{2}} r. \qquad\qquad (A14.4)$$

Zur Bestimmung der Konstanten ξ_0 betrachten wir den Wert von ξ für sehr kleine Werte von r. Für hinreichend kleines r muß die Geometrie die des euklidischen Raums approximieren, und dann ist $d\theta = d\xi/dr = K^{\frac{1}{2}}\xi_0 \cos K^{\frac{1}{2}} r \approx K^{\frac{1}{2}}\xi_0$.

Daher ist $\xi_0 = d\theta/K^{\frac{1}{2}}$. Die Beziehung zwischen ξ und r im isotropen Zweierraum lautet daher

$$\xi = \frac{d\theta}{K^{\frac{1}{2}}} \sin K^{\frac{1}{2}} r. \qquad\qquad (A14.5)$$

Das Ergebnis gilt ebenso für negative Werte von K. Wenn wir $K = -K'$ setzen, wobei K' positiv ist, gilt

$$\xi = \frac{d\theta}{K'^{\frac{1}{2}}} \sinh K'^{\frac{1}{2}} r. \qquad\qquad (A14.6)$$

Wir erkennen, daß wir nochmals die Gleichungen für die Größe eines Stabs der Länge ξ in einem isotropen gekrümmten Raum abgeleitet haben und daß K genau das gleiche ist wie die in Abschnitt 14.4 eingeführte Krümmung $K = 1/R^2$. Wenn wir R verwenden, lauten die Ausdrücke für ξ:

$$\xi = d\theta\,R\sin(r/R); \quad \xi = d\theta\,R\sinh(r/R). \qquad\qquad (A14.7)$$

Nur im Falle $K = 0$, $R \to \infty$ gewinnen wir das euklidische Ergebnis zurück:

$$\xi = r\theta. \qquad\qquad (A14.8)$$

15 Kosmologie

15.1 Kosmologie und Physik

Die Kosmologie ist die Anwendung der Gesetze der Physik im allergrößten
Maßstab im Universum. Definitionsgemäß bedeutet dies, daß die Bestätigung
unserer Theorien statt vom *Experiment* von der *Beobachtung* abhängt. Offensichtlich entfernt uns das eine Stufe weiter von unserem 'Apparat' als im
Falle des Laborexperiments, und doch finden wir, wenn wir die Geschichte der
astronomischen Forschung betrachten, daß in vielen Fällen astronomische Beobachtungen wesentliche neue Beispiele der Physik erbracht haben, die schnell
in die bestehende Struktur der Wissenschaft einbezogen wurden. In Kapitel 2
zeigten wir, wie Tychos Beobachtungen der Planetenbewegungen zu den Newtonschen Gravitationsgesetzen führten. Zu den ersten Bestimmungen der Lichtgeschwindigkeit gehörte die Beobachtung der Verfinsterungen der Jupitersatel-
liten zur Messung der Zeit, die das Licht zur Durchquerung der Erdbahn um
die Sonne benötigt. Die Bahnen von Doppelsternen ließen darauf schließen, daß
die Lichtgeschwindigkeit von der Bewegung der Sterne unabhängig ist, ein direkter Beweis für das zweite Einsteinsche Postulat, das die Basis der speziellen
Relativitätstheorie bildet.

Eine verblüffende neuere Entdeckung, die nur astronomisch gemacht werden konnte, war die der Gravitationslinsen. Die Quasare 0957 + 561 A und B
sind am Himmel nur durch 6 Bogensekunden voneinander getrennt, und ihre
Eigenschaften sind identisch. Es ist überzeugend nachgewiesen worden, daß es
sich in Wirklichkeit um zwei getrennte Bilder eines einzigen Objekts handelt,
das wegen der Gravitationsablenkung des Lichts (siehe Abschnitt 14.8) durch
eine dazwischenliegende Galaxis fokussiert wird.

Die meisten eingehenden Prüfungen der allgemeinen Relativitätstheorie erfordern die Verwendung astronomischer Objekte. Die vielleicht aufregendste
neuere Entdeckung eines derartigen Objekts ist die des Pulsars PSR 1913+16 in
einem Doppelsternsystem. Ein Pulsar ist ein magnetisierter rotierender Neutro-
nenstern mit der Masse $M \approx 1\,\mathrm{M_\odot}$, dem Radius $r = 10$ km und dem allgemein-
relativistischen Parameter $2GM/rc^2 \approx 0,3$. Durch Prozesse, die noch weitgehend ungeklärt sind, emittiert dieser Pulsar bei jeder Umdrehung (d.h. einmal
je 0.059 Sekunden) einen scharfen Hochfrequenzimpuls und ist daher eine ideale
'Uhr' in einem rotierenden Bezugssystem. Da das Doppelsternsystem ziemlich
eng ist, können durch eine sehr genaue Zeitbestimmung der Ankunft der Im-
pulse auf der Erde subtile Effekte der allgemeinen Relativitätstheorie geprüft
werden. Zum Beispiel entspricht die Abbremsrate der Doppelsternbahn genau

dem Wert, der aus der Emission von Gravitationswellen zu erwarten ist. Diese Tests haben mit hoher Genauigkeit die Richtigkeit der allgemeinen Relativitätstheorie bestätigt. Ein weiteres schönes Beispiel ist die Physik des Inneren von Neutronensternen, wo Materie mit einer Kerndichte von annähernd $10^{18}\,\mathrm{kg\,m^{-3}}$ unstrukturiert zu finden ist. Beobachtbare Phänomene können in Zusammenhang mit den Eigenschaften dieser nuklearen Supraflüssigkeit gebracht werden.

So spielte und spielt die Astronomie eine große Rolle in der Grundlagenphysik. Das Erstaunliche ist, daß die allerbeste Laborphysik es uns ermöglicht, in überzeugender Weise die Eigenschaften von Himmelskörpern zu verstehen, wo physikalische Bedingungen herrschen, die im Labor unerreichbar sind. Wenn wir jedoch zum Gebiet der Kosmologie kommen, versuchen wir, etwas über Phänomene im allergrößten Maßstab herauszufinden, und müssen *Annahmen* darüber machen, welche physikalischen Prozesse in diesem Maßstab dominieren. Ein zweiter entscheidender Punkt ist, daß wir nur *ein* Universum zu untersuchen haben und daß Physiker sich hüten müssen, die Ergebnisse eines einmaligen Experiments voll und ganz zu akzeptieren. In der Kosmologie besteht jedoch keine Aussicht, irgendwie besser vorzugehen.

Hier gibt es zwei mögliche Wege. Einmal kann man das Beste aus der heutigen Physik und Astrophysik übernehmen und zusehen, wieviel sich durch seine Anwendung auf das Universum als Ganzes erklären läßt. Dies ist der Weg zum Urknallmodell des Universums, das wir in Abschnitt 15.6.3 beschreiben. Zum anderen könnte man das Problem auf den Kopf stellen und versuchen, durch Untersuchung des Universums in den größten Maßstäben neue Gesetze der Physik herzuleiten, die in Laboratorien innerhalb des Sonnensystems nicht zugänglich sind. Diese zweite Methode unterliegt weniger strengen Beschränkungen als die erste, und in der Tat haben mehrere Astronomen argumentiert, daß man diesen Weg einschlagen sollte. Sie können einige einzigartige Erfolge anführen, die durch diese Methode erreicht worden sind; klassische Beispiele dafür sind die Keplerschen Gesetze der Planetenbewegung und das Newtonsche Gravitationsgesetz. Der Wert dieser zweiten Methode kann nur danach beurteilt werden, wie überzeugend die Beweise sind, die aus einer sorgfältigen Analyse zuverlässiger Beobachtungen für die neuen Gesetze gefunden werden können. Wir erinnern uns daran, daß die Untersuchungen von Kepler und Newton wegen der Zuverlässigkeit der Beobachtungen und ihrer Interpretation völlig überzeugend waren. Wir sollten kosmologische Beobachtungen einer gleich strengen Prüfung unterwerfen wie ein Experiment im Labor. Wir werden einige Aspekte dieses Herangehens an die Kosmologie in Abschnitt 15.5 betrachten.

Es zeigt sich, daß wir bei Anwendung der herkömmlichen Physik viele von den neuen Fakten verstehen können, die heute über das Universum bekannt sind. Tatsächlich glaube ich, daß sich der konventionelle Weg als sehr viel erfolgreicher erwiesen hat, als ein Kosmologe berechtigterweise hätte erwarten können. Was inzwischen zum *Standard-Urknallmodell des Universums* geworden ist, führt zu neuen, unerforschten Gebieten der Physik. Es kann sich durchaus erweisen, daß diese Gebiete der Physik nur durch kosmologische Beobachtungen und Theorie verständlich sind. Wir wollen daher den Weg weitergehen, der uns zu diesen aufregenden Möglichkeiten führt.

15.2 Grundlegende Beobachtungen

Wir müssen die grundlegenden großräumigen Eigenschaften des Universums als Ganzes identifizieren, woraus sich die Randbedingungen für unsere Modelle des Universums ergeben dürften. Es ist üblich, Modelle für unser Universum – ausgehend von einer Reihe von Grundtatsachen und Beobachtungen – zu entwickeln.

15.2.1 Das Olberssche Paradoxon

Wir wissen heute, daß das Paradoxon schon den Astronomen vor Olbers bekannt war, aber sein Name wird herkömmlicherweise damit verbunden. Das Paradoxon entsteht wie folgt. Angenommen, wir betrachten ein unendliches, statisches Universum, das gleichmäßig mit Sternen der Leuchtkraft L und der räumlichen Dichte n angefüllt ist. Die auf der Erde gemessene scheinbare Intensität (oder Strahlungsflußdichte) S eines Sterns ist durch das umgekehrt quadratische Gesetz $S = L/4\pi r^2$ gegeben. Die Zahl der Sterne im Abstandsbereich von r bis $r + dr$ ist $4\pi r^2 n\, dr$, und infolgedessen gilt für die Gesamtintensität der auf der Erde ankommenden Strahlung

$$
\begin{aligned}
I &= \int_0^\infty \frac{L}{4\pi r^2} 4\pi r^2 n\, dr \\
&= Ln \int_0^\infty dr \to \infty,
\end{aligned}
$$

d.h. in einem homogenen unendlichen statischen Universum nimmt die Hintergrundstrahlung einen unendlichen Wert an. Tatsächlich müßte wegen der endlichen Fläche der Sterne die Flächenhelligkeit des Himmels ebenso groß wie die eines Sterns sein, in offensichtlichem Widerspruch zu unserer Erfahrung. Daher kann das Universum nicht gleichzeitig unendlich, homogen und statisch sein. Es läßt sich zeigen, daß dieses Ergebnis von der Geometrie des Universums unabhängig ist.

15.2.2 Das Hubblesche Gesetz

In der Tat zeigte Hubble 1929, daß das Universum nicht statisch ist. Er entdeckte, daß die beobachteten Geschwindigkeiten entfernter Galaxien proportional zu ihren Entfernungen sind: $v = H_0 r$, wobei H_0 eine Konstante ist, die passend als Hubblesche Konstante bezeichnet wird. Dies ist genau das, was man bei einem gleichmäßig expandierenden Medium erwartet. Definitionsgemäß ist bei gleichmäßiger Expansion $\Delta r/r = const$ in jedem vorgegebenen Zeitintervall Δt, d.h. es gilt $\Delta r/\Delta t \propto r$, $v \propto r$. Die Tatsache, daß das System von Galaxien expandiert, kann das Paradoxon der Divergenz der Untergrundstrahlung am Himmel lösen, wie wir zeigen werden.

15.2.3 Die Isotropie des Universums

Jedes Bild der Verteilung von Galaxien zeigt sofort, daß das Universum stark klumpig und inhomogen ist und Galaxien sich zu Gruppen zusammenballen.

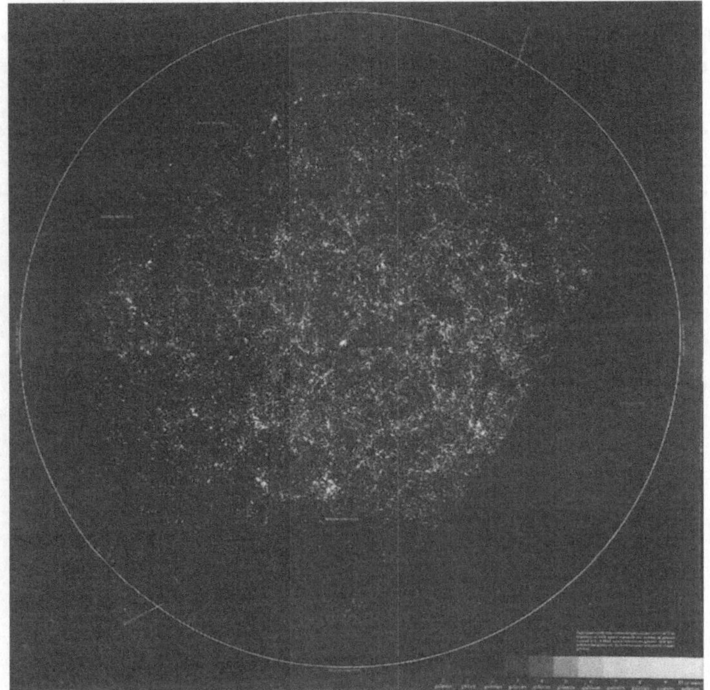

Abb. 15.1. Verteilung von Galaxien an der Himmelskugel. Dieses Bild wurde aus Zählungen von Galaxien am gesamten nördlichen Himmel und bis zu einer Deklination von $-20°$ nach Süden abgeleitet, die von den Astronomen der Lick-Sternwarte, C.D. Shane, C.A. Wirtanen und ihren Kollegen durchgeführt wurde. Dieses Bild ist eine flächentreue Projektion der nördlichen galaktischen Hemisphäre, d.h. das Zentrum des Diagramms entspricht der vertikalen Blickrichtung aus der Ebene unserer Galaxis heraus, und der Umfang entspricht der Blickrichtung durch den galaktischen Äquator. In dieser Übersicht wurden mehr als eine Million Galaxien gezählt. Der schwarze Abschnitt rechts unten im Diagramm ist auf die untere Deklinationsgrenze der Lickschen Erhebung zurückzuführen. Nach den Diagrammrändern hin verringern sich die Zahlen der Galaxien wegen der Verdunkelung durch interstellaren Staub in der Ebene unserer Galaxis. Zur Mitte des Diagramms hin ist das Bild jedoch unverschleiert und stellt die wahre Verteilung der Galaxien im Universum dar. Offensichtlich weist die Verteilung der Galaxien keine gleichmäßige Feinstruktur auf; wenn aber Mittelwerte über große Winkel genommen werden, ist die Verteilung viel gleichmäßiger. (Diagramm entnommen aus M. Seldner, B. Siebars, E.J. Groth & P.J.E. Peebles (1977), *Astron. J.*, 82, 249)

Wenn wir die Verteilung der Galaxien jedoch in sehr großem Maßstab betrachten, sieht sie etwas gleichmäßiger aus. Wenn wir den unverschleierten zentralen Teil von Abb. 15.1 im großen Maßstab betrachten, sehen wir, daß das Bild ziemlich homogen ist. Im kleineren Maßstab gibt es jedoch eine beträchtliche Feinstruktur, die real ist und astrophysikalisch erklärt werden muß.

Viel stärkere Beweise zur globalen Isotropie des Universums liefert die *Mikrowellenhintergrundstrahlung*, die 1965 von Penzias und Wilson entdeckt wurde. Diese Strahlung erweist sich als extrem isotrop, d.h. sie hat in allen Richtungen die gleiche Intensität, mit einer Abweichung von weniger als einem Tausendstel auf allen Skalenlängen von 1 Bogenminute bis 360°. Dies ist eine sehr bemerkenswerte Genauigkeit für jede kosmologische Beobachtung. Tatsächlich ist knapp unterhalb dieses Niveaus eine kleine 360°-Anisotropie in der Strahlung entdeckt worden, die aber mit der Geschwindigkeit der Erde relativ zu dem Bezugssystem zusammenhängt, in dem die Strahlung isotrop wäre. Ganz gleich, wie diese Strahlung entsteht, ist sie ein zwingender Beweis dafür, daß wir die Untersuchung isotroper Modelle des Universums zum Ausgangspunkt nehmen sollten.

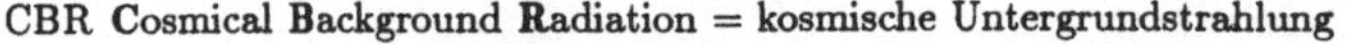

CBR Cosmical Background Radiation = kosmische Untergrundstrahlung

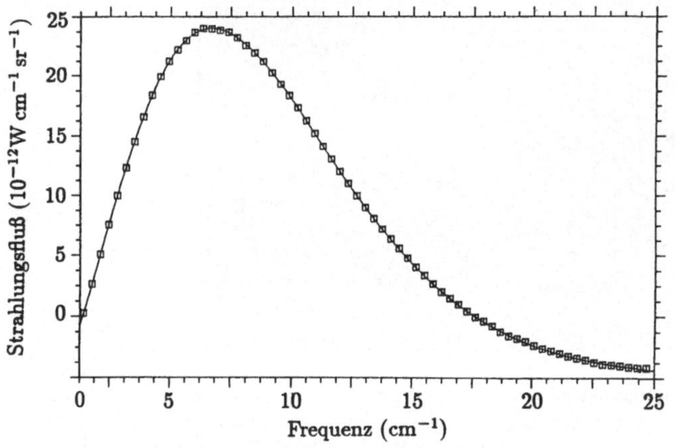

Abb. 15.2. Vorläufiges Spektrum der Mikrowellenhintergrundstrahlung, aufgenommen vom Far Infrared Absolute Spectrophotometer (FIRAS) an Bord des Cosmic Background Explorer (COBE), der am 18. November 1989 gestartet wurde. Das beobachtete Spektrum ist durch die Kästchen dargestellt, deren Größe einem allgemeinen Fehlerbereich von 1% der Maximalintensität entspricht. Die ausgezogene Kurve zeigt das Spektrum eines schwarzen Körpers mit einer Strahlungstemperatur von 2,736 K. Alle Beobachtungen stimmen mit dem idealen Spektrum eines schwarzen Körpers überein; die gegenwärtige Unsicherheit in der Strahlungstemperatur liegt bei ±0,06 K. (Aus J.C. Mather, E.S. Chang, R.E. Eplee, R.B. Isaacman, S.S. Meyer, R.A. Shafer, R. Weiss, E.L. Wright, C.L. Bennett, N.W. Boggess, E. Dwek, S. Gulkis, M.G. Hauser, M. Janssen, T. Kelsall, P.M. Lubin, S.H. Moseley, Jr., T.L. Murdock, R.F. Silverberg, G.F. Smoot und D.T. Wilkinson, 1990. *Astrophys. J. (Letts.)*, **354**, S. 37–40.)

Zwei weitere Merkmale der Mikrowellenhintergrundstrahlung sind von Bedeutung. Erstens hat sie mit hoher Genauigkeit ein Plancksches Spektrum mit einer Strahlungstemperatur von $2,736 \pm 0,06$ K (Abb. 15.2). Daraus folgt, daß die Strahlung in einem gewissen Stadium bei einer bestimmten Temperatur im Gleichgewicht mit der Materie gewesen sein muß. Der zweite Punkt ist, daß die Strahlung einer recht hohen Massendichte entspricht. Die träge Massendichte der isotropen Strahlung bei $2,736 \pm 0,06$ K ist gleich $aT^4/c^2 = 4,7 \times 10^{-31}$ kg m^{-3}, mit $a = 4\sigma/c$, wobei σ die Stefan-Boltzmannsche Konstante ist. Dies ist bei weitem die 'massivste' diffuse Strahlungskomponente im Universum. Die mittlere Dichte gewöhnlicher Materie im Universum beträgt etwa 10^{-27}–10^{-26} kg m^{-3}, und folglich enthält gegenwärtig die Materie viel mehr träge Masse als die Strahlung. Wie wir jedoch sehen werden, muß in ferner Vergangenheit die Situation ganz anders gewesen sein.

15.3 Die Robertson-Walker-Metrik

Die Daten von Abschnitt 15.2 beziehen sich offenbar auf großräumige Merkmale des Universums, die Teil jedes akzeptablen kosmologischen Modells sein müssen. Die einfachsten Modelle sind daher für den Anfang isotrope, homogene expandierende Welten. Wir können der möglichen Form der Metrik für solche Welten strenge Beschränkungen auferlegen, die sich aus allgemeinen Überlegungen ergeben, nämlich aus den Annahmen der Isotropie und der Homogenität sowie aus der Metrik der speziellen Relativitätstheorie.

Formal müssen wir mit einer Annahme beginnen, die als *kosmologisches Prinzip* bezeichnet wird – es handelt sich um die Aussage, daß wir uns nicht an irgendeinem speziellen Ort im Universum befinden. Die Folgerung daraus ist, daß wir uns an einem typischen Ort im Universum befinden und daß ein geeignet gewählter Beobachter an irgendeiner anderen Stelle die gleichen großräumigen Merkmale beobachten würde. Isotrope, homogene expandierende Welten erfüllen offenbar diese Bedingung, da jeder Beobachter, der an der gleichmäßigen Expansion des Universums teilnimmt, eine gleichmäßige Expansion des Universums beobachtet.

Wir führen nun eine Gruppe von *Fundamentalbeobachtern* ein, die als Beobachter definiert sind, die sich so bewegen, daß ihnen das Universum isotrop erscheint. Jeder von ihnen besitzt eine Uhr, und die mit dieser Uhr gemessene Eigenzeit wird *kosmische Zeit* genannt. Mit der Synchronisation dieser von den Fundamentalbeobachtern mitgeführten Uhren gibt es keine Probleme, da man die Beobachter zum Beispiel anweisen könnte, ihre Uhren auf die gleiche Zeit zu stellen, wenn das Universum eine bestimmte Dichte hat.

Wir können nun die Ausdrücke für das räumliche Inkrement der Metrik niederschreiben, da wir schon gezeigt haben (Abschnitt 14.4), daß die einzig möglichen isotropen gekrümmten Räume durch

$$dl^2 = \frac{dr^2}{(1 - Kr^2)} + r^2(d\theta^2 + \sin^2\theta\, d\phi^2)$$

gegeben sind, wobei die Raumkoordinaten in dem Bezugssystem eines Fundamentalbeobachters gemessen werden. Aus Gründen, die sogleich offenbar werden, wählen wir die Schreibweise

$$dl^2 = dx^2 + R_c^2 \sin^2(x/R_c)(d\theta^2 + \sin^2\theta\, d\phi^2).$$

Dann ist die Metrik des isotropen gekrümmten Raums:

$$ds^2 = dt^2 - \frac{1}{c^2}\left[dx^2 + R_c^2 \sin^2(x/R_c)(d\theta^2 + \sin^2\theta\, d\phi^2)\right]. \tag{15.1}$$

Beachten Sie, daß in dieser Form t die kosmische Zeit und dx ein Zuwachs der Eigenentfernung ist; R_c ist der Krümmungsradius des gekrümmten Raums und $K = 1/R_c^2$ ist die Raumkrümmung.

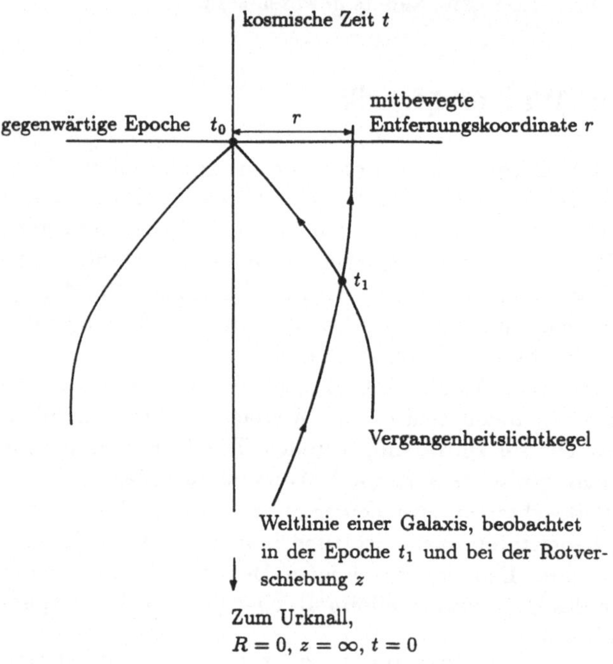

Abb. 15.3. Einfaches Raum-Zeit-Diagramm, das den Vergangenheits-Lichtkegel zeigt, auf dem wir alle Objekte im Universum beobachten

Nun ist es etwas problematisch, diese einfache Metrik in eine Form zu bringen, die für den Vergleich von Observablen in verschiedenen Entfernungen brauchbar und damit in verschiedenen Epochen im Universum verwendbar ist. Dies wird durch das einfache Raum-Zeit-Diagramm veranschaulicht, das in Abb. 15.3 dargestellt ist. Da das Licht sich mit endlicher Geschwindigkeit ausbreitet, beobachten wir alle astronomischen Objekte entlang eines *Vergangenheits-Lichtkegels*, dessen Mittelpunkt auf der Erde und in der gegenwärtigen Epoche t_0 liegt. Wenn wir daher entfernte Objekte beobachten, dann beobachten wir sie nicht in der Gegenwart, sondern vielmehr in einer früheren Epoche, als das Universum ebenfalls homogen und isotrop war, jedoch alle Entfernungen zwischen Fundamentalbeobachtern kleiner waren und eine andere Raumkrümmung bestand.

Zur Lösung dieses Problems führen wir ein Gedankenexperiment durch. Um die Eigenzeit zu messen, die in der Metrik (15.1) enthalten sein kann, ordnen wir eine Reihe von Fundamentalbeobachtern in einer Linie zwischen der Erde und der Galaxie an, deren Entfernung wir messen möchten. Alle Beobachter werden angewiesen, die Entfernung dx zum nächsten Fundamentalbeobachter zu einer bestimmten kosmischen Zeit t zu messen, die sie auf ihrer eigenen Uhr ablesen. Auf diese Weise können wir durch Summation über alle dx eine Eigenentfernung x ermitteln, die in einer einzigen Epoche gemessen wird und unmittelbar in der Metrik (15.1) verwendet werden kann. Beachten Sie, daß dies eigentlich eine fiktive Distanz ist, da wir Entfernungen auf diese Weise nicht wirklich messen können. Insbesondere ist es keine durch Lichtsignale meßbare Entfernung, da das Universum sich zwischen der Emission des Lichtstrahls und seinem Eintreffen beim Beobachter ausgedehnt hat. Wir werden gleich ausrechnen, wie x mit meßbaren Größen in Verbindung zu bringen ist.

Wir wollen nun betrachten, was mit den x-Koordinaten in einem gleichmäßig expandierenden Universum geschieht. Die Definition einer gleichmäßigen Expansion ist, daß zwischen zwei kosmischen Epochen t_1 und t_2 die Entfernungen zwischen zwei beliebigen Fundamentalbeobachtern i und j sich so ändern, daß

$$\frac{x_i(t_1)}{x_j(t_1)} = \frac{x_i(t_2)}{x_j(t_2)} = \text{const}$$

und damit

$$\frac{x_i(t_1)}{x_i(t_2)} = \frac{x_j(t_1)}{x_j(t_2)} = \ldots = \text{const} = \frac{R(t_1)}{R(t_2)} \tag{15.2}$$

gilt. Dabei ist $R(t)$ eine universelle Funktion, die beschreibt, wie sich die relative Entfernung zwischen zwei beliebigen Fundamentalbeobachtern mit der kosmischen Zeit t ändert. Wir wollen daher die folgenden Definitionen einführen. Wir werden $R(t)$, genannt *Maßstabsfaktor*, in der gegenwärtigen Epoche t_0 gleich 1 setzen und den Wert von x in der gegenwärtigen Epoche mit r bezeichnen, d.h. wir können die Beziehung (15.2) wie folgt umformulieren:

$$x(t) = R(t)r. \tag{15.3}$$

Damit wird r zur *Entfernungsmarkierung*, die einer Galaxis oder einem Fundamentalbeobachter für alle Zeit zugeordnet wird, wobei die Änderung der Eigenentfernung im expandierenden Universum durch den Maßstabsfaktor $R(t)$ berücksichtigt wird; r wird als *mitbewegte radiale Entfernungskoordinate* bezeichnet. Wir wollen nun die gleiche Bedingung (15.2) auf Eigenentfernungen anwenden, die sich senkrecht zur Sichtlinie zwischen den Epochen t und t_0 ausdehnen. Es gilt

$$\frac{\Delta l(t)}{\Delta l(t_0)} = R(t)$$

und daher wegen der Metrik (15.1)

$$R(t) = \frac{R_{\rm c}(t)\sin(x/R_{\rm c}(t))\,d\theta}{R_{\rm c}(t_0)\sin(r/R_{\rm c}(t_0))\,d\theta}. \tag{15.4}$$

Durch Umformen dieser Gleichung erhalten wir unter Verwendung von (15.3)

$$\frac{R_{\rm c}(t)}{R(t)}\sin(R(t)r/R_{\rm c}(t)) = R_{\rm c}(t_0)\sin(r/R_{\rm c}(t_0)). \tag{15.5}$$

Dies ist nur richtig, wenn

$$R_{\rm c}(t) = R_{\rm c}(t_0)R(t) \tag{15.6}$$

gilt, d.h. der Krümmungsradius der räumlichen Schnitte ist gerade proportional zu $R(t)$. Wir wollen den Wert von $R_{\rm c}(t_0)$, d.h. den Krümmungsradius in der gegenwärtigen Epoche, mit $\mathcal{R}$ bezeichnen. Dann ist

$$R_{\rm c}(t) = \mathcal{R}R(t). \tag{15.7}$$

Durch Einsetzen der Beziehungen (15.3) und (15.7) in die Metrik (15.1) erhalten wir

$$ds^2 = dt^2 - \frac{R^2(t)}{c^2}\left[dr^2 + \mathcal{R}^2\sin^2(r/\mathcal{R})(d\theta^2 + \sin^2\theta\,d\phi^2)\right]. \tag{15.8}$$

Dies ist die *Robertson-Walker-Metrik* in der Form, die wir in allen unseren weiteren Analysen verwenden werden. Beachten Sie, daß die Metrik eine unbekannte Funktion enthält, den Maßstabsfaktor $R(t)$, der die Dynamik des Universums beschreibt, sowie eine unbekannte Konstante $\mathcal{R}$, welche die räumliche Krümmung des Universums in der gegenwärtigen Epoche beschreibt. Wir betonen, daß die Größe r in der Metrik (15.8) die Eigenentfernung ist, die das Objekt haben würde, wenn ihre Messung in der gegenwärtigen Epoche möglich wäre. Es handelt sich also um einen speziellen Gebrauch von r, der sich von seinem Gebrauch etwa in der Schwarzschildschen Metrik in Kapitel 14 unterscheidet.

Schließlich stellen wir fest, daß die Metrik auf verschiedene Weise umformuliert werden kann. Wenn wir z.B. eine mitbewegte 'Winkeldurchmesser-Distanz' $r_1 = \mathcal{R}\sin(r/\mathcal{R})$ verwenden, erhalten wir für die Metrik

$$ds^2 = dt^2 - \frac{R^2(t)}{c^2}\left[\frac{dr_1^2}{1 - Kr_1^2} + r_1^2(d\theta^2 + \sin^2\theta\,d\phi^2)\right] \tag{15.9}$$

mit $K = 1/\mathcal{R}^2$. Offensichtlich könnte bei geeigneter Maßstabsänderung der r_1-Koordinate, $Kr_1^2 = r_2^2$, die Metrik ebensogut in der Form

$$ds^2 = dt^2 - \frac{R_1^2(t)}{c^2}\left[\frac{dr_2^2}{1 - kr_2^2} + r_2^2(d\theta^2 + \sin^2\theta\,d\phi^2)\right] \tag{15.10}$$

geschrieben werden, mit $k = +1, 0$ und -1 für Welten mit sphärischer, flacher bzw. hyperbolischer Geometrie. Dies ist eine recht populäre Form für die Metrik, aber wir werden (15.8) verwenden, weil die Koordinate r eine wichtige (und klare) physikalische Bedeutung hat

Die Metrik (15.8) ist deshalb so wichtig, weil sie uns in die Lage versetzt, das invariante Intervall ds^2 zwischen Ereignissen in einer beliebigen Epoche oder an einem beliebigen Ort im expandierenden Universum zu definieren. Wir müssen nun etwas mehr über die Bedeutung der Metrik aussagen. Beachten Sie, daß wir bis jetzt nichts über die Physik des expandierenden Universums gesagt haben. Das alles hat die Funktion $R(t)$ in sich aufgenommen.

15.4 Beobachtungen in der Kosmologie[1]

Wir sollten zweckmäßig eine Liste der Ergebnisse aufstellen, die von der besonderen Form von $R(t)$ unabhängig sind. Vor allem wollen wir die wirkliche Bedeutung der Rotverschiebung in der Kosmologie erklären.

15.4.1 Rotverschiebung

Mit der Rotverschiebung meinen wir die Verschiebung von Spektrallinien zu größeren Wellenlängen hin. Wenn λ_e die Wellenlänge der Linie bei der Emission und λ_0 die beobachtete Wellenlänge ist, dann ist die Rotverschiebung durch

$$z = \frac{\lambda_0 - \lambda_e}{\lambda_e} \tag{15.11}$$

definiert. Im Falle von Galaxien, die sich vom Beobachter weg bewegen, ist die aus der Rotverschiebung abgeleitete Geschwindigkeit nach der speziellen Relativitätstheorie durch

$$1 + z = \left(\frac{1 + v/c}{1 - v/c}\right)^{\frac{1}{2}} \tag{15.12}$$

gegeben. Sie können diese Formel unter Anwendung der Ergebnisse von Kap. 13 selbst beweisen . Im Grenzfall kleiner Rotverschiebungen, $v/c \ll 1$ reduziert sich die Beziehung (15.12) auf

$$v = cz. \tag{15.13}$$

Diesen Geschwindigkeitstyp verwendete Hubble bei der Herleitung der Geschwindigkeits-Entfernungs-Beziehung $v = H_0 r$.

Wir wollen ein Wellenpaket der Frequenz ν_1 betrachten, das zwischen den kosmischen Zeiten t_1 und $t_1 + \Delta t_1$ von einer entfernten Galaxis emittiert wird. Dieses Wellenpaket wird vom Beobachter in der gegenwärtigen Epoche im kosmischen Zeitintervall von t_0 bis $t_0 + \Delta t_0$ empfangen. Das Signal breitet sich über Nullkegel aus, d.h. es ist $ds^2 = 0$, und wenn wir eine radiale Ausbreitung von der Quelle zum Beobachter betrachten, also $d\theta = 0$ und $d\phi = 0$ setzen, erhalten wir folglich aus der Metrik (15.8)

---

[1] Beim ersten Durchlesen kann sich der Leser auf die Abschnitte 15.4.1 und 15.4.2 konzentrieren, die für die weitere Entwicklung der Theorie wesentlich sind.

$$dt = -\frac{R(t)}{c}\, dr$$

oder

$$\frac{c\, dt}{R(t)} = -dr. \tag{15.14}$$

Das Minuszeichen tritt auf, weil der Beobachter sich im Ursprungspunkt der Koordinate r befindet. Wenn wir zunächst die Vorderflanke des Wellenpakets betrachten, ist daher das Integral von (15.14) gleich

$$\int_{t_1}^{t_0} \frac{c\, dt}{R(t)} = -\int_r^0 dr. \tag{15.15}$$

Das Ende des Wellenpakets muß die gleiche Entfernung in Einheiten der mitbewegten Entfernungskoordinate durchlaufen, da die r-Koordinate für alle Zeit an der Quelle fixiert ist. Daher gilt

$$\int_{t_1+\Delta t_1}^{t_0+\Delta t_0} \frac{c\, dt}{R(t)} = -\int_r^0 dr$$

oder

$$\int_{t_1}^{t_0} \frac{c\, dt}{R(t)} + \frac{c\Delta t_0}{R(t_0)} - \frac{c\Delta t_1}{R(t_1)} = \int_{t_1}^{t_0} \frac{c\, dt}{R(t)}.$$

Wegen $R(t_0) = 1$ erhalten wir

$$\Delta t_0 = \frac{\Delta t_1}{R(t_1)}. \tag{15.16}$$

Dies ist der kosmologische Ausdruck für das Phänomen der *Zeitdilatation*. Wegen $R(t_1) < 1$ stellen wir bei der Beobachtung entfernter Galaxien fest, daß Erscheinungen in unserem Bezugssystem länger dauern als in dem der Quelle. Dies ist genau das Phänomen, das bei relativistischen Myonen beobachtet wird, welche die Atmosphäre durchqueren (Abschnitt 13.3).

Ein sehr nützliches Ergebnis dieser Berechnung ist, daß sie uns in die Lage versetzt, einen Ausdruck für die mitbewegte radiale Entfernungskoordinate r herzuleiten. Gleichung (15.15) läßt sich wie folgt umformen:

$$r = \int_{t_1}^{t_0} \frac{c\, dt}{R(t)}. \tag{15.17}$$

Sobald wir also $R(t)$ kennen, können wir durch Integration sofort r bestimmen.

Das Ergebnis (15.16) liefert uns auch einen Ausdruck für die Rotverschiebung. Wenn wir $\Delta t_1 = \nu_1^{-1}$ als Periode der emittierten Wellen und $\Delta t_0 = \nu_0^{-1}$ als beobachtete Periode auffassen, dann erhalten wir

$$\nu_0 = \nu_1 R(t_1). \tag{15.18}$$

Wenn wir in dieses Ergebnis die Rotverschiebung z einführen, erhalten wir

$$z = \frac{\lambda_0 - \lambda_e}{\lambda_e} = \frac{\lambda_0}{\lambda_1} - 1 = \frac{\nu_1}{\nu_0} - 1$$

oder

$$1 + z = \frac{1}{R(t_1)}. \tag{15.19}$$

Dies ist die grundsätzliche Bedeutung der Rotverschiebung in der Kosmologie. Die Rotverschiebung ist einfach ein Maß für den Maßstabsfaktor des Universums zum Zeitpunkt der Strahlungsemission durch die Quelle. Wenn wir also eine Galaxis mit der Rotverschiebung $z = 1$ beobachten, dann war der Maßstabsfaktor des Universums zum Zeitpunkt der Lichtemission $R(t) = 0,5$; d.h. das Universum war halb so groß wie heute. Beachten Sie jedoch, daß wir keine Information darüber erhalten, *wann* das Licht emittiert wurde. Wäre dies so, dann könnten wir die Funktion $R(t)$ direkt aus der Beobachtung bestimmen. Wir verstehen die Physik von Galaxien und Quasaren nicht gut genug, um Zeiten oder Alter aus der Beobachtung abschätzen zu können. Unter diesen Umständen benötigen wir irgendeine Theorie zur Dynamik des Universums, um $R(t)$ zu bestimmen.

15.4.2 Das Hubblesche Gesetz

Unter Anwendung unserer ursprünglichen Vorschrift für Eigenentfernungen können wir das Hubblesche Gesetz $v = H_0 x$ in der Form

$$\frac{dx}{dt} = H_0 x$$

schreiben. Durch Einsetzen von $x = R(t)r$ erhalten wir nun

$$r\frac{dR(t)}{dt} = H_0 R(t)r$$

oder

$$H_0 = \dot{R}/R.$$

Da wir die Hubble-Konstante in der gegenwärtigen Epoche mit $t = t_0$, $R = 1$ messen, ergibt sich

$$H_0 = (\dot{R})_{t=t_0}. \tag{15.20}$$

Beachten Sie jedoch, daß wir durch die allgemeinere Beziehung

$$H(t) = \dot{R}/R \tag{15.21}$$

eine Hubblesche Konstante in einer beliebigen Epoche definieren können. Die Hubblesche Konstante H_0 definiert also die *gegenwärtige* Expansionsgeschwindigkeit des Universums.

15.4.3 Winkeldurchmesser

Die starke Vereinfachung, die sich durch Verwendung einer Metrik der Form
(15.8) ergibt, zeigt sich bei der Berechnung der scheinbaren Größe eines Objekts
der Eigenlänge d senkrecht zur Radialkoordinate bei der Rotverschiebung z.
Die relevante räumliche Komponente der Metrik (15.8) ist der Term in $d\theta$, und
daher muß die Eigenlänge gleich

$$d = R(t)D\Delta\theta = \frac{D\Delta\theta}{(1+z)} \tag{15.22}$$

sein, wobei wir eine *effektive Entfernung* $D = \mathcal{R}\sin(r/\mathcal{R})$ eingeführt haben.
Für kleine Rotverschiebungen $z \ll 1$ und $r \ll \mathcal{R}$ reduziert sich der Ausdruck
(15.22) offenbar auf die euklidische Beziehung $d = r\,\Delta\theta$.

15.4.4 Scheinbare Intensitäten

Angenommen, die Quelle besitze die Leuchtkraft $L(\nu_1)\mathrm{W\,Hz}^{-1}$, d.i. die in einen
Raumwinkel von 4π steradian emittierte Gesamtenergie pro Zeiteinheit und
Frequenzintervall Eins. Wir wollen annehmen, daß innerhalb des Zeitintervalls
Δt_1 von der Quelle $N(\nu_1)$ Photonen der Energie $h\nu_1$ im Frequenzband $\Delta\nu_1$
emittiert werden und daß die Quelle die Rotverschiebung z aufweist. Dann ist
die Leuchtkraft der Quelle gleich

$$L(\nu_1) = \frac{N(\nu_1)\,h\nu_1}{\Delta\nu_1\,\Delta t_1}. \tag{15.23}$$

Diese Photonen werden in der Epoche t_1 über eine 'Kugel' mit der Quelle im
Mittelpunkt verteilt, und wenn die Photonen-'Schale' den Beobachter in der
Epoche t_0 ereicht, schneidet er einen gewissen Teil davon mit seinem Teleskop.
Wir müssen nun wissen, wie sich die Photonen zwischen den Epochen t_1 und
t_0 über eine Kugel verteilen. Die Photonen werden zur Zeit t_0 mit der Frequenz $\nu_0 = R(t_1)\nu_1$ in einem Eigenzeitintervall $\Delta t_0 = \Delta t_1 R^{-1}(t_1)$ und im
Frequenzband $\Delta t_0 = R(t_1)\Delta\nu_1$ beobachtet. Die einzige Komplikation ist, daß
wir den Durchmesser Δl unseres Teleskops in Zusammenhang mit dem Win-
keldurchmesser $\Delta\theta$ bringen müssen, den es an der Quelle zu Zeit t_1 aufspannt.
Wiederum liefert die Metrik (15.8) eine elegante Lösung. Der Eigenabstand Δl
bezieht sich auf die Gegenwart, in der $R(t) = 1$ ist, und folglich gilt

$$\Delta l = D\,\Delta\theta, \tag{15.24}$$

wobei $\Delta\theta$ der Winkel ist, der vom entsprechenden, an der Quelle aufgestellten
Fundamentalbeobachter gemessen wird. Beachten Sie den Unterschied zwischen
den Beziehungen (15.22) und (15.24). Sie entsprechen Winkeldurchmessern in
entgegengesetzten Richtungen auf dem Lichtkegel. Tatsächlich ist der Unterschied um den Faktor $(1+z)$ zwischen ihnen Teil einer allgemeineren Beziehung
zwischen Winkeldurchmessern, die als *Reziprozitätssatz* bekannt ist.

Daher ist die Fläche unseres Teleskops gleich $\pi\Delta l^2/4$, und der von dieser Fläche an der Quelle aufgespannte Raumwinkel ist $\Delta\Omega = \pi\Delta\theta^2/4$. Die Zahl der auf das Teleskop in der Zeit Δt_0 auffallenden Photonen ist

$$N(\nu_1)\,\Delta\Omega/4\pi,$$

aber sie werden mit der Frequenz ν_0 beobachtet, d.h. es ist $N(\nu_1) = N(\nu_0)$. Die Strahlungsflußdichte der Quelle, d.h. die pro Zeiteinheit, Flächeneinheit und Bandbreiteneinheit empfangene Energie $(\mathrm{W\,m^{-2}\,Hz^{-1}})$ ist

$$S(\nu_0) = \frac{N(\nu_0)h\nu_0\Delta\Omega}{4\pi\Delta t_0\Delta\nu_0(\pi/4)\Delta l^2}. \tag{15.25}$$

Wir können jetzt die Größen im Ausdruck (15.25) in Beziehung zu Eigenschaften der Quelle bringen, wobei wir die obigen Beziehungen (15.23) und (15.25) benutzen:

$$S(\nu_0) = \frac{L(\nu_1)R(t_1)}{4\pi D^2} = \frac{L(\nu_1)}{4\pi D^2(1+z)}. \tag{15.26}$$

Wenn die Spektren der Quellen die Potenzform $L(\nu) \propto \nu^{-\alpha}$ haben, erhalten wir aus dieser Beziehung

$$S(\nu_0) = \frac{L(\nu_0)}{4\pi D^2(1+z)^{1+\alpha}}. \tag{15.27}$$

Wir können die Analyse nochmals für *bolometrische* Leuchtkräfte und Strahlungsflußdichten durchführen; in diesem Falle betrachten wir die über alle Wellenlängen integrierte emittierte und empfangene Strahlung:

$$L_{\mathrm{bol}} = \frac{\sum N(\nu_1)h\nu_1}{\Delta t_1},$$

und für die Beziehung mit S_{bol} erhalten wir:

$$S_{\mathrm{bol}} = \frac{L_{\mathrm{bol}}}{4\pi D^2(1+z)^2}. \tag{15.28}$$

Die Größe $D_L = D(1+z)$ wird oft als Leuchtkraftabstand bezeichnet, da durch diese Definition die Beziehung zwischen S_{bol} und L_{bol} zum umgekehrt quadratischen Abstandsgesetz wird. Ein entscheidender Punkt bei Beziehungen wie (15.26) und (15.27) ist das Auftreten von Zeitdilatationsfaktoren $(1+z)$, welche die Flußdichte stärker als nach dem umgekehrt quadratischen Gesetz verringern. Diese Art, das Ergebnis auszudrücken, ist jedoch etwas irreführend, da mit zunehmender Rotverschiebung die effektive Entfernung D sich nicht wie ein euklidischer Abstand verhält.

15.4.5 Teilchendichten

Wir müssen oft die Zahl der Quellen in einem bestimmten Rotverschiebungs-bereich von z bis $z + dz$ wissen. Da es eine eineindeutige, in diesem Stadium der Entwicklung noch undefinierte Beziehung zwischen r und z gibt, ist das Problem sehr einfach, da per Definition r eine radiale, in der gegenwärtigen Epoche definierte Eigenentfernung ist und folglich die Anzahl der Objekte im Bereich r bis $r + dr$ durch Ergebnisse gegeben ist, die schon in Abschnitt 14.4 gewonnen wurden. Das Volumen einer Schale der Dicke dr bei der mitbewegten Entfernungskoordinate r ist

$$dV = 4\pi \mathcal{R}^2 \sin^2(r/\mathcal{R})\, dr = 4\pi D^2\, dr. \tag{15.29}$$

Wenn daher N_0 die gegenwärtige räumliche Dichte von Objekten ist und deren Zahl im expandierenden Universum erhalten bleibt, gilt

$$dN = 4\pi N_0 D^2\, dr. \tag{15.30}$$

Die Definition mitbewegter Koordinaten berücksichtigt somit automatisch die Expansion des Universums.

15.4.6 Die Hintergrundstrahlung des Universums

Wir können nun unter Verwendung der Ergebnisse der Abschnitte 15.4.4 und 15.4.5 die Helligkeit des Nachthimmels berechnen. Die Intensität der Hinter-grundstrahlung, d.h. die Strahlungsflußdichte aus einem Steradian am Himmel, ist durch die Summe der Flußdichten der Quellen im Volumen dV im Abstand r, integriert von $r = 0$ bis zum Maximalwert von r, gegeben. Für 1 steradian ist $dV = D^2\, dr$, und unter Verwendung des Ausdrucks (15.27) erhalten wir

$$\begin{aligned}
I(\nu_0) &= \int_V S(\nu_0) N_0\, dV \\
&= \frac{L(\nu_0) N_0}{4\pi} \int_0^{r_{\max}} \frac{D^2\, dr}{D^2 (1+z)^{1+\alpha}} \\
&= \frac{L(\nu_0) N_0}{4\pi} \int_0^{r_{\max}} \frac{dr}{(1+z)^{1+\alpha}}.
\end{aligned} \tag{15.31}$$

Darin ist $r_{\max}$ der obere Grenzwert für die mitbewegte Entfernungskoordinate entsprechend $R = 0$, $z = \infty$, dem Ausgangspunkt der Expansion. Ein Vergleich mit der Analyse von Abschnitt 15.2.1 zeigt, daß die Hintergrundstrahlung we-gen des Rotverschiebungsfaktors $(1+z)^{-(1+\alpha)}$ stärker konvergiert als im eu-klidischen Fall, aber wir können keine vollständige Antwort geben, bis wir die Abhängigkeit der Größe r von der Rotverschiebung z kennen.

15.4.7 Das Alter des Universums

Schließlich wollen wir einen Ausdruck für das Alter des Universums berechnen. Wir können dazu von einer umgeordneten Version der Gleichung (15.17) ausgehen. Die grundlegende Differentialbeziehung ist

$$-\frac{c\,dt}{R(t)} = dr,$$

und daraus folgt

$$\int_0^{t_0} dt = \int_0^{r_{\max}} \frac{R(t)\,dr}{c}. \tag{15.32}$$

Wieder ist $r_{\max}$ die mitbewegte Entfernungskoordinate, die $R = 0$, $z = \infty$ entspricht.

15.5 Methoden zur Bestimmung der Funktion R(t)

Bisher gab es über die Grundstruktur der Theorie isotroper kosmologischer Modelle wenig zu diskutieren. Um jedoch die Funktion $R(t)$ zu bestimmen, die Änderung des Maßstabsfaktors mit der kosmischen Epoche, müssen wir über die Physik entscheiden, welche die großräumige Dynamik des Universums beschreibt. In der Einführung beschrieben wir zwei grundsätzliche Verfahren. Das eine bestand in der Anwendung der besten heutigen Physik und in der Annahme, daß sie im globalen Maßstab anwendbar ist. Wir werden dies in Abschnitt 15.6 weiter ausführen. In diesem Abschnitt diskutieren wir kurz einige Beispiele zum alternativen Verfahren der Einführung einer nichtkonventionellen Physik. Wir werden einige interessante Facetten der verschiedenen Betrachtungsweisen kennenlernen, die auf kosmologische Probleme angewendet werden können.

15.5.1 Die Theorie des stationären Zustands

Diese Theorie erregte in den fünfziger und sechziger Jahren im Anschluß an den ursprünglichen Vorschlag von Bondi, Gold und Hoyle [15.1] großes allgemeines Interesse. Die Grundmotivierung für die Theorie war die Tatsache, daß in den vierziger Jahren der Wert der Hubbleschen Konstanten H_0 für viel größer gehalten wurde als heute. Wir werden zeigen, daß die Alter aller herkömmlichen, in Abschnitt 15.6 beschriebenen Weltmodelle kleiner sind als H_0^{-1}. Da man H_0 mit etwa $500\,\mathrm{km\,s^{-1}\,Mpc^{-1}}$ veranschlagte[2], wurde das Alter des Universums in diesen Modellen mit weniger als ca. 2×10^9 Jahren berechnet. Da dieses Alter kleiner ist als das der Erde, das etwa $4{,}6 \times 10^9$ Jahre beträgt, bestand ein offensichtlicher Widerspruch.

---

[2] $1\mathrm{Mpc} = 1\mathrm{Megaparsec} \approx 3 \times 10^{22}\,\mathrm{m}$

Bondi, Gold und Hoyle präsentierten eine geniale Lösung für dieses Problem, indem sie das kosmologische Prinzip durch ein sogenanntes *ideales kosmologisches Prinzip* ersetzten. Dies ist die Aussage, daß die heute beobachteten großräumigen Eigenschaften des Universums *für alle Beobachter in allen Epochen* die gleichen sein sollen. Mit anderen Worten, das Universum sollte für alle Beobachter und alle Zeiten ein unverändertes Aussehen bieten. Dieses Postulat legt unmittelbar die Dynamik des Universums fest, da die Hubblesche Konstante zu einer Grundkonstanten der Physik wird, d.h. es gilt

$$\dot{R}/R = H_0$$

und folglich

$$R = R_0\, e^{H_0 t}. \tag{15.33}$$

Dies bedeutet, daß diffuse Materie sich ständig verdünnt, und daher muß, damit das Universum für alle Zeit das gleiche Aussehen behält, ständig Materie aus dem Nichts entstehen. Die Theorie wird manchmal als Theorie der *kontinuierlichen Schöpfung* bezeichnet. Dies ist der Preis, den man für eine recht elegante Theorie zu zahlen hat. Die Befürworter der Theorie zeigten, daß die Erzeugungsrate, die zum Ersatz der sich zerstreuenden Materie benötigt wurde, so klein war, daß sie bei jedem terrestrischen Experiment unter der Beobachtungsgrenze lag.

Wir wollen einige weitere Eigenschaften des stationären Modells herleiten. Das Modell muß für alle Zeit die gleichen globalen Eigenschaften bewahren, und die Raumkrümmung ist eine solche Eigenschaft. Die Beziehung (15.7) besagt, daß $R_c(t) = \mathcal{R} R(t)$ ist, und daher variiert der Krümmungsradius der Geometrie mit der Zeit, wenn nicht $\mathcal{R} = \infty$, d.h. $K = 0$ ist. Die Geometrie muß daher flach sein. Ebenso einfach ist die Beziehung zwischen r und z, die sich durch Einsetzen der Beziehung (15.33) in die Definition von r, Gl. (15.17), ergibt. Wir erinnern uns, daß $R = (1 + z)^{-1}$ gilt und erhalten damit

$$
\begin{aligned}
r &= \int_{t_1}^{t_0} \frac{c\, dt}{R(t)} = \int_{t_1}^{t_0} \frac{c\, dt}{R_0\, e^{H_0 t}} \\
&= \frac{c}{H_0} \left(\frac{1}{R(t)} - 1 \right) \\
&= \frac{cz}{H_0}.
\end{aligned}
\tag{15.34}
$$

Wir erkennen, daß dies mit dem Hubbleschen Gesetz identisch ist. Während jedoch in den herkömmlichen Modellen das Gesetz nur für kleine Rotverschiebungen gilt, ist es in der stationären Theorie für alle Rotverschiebungen gültig. Die Metrik ist daher

$$ds^2 = dt^2 - \frac{R^2(t)}{c^2} \left[dr^2 + r^2(d\theta^2 + \sin^2\theta\, d\phi^2) \right],$$

mit $R(t) = e^{H_0(t-t_0)}$ und $r = cz/H_0$. Schließlich ist das Alter des Universums offenbar unendlich, womit das Problem des Zeitmaßstabs gelöst ist, und es gibt keine Anfangssingularität wie beim herkömmlichen heißen Urknall.

In Großbritannien verursachte die Theorie eine große Aufregung, die bis in die populäre Presse gelangte, und es entspann sich eine öffentliche Debatte zwischen Verfechtern des stationären Zustands und denen der evolutionären Weltbilder. Inzwischen entdeckte Baade, daß die Hubblesche Konstante beträchtlich überschätzt worden war, und es wurde ein verbesserter Wert von $H_0 = 180\,\mathrm{km\,s^{-1}\,Mpc^{-1}}$ abgeleitet, woraus sich $T = H_0^{-1} = 5{,}6 \times 10^9$ Jahre ergibt, was ausreichend größer ist als das Alter der Erde. Spätere Untersuchungen haben den Wert noch weiter reduziert, so daß nach den besten Abschätzungen H_0 im Bereich zwischen etwa 50 und 100 $\mathrm{km\,s^{-1}\,Mpc^{-1}}$ liegt.

Trotzdem übte die Einfachheit und Eleganz der Theorie eine starke Anziehungskraft auf eine Reihe von Theoretikern aus, die in ihr ein eindeutiges kosmologisches Modell im Gegensatz zu den herkömmlichen Modellen sahen, die, wie wir zeigen werden, von der Dichte des Universums abhängen und bei $t = 0$ eine Singularität besitzen. Natürlich wird die Theorie durch ihre Eindeutigkeit auch sehr gut überprüfbar. Ein erster Beweis gegen die Theorie waren die Zählungen schwacher Radioquellen, die zeigten, daß es in der Vergangenheit viel mehr Radioquellen pro Volumeneinheit gab als heutzutage. Ein solches Ergebnis verstößt gegen das Grundpostulat der Theorie, daß die Globaleigenschaften des Universums sich mit der Zeit nicht ändern. Der wirklich tödliche Schlag gegen die Theorie war jedoch die Mikrowellenhintergrundstrahlung. Im stationären Bild gibt es keinen natürlichen Ursprung für die Strahlung, und es existieren keine Quellen, die das Plancksche Strahlungsspektrum und seine hohe Energiedichte erzeugen könnten. Andererseits finden diese Eigenschaften im Bild des heißen Urknalls eine natürliche Erklärung, wie wir gleich sehen werden.

Die Geschichte der stationären Theorie ist vom methodologischen Standpunkt in der Kosmologie aus interessant. Die Theorie ist mathematisch viel eleganter als das Urknallmodell, und sie führt zu einem eindeutigen Modell für das Universum. Für diese Eleganz wird jedoch ein bestimmter Preis bezahlt, nämlich die Einführung einer völlig neuen Physik – der kontinuierlichen Schöpfung von Materie. Vielen Wissenschaftlern widerstrebt dieser Schritt so sehr, daß sie die Theorie sofort ablehnen. Selbst nach der Lösung des Zeitmaßstab-Problems waren viele andere bereit, zu untersuchen, ob die Theorie die Prüfung anhand von Beobachtungen trotz der Einführung einer neuen Physik überleben könnte oder nicht.

Hoyle ging an die stationäre Theorie insofern etwas anders heran als Bondi und Gold, als er das Grundkonzept der Neubildung von Materie für den fundamentalen Aspekt der Theorie hielt und diesem Aspekt eine angemessene theoretische Grundlage zu geben suchte. Als das einfachste Modell in Widerspruch zu den Beobachtungen geriet, wurden verschiedene Alternativen vorgeschlagen, wonach ein Universum mit kontinuierlicher Neubildung ein evolutionäres Universum nachahmen konnte. Mit anderen Worten, das ideale kosmologische Prinzip wurde fallengelassen, jedoch das Konzept der Neubildung von Materie beibehalten, mit der Möglichkeit, daß die Neubildungsrate mit der Zeit oder dem Ort im Universum variiert. Nach meiner Ansicht gerät man damit viel zu weit auf spekulativen Boden. Logisch ist dieses modifizierte Bild durchaus plausibel, aber es hat viel von der Anziehungskraft verloren, die in seiner Einfachheit und Eindeutigkeit lag. Es kommt ein Punkt, wo selbst ein vorurteilsloser Physiker sich ein Urteil bilden muß, ob er zu weit von der herkömmlichen Physik abgeirrt ist, um seinen Ideen die Glaubwürdigkeit als physikalische Theorie zu bewahren. In der Kosmologie ist das Problem besonders akut, da wir nur ein Universum beobachten können und da es offensichtliche logische Probleme mit Theorien gibt, die wir nur im kosmologischen Maßstab prüfen können.

15.5.2 Kosmologien mit variabler Gravitationskonstante

Ein weiteres Beispiel für eine Modifikation der Gesetze der Physik, das weitreichende kosmologische Folgen haben würde, findet sich in den Theorien, in welchen die Gravitationskonstante G mit der kosmischen Epoche variiert. Derartige Theorien sind von Dirac [15.2] und von Brans und Dicke [15.3] vorgeschlagen worden. Nach diesen Theorien war die Gravitation in der Vergangenheit stärker, aber sonst unterscheiden sich die kosmologischen Modelle nicht so sehr von den Urknallmodellen. Bei kleinen Rotverschiebungen würden die Unterschiede gering sein, aber in den Frühstadien der Evolution muß die Expansion viel schneller erfolgt sein, um die stärkeren Gravitationskräfte zu überwinden. Glücklicherweise können wir anhand von Schlußfolgerungen zur ursprünglichen Kernsynthese, die entscheidend von der Expansionsgeschwindigkeit in frühen Epochen abhängen, derartigen Modellen starke Beschränkungen auferlegen.

15.5.3 Nichtkonventionelle Modelle

Zum Abschluß dieser Diskussion der vom Üblichen abweichenden Modelle ist anzumerken, daß Beobachtungen vorstellbar sind, die es erfordern würden, daß wir nach neuen Interpretationen für kosmologische Daten suchen. Zum Beispiel hat Arp behauptet, daß er Assoziationen von Galaxien und Quasaren mit stark unterschiedlichen Rotverschiebungen gefunden habe, und wenn diese Assoziationen real sind, ist dies nicht ohne weiteres in der konventionellen Physik unterzubringen. Diese Behauptung muß jedoch zunächst mit größter Sorgfalt von unabhängigen Beobachtern geprüft werden, bevor sie eine ernsthafte Herausforderung an die konventionelle Physik darstellt. Auf der Grundlage der bisher vorgebrachten Beweise hat mich noch kein Verfechter einer radikal neuen Physik für die Kosmologie überzeugt. Wir dürfen aber die Möglichkeit nicht ausschließen, daß kosmologische Beobachtungen etwas völlig Neues und Unerwartetes über physikalische Grundlagen aussagen könnten.

15.6 Das heiße Urknallmodell des Universums

15.6.1 Dynamik des normalen heißen Urknalls

Wir können die meisten wesentlichen Merkmale des normalen heißen Urknallmodells unter Verwendung der Newtonschen Gravitation herleiten. Im Falle isotroper Modelle funktioniert das, weil die globale Physik mit der lokalen Physik identisch sein muß, wobei die Geometrie der räumlichen Komponenten der Metrik die einzige Unbekannte in dem Problem ist.

Betrachten wir den in Abb. 15.4 dargestellten expandierenden kugelförmigen Ausschnitt des Universums, in dessen Mittelpunkt sich ein Fundamentalbeobachter befindet. Wir nehmen an, daß die Kugel aus einem drucklosen Fluid (gewöhnlich als 'Staub' bezeichnet) der Dichte $\rho(t)$ besteht. Wir fragen: 'Wie groß ist die Verzögerung der Galaxie G mit der Masse m_G in der Entfernung x von O, die auf die Materie innerhalb der Entfernung x zurückzuführen ist?' Wir benutzen den Gaußschen Mittelwertsatz, um die kugelförmige Massenverteilung durch eine gleich große Punktmasse bei O zu ersetzen, und können dann aufgrund der Newtonschen Bewegungsgesetze und des Gravitationsgesetzes schreiben:

$$m_G \frac{d^2 x}{dt^2} = -\frac{4\pi}{3}\frac{x^3 \rho(t) G m_G}{x^2} = -\frac{4\pi}{3} G \rho(t) m_G x. \tag{15.35}$$

Nun wollen wir x durch die mitbewegte Koordinate $x = R(t)r$ gemäß Gl. (15.3) ersetzen und normieren die Dichte auf ihren Wert ρ_0 in der gegenwärtigen Epoche durch $\rho(t) = \rho_0 R^{-3}(t)$. Durch Einsetzen in Gl. (15.35) erhalten wir dann:

$$\frac{d^2 R}{dt^2} = -\frac{4\pi G \rho_0}{3}\frac{1}{R^2}. \tag{15.36}$$

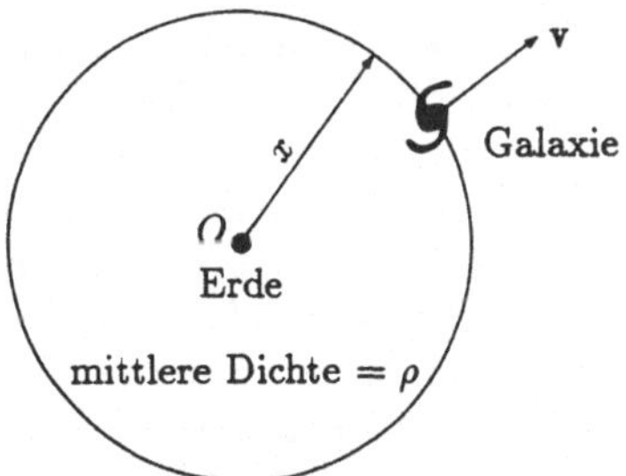

Abb. 15.4. Zur Ausarbeitung der Dynamik Newtonscher Universen

Beachten Sie, daß die Masse der Galaxie nicht mehr in der Rechnung auftaucht. Was übrigbleibt, ist ein Ausdruck für die Dynamik des Universums, das der Newtonschen Gravitation unterliegt. Gleichung (15.36) ist identisch mit der

Gleichung, die man aus der allgemeinen Relativitätstheorie für den Fall eines staubgefüllten Universums erhält.

Wir können jetzt das erste Integral von Gl. (15.36) bilden, indem wir mit $\dot{R}$ multiplizieren und nach der Zeit integrieren:

$$\int \dot{R}\ddot{R}\,dt = -\frac{4\pi G\rho_0}{3} \int \frac{\dot{R}}{R^2}\,dt.$$

Die Ausführung der Integration liefert:

$$\dot{R}^2 = \frac{8\pi G\rho_0}{3}\frac{1}{R} + \text{const.} \tag{15.37}$$

Diese Lösung ist wiederum die gleiche wie in der allgemeinen Relativitätstheorie, wobei dort aber ein expliziter Wert für die 'Konstante' angegeben wird. Wir können vermuten, daß er gewisse Informationen über die Geometrie des Universums enthalten muß, und das ist in der Tat so. In unserer Schreibweise ist die Konstante $-Kc^2 = -c^2/\mathcal{R}^2$. Für ein Gas mit dem Druck p lauten die vollständigen Gleichungen nach der allgemeinen Relativitätstheorie:

$$\ddot{R} = -\frac{4\pi GR}{3}\left(\rho + \frac{3p}{c^2}\right) + [\tfrac{1}{3}\Lambda R] \tag{15.38}$$

$$\dot{R}^2 = \frac{8\pi G\rho}{3}R^2 - Kc^2 + [\tfrac{1}{3}\Lambda R^2]. \tag{15.39}$$

Der Druckterm in Gl. (15.38) ist eine relativistische Korrektur zur trägen Massendichte. Die Terme in eckigen Klammern sind die sogenannten Λ-Terme, die mit der kosmologischen Konstante Λ verbunden sind, die Einstein bei der ersten Anwendung seiner Gleichungen des Gravitationsfeldes auf die Kosmologie einführte. Einsteins Ziel war die Erzielung eines statischen Universums, in dem es in Abwesenheit von Materie keine Lösungen gibt. De Sitter und Friedmann zeigten jedoch, daß auch für $\Lambda = 0$ nichtstationäre Lösungen für das Universum existieren, und diese Erkenntnis wurde durch Hubbles Entdeckung der Expansion des Universums erfolgreich bestätigt. Einstein ließ später die kosmologische Konstante fallen, die er als 'theoretisch ohnehin unbefriedigend' [15.4] betrachtete. Die Lösungen der Feldgleichungen mit nichtverschwindendem Λ wurden in den dreißiger und vierziger Jahren wegen des in Abschnitt 15.5.1 diskutierten Problems des Zeitmaßstabs wiederbelebt. Modelle mit positiven Λ-Werten können viel höhere Alter als H_0^{-1} haben. Mit der Korrektur der Hubbleschen Konstanten in den fünfziger Jahren verloren diese Modelle wieder viel von ihrer Anziehungskraft. In ihrer neuesten Reinkarnation können sie in den allerfrühsten Stadien des Universums Anwendung finden, aber dies ist nicht der Ort, auf diese Ideen einzugehen, die noch als spekulativ zu betrachten sind. Im folgenden nehmen wir an, daß $\Lambda = 0$ ist.

Wir wollen die Gegenwartswerte von R und $\dot{R}$, $R = 1$, $\dot{R} = H_0$, in Gl. (15.39) einsetzen. Dann ist

$$H_0^2 = \frac{8\pi G\rho_0}{3} - Kc^2. \tag{15.40}$$

Wir führen eine *kritische Dichte* $\rho_c = 3H_0^2/8\pi G$ ein, deren Bedeutung gleich klar werden wird, sowie einen *Dichteparameter* $\Omega = \rho_0/\rho_c$, das Verhältnis der gegenwärtigen mittleren Dichte des Universums zum kritischen Wert ρ_c. Dann wird aus Gl. (15.40):

$$K = \frac{(\Omega - 1)}{(c^2/H_0^2)}, \tag{15.41}$$

d.h. es gibt eine eineindeutige Beziehung zwischen der mittleren Dichte des Universums und der Krümmung seiner räumlichen Schnitte. Für $\Omega > 1$ ist die Geometrie sphärisch, für $\Omega < 1$ ist sie hyperbolisch und für $\Omega = 1$ ist die Geometrie flach. Wir können außerdem einen dimensionslosen Verzögerungsparameter einführen, der aussagt, wie stark die Verzögerung des Universums in der gegenwärtigen Epoche $t = t_0$, $R = 1$ ist. Es gilt

$$\ddot{R}(t_0) = -\frac{4\pi G\rho_0}{3}$$

und folglich

$$\frac{\ddot{R}(t_0)}{\dot{R}^2(t_0)} = -\frac{4\pi G\rho_0}{3H_0^2} = -\tfrac{1}{2}\Omega.$$

Wir definieren daher den *Verzögerungsparameter* q_0 durch

$$q_0 = -\frac{\ddot{R}(t_0)}{\dot{R}^2(t_0)} = -\frac{\ddot{R}(t_0)}{H_0^2} = \tfrac{1}{2}\Omega. \tag{15.42}$$

Damit ist die Verzögerung des Universums insgesamt durch die Menge der vorhandenen Materie bestimmt. Beachten Sie, daß Gl. (15.42) Gelegenheit zu einem entscheidenden Test der Theorie bietet. Wir können im Prinzip die Verzögerungsrate q_0 des Universums und seine mittlere Dichte Ω unabhängig voneinander messen. Wenn die allgemein- relativistischen Modelle des Universums richtig sind, ist $q_0 = \tfrac{1}{2}\Omega$. Wenn nicht, werden viele von uns dies als einen großen Rückschritt betrachten und einen anderen Beruf ergreifen, etwa den eines Winzers oder Musikkritikers! Leider ist die genaue Messung von q_0 wie auch von Ω technisch sehr schwierig. Wir wissen heute, daß sie wahrscheinlich bis auf einen Faktor von etwa 10 gleich sind, aber wir sollten dies viel genauer wissen.

Wir können die Dynamik des Universums untersuchen, indem wir Gl. (15.39) prüfen, die sich unter Verwendung der Beziehung (14.41) wie folgt umformen läßt:

$$\dot{R}^2 = H_0^2\left(\frac{\Omega}{R} + 1 - \Omega\right). \tag{15.43}$$

Betrachten wir die Dynamik für sehr großes R ($R \to \infty$). Dann wird

$$\dot{R}^2 = H_0^2(1 - \Omega).$$

Bei $\Omega < 1$ erreicht das Universum im Unendlichen schließlich eine endliche Geschwindigkeit. Bei $\Omega > 1$ erreicht das Universum niemals Unendlich, da $\dot{R}$ gegen Null geht, bevor R unendlich wird, und fällt daher wieder auf eine Singularität bei $R = 0$ zusammen. Bei $\Omega = 1$ expandiert das Universum gerade bis ins Unendliche und hat dort die Geschwindigkeit Null. Hier besteht eine deutliche Analogie zur *Fluchtgeschwindigkeit*. Bei $\Omega < 1$ besitzt das Universum mehr kinetische Energie als potentielle Gravitationsenergie und entweicht ins Unendliche. Bei $\Omega > 1$ dominiert die Gravitationsenergie, und das Universum überschreitet seine eigene Fluchtgeschwindigkeit nicht. Im Fall $\Omega = 1$ finden wir eine besonders einfache Lösung, die als *Weltmodell von Einstein und de Sitter* bekannt ist:

$$K = 0, \quad \dot{R}^2 = \frac{\Omega H_0^2}{R}.$$

Integration ergibt

$$R = \left(\tfrac{3}{2} H_0 t\right)^{\frac{2}{3}}. \tag{15.44}$$

Die Dynamik dieser drei Verhaltenstypen ist in Abb. 15.5 zusammengefaßt.

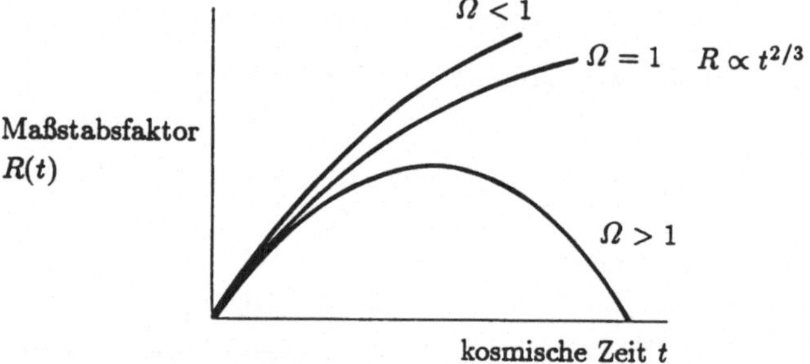

Abb. 15.5. Änderung des Maßstabsfaktors R in Abhängigkeit von der Zeit für klassische Weltmodelle mit verschiedenen Dichteparametern Ω

Als nächstes ist die Beziehung zwischen r und z herzuleiten. Dazu setzen wir $R = (1 + z)^{-1}$ in Gl. (15.43) ein und erhalten

$$\frac{d}{dt}(1 + z)^{-1} = H_0[\Omega(1 + z) + 1 - \Omega]^{\frac{1}{2}}$$

$$\frac{dz}{dt} = -H_0(1 + z)^2(\Omega z + 1)^{\frac{1}{2}}. \tag{15.45}$$

Wir erinnern uns außerdem, daß $dr = -c\,dt/R$ gilt (Gl. (15.14)). Folglich ist

$$\frac{dr}{dt} = -c(1 + z)$$

und

$$\frac{dr}{dz} = \frac{dr}{dt} \cdot \frac{dt}{dz} = \frac{c}{H_0} \frac{1}{(1+z)(\Omega z + 1)^{\frac{1}{2}}}. \qquad (15.46)$$

Die Gleichungen (15.45) und (15.46) sind besonders nützlich. Aus (15.45) können wir direkt das Alter des Universums bestimmen:

$$T = \int_0^{t_0} dt = \frac{1}{H_0} \int_0^{\infty} \frac{dz}{(1+z)^2 (\Omega z + 1)^{\frac{1}{2}}}. \qquad (15.47)$$

Als nützliche Übung läßt sich zeigen, daß $T = H_0^{-1}$ für $\Omega = 0$ und $T = \frac{2}{3} H_0^{-1}$ für $\Omega = 1$ gilt.

Als letzte Schritte berechnen wir r durch

$$r = \frac{c}{H_0} \int_0^z \frac{dz}{(1+z)(\Omega + 1)^{\frac{1}{2}}} \qquad (15.48)$$

und bilden die Größe

$$D = \mathcal{R} \sin(r/\mathcal{R}),$$

wobei nach (15.41) die Beziehung $\mathcal{R} = (c/H_0)/(\Omega - 1)^{\frac{1}{2}}$ gilt. Mit einigen Umformungen müßten Sie nun selbst zu der Formel

$$D = \frac{2c}{H_0 \Omega^2 (1+z)} \left\{ \Omega z + (\Omega - 2) \left[(\Omega z + 1)^{\frac{1}{2}} - 1 \right] \right\} \qquad (15.49)$$

gelangen können. Das Ergebnis gilt für alle Werte von K und ist der Ausdruck, den wir in allen Ergebnissen von Abschnitt 15.4 verwenden müssen.

15.6.2 Klassische Kosmologie

Viele Jahre lang bedeutete beobachtende Kosmologie die Untersuchung entfernter Galaxien zum Zwecke der Bestimmung der Hubbleschen Konstante H_0 und des Beschleunigungsparameters q_0 (oder Ω). Ich erinnere mich gut an einen Übersichtsartikel vor mehreren Jahren, mit dem Titel 'Kosmologie – die Suche nach zwei Zahlen' [15.5]. Aus den Analysen von Abschnitt 15.4 und den Beziehungen (15.46) und (15.49) ist ersichtlich, daß die Eigenschaften entfernter Objekte vom Dichteparameter Ω (oder q_0) abhängen. Zum Beispiel zeigt Abb. 15.6 die Abhängigkeit des Winkelmaßes und der Flußdichte von der Rotverschiebung für ein Objekt mit festen inneren Eigenschaften in kosmologischen Modellen mit verschiedenen Werten von Ω. Man hoffte, Objekte mit den gleichen inneren Eigenschaften bei kleinen und großen Rotverschiebungen zu finden und dann durch Vergleich ihrer beobachteten Eigenschaften den Wert von q_0 bestimmen zu können.

Dieses Programm hatte nur begrenzten Erfolg. Aus Beobachtungen der lichtstärksten Galaxien in Nebelhaufen wissen wir, daß q_0 wahrscheinlich im Bereich $0 < q_0 < 2$ liegt, aber das Verständnis der evolutionären Effekte, welche die Eigenschaften von Galaxien bei großen Rotverschiebungen beeinflussen könnten, ist gewiß nicht ausreichend, um in diesem Stadium einen zuverlässigen Wert von q_0 mit einer Genauigkeit von beispielsweise 25% zu messen. Die

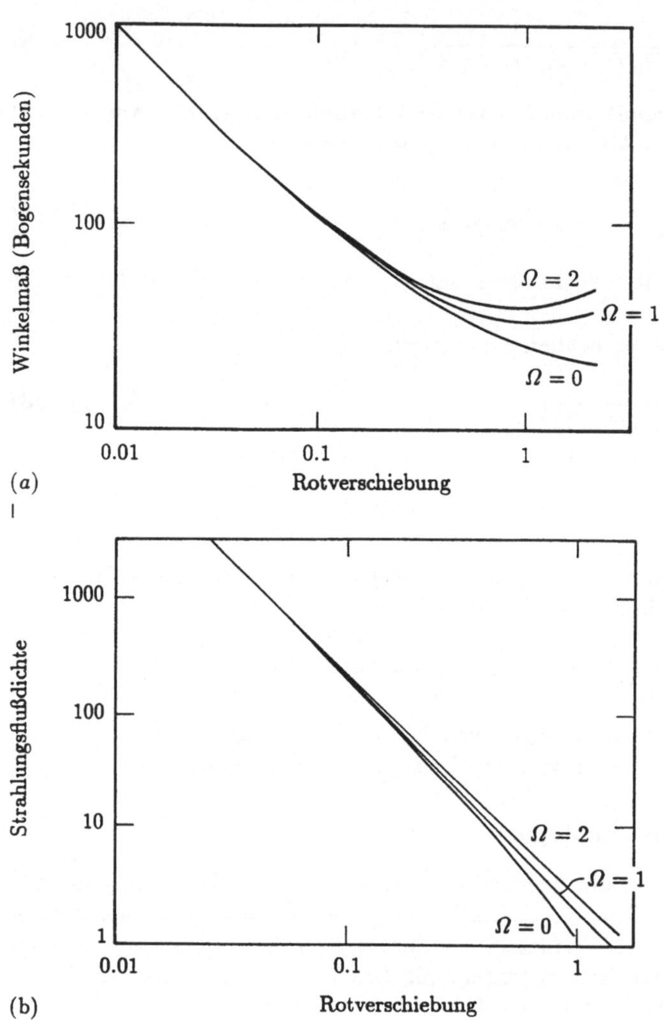

Abb. 15.6. (a) Änderung des Winkelmaßes einer Standardlänge mit der Rotverschiebung für verschiedene Weltmodelle. (b) Änderung der beobachteten Intensität einer Standardquelle der Leuchtkraft L mit der Rotverschiebung für verschiedene Weltmodelle. Es wird angenommen, daß die Quelle ein Potenzspektrum $L \propto \nu^{-\alpha}$ besitzt

Fortschritte sind jedoch ermutigend, und es kann sein, daß wir in den nächsten 10 Jahren mit dem Aufkommen von neuen Beobachtungsmöglichkeiten einen vernünftigen Wert von q_0 finden.

Der Wert von H_0 liegt wahrscheinlich zwischen 50 und 100 $\mathrm{km\,s^{-1}\,Mpc^{-1}}$, was einem Bereich von $T = H_0^{-1}$ von 10×10^9 bis 20×10^9 Jahren entspricht. Das Hauptproblem bei diesen Untersuchungen liegt in der Messung genauer, von der Rotverschiebung unabhängiger Entfernungen von Galaxien. Auch hier können wir mit Sicherheit für die nächsten 10 Jahre bedeutende Fortschritte bei der Bestimmung von H_0 erwarten.

15.6.3 Das Urknallmodell des Universums

Die Gebiete intensiver Untersuchungen haben sich von rein geometrischen und dynamischen Fragen, wie sie in den Abschnitten 15.6.1 und 15.6.2 diskutiert wurden, zu astrophysikalischen Fragen im Zusammenhang mit der Entwicklung der Urknallmodelle verschoben. Der Grund für die Bezeichnung *Urknall* läßt sich leicht aus der folgenden Analyse erkennen.

Bisher haben wir nur staubgefüllte Welten betrachtet, in denen die Dynamik durch die durch Ω parametrisierte träge Masse der Materie beherrscht wurde. Wir wollen nun betrachten, was mit der Strahlung geschieht. Die Beziehung (15.18) sagt aus, daß in früheren Epochen $\nu_1 = \nu_0 R^{-1}$ galt. Die Energiedichte der Strahlung variiert daher mit der kosmischen Epoche gemäß

$$\begin{aligned}
\varepsilon(z) &= N(z)h\nu_1 = N_0 R^{-3} h\nu_0 R^{-1} \\
&= N_0 h\nu_0 R^{-4} \\
&= \varepsilon_0(1+z)^4,
\end{aligned} \tag{15.50}$$

wobei $N(z)$ die Teilchendichte der Photonen bei der Rotverschiebung z, N_0 ihr Wert in der gegenwärtigen Epoche und ε_0 die Energiedichte der Strahlung in der gegenwärtigen Epoche ist. Diese Energiedichte ist jedoch auch gleich $\varepsilon = aT_{\mathrm{r}}^4$, wobei T_{r} die Temperatur der Wärmestrahlung ist, und folglich gilt

$$T_{\mathrm{r}} = T_0(1+z), \tag{15.51}$$

wobei T_0 die Temperatur der Mikrowellenhintergrundstrahlung in der gegenwärtigen Epoche ist. Wenn wir diese Beziehung in die Formel für die Strahlung des schwarzen Körpers einsetzen, erhalten wir

$$\begin{aligned}
\varepsilon(\nu_1)\, d\nu_1 &= \frac{8\pi h\nu_1^3}{c^3}(\mathrm{e}^{h\nu_1/kT_1} - 1)^{-1}\, d\nu_1 \\
&= \frac{8\pi h\nu_0^3}{c^3}(\mathrm{e}^{h\nu_0/kT_0} - 1)^{-1}(1+z)^4\, d\nu_0,
\end{aligned} \tag{15.52}$$

d.h. die Form des Planckschen Spektrums bleibt bei der Expansion erhalten, während die Energiedichte wie $(1+z)^4$ abnimmt. Der entscheidende Punkt ist jedoch, daß die Energiedichte in der Strahlung mit zunehmender Rotverschiebung schneller ansteigt als in der Materie. Die träge Massendichte in der Materie ändert sich mit der Rotverschiebung wie $\rho_0(1+z)^3$, während die Massendichte in der Strahlung wie $\varepsilon(z)/c^2 = \varepsilon_0(1+z)^4/c^2$ variiert. Das Verhältnis beider Größen variiert daher wie

$$\frac{\varepsilon(z)}{\rho(z)c^2} = \frac{\varepsilon_0}{\rho_0 c^2}(1+z). \tag{15.53}$$

In Abschnitt 15.2.3 haben wir beschrieben, daß der Wert von $\varepsilon_0/\rho_0 c^2$ gegenwärtig etwa 10^{-3}–10^{-4} beträgt, und daher ist bei Rotverschiebungen von $z \approx 10^3$–10^4 in der Strahlung ebensoviel träge Masse enthalten wie in der Materie. In früheren Epochen mit $z > 10^4$ wird die Dynamik durch die 'Masse' der Strahlung beherrscht – das Universum wird *strahlungsdominiert* statt *materiedominiert*.

Wir können die neue Dynamik aus Gl. (15.38) ableiten. Wir haben in Abschnitt 8.2 bewiesen, daß die Zustandsgleichung eines 'Gases' aus elektromagnetischer Strahlung durch $p = \frac{1}{3}\varepsilon$ gegeben ist, und folglich gilt

$$\ddot{R} = -\frac{8\pi G R}{3c^2}\,\varepsilon = -\frac{8\pi G}{3c^2}\,\varepsilon_0 R^{-3}. \tag{15.54}$$

Durch Multiplikation mit $\dot{R}$ und Integration nach t erhalten wir

$$\int \dot{R}\frac{d}{dt}\dot{R}\,dt = -\frac{8\pi G}{3c^2}\,\varepsilon_0 \int \frac{dR}{R^3}$$

$$\dot{R}^2 = \frac{8\pi G}{3c^2}\varepsilon_0 R^{-2} + \text{const}, \tag{15.55}$$

was genau unserer Erwartung entspricht, da die Dynamik auch der Gleichung (15.39) genügen muß. Wenn wir hinreichend kleine Werte von R betrachten, können wir die Konstante gegenüber dem ersten Term auf der rechten Seite vernachlässigen und brauchen daher nur über

$$\dot{R} = \left(\frac{8\pi G\varepsilon_0}{3c^2}\right)^{\frac{1}{2}} R^{-1}$$

zu integrieren. Durch Ausführung der Integration erhalten wir

$$R = \left(\frac{32\pi G\varepsilon_0}{3c^2}\right)^{\frac{1}{4}} t^{\frac{1}{2}} \quad \text{oder} \quad \varepsilon = \varepsilon_0 R^{-4} = \frac{3c^2}{32\pi G t^2}. \tag{15.56}$$

Diese Formel beschreibt die Dynamik eines strahlungsdominierten Universums. Eine interessante Besonderheit ist: wenn die elektromagnetische Strahlung allein zu der in ε_0 einzubeziehenden Energiedichte beitragen würde, dann würden wir jetzt die frühe Dynamik des Universums genau kennen, da wir ε_0 kennen. Wir können einsehen, warum das Modell als heißes Urknallmodell bezeichnet wird. In den Anfangsstadien ist das Modell strahlungsdominiert mit $T_{\mathrm{r}} \propto R^{-1}$ und $T \propto t^{-\frac{1}{2}}$, d.h. es handelt sich um eine Expansion mit adiabatischer Abkühlung.

Wir können nun den geschichtlichen Temperaturverlauf des Universums ableiten und bestimmte wichtige Epochen in seiner Evolution identifizieren. Diese Epochen sind in Tabelle 15.1 aufgeführt, in welcher der Maßstabsfaktor, ein ungefährer Wert für die Zeit nach dem Urknall, die damals auftretenden Ereignisse, die Temperatur der thermischen Hintergrundstrahlung und die Dichte der *Materiekomponente* im Universum angegeben sind, wobei der gegenwärtige Wert mit $10^{-27}\mathrm{kg\,m^{-3}}$ angenommen wird, was ungefähr dem Wert $\Omega = 0,3$ entspricht.

Tabelle 15.1. *Wichtige Zeitalter im Universum*

Maßstabsfaktor R	Zeit nach dem Urknall	Ereignisse	Temperatur der Strahlung (K)	Materiedichte ($kg\,m^{-3}$)
1	2×10^{10} Jahre	Heute	3	10^{-27}
1/1500	10^7 Jahre	Bei dieser Temperatur ist der gesamte neutrale Wasserstoff im Universum ionisiert.	4000	10^{-17}
1/1000-1/10000	$2\text{–}20 \times 10^6$ Jahre	Auf Materie und Strahlung sind gleich große Massenbeträge verteilt. Zu früheren Zeiten dominiert die Strahlung im Universum.	3000-30000	$10^{-18}\text{-}10^{-15}$
$1/10^9$	10 Minuten	Die Strahlung ist so heiß, daß die Atomkerne dissoziieren.	3×10^9	1
$1/3 \times 10^9$	1 Minute	Aus der thermischen Hintergrundstrahlung entstehen Elektron-Positron-Paare.	10^{10}	30
$1/10^{13}$	$\sim 10^{-5}$ Sekunden	Aus der thermischen Hintergrundstrahlung entstehen Proton-Antiproton- und Baryon-Antibaryon-Paare.	$\sim 10^{13}$	10^{12}

Wenn wir von der Gegenwart aus in der Zeit rückwärts gehen, finden wir die folgenden wichtigen Epochen:

Epoche der 'Rekombination'. Wenn die Temperatur der Hintergrundstrahlung auf etwa 4000 K ansteigt, ist im hochfrequenten Ende des Planckschen Spektrums ausreichend kurzwellige Strahlung vorhanden, um den gesamten neutralen Wasserstoff zu ionisieren. Nun liegt der größte Teil der Materie im Universum in Form des leichtesten Elements Wasserstoff vor. Dies bedeutet, daß es in früheren Zeiten keinen neutralen Wasserstoff gab – statt dessen bildete die Materie ein *Plasma*, d.h. die Materiephase, die in der Ionosphäre der Erde, in der Sonne und in plasmaphysikalischen Experimenten zu finden ist. Diese Epoche wird als *Rekombinationsepoche* bezeichnet, da das Wasserstoffplasma zu dieser Zeit zu rekombinieren und neutralen Wasserstoff zu bilden begann.

Wir haben schon die etwas frühere Epoche diskutiert, in der gleiche Massendichten in der Materie und der Strahlung auftraten. Zufällig fiel dies ungefähr mit der Epoche zusammen, in der die Rekombination erfolgte. Eine weitere interessante physikalische Besonderheit der Evolution des Plasmas in den vorhergehenden Epochen ist, daß eine starke thermische Kopplung zwischen Strahlung und Plasma auftrat, sobald der gesamte Wasserstoff ionisiert war. Dies geschah, weil die freien Elektronen die Strahlung sehr stark streuen und damit Energie zwischen Materie und Strahlung übertragen werden kann, während neutrales Gas die Strahlung nicht streut. Dieser wirksame Streuungsprozeß, die Compton-Streuung, gewährleistete, daß Strahlung und Materie in allen Epochen vor der Epoche der Rekombination auf der gleichen Temperatur blieben.

Epoche der Kernreaktionen. Als das Universum um einen Faktor von 10^9 zusammengedrückt war, hatte das Plasma eine Temperatur von etwa 3×10^9 K, und die maximale Intensität des thermischen Spektrums lag bei den Energien der γ-Strahlen. Diese Wellen sind so energiereich, daß sie die Kerne von Atomen in ihre Neutronen- und Protonenbestandteile spalten können. Wir können daher sicher sein, daß es in früheren Epochen keine Atomkerne gab, wie wir sie kennen – sie waren sämtlich in ihre Bestandteile zerlegt. Mit anderen Worten, in dieser Epoche bestand das Universum aus Protonen, Neutronen, Elektronen, Photonen und verschiedenen Neutrinoformen, die als Begleiterscheinung früherer Wechselwirkungen auftraten.

Elektron-Positron-Paarbildung. Wenn das Universum noch ein wenig mehr zusammengedrückt würde, würden die γ-Strahlen so energiereich werden, daß sie zusammenstoßen und Elektron-Positron-Paare bilden könnten. Dem liegt das physikalische Prinzip zugrunde, daß, wenn die Energie der zusammenstoßenden γ-Strahlen die doppelte Ruhemassenenergie eines Elektrons ($E = m_e c^2$) übersteigt, eine endliche Wahrscheinlichkeit dafür besteht, daß das γ-Strahlenpaar in ein Elektron und sein Antiteilchen, das Positron, umgewandelt wird. Dies läßt sich schematisch wie folgt darstellen:

$$\gamma + \gamma \rightarrow e^+ + e^-.$$

Bei einer Temperatur von etwa 10^{10} K wird dieser Prozeß wahrscheinlich, und es stellt sich ein neues Gleichgewicht ein, in dem Elektronen, Positronen und γ-Strahlen in annähernd gleicher Zahl auftreten.

Sie können durchaus fragen: 'Wie in aller Welt können wir sicher sein, daß wir die Physik von Materie und Strahlung bei so hohen Dichten und Temperaturen verstehen?' Die Antwort ist aufschlußreich: die letzte Spalte in Tabelle 15.1 zeigt, daß die Temperaturen zwar sehr hoch, die Materiedichte aber mäßig ist. Wenn der Maßstabsfaktor den Wert $1/3 \times 10^9$ hat, beträgt die Massendichte gewöhnlicher Materie tatsächlich nur etwa 30 kg m^{-3}, d.h. ein Dreißigstel der Dichte von Wasser. Also sprechen wir zwar über hohe Temperaturen, aber die Dichten liegen noch bei Werten, die man ähnlich in terrestrischen Laboratorien vorfindet.

Proton-Antiproton-Paarbildung. Wir können noch weiter zurückgehen und fragen, was geschieht, wenn der Maßstabsfaktor R nur $\sim 10^{-13}$ beträgt. Damals war die Temperatur so hoch, daß bei Kollisionen der γ-Strahlen Protonen und ihre Antiteilchen, die Antiprotonen, erzeugt werden konnten. Dabei handelt es sich um genau den gleichen Prozeß wie die oben beschriebene Elektron-Positron-Paarbildung, da aber die Ruhemasse des Protons 1800mal größer als die des Elektrons ist, erfolgte in diesem Falle die Proton-Antiproton-Paarbildung bei einer 1800mal höheren Temperatur. In der Tat kann oberhalb dieser Temperatur die Paarbildung aller den Elementarteilchenphysikern bekannten schweren Teilchen stattfinden. Diese Teilchen sind gewöhnlich als 'Baryonen' (was 'schwere Teilchen' bedeutet) bekannt, und im allgemeinen wird der Prozeß als Baryon-Antibaryon-Paarbildung bezeichnet. Die Dichten waren in dieser Epoche sehr hoch und näherten sich den Dichten, die man in Atomkernen vorfindet.

Für frühere Epochen fehlt uns eine gesicherte Physik. Bis zu diesem Punkt haben wir 'bekannte' Physik in dem Sinne angewendet, daß die nuklearen Wechselwirkungen in terrestrischen Beschleunigern untersucht wurden. Bei höheren Energien ist die Kernphysik noch nicht auf experimenteller Basis verfügbar, allerdings haben viele Elementarteilchenphysiker eine ausgezeichnete Vorstellung davon, was nach ihrer Erwartung geschehen dürfte. Wir können sicher sein, daß sich in diesen sehr frühen Epochen ein Gleichgewicht zwischen allen verschiedenen, von den Teilchenphysikern entdeckten Arten von Elementarteilchen einstellte. Das Universum hatte zu diesen sehr frühen Zeiten sehr wenig Ähnlichkeit mit unserem gegenwärtigen Universum.

Wir sollten einige große Erfolge des heißen Urknallmodells vermerken. Erstens erklärt es zwanglos, daß die Mikrowellenhintergrundstrahlung isotrop ist. Zweitens erklärt es, warum die Mikrowellenhintergrundstrahlung ein reines Spektrum des schwarzen Körpers aufweist. Im sehr frühen Universum waren alle Bestandteile im thermischen Gleichgewicht, und daher nahm das Strahlungsspektrum seine Gleichgewichtsform an, nämlich die der Strahlung des schwarzen Körpers. Die Wärmestrahlung kühlte sich ab und behielt ihr Plancksches Strahlungsspektrum, wie wir oben beschrieben haben.

15.6.4 Die Entstehung der leichten Elemente

Das heiße Urknallmodell ist ein attraktives Bild, aber es wäre beruhigend, irgendeinen völlig unabhängigen Beweis für die heißen Frühstadien des Universums zu haben. Glücklicherweise haben wir jetzt Klarheit durch eine sehr bemerkenswerte Schlußfolgerung. Es ist in der Astronomie immer ein Problem gewesen, die Entstehung einiger der leichtesten Elemente zu verstehen. Wir sind sicher, daß schwere Elemente wie Kohlenstoff, Stickstoff, Sauerstoff, Eisen usw. durch Kernreaktionen in den Zentralregionen der Sterne erzeugt werden. Das Hauptproblem liegt bei Elementen wie den Isotopen von Helium, Helium-3 (^{3}He) und Helium-4 (^{4}He) sowie bei Deuterium D und Lithium-7 (^{7}Li). Das Grundproblem ist, daß alle diese Elemente ziemlich instabil sind, und wenn sie in die heißen inneren Bereiche von Sternen gelangen, werden sie rasch zerstört oder in schwerere Spezies umgewandelt.

Das Mysterium vertieft sich durch die Tatsache, daß diese leichten Elemente, wo immer sie beobachtet werden, mehr oder weniger die gleiche Massenhäufigkeit haben. Wo auch immer man Helium-4 beobachten kann, findet man es in einer Massenhäufigkeit relativ zum Wasserstoff von etwa 23% oder darüber. Diese Häufigkeit ist viel größer, als durch eine Erzeugung in Sternen zu erklären wäre. Ebenso scheint das D/H-Masseverhältnis annähernd konstant bei dem Wert $1,5 \times 10^{-5}$ zu liegen, ganz gleich wo wir das interstellare Gas untersuchen, obwohl es entlang verschiedener Sichtlinien Schwankungen in den Häufigkeiten der schweren Elemente gibt. Für sehr alte Halo-Sterne scheint die Häufigkeit von ^{7}Li bei jenen Sternen konstant zu bleiben, wo wir mit gutem Grund glauben, daß sich das Oberflächenmaterial nicht mit den inneren Bereichen des Sterns vermischt hat. Schöne Beobachtungen der französischen Astronomen Spite und Spite [15.6] zeigen, daß das Material, aus dem diese sehr alten Sterne gebildet wurden, schon etwa ein 10.000 Millionstel Masseteil ^{7}Li enthalten haben muß.

Wir wollen nun eingehender untersuchen, was nach unserer Erwartung beim heißen Urknallmodell herauskommen sollte. Wir können die Evolution des Modells bei einer hohen Temperatur von $T \sim 10^{11}$ K beginnen, wobei wir erwarten, daß alle bei dieser Temperatur stabilen Bestandteile des Universums im Gleichgewicht sind. Dann können wir alle Bestandteile miteinander wechselwirken lassen und nachschauen, welche Elemente erzeugt werden, wenn das Universum expandiert und sich abkühlt. Diese Simulation wird in einem Computer durchgeführt, wobei man in die Berechnung alle möglichen Wechselwirkungen zwischen den verschiedenen Bestandteilen des Universums einbeziehen muß. Berechnungen wie diese sind von Robert Wagoner an der Stanford Universität durchgeführt worden und erforderten lange Rechenzeiten, um die Evolution jeder Spezies zu verfolgen. Ein Beispiel für die zeitliche Entwicklung der chemischen Zusammensetzung des Universums ist in Abb. 15.7 dargestellt. Es ist hier nicht zweckdienlich, im einzelnen zu verfolgen, warum die Elemente sich so entwickeln, aber wir stellen fest, daß ein starker Unterschied zwischen dem Aufbau von Elementen in Sternen und dem Aufbau von Elementen beim heißen Urknall besteht. In Sternen findet die Synthese der Elemente im Verlauf von

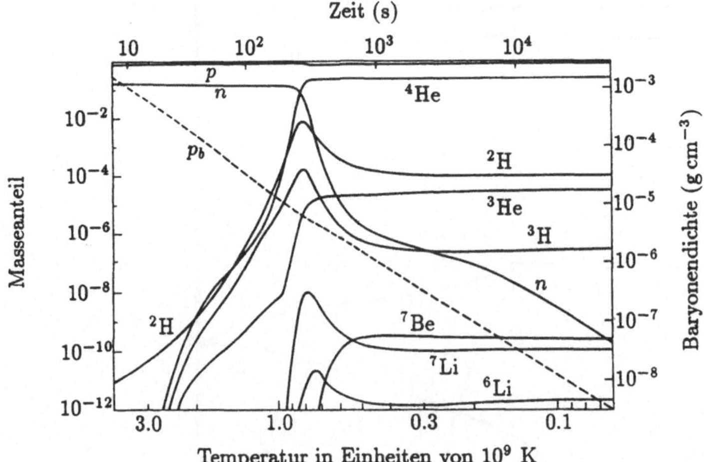

Abb. 15.7. Beispiel für die Zeit- und Temperaturentwicklung der Häufigkeiten verschiedener leichter Elemente in der frühen Evolution des heißen Modells des Universums nach einer detaillierten Computersimulation von Dr. Robert Wagoner. Vor Ablauf von etwa 10 Sekunden nach dem Entstehungszeitpunkt des Modells findet keine signifikante Synthese der leichten Elemente statt, da Deuterium ^{2}H durch harte γ-Strahlen im energiereichen Ausläufer des schwarzen Strahlungsspektrum mit der Temperatur $T > 3 \times 10^9$ K zerstört wird. Mit abnehmender Temperatur bleibt immer mehr Deuterium erhalten und die Synthese schwererer Leichtelemente wird durch Kettenreaktionen wie

$$p + n \to D \qquad \begin{array}{ll} D + D \to {}^3\text{He} + n & {}^3\text{He} + n \to T + p \\ D + D \to T + p & T + D \to {}^4\text{He} + n \end{array}$$

möglich. Beachten Sie, daß die Synthese von Elementen wie z.B. D ($=^2$H), ^{3}He, ^{4}He, ^{7}Li und ^{7}Be nach etwa 15 Minuten abgeschlossen ist. (Aus R.V. Wagoner (1973), *Astrophys. J.*, 179, 343)

Jahrmillionen statt, und es ist genügend Zeit für die Einstellung eines Gleichgewichts zwischen den verschiedenen chemischen Spezies. Beim heißen Urknall ist alles weit vom Gleichgewicht entfernt, was die Synthese der Elemente betrifft. Der Prozeß der Elementebildung läuft innerhalb weniger Minuten ab, wie aus Abb. 15.7 ersichtlich ist. Innerhalb dieser Zeit ist nämlich die Temperatur unter den Wert abgesunken, bei dem nukleare Wechselwirkungen stattfinden können. Es zeigt sich, daß die Berechnungen nur vom Zahlenverhältnis der Photonen (oder Teilchen der thermischen Hintergrundstrahlung) zu den Protonen (oder Baryonen) im Universum abhängen. Nun kennen wir ziemlich genau die Photonendichte in der Mikrowellenhintergrundstrahlung, und daher sind die Ergebnisse allein von der gegenwärtigen Materiedichte im Universum abhängig. Diese Ergebnisse sind in Abb. 15.8 dargestellt.

Die erste bemerkenswerte Besonderheit des Diagramms ist, daß die beim heißen Urknall synthetisierten Elemente *genau* diejenigen sind, die sich durch stellare Kernsynthese schwer erklären lassen, d.h. D, ^{4}He, ^{3}He, ^{7}Li. Die Häufigkeit von ^{4}He ist erstaunlich unabhängig von der Dichte des Universums, und

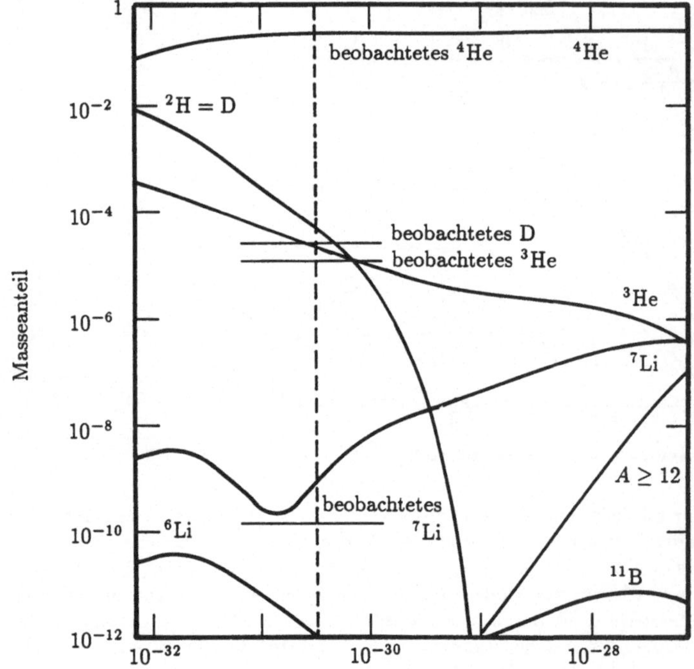

Abb. 15.8. Vorausgesagte Urhäufigkeiten der leichten Elemente im Vergleich zu den beobachteten Häufigkeiten. Die gegenwärtige Dichte des Weltmodells ist auf der Abszisse aufgetragen. Die beobachteten Häufigkeiten zeigen gute Übereinstimmung mit einem Modell mit der Dichte $\rho_0 \approx 3 \times 10^{-28} \mathrm{kg\, m^{-3}}$, die einem Wert von $\Omega \approx 0,04$ entspricht (punktierte Linie). (Nach R.V. Wagoner, (1973), *Astrophys. J.*, 179, 343 und J. Audouze (1982), *Astrophysical Cosmology* (Hrsg. H.A. Bruck, G.V Coyne & M.S. Longair), 395, Pontificia Academia Scientiarum)

es gibt dafür gute thermodynamische Gründe. Für alle vernünftigen Werte der mittleren Materiedichte im Universum werden etwa 25% ^{4}He erzeugt, in ausgezeichneter Übereinstimmung mit der Beobachtung. Beachten Sie insbesondere die starke Abhängigkeit der Deuteriumhäufigkeit von der Dichte. Bei hoher Materiedichte wird das gesamte Deuterium in ^{4}He umgewandelt, und um die gegenwärtige Deuteriumhäufigkeit zu erhalten, ist daher ein niedriger Gegenwartswert der mittleren Dichte des Universums erforderlich. Noch wichtiger ist die Tatsache, daß wir astrophysikalisch nur Möglichkeiten zur Zerstörung von Deuterium kennen, nicht aber zu seiner Erzeugung. Wenn daher ein Teil des Deuteriums schon zerstört worden ist, muß sein ursprünglicher Wert größer gewesen sein, wodurch wir genötigt sind, niedrigere Werte für die mittlere Dichte des Universums anzunehmen. Davon ausgehend, muß der Dichteparameter Ω für die Baryonen (oder gewöhnliche Materie) kleiner als etwa 0.1 gewesen sein, d.h. das Universum muß offen sein. Wir können in der Tat einen besten Wert für die Baryonendichte des Universums auswählen. Schätzwerte der Häufigkeiten der leichten Elemente sind in Abb. 15.8 angedeutet, und es ist erkennbar, daß die Häufigkeiten *aller* leichten Elemente im Universum durch einen Wert von $\Omega \approx 0,03$ erklärt werden können. Es erscheint mir sehr unwahrscheinlich, daß dies ein zufälliges Ergebnis sein sollte, da die Rechnungen so viele verschiedene Wechselwirkungen einschließen. Ich deute diese Ergebnisse als *unabhängigen* Beweis dafür, daß das Universum eine sehr heiße Phase mit hoher Dichte durchlief, wie im normalen Modell des heißen Urknalls beschrieben wird.

15.7 Nachbetrachtung

Ich fürchte, ich habe mich von der Physik des expandierenden Universums ziemlich mitreißen lassen, aber wenn Sie die obige Erörterung verfolgt haben, stimmen Sie vielleicht mit meiner Ansicht überein, daß der physikalische Gehalt der Theorie sehr elegant ist und daß man nun etwas sagen kann, was ich persönlich sehr überzeugend finde – wir haben drei unabhängige Beweise, die auf natürlichem Wege zum Bild des heißen Urknalls führen: (i) die Expansion des Universums, wie sie durch das Hubblesche Gesetz definiert wird, (ii) die Mikrowellenhintergrundstrahlung mit ihrem Planckschen Spektrum und (iii) die Häufigkeiten der leichten Elemente im Universum. Für alle drei Tatsachen können wir eine natürliche Erklärung im heißen Urknall finden.

Die Astrophysiker haben genügend Zutrauen zur Theorie, so daß sie zum normalen Rahmen geworden ist, innerhalb dessen tieferschürfende kosmologische Fragen zu untersuchen sind. Dazu gehören:

(i)   Wie entstanden Galaxien und großräumige Strukturen im Universum?
(ii) Warum scheint unser Universum nahezu ausschließlich aus Materie zu bestehen statt aus einer Mischung von Materie und Antimaterie?
(iii) Warum ist das Universum isotrop?
(iv) Warum liegt die Dichte unseres Universums innerhalb eines Faktors zehn bei der kritischen Dichte?

Alle vier Fragen werden jetzt sehr tatkräftig in Angriff genommen. Die erste Frage hängt mit den Grundfragen nach der Entstehung und Entwicklung der Galaxien und ihres Inhalts zusammen und ist Gegenstand intensiver beobachtender und theoretischer Untersuchungen. Die anderen beiden Fragen können durchaus mit der Physik des sehr jungen Universums lange vor den frühesten in Abschnitt 15.6.3 diskutierten Epochen zusammenhängen. Die endgültige Lösung mag große einheitliche Eichfeldtheorien der Elementarteilchen und ein Verständnis der Quantengravitation erfordern, die in den allerfrühesten Stadien der expandierenden Modelle bei $t \approx 10^{-43}$ s von Bedeutung gewesen sein muß.

Wenn diese letzten Vorstellungen sich als richtig erweisen sollten, würden wir die endgültige Beziehung zwischen der Physik der Elementarteilchen und der Entstehung unseres eigenen Universums finden. Eine solche Synthese wäre der geistigen Nachkommen Newtons, Maxwells und Einsteins würdig.

Anhang zu Kapitel 15
Ursprung der Robertson-Walker-Metrik im Falle eines leeren Universums

Das Weltmodell, das überhaupt keine Materie enthält, $\Omega = 0$, wird oft als Milnesches Modell bezeichnet, da es allein aus der Kinematik entwickelt werden kann. Milnes Hauptbeitrag betraf die präzise Aufklärung der Bedeutung von Zeit und Kinematik in der Kosmologie, und er entwickelte eine besondere Methode zur Konstruktion kosmologischer Modelle, die als kinematische Kosmologien bekannt sind. Im leeren Modell gibt es keinen Einfluß der Gravitation auf Testteilchen im Universum, und daher sollten sie sich von $t = 0$ bis $t = \infty$ mit konstanter Geschwindigkeit voneinander fortbewegen. In diesem Sonderfall kann man die Robertson-Walker-Metrik allein unter Anwendung der speziellen Relativitätstheorie herleiten. Dies ist eine aufschlußreiche Übung, da sie deutlich auf einige Probleme hinweist, die bei einer allgemeineren Behandlung unter Anwendung der allgemeinen Relativitätstheorie entstehen. Der Ursprungspunkt der gleichmäßigen Expansion wird gleich $[0, 0, 0, 0]$ gesetzt, und die Weltlinien von Teilchen divergieren von diesem Punkt aus, wobei jeder Punkt bezüglich der anderen eine konstante Geschwindigkeit beibehält. Das Raum-Zeit-Diagramm für diesen Fall ist in Abb. A15.1 dargestellt. Unsere eigene Weltlinie ist die t-Achse, und dargestellt ist die des Teilchens P, das sich relativ zu uns mit konstanter Geschwindigkeit v bewegt.

Alles in diesem Bild entspricht völlig der speziellen Relativitätstheorie. Das Problem wird sichtbar, sobald wir versuchen, eine geeignete *kosmische Zeit* für uns selbst und für den Fundamentalbeobachter zu definieren, der sich mit dem Teilchen P bewegt. Zur Zeit t ist sein Abstand von uns gleich r, und da seine Geschwindigkeit konstant ist, gilt nach unserer Messung $r = vt$. Wegen der Relativität der Gleichzeitigkeit (siehe Abschnitt 13.2) mißt jedoch der Beobachter P an seiner Uhr eine andere Zeit τ. Die Beziehung zwischen t und τ läßt sich durch eine einfache Lorentz-Transformation ermitteln:

$$\tau = \gamma \left(t - \frac{vr}{c^2} \right); \quad \gamma = (1 - v^2/c^2)^{-\frac{1}{2}}.$$

Wegen $r = vt$ kann man für diese Formel schreiben:

$$\tau = t \left[1 - \left(\frac{r}{ct} \right)^2 \right]^{\frac{1}{2}}. \tag{A15.1}$$

Das erste Problem ist nun offensichtlich: t ist nur die Eigenzeit für den Beobachter bei O und für niemand anderen. Wir müssen Flächen konstanter kosmischer

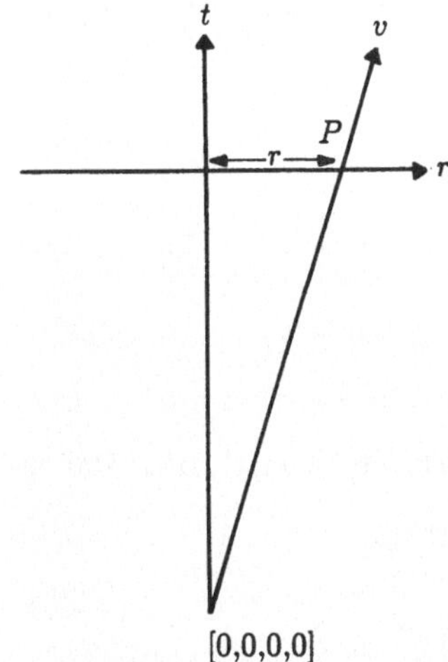

Abb. A15.1. Raum-Zeit-Diagramm für ein leeres Universum

Zeit τ definieren können, da wir gemäß dem kosmologischen Prinzip nur auf diesen Flächen den großräumigen Eigenschaften des Universums Bedingungen auferlegen können. Die vorliegende Berechnung sagt aus, daß die entsprechende Fläche für $\tau = $ const durch diejenigen Punkte gegeben ist, die der Beziehung

$$\tau = t\left[1 - \left(\frac{r}{ct}\right)^2\right]^{\frac{1}{2}} = \text{const}$$

genügen. Lokal muß diese Fläche für jeden Punkt im Raum senkrecht zur Weltlinie des Teilchens in diesem Punkt verlaufen. Damit ist nur auf andere Weise gesagt, daß die verschiedenen Bezugssysteme miteinander durch eine einfache Lorentz-Transformation verbunden sein sollten.

Als nächstes muß das lokale Element des radialen Abstand dl im Punkt P auf der Fläche $\tau = $ const definiert werden. Wiederum ist alles euklidisch, und daher ist das Intervall $ds^2 = dt^2 - (1/c^2)\,dr^2$ eine Invariante. Auf der Fläche $\tau = $ const gilt $ds^2 = -(1/c^2)\,dl^2$ und folglich

$$dl^2 = dr^2 - c^2\,dt^2. \tag{A15.2}$$

Die Größen τ und dl definieren lokal die Eigenzeit und den Eigenabstand von Ereignissen in P. Wir erkennen, daß die Koordinaten τ und l exakt äquivalent zur kosmischen Zeit t und der radialen Abstandskoordinate x sind, die in Abschnitt 15.3 eingeführt wurden. Dadurch wird klar, weshalb die Metrik des leeren Raums *keine* einfache euklidische Metrik ist. Wir können das kosmologische Prinzip nur in den Koordinaten τ und l anwenden.

Nun wollen wir durch eine Verschiebung mit der Radialgeschwindigkeit v die Transformation aus dem System S in das System bei P ausführen. Abstände senkrecht zur Radialkoordinate bleiben unter der Lorentz-Transformation unverändert, und wenn in S

$$ds^2 = dt^2 - \frac{1}{c^2}(dr^2 + r^2\, d\theta^2) \tag{$A15.3$}$$

gilt, bedeutet daher die Invarianz von ds^2 gegenüber einer radialen Translation, daß

$$dt^2 - \frac{1}{c^2}\, dr^2 = d\tau^2 - \frac{1}{c^2}\, dl^2 \tag{$A15.4$}$$

ist, wobei das senkrechte Abstandsinkrement $r^2\, d\theta^2$ unverändert bleibt. Daher gilt

$$ds^2 = d\tau^2 - \frac{1}{c^2}(dl^2 + r^2\, d\theta^2). \tag{$A15.5$}$$

Nun brauchen wir nur noch r durch l und τ auszudrücken, um die Transformation in die Koordinaten τ, l zu vollenden.

Wir haben schon gezeigt, daß auf der Fläche mit konstantem τ

$$dl^2 = dr^2 - c^2\, dt^2$$

gilt. Außerdem lautet die Lorentz-Transformation von $d\tau$:

$$d\tau = \gamma\left(dt - \frac{v}{c^2}\, dr\right) = 0, \tag{$A15.6$}$$

und folglich ist

$$dt^2 = \frac{v^2}{c^4}\, dr^2,$$

oder

$$dl^2 = dr^2\left(1 - \frac{v^2}{c^2}\right). \tag{$A15.7$}$$

Es ist aber $v = r/t$, so daß wir nur t durch τ zu ersetzen brauchen, um einen Differentialausdruck für r, ausgedrückt durch l und τ, zu finden:

$$dl^2 = dr^2\left(1 - \frac{r^2}{c^2 t^2}\right) \tag{$A15.8$}$$

$$= dr^2\left(\frac{\tau}{t}\right)^2. \tag{$A15.9$}$$

Nun setzen wir (A15.9) wieder in (A15.8) ein, um t zu eliminieren, und erhalten

$$dl = \frac{dr}{\left(1 + \dfrac{r^2}{c^2\tau^2}\right)^{\frac{1}{2}}}. \tag{$A15.10$}$$

Durch Integration mit der Substitution $r = c\tau \sinh x$ erhalten wir die Lösung

$$r = c\tau \sinh(l/c\tau). \qquad (A15.11)$$

Die Metrik (A14.5) läßt sich daher wie folgt schreiben:

$$ds^2 = d\tau^2 - \frac{1}{c^2}[dl^2 + c^2\tau^2 \sinh^2(l/c\tau)\, d\theta^2]. \qquad (A15.12)$$

Dies entspricht genau dem Ausdruck (15.1) für einen isotropen gekrümmten Raum mit hyperbolischer Geometrie, wobei der Krümmungsradius $\mathcal{R}$ der Geometrie gleich $c\tau$ ist. Dies erklärt, weshalb ein leeres Universum hyperbolische räumliche Schnitte besitzt. Die Bedingungen (A15.1) und (A15.10) sind die Schlüsselbeziehungen, die erkennen lassen, warum wir eine widerspruchsfreie kosmische Zeit- und radiale Abstandskoordinate nur im hyperbolischen und nicht im flachen Raum definieren können.

16 Epilog

Wir sind zum Ende unseres Berichts gekommen. Es tut weh, an dieser Grenze zur modernen Physik stehen zu bleiben, aber eine Weiterführung würde ein Buch ergeben, das sich an einen anderen Leserkreis wendet und weiter entwickelte mathematische Werkzeuge erfordern würde. Es ist nicht an mir, zu beurteilen, wie weit es mir gelungen ist, die vielen Ziele zu erreichen, die ich mir am Anfang gesteckt habe. Ich kann nur feststellen, daß ich bei der Vorbereitung dieser Vorlesungen und bei ihrer Überarbeitung und Erweiterung zur Publikation eine Menge gelernt habe, wovon ich nur wünsche, ich hätte es viele Jahre früher gewußt. Niemanden trifft ein Verschulden, aber es ist schade, daß heutzutage die Lehrpläne so mit Material vollgestopft sind, daß man nicht zu einigen der hier diskutierten faszinierenden Themen abschweifen kann.

Mein Haupteindruck beim erneuten Lesen der Vorlesungen ist eine erhöhte Wertschätzung und Bewunderung für die Physiker und Mathematiker, die als erste die Grundgesetze ausarbeiteten. Es sind dies hervorragende geistige Leistungen mit gelegentlichem Aufblitzen des Genies, das den gesamten Gegenstand auf eine neue Stufe des Verständnisses hebt.

Bei der Erarbeitung der Vorlesungen war ich stark beeindruckt von der Klarheit vieler der großen Veröffentlichungen in der Entwicklung der klassischen und modernen Physik. Um ehrlich zu sein, ich habe festgestellt, daß die Originalarbeiten von Physikern wie Maxwell, Rayleigh und Einstein leichter zu lesen sind als viele moderne Lehrbücher. In allen diesen großen Arbeiten finde ich eine Klarheit des Denkens und der Darstellung, die sich aus einem klaren Verständnis der Beziehung zwischen unserer physischen Welt und der Mathematik ergibt, die wir zu ihrer Beschreibung benötigen. Es ist dieses sichere Verständnis der Grundgesetze der Physik und theoretischen Physik, das als Sprungbrett für weitere Fortschritte und Entdeckungen dient. Dieses Verständnis kann nicht auf kurzem Wege erreicht werden. Es erfordert eine Menge harter Arbeit und Erfahrungen in der Anwendung der Gesetze, bis man ihren vollen Inhalt richtig einschätzen kann.

Obwohl die Lösung eines bestimmten Problems kompliziert sein kann, sind die grundlegenden physikalischen Ideen und mathematischen Strukturen einfach. Sobald man diese versteht, ist es im Grunde eine Sache der Technik, sie auf ein spezielles Problem anzuwenden. Ich erinnere mich sehr lebhaft an eine Geschichte, die mir Peter Scheuer über eine Episode erzählte, die seinem Kollegen Dr. John Hunter Thomson während seiner Dienstzeit in der Royal Air Force passierte. Als Physiker wurde John in eine Abteilung gesteckt, wo er an Funkempfängern arbeitete, und eines Tages stellte er einem Sergeanten eine

Frage über eine der Schaltungen. Die unsterbliche Antwort des Sergeanten ist in mein Gedächtnis eingegraben: 'Alles, was du wissen mußt, ist das Ohmsche Gesetz, aber das mußt du verflucht gut wissen!' Das ist eine Aussage, die man über jedes beliebige Gesetz der Physik machen könnte.

Literaturverzeichnis und weiterführende Lektüre

Bei der Ausarbeitung meiner Vorlesungen ertappte ich mich dabei, daß ich wiederholt von der großartigen Reihe des *Dictionary of Scientific Biography* (im folgenden Literaturverzeichnis mit *DSB* abgekürzt) Gebrauch machte. Die Bände sind eine Fundgrube für maßgebliche Informationen über alle Wissenschaftler, die in dem Buch behandelt werden. Sie finden es unter

Dictionary of Scientific Biography, Bde. 1–14, 1970. Charles Scribner's Sons, New York.

Kapitel 1

1.1 Dirac, P.A.M., 1977. *History of Twentieth Century Physics*, Proc. International School of Physics 'Enrico Fermi', Course 57, S. 136, Academic Press, New York & London.

1.2 Dirac, P.A.M., 1977. *ebd.*, S. 112.

1.3 Thomson, J.J., 1893. *Notes on Recent Researches in Electricity and Magnetism*, vi, Clarendon Press, Oxford. (Zitiert von J.L.Heilbron in Lit. 4, S. 42.)

1.4 Heilbron, J.L., 1977. *History of Twentieth Century Physics*, Proc. International School of Physics 'Enrico Fermi', Course 57, S. 40, Academic Press, New York & London.

1.5 Heilbron, J.L., 1977. *ebd.*, S. 43.

1.6 Heilbron, J.L., 1977. *ebd.*, S. 43

Kapitel 2

2.1 Dreyer, J.L.E., 1890. *Tycho Brahe. A Picture of Scientific Life and Work in the Sixteenth Century*, S. 86–7, Adam & Charles Black, Edinburgh.

2.2 Christianson, J., 1961, *Scientific American*, **204**, 118, (Februar-Ausgabe).

2.3 Kepler, J., 1609. Aus *Astronomia Nova*. Siehe *Johannes Kepler, Gesammelte Werke*, Hrsg. M. Casper, Bd. III, S. 178, Beck, München, 1937.

2.4 Kepler, J., 1596. Aus *Mysterium Cosmographicum*. Siehe *Kepleri opera omnia*, Hrsg. C. Frisch, Bd. I, S. 9 ff.

2.5 Galilei, G. 1630. Zitiert von Rupert Hall, A., 1970. *From Galileo Galilei to Newton 1630–1720. The Rise of Modern Science* 2, S. 41, Fontana Science, London.

2.6 Galilei, G., 1630. *Dialogues concerning the Two Chief Systems of the World*, (engl. Übers. S. Drake), S. 32, Berkeley 1953.

Kapitel 3

3.1 Maxwell, J.C., 1861–2. Diese Ideen werden in einer Reihe von Arbeiten entwickelt, die im *Phil. Mag.* (1861) **21**, 161, 281, 338 und (1862) **23**, 12, 85 erschienen.

3.2 Whittaker, E., 1951. *A History of the Theories of Aether and Electricity*, S. 255, Thomas Nelson & Sons Ltd., London.

3.3   Campbell, L. & Garnett, W., 1882. *The Life of James Clark Maxwell*, S. 342 (Brief vom 5. Januar 1865), MacMillan & Co., London.

3.4   Hertz, H., 1893. *Electric Waves*, MacMillan & Co., London.

Kapitel 4

4.1   Stratton, J.A., 1941. *Electromagnetic Theory*, McGraw Hill, New York & London.

Kapitel 5

5.1   Goldstein, H., 1950. *Classical Mechanics*, Addison- Wesley, London.

5.2   Feynman, R.P., 1964. *Lectures on Physics*, (Hrsg. R.P. Feynman, R.B. Leighton & M. Sands), Bd. 2, Kap. 19. Addison-Wesley, London.

5.3   Dirac, P.A.M., 1935. *The Principles of Quantum Mechanics*, Clarendon Press, Oxford.

5.4   Dirac, P.A.M., 1977. *History of Twentieth Century Physics*, Proc. International School of Physics 'Enrico Fermi', Course 57, S. 122, Academic Press, New York & London.

5.5   Landau, L.D., & Lifschitz, E.M., 1960. *Mechanics*, Bd. 1 des *Course of Theoretical Physics*, Pergamon Press, Oxford.

5.6   Batchelor, G.K., 1967. *An Introduction to Fluid Dynamics*, Cambridge University Press.

5.7   Landau, L.D., & Lifschitz, E.M., 1959. *Fluid Mechanics*, Bd. 5 des *Course of Theoretical Physics*, Pergamon Press, Oxford.

Kapitel 6

6.1   Harman, P.M., 1982. *Energy, Force and Matter. The Conceptual Development of Nineteenth Century Physics*, Cambridge University Press.

6.2   Fourier, J.B.J., 1822. *Analytical Theory of Heat*, engl. Übers. A. Freeman, Nachdruck, New York 1955.

6.3   Joule, J.P., 1843. *The Scientific Papers of James Prescott Joule*, 2 Bde., London 1884–1887 (Nachdruck London 1963).

6.4   Pippard, A.B., 1966. *The Elements of Classical Thermodynamics*, Cambridge University Press.

6.5   Carnot, N-L-S., 1824. *Réflexions sur la Puissance Motrice de Feu et sur les Machines Propres à Developper cette Puissance*, Bachelier, Paris.

6.6   Feynman, R.P., 1963. *Lectures on Physics*, (Hrsg. R.P. Feynman, R.B. Leighton & M. Sands), Bd. 1, 44-4, Addison-Wesley, London.

Kapitel 7

7.1   Clausius, R., 1857. *Ann. Phys.*, **100**, 497 (engl. Übers. in S.G. Brush (Hersg.) *Kinetic Theory*, Bd. 1, S. 111, Pergamon Press, Oxford (1966)).

7.2   Waterston, J.J., 1843. Siehe Artikel von S.G. Brush, *DSB*, Bd. 14, S. 184. Siehe auch *The Collected Scientific Papers of John James Waterston*, (Hrsg. J.G. Haldane), Edinburgh 1928.

7.3   Rayleigh, Lord, 1892, *Phil. Trans. Roy. Soc.*, **183**, 1.

7.4   Rayleigh, Lord, 1892, *ebd.*, 2.

7.5   Rayleigh, Lord, 1892, *ebd.*, 3.

7.6   Maxwell, J.C., 1860. *Phil. Mag.*, *Series 4*, **19**, 19 & **20**, 21. Siehe auch *The Scientific Papers of James Clark Maxwell* (Hrsg. W.D. Niven), S. 377, Cambridge University Press, 1890.

7.7   Everitt, C.W.F., 1970. *DSB*, Bd. 9, S. 218.

7.8   Maxwell, J.C., 1860. *Report of the British Association for the Advancement of Science*, **28**, T. 2, 16.

7.9   Maxwell, J.C., 1867. Mitteilung an P.G. Tait, zitiert von P.M. Harman, *ebd.*, S. 140.

7.10   Maxwell, J.C., 1867. Mitteilung an P.G. Tait, zitiert von P.M. Harman, *ebd.*, S. 140.

7.11   Kittel, C., 1969. *Thermal Physics*, John Wiley & Sons, Chichester.

7.12   Mandl, F., 1971. *Statistical Physics*, John Wiley & Sons, Chichester.

Kapitel 8 Eigentlich Einführung zu Fallstudie 5

8.1   Klein, M.J., 1977. *History of Twentieth Century Physics*, Proc. International School of Physics 'Enrico Fermi', Course 57, S. 1, Academic Press, New York & London.

Kapitel 9

9.1   Planck, M., 1948. *Wissenschaftliche Selbstbiographie*, S. 9, J.A. Barth, Leipzig.

9.2   Planck, M., 1948. *Wissenschaftliche Selbstbiographie*, S. 10, J.A. Barth, Leipzig.

9.3   Planck, M., 1897. *Wied. Ann.* **60**, S. 577– 599; s. auch Planck, M., 1958. *Physikalische Abhandlungen und Vorträge*, Bd. 1, S. 470, Friedr. Vieweg & Sohn, Braunschweig.

9.4   Longair, M.S., 1981. *High Energy Astrophysics*, Cambridge University Press.

9.5   Planck, M., 1948 *ebd.*, S. 18-19.

9.6   Rayleigh, Lord, 1900. *Phil. Mag.*, **49**, 539; s. auch *Scientific Papers by John William Strutt, Baron Rayleigh*, Bd. 4, 1892–1901, S. 483, Cambridge University Press.

9.7   Planck, M., 1899. *Sitz.-Ber. Preuß. Akad. Wiss.*, S. 440– 480; s. auch Planck, M., 1958. *Physikalische Abhandlungen und Vorträge*, Bd. 1, S. 596, Friedr. Vieweg & Sohn, Braunschweig.

9.8   Planck, M., 1899. *ebd.*, S. 440–480; s. auch *Physikalische Abhandlungen und Vorträge*, 1958, *ebd.*, Bd. 1, S. 597.

9.9   Planck, M., 1900a. *Verh. d. Deutsch. Phys. Ges.* **2**, S. 202–204; s. auch *Physikalische Abhandlungen und Vorträge*, 1958., *ebd.*, Bd. 1, S. 687.

9.10   Rayleigh, Lord, 1894. *The Theory of Sound*, 2 Bde., MacMillan, London.

9.11   Rayleigh, Lord, 1900. *Phil. Mag.* **49**, 539.

9.12   Rayleigh, Lord, 1900. Scientific Papers, *ebd.*, S. 485 ff.

9.13   Planck, M., 1900b. *Verh. d. Deutsch. Phys. Ges.* **2**, S. 237–245; s. auch *Physikalische Abhandlungen und Vorträge*, 1958, *ebd.*, Bd. 1, S. 698.

9.14   Planck, M., 1920. *Die Entstehung und bisherige Entwicklung der Quantentheorie. Nobel-Vortrag*, J.A. Barth, Leipzig; s. auch *Physikalische Abhandlungen und Vorträge*, 1958, *ebd.*, Bd. 3, S. 125.

Kapitel 10

10.1   Planck, M., 1920. *Die Entstehung und bisherige Entwicklung der Quantentheorie. Nobel-Vortrag*, J.A. Barth, Leipzig; s. auch *Physikalische Abhandlungen und Vorträge*, 1958, *ebd.*, Bd. 3, S. 125.

10.2   Planck, M., 1900b. *ebd.*, S. 240; s. auch *Physikalische Abhandlungen und Vorträge*, 1958, *ebd.*, Bd. 1, S. 701.

10.3   Planck, M., 1901. *Ann. d. Phys.* 4, S. 556; s. auch *Physikalische Abhandlungen und Vorträge*, 1958, *ebd.*, Bd. 1, S. 720.

10.4   Einstein, A., 1913. *Die Theorie der Strahlung und der Quanten.* Verhandlungen auf einer von E. Solvay einberufenen Zusammenkunft (30. Okt. bis 3. Nov. 1911) (Hrsg. Arnold Eucken), S. 95; zitiert in Hermann, A., 1969. *Frühgeschichte der Quantentheorie (1899–1913)*, S. 28, Physik-Verlag, Mosbach i. Baden.

10.5   Planck, M., 1948. *ebd.*, S. 21.

10.6   Planck, M., 1931. Brief von M. Planck an R.W. Wood. *Sources for History of Quantum Physics.* Mf. 66,5. 7.10. 1931. Zitiert in Hermann, A., 1969. *ebd.*, S. 31.

Kapitel 11

11.1   Einstein, A., 1905a. *Ann. Phys.* **17**, 549–560.
11.2   Einstein, A., 1905b. *Ann. Phys.* **17**, 891–921; s. auch *Das Relativitätsprinzip*, (Hrsg. O. Blumenthal), 1913, S. 26–50, B.G. Teubner, Leipzig
11.3   Einstein, A., 1905c. *Ann. Phys.* **17**, 132–148.
11.4   Einstein, A., 1905c. *ebd.*, 132.
11.5   Millikan, R.A., 1916. *Phys. Rev.* **7**, 18.
11.6   Einstein, A., 1906. *Ann. Phys.* **20**, 199.
11.7   Einstein, A., 1907. *Ann. Phys.* **22**, 180.
11.8   Einstein, A., 1907. *ebd.*, 183–4.
11.9   Einstein, A., 1907. *ebd.*, 184.

Kapitel 12

12.1   Planck, M., 1907. Brief an A. Einstein vom 6. Juli 1907, Einstein Archives, Princeton, N.J., zitiert in A. Hermann, 1969, *ebd.*, S. 69.
12.2   Lorentz, H.A., Brief an W. Wien vom 12. April 1909, zitiert in A.Hermann, 1969, *ebd.*, S. 68.
12.3   Einstein, A., 1909. *Phys. Zeitschr.* **10**, 185.
12.4   Millikan, R.A., *Phys. Rev.* **7**, 355.
12.5   Heisenberg, W., 1929. 'Die Entwicklung der Quantentheorie 1918– 1928', *Naturwiss.* **17**, 491.

Kapitel 13

13.1   Einstein, A., 1905b *Ann. Phys.* **17**, 891.
13.2   Rindler, W., 1977. *Essential Relativity – Special, General, and Cosmological,* Springer-Verlag, New York.
13.3   Einstein, A., 1905b, *ebd.*, 891; s. auch *Das Relativitätsprinzip*, 1913, *ebd.*, S. 26.

Kapitel 14

14.1   Rindler, W., 1977. *Essential Relativity – Special, General, and Cosmological,* Springer-Verlag, New York.
14.2   Berry, M., 1976. *Principles of Cosmology and Gravitation,* Cambridge University Press.
14.3   Weinberg, S., 1972. *Gravitation and Cosmology: Principles and Applications of the General Theory of Relativity,* John Wiley & Sons, London.
14.4   Misner, C.W., Thorne, K. & Wheeler, J.A., 1973. *Gravitation,* W.H. Freeman & Co., San Francisco.
14.5   Einstein, A., zitiert von W. Rindler, 1977 *ebd.*, S. 18. Einsteins Originalarbeit über die allgemeine Relativitätstheorie ist enthalten in *Das Relativitätsprinzip*, 1913, *ebd.*, S. 82 (vgl. [11.2].
14.6   Berry, M., 1976. *ebd.*, , S. 67 und Anhang B, S. 160.
14.7   Weinberg, S., 1972. *ebd.*, S. 9.
14.8   Rindler, W., 1977. *ebd.*, S. 126.

14.9   Hawking, S.W., 1975. *Comm. Math. Phys.* **43**, 199 und *Quantum Gravity: An Oxford Symposium*, Hrsg. C.J. Isham, R. Penrose & D.W. Sciama, S. 219, Oxford University Press.

Kapitel 15

15.1   Bondi, H. & Gold, T., 1948. *Mon. Not. Roy. Astron. Soc.* **108**, 372.

15.2   Dirac, P.A.M., 1938. *Proc. Roy. Soc.* **A, 165**, 199.

15.3   Brans, C. & Dicke, R.H., 1961. *Phys. Rev.* **124**, 925.

15.4   Einstein, A., 1931. Zitiert von A. Pais in *Subtle is the Lord ... The Science and Life of Albert Einstein*, S. 288, Oxford University Press, 1982. Verweis auf *Sitzungsber. Preuß. Akad. d. Wiss.*, 1931, S. 235.

15.5   Sandage, A.R., 1970. *Phys. Today* **23**, 5.

15.6   Spite, M. & Spite, F., 1982. *Nature* **297**, 483.

Namen- und Sachverzeichnis

Die im Haupttext zitierten Titel der Originalarbeiten und Bücher sind kursiv gedruckt.

Die Themen, die nach meiner Ansicht für Wiederholungszwecke besonders wertvoll sind, erscheinen in Fettdruck. Die fettgedruckten Seitenzahlen verweisen auf die grundsätzliche theoretische Diskussion des Gegenstands.

Druck u. Verarbeitung: Druckerei Triltsch, Würzburg

B. N. Zakhariev, A. A. Suzko

Direct and Inverse Problems

Potentials in Quantum Scattering

1990. XIII, 223 pp. 42 figs.
Softcover DM 48,–
ISBN 3-540-52484-3

This textbook can almost be viewed as a "how-to" manual for solving quantum inverse problems, that is, for deriving the potential from spectra or scattering data and also, as somewhat of a quantum "picture book" which should enhance the reader's quantum intuition.
The formal exposition of inverse methods is paralleled by a discussion of the direct problem. Differential and finite-difference equations are presented side by side. The common features and (dis)-advantages of a variety of solution methods are analyzed. To foster a better understanding, the physical meaning of the mathematical quantities are discussed explicitly. Wave confinement in continuum bound states, resonance and collective tunneling, energy shifts and the spectral and phase equivalence of various interactions are some of the physical problems covered.

A. G. Sitenko

Scattering Theory

1991. XI, 294 pp. 32 figs.
(Springer Series in Nuclear and Particle Physics)
Hardcover DM 88,–
ISBN 3-540-51953-X

This book is an introduction to nonrelativistic scattering theory. The presentation is mathematically rigorous, but is accessible to upper level undergraduates in physics. The relationship between the scattering matrix and physical observables, i. e. transition probabilities, is discussed in detail. Among the emphasized topics are the stationary formulation of the scattering problem, the inverse scattering problem, dispersion relations, three-particle bound states and their scattering, collisions of particles with spin and polarization phenomena. The analytical properties of the scattering matrix are discussed. Problems round off this volume.

N. G. Chetaev

Theoretical Mechanics

1989. 407 pp. 190 figs. Hardcover DM 68,–
ISBN 3-540-51379-5

This university-level textbook reflects the extensive teaching experience of N. G. Chataev, one of the most influential teachers of theoretical mechanics in the Soviet Union. The mathematically rigorous presentation largely follows the traditional approach, supplemented by material not covered in most other books on the subject. To stimulate active learning numerous carefully selected exercises are provided. Attention is drawn to historical pitfalls and errors that have led to physical misconceptions.

Extensive appendices contain material from additional lectures on optics and mechnics analogies, Poincaré's equation and the special theory of elasticity.

Distribution rights for the socialist countries, India and Iran:
V/O "Mezhdunarodnaya Kniga", Moscow

D. Park

Classical Dynamics and Its Quantum Analogues

2nd enl. and updated ed. 1990. IX, 333 pp. 101 figs.
Hardcover DM 78,– ISBN 3-540-51398-1

The primary purpose of this textbook is to introduce students to the principles of classical dynamics of particles, rigid bodies, and continuous systems while showing their relevance to subjects of contemporary interest. Two of these subjects are quantum mechanics and general relativity. The book shows in many examples the relations between quantum and classical mechanics and uses classical methods to derive most of the observational tests of general relativity. A third area of current interest is in nonlinear systems, and there are discussions of instability and of the geometrical methods used to study chaotic behaviour. In the belief that it is most important at this stage of a student's education to develop clear conceptual understanding, the mathematics is for the most part kept rather simple and traditional. This book devotes some space to important transitions in dynamics: the development of analytical methods in the 18th century and the invention of quantum mechanics.

A. Hasegawa

Optical Solitons in Fibers

2nd enl. ed. 1990. XII, 79 pp. 25 figs.
Softcover DM 48,– ISBN 3-540-51747-2

Already after six months high demand made a new edition of this textbook necessary. The most recent developments associated with two topical and very important theoretical and practical subjects are combined: **Solitons** as analytical solutions of nonlinear partial differential equations and as lossless signals in dielectric **fibers.** The practical implications point towards technological advances allowing for an economic and undistorted propagation of signals revolutionizing telecommunications. Starting from an elementary level readily accessible to undergraduates, this pioneer in the field provides a clear and up-to-date exposition of the prominent aspects of the theoretical background and most recent experimental results in this new and rapidly evolving branch of science. This well-written book makes not just easy reading for the researcher but also for the interested physicist, mathematician, and engineer. It is well suited for undergraduate or graduate lecture courses.

Preisänderungen vorbehalten